新世纪高职高专
建筑工程技术类课程规划教材

建筑构造

第三版

新世纪高职高专教材编审委员会 组编
主 编 苏 炜
副主编 汪 菁 苏雨昕 周见光

大连理工大学出版社

图书在版编目(CIP)数据

建筑构造 / 苏炜主编. -- 3版. -- 大连 : 大连理工大学出版社, 2020.11(2022.11重印)
新世纪高职高专建筑工程技术类课程规划教材
ISBN 978-7-5685-2743-9

Ⅰ. ①建… Ⅱ. ①苏… Ⅲ. ①建筑构造-高等职业教育-教材 Ⅳ. ①TU22

中国版本图书馆CIP数据核字(2020)第214052号

大连理工大学出版社出版
地址:大连市软件园路80号 邮政编码:116023
发行:0411-84708842 邮购:0411-84708943 传真:0411-84701466
E-mail:dutp@dutp.cn URL:http://dutp.dlut.edu.cn
大连永盛印业有限公司印刷 大连理工大学出版社发行

幅面尺寸:185mm×260mm 印张:16.75 字数:405千字
2011年1月第1版 2020年11月第3版
2022年11月第3次印刷

责任编辑:康云霞 责任校对:吴媛媛
封面设计:张 莹

ISBN 978-7-5685-2743-9 定 价:49.80元

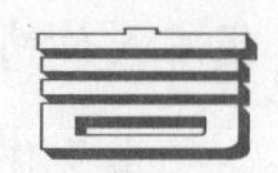

前言

《建筑构造》(第三版)是新世纪高职高专教材编审委员会组编的建筑工程技术类课程规划教材之一。

本教材在保持前两版教材特色的基础上修订再版,内容包括:绪论,民用建筑构造基础知识,基础与地下室构造,墙体构造,楼板层、地坪、阳台与雨篷构造,楼梯、坡道及电梯构造,屋顶构造,门窗构造,变形缝构造,饰面装修构造,民用建筑工业化概述,工业建筑构造概述,装配式钢筋混凝土排架结构单层厂房构造,轻型钢结构厂房构造,单层工业厂房大门和侧窗构造,单层工业厂房地面及其他设施构造。

本次修订力求突出以下特色:

1. 在不增加教材篇幅的情况下,扩大内容覆盖面,增强整体逻辑性和连贯性。

2. 紧密结合工程实际,依据现行规范、技术标准更新参数,介绍新材料、新技术、新方法。

3. 注重实用性,突出图例的直观性、代表性。

4. 以微视频的形式对关键知识点进行讲解,方便学生对重点、难点内容的理解与掌握。

本教材由郑州工程技术学院苏炜担任主编;郑州工程技术学院汪菁、郑州市规划勘测设计研究院苏雨昕、恩施职业技术学院周见光担任副主编。具体编写分工如下:苏炜编写绪论及第 2、4、8 章;汪菁编写第 10～15 章;苏雨昕编写第 1、6、9 章;周见光编写第 3、5、7 章。全书由苏炜统稿。

在编写本教材的过程中,我们参考、引用和改编了国内外出版物中的相关资料以及网络资源,在此对这些资料的作者

表示诚挚的谢意。请相关著作权人看到本教材后与出版社联系，出版社将按照相关法律的规定支付稿酬。

由于作者水平和经验有限，教材中仍可能存在疏漏与不足，恳请广大读者批评指正。

编　者
2020 年 11 月

所有意见和建议请发往：dutpgz@163.com

欢迎访问职教数字化服务平台：http://sve.dutpbook.com

联系电话：0411-84707424　84706676

本书数字资源列表

序号	资源名称	所在页码
1	地基与地下室	16
2	地下室	28
3	墙体	36
4	楼地层	65
5	楼梯	83
6	屋顶	103
7	墙面	151
8	楼地面	157
9	顶棚	162
10	屋面	214

绪论

0.1 建筑的基本概念

一、建筑的概念

建筑是一种生产过程,这种生产过程所创造出的产品是建筑物和构筑物。建筑物是人们从事生产、生活和进行各种社会活动的房屋或场所,如住宅、办公楼、展览馆、工业厂房等;构筑物是人们为满足生产、生活的某一方面需要而建造的某些工程设施,如水塔、水池、烟囱、支架等,一般人们不在其中进行生产、生活等活动。

二、建筑的基本构成要素

建筑的基本构成要素包括建筑功能、建筑技术和建筑形象。

(一)建筑功能

建筑功能体现了建造建筑物及构筑物的目的性,如学校建筑可以满足教学活动要求,住宅建筑可以满足人的居住要求,纪念建筑可以满足人的精神生活要求,生产性建筑可以满足不同的生产要求等。

对建筑功能的要求是建筑最基本的要求,是决定建筑性质、类型的主要因素。随着社会生产力的不断发展和人们物质文化水平的提高,人们对建筑功能提出了更高的要求,这又进一步促进了建筑的发展。

(二)建筑技术

建筑技术是指包括建筑材料、建筑结构、建筑施工和建筑设备等方面的建造手段,是影响建筑发展的重要因素,是建筑功能有效发挥的保证。

建筑材料是构成建筑的物质基础;建筑结构运用建筑材料,依据必要的技术构成建筑骨架,形成了建筑的空间实体;建筑施工是建筑得以实现的重要手段;建筑设备是保证建筑达到某些功能要求的技术条件。

新型建筑施工工艺水平的提高和新型建筑材料、建筑结构及建筑设备的发展，将更好地满足人们对各种不同建筑功能的要求。

(三)建筑形象

建筑形象是建筑内外观感的具体体现，它是建筑功能、建筑技术、自然条件和社会文化等诸多因素的综合艺术效果。建筑形象包括建筑单体和建筑群体的体型、内部和外部的空间组合及材料、装饰、色彩等内容。

建筑形象能满足人们精神方面的要求，其艺术感染力能带给人某种精神享受，建筑形象有庄严雄伟、简洁明快、生动活泼等。建筑形象可以反映出建筑的性质、时代风采、民族风格和地方特色等内容。

建筑功能、建筑技术和建筑形象三要素是辩证统一，相互促进，又相互制约的。

建筑功能是建筑的目的，通常是主导因素。具有不同功能的建筑，可以选择不同的建筑材料、建筑结构形式。建筑功能当然也会影响到建筑形象。

建筑技术是实现建筑目的的手段，同时又对建筑功能的发挥有显著的制约或促进作用。人们对建筑功能要求的不断提高，又推动了建筑技术的发展。

建筑形象是建筑功能与建筑技术的综合表现，优秀的建筑作品能形象地反映出建筑的性质、结构和材料的特征，同时给人以美的享受。对一些纪念性、象征性或标志性建筑，建筑形象往往起主导作用，成为主要因素。

0.2 建筑物的分类

建筑物有多种分类方法，下面从三个方面进行划分。

一、按建筑物的使用性质

按建筑物的使用性质，可以将其分为民用建筑、工业建筑和农业建筑。

(一)民用建筑

民用建筑是指非生产性建筑物，包括居住建筑和公共建筑。

1. 居住建筑

居住建筑是供人们居住使用的建筑，可分为住宅建筑和宿舍建筑，如住宅、公寓和宿舍等。

2. 公共建筑

公共建筑是供人们进行各种社会活动的建筑物，如办公建筑、商业建筑、文体建筑、医疗建筑、科教建筑、交通建筑等。

(二)工业建筑

工业建筑是指为工业生产的各类生产性建筑物，如生产车间、辅助车间、动力车间和仓储建筑等，一般分为以下几种。

1. 单层工业厂房

单层工业厂房主要用于重工业类的生产企业。

2. 多层工业厂房

多层工业厂房主要用于轻工业类的生产企业。

3. 单、多层混合工业厂房

单、多层混合工业厂房主要用于食品、化工等生产企业。

(三)农业建筑

农业建筑是供农业、牧业生产和加工的建筑物，如农机修理站、温室、畜牧饲养场、粮仓、水产品养殖场等。

二、按建筑物的结构

按建筑物的结构，可将其分为木结构建筑、块材与混凝土结构建筑、钢筋混凝土结构建筑、钢结构建筑和特种结构建筑。

(一)木结构建筑

建筑物的主要承重构件为木料的建筑。

(二)块材与混凝土结构建筑

由砖、砌块或石材等砌筑墙体，水平承重构件为钢筋混凝土等材料的建筑。

(三)钢筋混凝土结构建筑

建筑物的主要承重构件为钢筋混凝土材料的建筑。钢筋混凝土结构主要有框架结构、剪力墙结构、框架一剪力墙结构、筒体结构、拱结构、空间薄壳结构和空间折板结构等形式。

(四)钢结构建筑

建筑物的主要承重构件为钢材的建筑。

(五)特种结构建筑

特种结构又称为空间结构，主要有网架、悬索、壳体、索一膜等结构形式。

三、按建筑物的层数或总高度

层数是建筑物的一项重要控制指标，但必须结合建筑物总高度综合考虑。对不同的建筑物一般可按以下标准分类。

(一)多层建筑

建筑高度不大于 24 m 的公共建筑和建筑高度大于 24 m 的单层公共建筑、建筑高度不大于 27 m 的住宅建筑为低层或多层民用建筑。

（二）高层建筑

建筑高度大于 24 m 且不大于 100 m 的非单层公共建筑、建筑高度大于 27 m 的住宅建筑为高层民用建筑。

（三）超高层建筑

建筑总高度超过 100 m 的民用建筑为超高层建筑。

0.3 影响建筑构造的因素与构造设计原则

一、影响建筑构造的因素

建筑构造设计要充分考虑各种因素的影响，提供合理的构造方案，延长建筑的使用寿命。影响建筑构造的因素很多，一般可分为以下四个方面。

（一）外力作用

作用在建筑上的外力又称荷载，可分为恒荷载（如结构自重）和活荷载（如人群、家具、风、雪及地震荷载等）。荷载的大小对建筑结构形式、建筑材料和构件断面尺寸及形状的影响很大，是结构设计的主要依据。

（二）气候条件

风、雪、霜、冰冻、地下水和日照等气候条件，是影响建筑使用功能和建筑构件使用寿命的重要因素。在建筑构造设计时，应根据当地自然条件的实际情况，对不同部位采用相应的构造措施，选用合适的建筑材料，把自然因素对建筑的影响降到最低限，如采取保温、隔热、防潮、防水、防冻胀、防温度变形破坏等措施，以保证建筑的正常使用功能和使用寿命。

（三）人为因素

建筑在使用过程中往往受到化学腐蚀、火灾和噪声等人为因素的影响。在建筑构造设计时，要采取防腐、防火和隔声等措施，避免建筑遭受不应有的损失，保证建筑的正常使用和安全。

（四）技术和经济条件

建筑构造做法是依据一定的建筑技术条件存在的，随着科学技术的发展，各种新材料、新技术、新工艺不断产生，建筑构造的设计理论、构造做法、施工方法等也要根据行业的发展状况和趋势不断改进和发展。建筑构造的选型、选材和细部做法还与建筑标准有密切关系，如装修标准、设备标准和造价标准等。

建筑构造的设计还要考虑经济效益。在确保工程质量的前提下，根据房屋的不同等级和质量标准，合理选择建筑材料与构造方法，以降低工程总造价。

二、建筑构造设计的原则

建筑构造设计要全面考虑坚固实用、技术先进、经济合理和造型美观的基本原则，具体有以下几个方面的要求。

（一）满足使用功能的要求

建筑功能是建筑的目的，建筑构造必须最大限度地满足建筑的使用功能。建筑除要满足空间尺度要求外，有时还要满足某些特殊的要求，如保温、通风、隔热、吸声、隔声等。构造设计要综合相关专业的技术知识优化设计，选择经济合理的构造措施，以满足建筑使用功能要求。

（二）确保结构安全可靠

建筑构件除满足结构强度要求外，还要采用必要的构造措施，以保证阳台栏杆、楼梯扶手及顶棚、墙面、地面装饰等构造在使用过程中的安全。

（三）适应建筑工业化的需要

建筑工业化是建筑业的发展方向，在建筑构造设计时，应大力推广先进技术，采用标准化设计和定型构件的方式，选用新型建筑材料，为实现建筑工业化创造有利条件。

（四）注重建筑的综合经济效益

建筑构造设计要采用合理的构造方案，既要减少材料消耗、降低建筑造价，又要减少运行、维修和管理的费用，还要注重建筑的经济、社会和环境的综合效益。

（五）形象美观

建筑细部构造的处理，要考虑其对建筑整体美观效果的影响，应与建筑立面和体形相协调，起到有效的装饰作用。

0.4 建筑模数协调统一标准

一、建筑构件的尺寸

为保证建筑构件的设计、生产和安装等阶段有关尺寸间的相互协调，应明确有关的尺寸概念和各尺寸间的关系。

（一）标志尺寸

标志尺寸是用以标注建筑定位线或定位轴线之间的距离，以及建筑构件、建筑制品、建筑组合件和有关设备位置界限的尺寸。

(二)制作尺寸

制作尺寸是建筑构件、建筑制品等的设计尺寸。一般情况下,制作尺寸加上缝隙尺寸等于标志尺寸。

(三)实际尺寸

实际尺寸是建筑构件、建筑制品等的实有尺寸。实际尺寸与制作尺寸之间的差数应满足允许偏差幅度的限值。

几种建筑构件尺寸的相互关系,如图 0-1 所示。

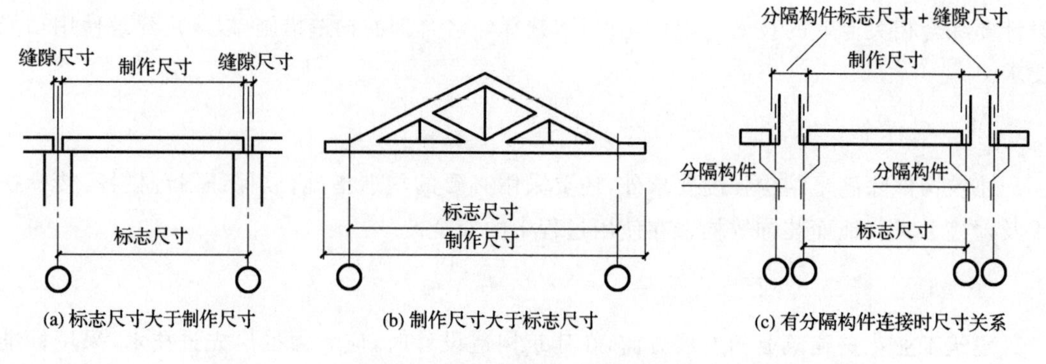

图 0-1 几种建筑构件尺寸的相互关系

二、建筑模数协调统一标准

建筑模数的协调统一,有利于建筑制品、建筑构件和组合件实现工业化大规模生产,减少构件类型,增强构件的通用性和互换性,提高建筑标准化和工业化水平,加快建设速度,保证工程质量,降低建筑造价。我国现行的《建筑模数协调标准》(GB/T 50002—2013)是设计、施工、构件制作和科学研究等活动的尺寸依据。

(一)基本模数

基本模数是模数协调中的基本单位,其值为 100 mm,用符号 M 表示,1M=100 mm。

(二)导出模数

导出模数是指在基本模数的基础上发展出来的、相互间存在一定联系的模数。导出模数包括扩大模数和分模数。

1. 扩大模数

扩大模数是基本模数的整数倍数,常用的扩大模数有 2M(200 mm)、3M(300 mm)、6M(600 mm)、12M(1 200 mm)、15M(1 500 mm)、30M(3 000 mm)、60M(6 000 mm)等。建筑的开间或柱距,进深或跨度,梁、板、隔墙和门窗洞口宽度等分部构件的截面尺寸宜采用水平基本模数和水平扩大模数数列,且水平扩大模数数列宜采用 $2n$M、$3n$M(n 为自然数)。

建筑的高度、层高和门、窗洞口高度等,宜采用竖向基本模数和竖向扩大模数数列,且竖向扩大模数数列宜采用 nM(n 为自然数)。

用于竖向尺寸的扩大模数为 3M(300 mm)和 6M(600 mm)两个。

2. 分模数

分模数是用整数除基本模数后的数值,按照 $\frac{1}{10}$M(10 mm)、$\frac{1}{5}$M(20 mm)、$\frac{1}{2}$M(50 mm)取用。分模数可以满足细小尺寸的需要,主要适用于构件之间的缝隙、构造节点、构件截面等尺寸。

复习思考题

1. 建筑的概念是什么?

2. 建筑的基本构成要素包括哪几方面的内容?各因素间是怎样相互促进、相互制约的?

3. 影响建筑构造的因素有哪些?

4. 建筑构造的设计原则是什么?

5. 建筑构件有哪几种常用的尺寸?各尺寸间有什么联系?

6. 建筑模数协调统一的意义是什么?

7. 什么是基本模数、扩大模数和分模数?

第1章 民用建筑构造基础知识

1.1 民用建筑的构造组成

建筑物由多个构件或配件组成，各构件由于其所处的位置不同，分别起着支承、传递建筑物荷载和围护等作用。民用建筑的构造组成如图1-1所示。

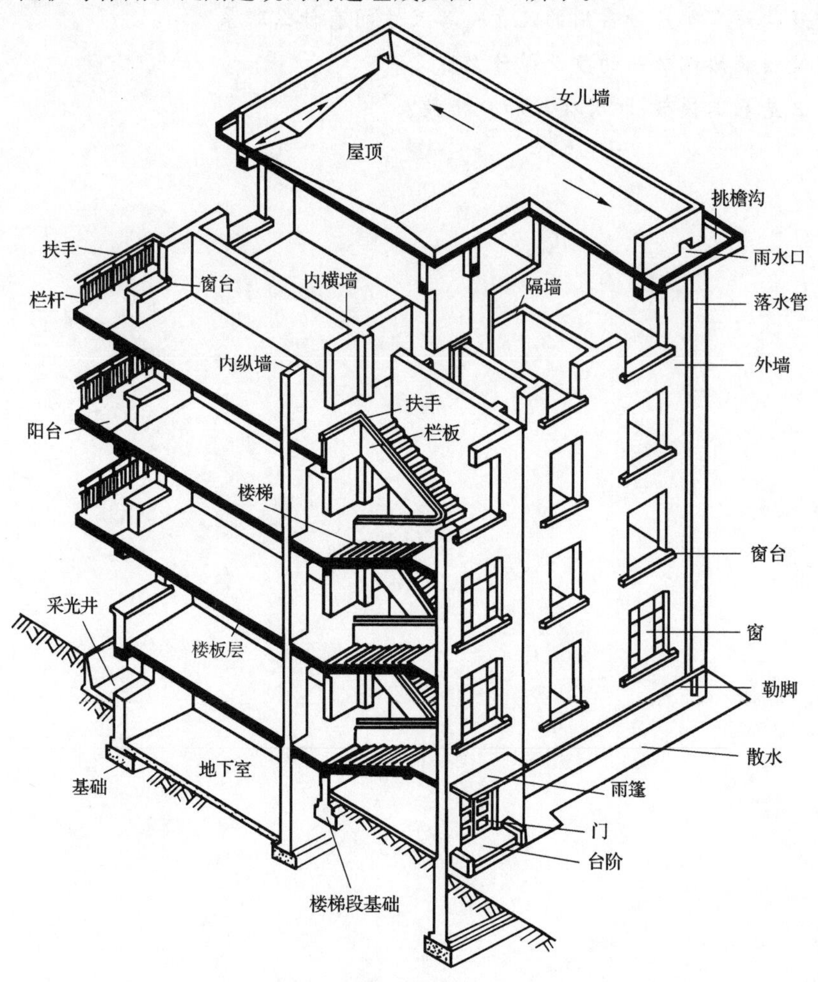

图1-1 民用建筑的构造组成

民用建筑的主要构件包括基础、墙体、柱、楼梯、楼板层、地坪、屋顶、门窗等。

(一)基础

基础是位于建筑物最底部的构件,它承受建筑物的全部荷载,并将这些荷载传给地基。基础要有足够的强度、刚度和稳定性,并能抵御地下各种有害介质的影响,保证足够的使用年限。

(二)墙体和柱

墙体是建筑物的承重和围护构件。作为承重构件,墙体承受着屋顶、楼板层、楼梯等构件传来的荷载,并将这些荷载传给基础。外墙作为围护构件,起着抵御自然界各种影响因素对室内侵袭的作用;内墙有分隔房间的作用。墙体要有足够的强度、稳定性和保温、隔热、隔声、防火和防水等性能。

柱是建筑物的承重构件,可以承受上部构件传来的荷载。合理地利用柱能有效地扩大建筑空间,提高建筑空间的灵活性。柱要有足够的强度和稳定性。

(三)楼梯

楼梯是建筑物中联系各层的垂直交通设施,供人们平时上下楼层和紧急疏散时使用。楼梯应有足够的强度、刚度和合理的尺寸,并满足防火、防滑等要求。

(四)楼板层

楼板层是建筑物中的水平承重构件,同时还兼有竖向划分建筑物内部空间的功能。楼板层承受使用人员、家具和设备的荷载,并将这些荷载传递给墙或柱。楼板层要有良好的刚度、强度和隔声、防水、防潮性能。

(五)地坪

地坪是建筑物底层房间与土壤的分隔构件,承受底层房间内的荷载作用。地坪要有一定的承载能力和防潮、防水、保温性能。

(六)屋顶

屋顶是建筑物最上部的承重和围护构件,承受着建筑物顶部的各种荷载,并将其传递给垂直方向的承重构件,它还承受着自然界的雨、雪及太阳热辐射等对顶层房间的作用。屋顶要有足够的强度、刚度和防水、保温、隔热等性能。

(七)门窗

门主要用于建筑物内外交通联系和分隔房间。窗的主要作用是采光、通风、分隔和围护,在建筑立面上占有相当重要的作用。对有特殊要求的房间,门窗要具备保温、隔热、隔声等性能。

1.2 民用建筑的等级

民用建筑的等级通常是根据建筑物的耐久性和耐火性能划分的。

一、按耐久性分级

建筑物的耐久等级主要依据建筑物的重要性、规模大小以及建筑物的质量标准确定。确定建筑物耐久等级的重要指标是建筑物的设计使用年限。

建筑物的耐久等级是选用建筑投资、建筑设计和建筑材料的重要依据。《民用建筑设计通则》(GB 50352—2019)中，规定了不同建筑物的设计使用年限：纪念性和特别重要的建筑——100 年；普通建筑和构筑物——50 年；易于替换结构构件的建筑——25 年；临时性建筑——5 年。

二、按耐火性能分级

建筑物的耐火等级取决于建筑物主要构件的燃烧性能和耐火极限。

(一)建筑构件的燃烧性能

按构件在空气中受到火烧或高温作用时的不同反应，可将其分为三类，即燃烧体、难燃烧体和不燃烧体。

1. 燃烧体

燃烧体是用可燃性材料制成的构件。这类构件在空气中受到火烧或高温作用时立即起火或燃烧，当火源移走后仍继续燃烧或微燃，如未经防火处理的木材、普通胶合板等。

2. 难燃烧体

难燃烧体是用难燃性材料制成，或用燃性材料制成而用不燃性材料做保护层的构件。这类构件在空气中受到火烧或高温作用时难燃烧、难碳化，离开火源后燃烧或微燃立即停止，如石膏板、经防火处理的木材等。

3. 不燃烧体

不燃烧体是用不燃性材料制成的构件。这类构件在空气中受到火烧或高温作用时不起火、不微燃、不碳化，如砖石、混凝土、金属等。

(二)建筑构件的耐火极限

在标准耐火试验条件下，建筑构件从受到火或高温的作用时起，到失去支持能力或失去隔火能力时为止的这段时间，称为构件的耐火极限，用小时(h)表示。

(三)建筑物的耐火等级

我国《建筑设计防火规范》(GB 50016—2014)将民用建筑的耐火等级分为四级，规定了建筑层数、高度和面积的指标。

地下、半地下建筑(室)和一类高层建筑的耐火等级应为一级；重要公共建筑和二类高层建筑的耐火等级不应低于二级。

高层民用建筑一般分为两类，分类的主要依据是建筑高度、建筑层数、建筑面积和建筑的重要程度。

不同耐火等级的建筑物，其主要部位构件的燃烧性能和耐火极限见表 1-1。

表 1-1　不同耐火等级的建筑物，其主要部位构件的燃烧性能和耐火极限　h

名称		耐火等级			
构件		一级	二级	三级	四级
墙	防火墙	不燃性 3.00	不燃性 3.00	不燃性 3.00	不燃性 3.00
	承重墙	不燃性 3.00	不燃性 2.50	不燃性 2.00	难燃性 0.50
	非承重外墙	不燃性 1.00	不燃性 1.00	不燃性 0.50	可燃性
	楼梯间和前室的墙 电梯井的墙 住宅单元之间的墙和分户墙	不燃性 2.00	不燃性 2.00	不燃性 1.50	难燃性 0.50
	疏散走道两侧的隔墙	不燃性 1.00	不燃性 1.00	不燃性 0.50	难燃性 0.25
	房间隔墙	不燃性 0.75	不燃性 0.50	难燃性 0.50	难燃性 0.25
构件		一级	二级	三级	四级
柱		不燃性 3.00	不燃性 2.50	不燃性 2.00	难燃性 0.50
梁		不燃性 2.00	不燃性 1.50	不燃性 1.00	难燃性 0.50
楼板		不燃性 1.50	不燃性 1.00	不燃性 0.50	可燃性 0.50
屋顶承重构件		不燃性 1.50	不燃性 1.00	可燃性 0.50	可燃性
疏散楼梯		不燃性 1.50	不燃性 1.00	不燃性 0.50	可燃性
吊顶(包括吊顶搁栅)		不燃性 0.25	难燃性 0.25	难燃性 0.15	可燃性

注：①除本规范另有规定者外，以木柱承重且以不燃性材料作为墙体的建筑物，其耐火等级应按四级确定。

②高层建筑、住宅建筑构件的耐火极限和燃烧性能可按现行国家标准《住宅建筑规范》(GB 50368—2005)的规定执行。

1.3 定位轴线和竖向定位线的确定

定位轴线是用来确定建筑构件位置及其尺寸的基准线。定位轴线间的尺寸应符合模数要求，平面上纵、横两个方向的定位轴线应分别编号。竖向定位线要注明标高。

为满足建筑工业化生产的要求，统一和简化构件的尺寸及节点构造，减少规格类型，提高互换性和通用性，规定了定位轴线的布置及结构构件与定位轴线的联系原则。

一、平面定位

（一）墙和柱的定位轴线

1. 墙的定位轴线

承重内墙顶层墙身的中心线一般与平面定位轴线相重合；承重外墙顶层墙身的内缘与平面定位轴线间的距离，可以为顶层承重内墙厚度的一半、顶层承重外墙厚度的一半、半砖（120 mm）或半砖的倍数，如图 1-2(a)所示。当墙厚为 180 mm 时，墙身中心线与平面定位轴线重合。

非承重墙的定位轴线布置比较灵活，除了可按承重墙布置外，还可以使墙身内缘与平面定位轴线相重合，如图 1-2(b)所示。

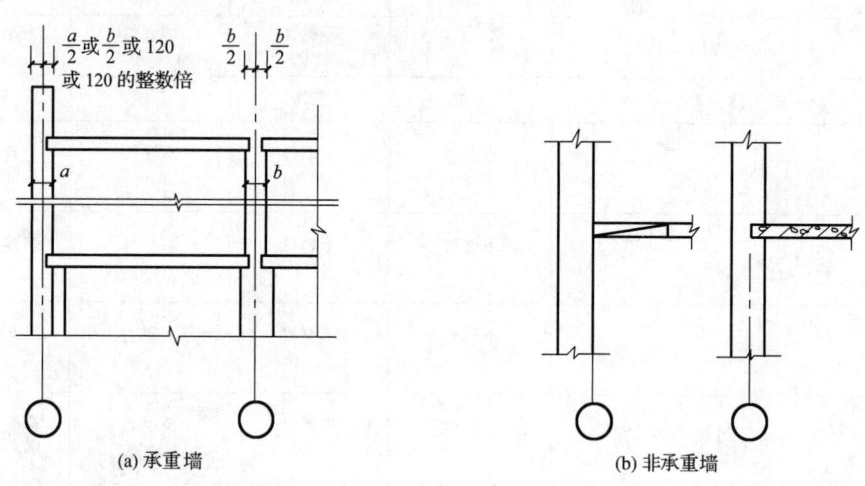

图 1-2　墙的定位轴线

2. 柱的定位轴线

在框架结构中，中柱（中柱的上柱或顶层中柱）的中线一般与纵、横向平面定位轴线相重合；边柱的外缘一般与纵向平面定位轴线相重合或偏离，也可使边柱（顶层边柱）的纵向中线与纵向平面定位轴线相重合，如图 1-3 所示。

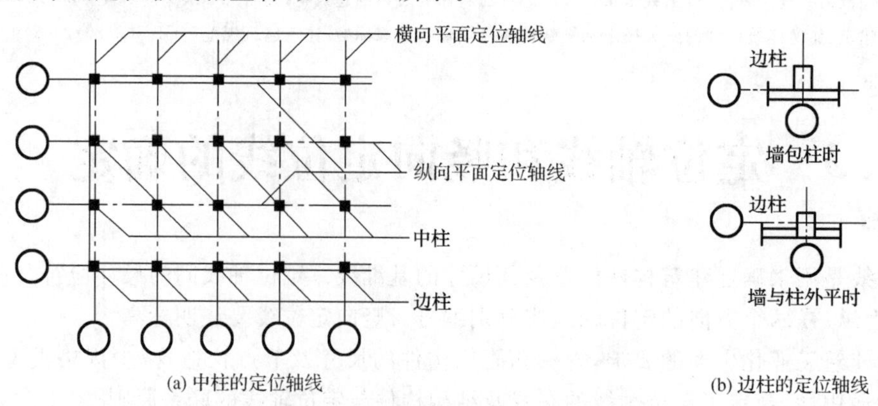

图 1-3　柱的定位轴线

（二）变形缝处定位轴线

为了满足变形缝两侧结构处理的要求，变形缝处一般设置双轴线。

1. 变形缝两侧均为墙体

若变形缝两侧均为承重墙，平面定位轴线分别设在距顶层墙体内缘 120 mm 处，如图 1-4(a)所示；若两侧墙体均为非承重墙，平面定位轴线应分别与顶层墙体内缘重合，如图 1-4(b)所示。

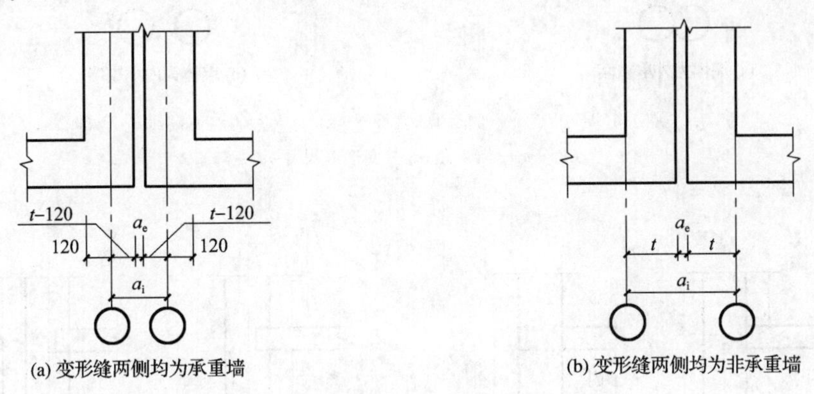

图 1-4　变形缝处两侧为墙体的定位轴线

a_i—插入距；a_e—变形缝尺寸

当变形缝两侧墙体带联系尺寸时，其定位轴线的划分与上述原则相同，如图 1-5 所示。

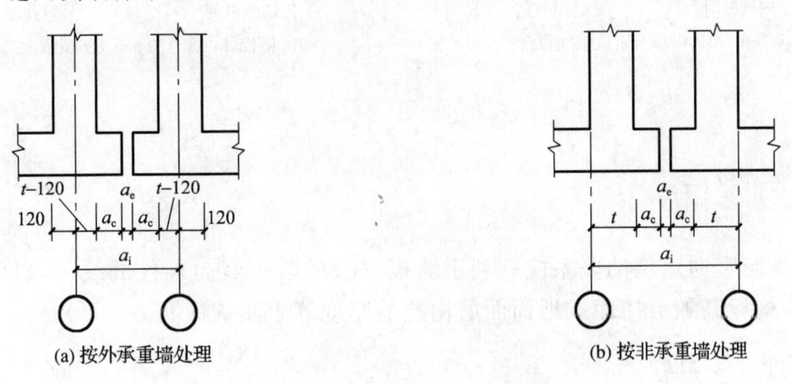

图 1-5　变形缝处两侧墙体带联系尺寸时的定位轴线

a_i—插入距；a_e—变形缝尺寸；a_c—联系尺寸

2. 变形缝处一侧为墙体，另一侧为墙垛

当变形缝处一侧为墙体，另一侧为墙垛时，墙垛的外缘应与平面定位轴线重合。墙体是外承重墙时，平面定位轴线距顶层墙内缘 120 mm，如图 1-6(a)所示；墙体是非承重墙时，平面定位轴线应与顶层墙内缘重合，如图 1-6(b)所示。

（三）带壁柱外墙的定位轴线

带壁柱外墙的墙体内缘应与平面定位轴线相重合，如图 1-7(a)所示；或距墙体内缘 120 mm 处与平面定位轴线相重合，如图 1-7(b)所示。

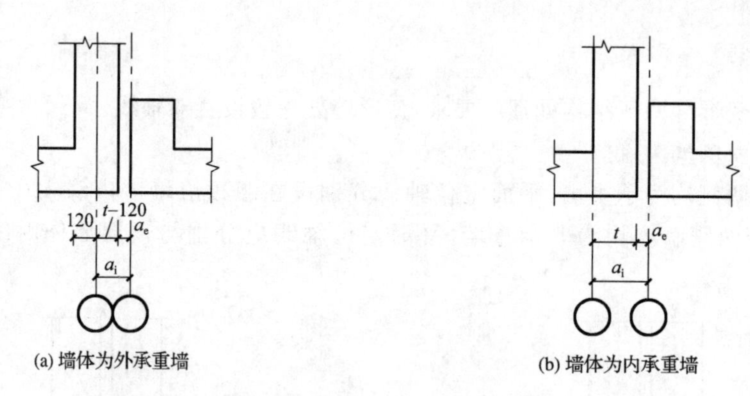

图 1-6 变形缝处一侧为墙体，另一侧为墙垛时的定位轴线

a_i—插入距；a_e—变形缝尺寸

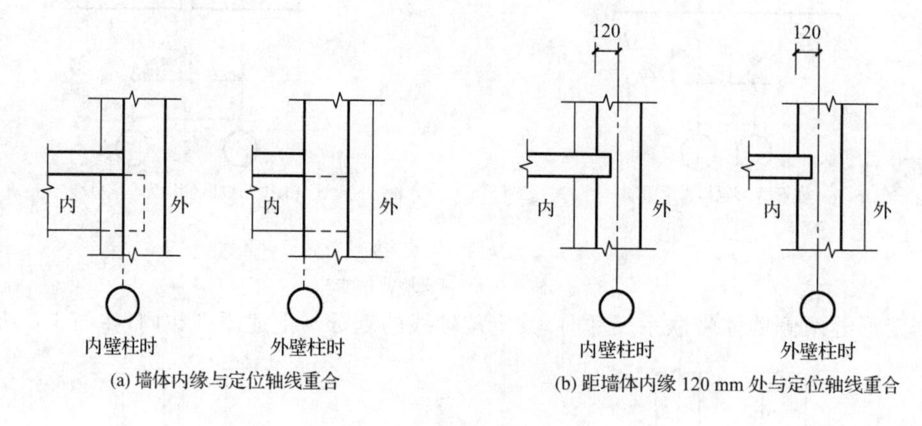

图 1-7 带壁柱外墙的定位轴线

二、竖向定位

建筑构件与竖向定位的联系应有利于墙板、柱、梯段等竖向构件的统一，以便施工。一般情况下，结构标高加上楼面或地面面层构造的厚度等于建筑标高。

（一）楼面、地面的竖向定位

在多层建筑中，一般使建筑物各层的楼面、首层地面与竖向定位线相重合，如图 1-8 所示。

必要时，可使各层的结构层表面与竖向定位线相重合。

（二）顶层的竖向定位

当顶层是没有屋架或屋面大梁的平屋顶时，一般使屋顶结构层表面与竖向定位线重合，如图 1-9(a)所示；当顶层有屋架或屋面大梁时，定位线一般在屋架或屋面大梁支座底面处，也就是柱顶，如图 1-9(b)所示。

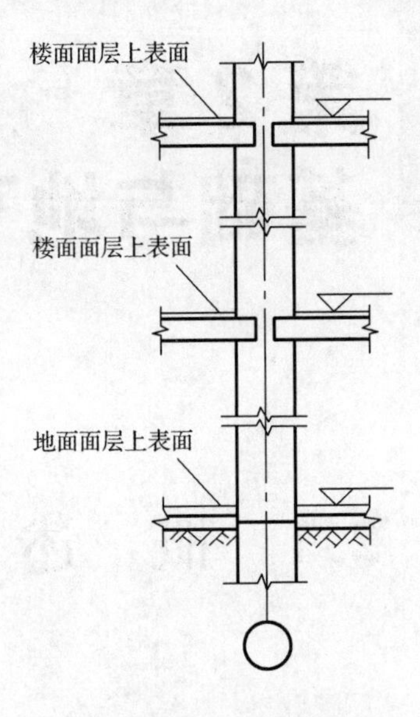

图 1-8　楼面、地面的竖向定位

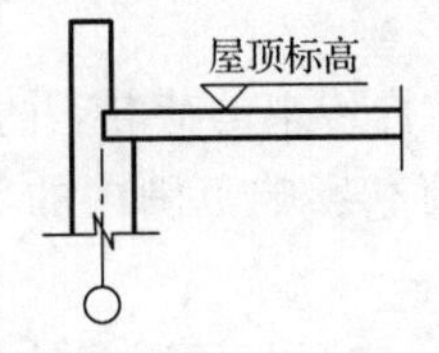

(a) 无屋架或屋面大梁的平屋面的竖向定位

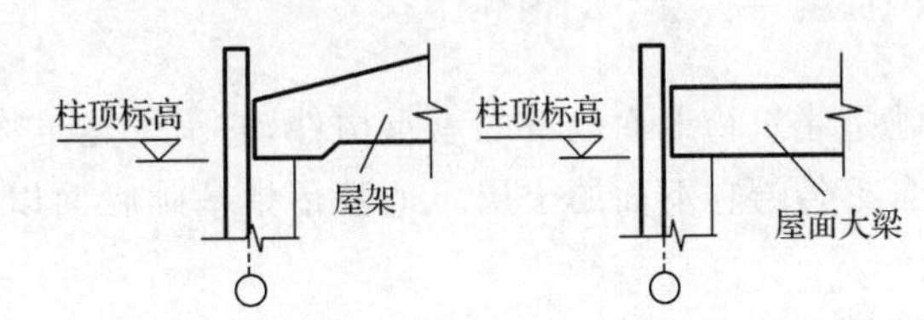

(b) 有屋架或屋面大梁的屋面的竖向定位

图 1-9　顶层的竖向定位

复习思考题

1. 民用建筑一般由哪些主要部分组成？
2. 建筑物的等级是怎样划分的？
3. 什么是燃烧体、难燃烧体和不燃烧体？
4. 建筑构件耐火极限的意义是什么？
5. 建筑定位轴线的作用是什么？
6. 简述平面定位轴线在不同情况下的布置原则。
7. 简述竖向定位线的布置原则。

第2章 基础与地下室构造

2.1 概 述

基础与地下室

一、地基与基础的概念

基础是建筑物地面以下的承重构件，它承受建筑物上部结构传来的荷载，并把荷载连同本身的自重传给它下面的土层。地基是指基础底面以下、在荷载影响范围内的部分岩石或土体。

基础是建筑物的组成部分，而地基不是建筑物的组成部分，它只是承受建筑物荷载的岩土层。地基中具有一定承载力的、直接支承基础的土层称持力层；持力层以下的土层称下卧层。地基、基础、荷载的关系如图2-1所示。

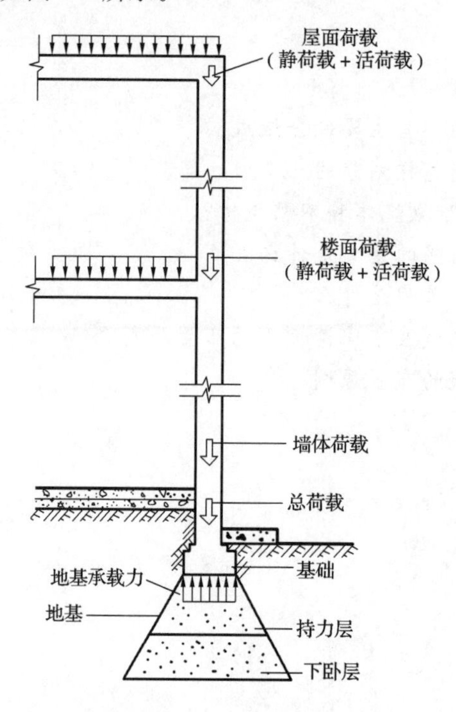

图2-1 地基、基础、荷载的关系

地基在稳定状态下每平方米所能承受的最大垂直压力，称为地基承载力，也叫地耐力，它是基础设计的一个重要参数。为了建筑物的稳定和安全，基础底面传给地基的平均压力必须小于地基承载力。

若以 f 表示地基承载力，N_k 表示建筑物的总荷载，A 表示基础底面积，其三者的关系应满足：

$$A \geqslant \frac{N_k}{f}$$

二、地基的分类

地基分为天然地基和人工地基。

（一）天然地基

当天然土层未经人工处理就具有足够的承载力时，这种地基为天然地基。天然地基一般由岩石、碎石、粉土和黏土等组成。

天然地基除有足够的承载力外，还应压缩变形均匀，并具备抵御地震、防止滑坡等性能。

（二）人工地基

人工地基是指天然地基不能满足承载力、坚固性、稳定性等要求，需经人工加固处理后才能作为地基的土体。人工加固地基的方法有多种，如压实法、换土法、挤密法、深层搅拌法、排水固结法、化学加固法和加筋法等。

1. 压实法

压实法采用人工压缩的方法，排除土体空隙中的空气，增强土的密实程度，从而提高地基承载力。压实法一般有夯实法和机械碾压法，如图 2-2 所示。

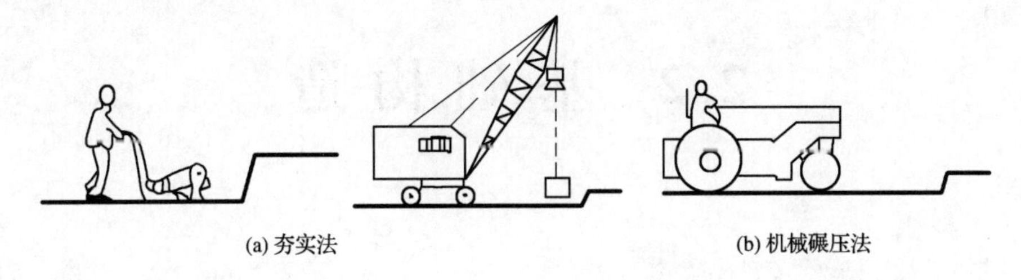

图 2-2　压实法

2. 换土法

换土法是将基础下面一定范围内的软弱土层挖除，用人工填筑的垫层作为持力层，如图 2-3 所示。换土常用材料为灰土、粗砂或中砂等。

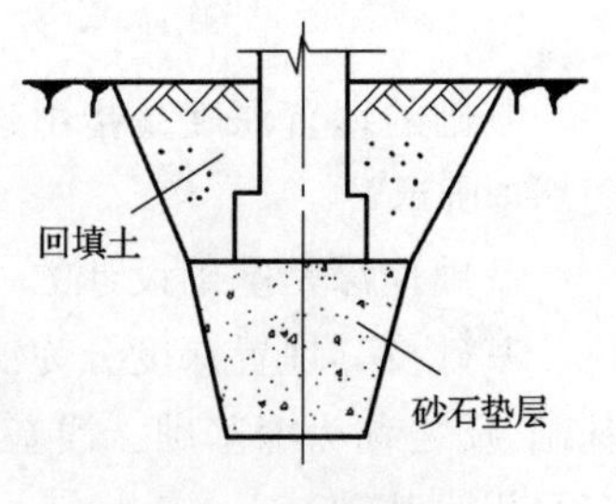

图 2-3　换土法

3. 挤密法

挤密法是以振动或冲击的办法成孔，然后在孔中填入砂、碎石、石灰、灰土或其他材料并振捣密实，形成桩体，由桩与桩间的土一起组成复合地基，从而提高地基承载力，减少沉降量。

4. 深层搅拌法

深层搅拌法是利用水泥或石灰作为固化剂，通过特制的深层搅拌机械，在一定深度范围内，把地基土与水泥或其他固化剂强行拌和固化，使其成为具有水稳定性和足够强度的水泥土，由水泥土形成的桩体或墙体与原地基共同作用，改善土层变形特性，提高地基承载力。水泥深层搅拌法适用于处理淤泥质土、粉质黏土和低强度黏土等地基。

深层搅拌法有水泥浆喷射搅拌法和水泥粉喷射搅拌法，分别称为湿喷法和干喷法。

三、地基与基础的构造要求

1. 强度和刚度

基础具有足够的强度，才能稳定地把上部荷载传递给地基；地基要有足够的承载力才能承担基础传来的荷载。建筑物地基和基础还应具有足够的刚度。

2. 稳定性

地基在荷载作用下会产生一定的沉降变形，地基沉降均匀才能保证建筑物沉降均匀，否则会造成建筑物倾斜、构件破坏，甚至房屋倒塌。所以，地基应具有良好的稳定性。

3. 耐久性

基础是建筑物最底部的承重构件，埋置在土体中，检查和加固都较困难，如果基础先于上部结构破坏，将严重影响建筑物的使用和安全。基础所用材料和构造措施应与上部建筑等级相适应，符合耐久性要求。

4. 经济性

基础工程的工程量、造价和工期在整个建筑物中占有相当的比例，其造价占建筑物总造价的10%～40%，有的甚至更高。因此应合理选择基础形式及构造方案，以减少基础工程的投资，降低工程造价。

2.2 基础构造

一、基础的埋置深度

（一）基础的埋置深度的定义

基础的埋置深度是指由建筑物室外设计地面至基础底面的垂直距离，简称基础埋深，如图2-4所示。

基础埋深是基础设计的一个重要参数，它关系到基础的可靠性、施工难易程度和工程造价。基础按其埋置深度分为浅基础和深基础。一般情况下，基础埋深不超过5 m时称为浅基础，反之称为深基础。浅基础的开挖、排水等施工技术简单，造价较低，大量的中小型建筑多采用浅基础。

考虑到基础的稳定性与大放脚要求，以及动植物活动、风雨侵蚀和习惯做法等影响，基

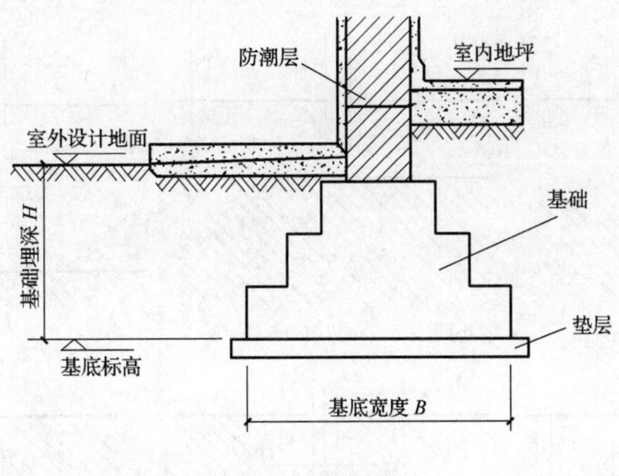

图 2-4 基础埋深

础埋深一般不宜小于 0.5 m。

（二）基础的埋置深度的确定

在确定基础埋深时，要综合考虑以下几个方面的问题。

1. 建筑物的使用要求和特点

基础埋深要满足建筑物的使用要求，如建筑物设置地下室、地下设施或有特殊设备基础时，应根据不同的要求确定基础埋深。

基础埋深还要考虑建筑物的特点，如高层建筑基础埋深一般为建筑物地上总高度的1/10左右。

2. 地基的土层构造

建筑物的基础应该尽量埋置在地表以下一定深度且常年未经扰动、坚实平坦的土层或岩石层上。地基的土层构造比较复杂，不同的地基土层构造对基础埋深的影响也是不同的，如图 2-5 所示。

(1)地基土层均匀、压缩性小且能满足承载力要求

如不考虑土壤的冻胀和邻近建筑物基础的影响，基础可按最小埋深处理，如图 2-5(a)所示。

(2)地基土层的上层为软弱土层且厚度在 2 m 以内，下层为好土层

此时的基础应跨越软弱土层，埋置在好土层上，如图 2-5(b)所示。

(3)地基土层的上层为 2～5 m 的软弱土层，下层为好土层

对于荷载较小的低层或轻型建筑物，可采取加大基础底面积、加强上部结构的整体性或人工加固地基等措施，尽量将基础埋置在软弱土层内，以减少土方开挖量，降低造价，如图 2-5(c) 所示。

对荷载较大的建筑物，其基础应埋置在下部的好土层上。

(4)地基土层的上层软弱土层厚度大于 5 m

对于荷载较小的低层或轻型建筑物，应尽量利用上层的软弱土层作为地基，必要时可采用加强上部结构整体性或人工加固地基等措施，如图 2-5(d)所示。

对于荷载较大的建筑物，应根据技术和经济比较结果选择合理的基础类型，确定基础是否埋置在好土层上。

(5)地基土层的上层为好土层，下层为软弱土层

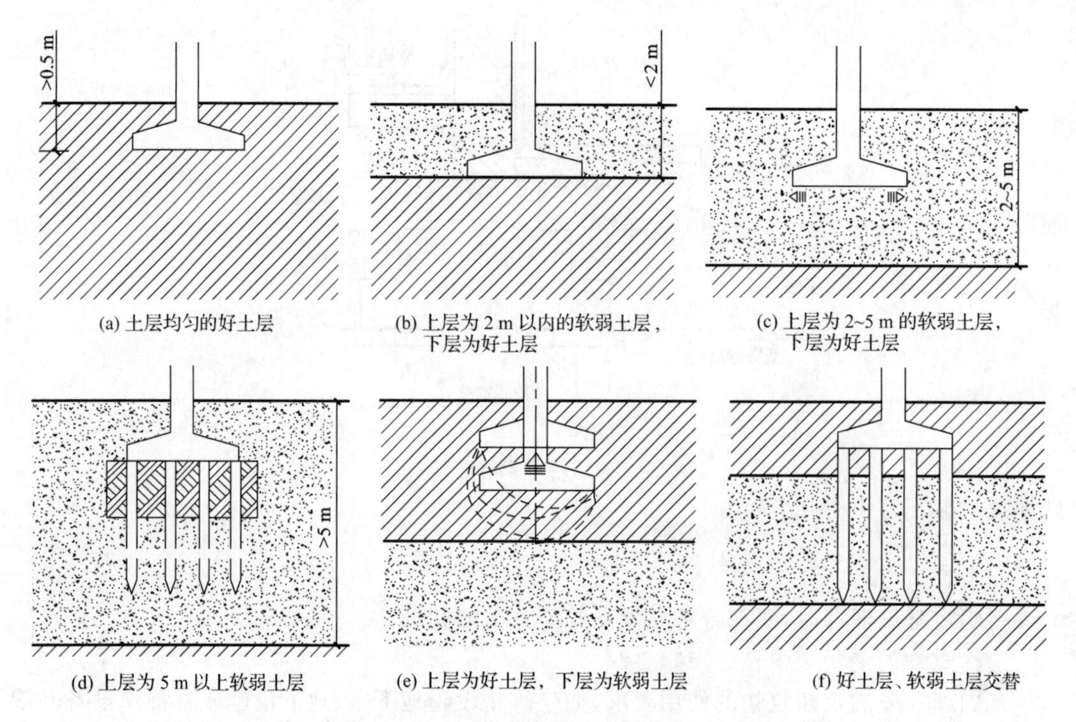

(a) 土层均匀的好土层　(b) 上层为 2 m 以内的软弱土层，下层为好土层　(c) 上层为 2~5 m 的软弱土层，下层为好土层

(d) 上层为 5 m 以上软弱土层　(e) 上层为好土层，下层为软弱土层　(f) 好土层、软弱土层交替

图 2-5　不同的地基土层构造对基础埋深的影响

如果好土层有足够的厚度，基础应尽量浅埋，同时对下方软弱土层进行应力、应变验算，如图 2-5(e)所示。若好土层的厚度不够，可采用埋置桩基础等措施。

(6)地基土层由好土层和软弱土层交替构成

对总荷载较小的建筑物应尽可能将基础埋置在浅层好土层中；对总荷载较大的建筑物可采用埋置桩基础等措施，将基础埋置在深层好土层中，如图 2-5(f)所示。

3. 水文地质条件

基础埋深必须考虑地下水位的影响，一般宜将基础落在最高地下水位之上，如图 2-6(a)所示。

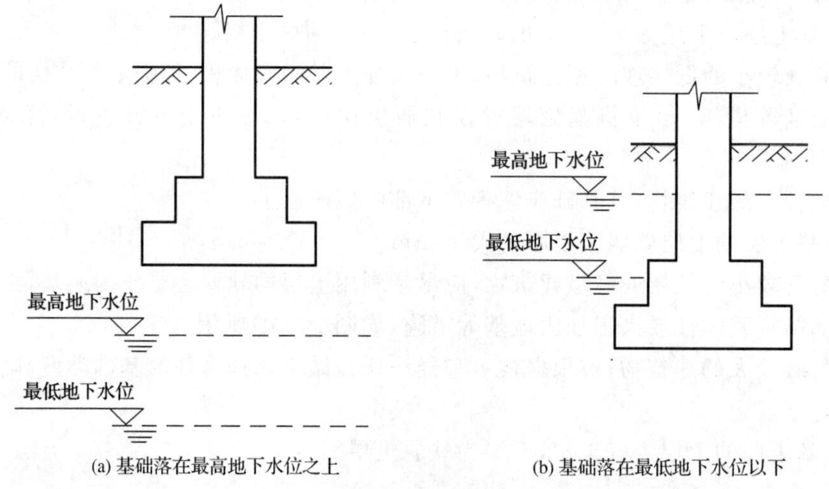

(a) 基础落在最高地下水位之上　(b) 基础落在最低地下水位以下

图 2-6　地下水位与基础埋深的关系

当地下水位较高、基础不能埋置在最高地下水位以上时，为减少地下水位的变化对地基承载力的影响，应把基础落在最低地下水位以下，如图 2-6(b)所示。

对有侵蚀性的地下水，应将基础埋置在最高地下水位以上，否则应采取防止基础被侵蚀的措施。

4. 地基冻胀深度

在低温条件下，地面以下冻胀土与非冻胀土的分界线称为冰冻线，冰冻线至地表的垂直距离称为冰冻深度，也是冻胀层的深度。不同地区的冰冻深度差异很大，有些地方的冰冻深度可达 3 m。

若基础落在冻胀土之中，天气变冷时，土的体积增大，将建筑物基础向上拱起，当土层解冻时，基础又会随之下沉，容易造成建筑物构件破坏。为了避免冻胀土层对建筑物的影响，一般要求将基础埋置在冰冻线以下，如图 2-7 所示。

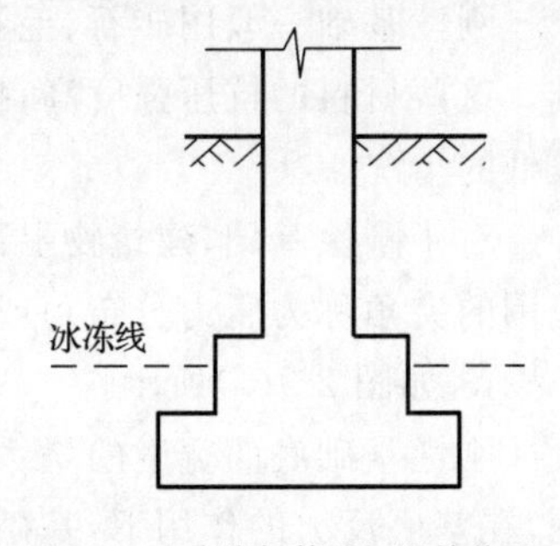

图 2-7 冰冻线与基础埋深的关系

对于碎石、卵石、粗砂和中砂等地基土层，由于土的颗粒较粗，颗粒间空隙大，毛细现象不明显，土的冻胀现象轻微，所以基础埋深可以不考虑地基冻胀深度的影响。

5. 相邻建筑物基础之间的影响

为保证原有建筑物的安全和正常使用，新建建筑物的基础埋深应浅于原有建筑物的基础。当新建建筑物的基础埋深必须大于原有建筑物的基础时，两建筑物间的水平距离一般应该控制在其基础底面高差的 1～2 倍，如图 2-8 所示。

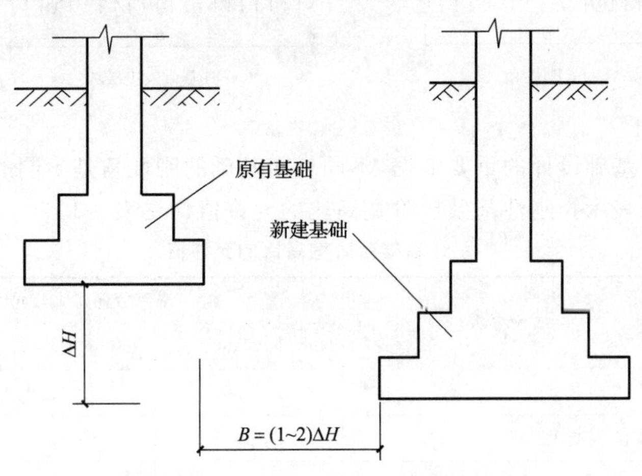

图 2-8 相邻建筑物基础对埋深的影响

当上述要求不能满足时，应采取特殊的施工措施，以保证原有基础的安全。

6. 其他因素

确定基础埋深时，还应考虑地下管沟、地下洞室和建筑物的地下室、设备基础等的影响。

二、基础的类型与构造

建筑物基础的类型，可从多个角度进行划分。按基础的材料和受力特点划分，可分为刚性基础和柔性基础。

按基础的构造形式划分，可分为独立基础、条形基础、筏形基础、箱形基础等。

按基础埋深划分，可分为浅基础和深基础。桩基础是常用的深基础形式。

(一)刚性基础

刚性基础一般用砖石、毛石混凝土、混凝土或三合土等材料建造而成，又称无筋扩展基础。这些材料的抗压强度高，抗拉、抗剪强度低。刚性基础常用于地基承载力好、地下水位较低的情况。

对于刚性基础，建筑物上部结构传到基础中的力只能在允许的范围之内传递，这个控制范围的夹角称为压力分布角或刚性角，一般为基础放宽的引线与墙体垂直线之间的夹角，用 α 表示，如图 2-9(a)所示。

刚性基础底面宽度的增大要受到刚性角的限制。如果基础的放大尺寸超出了控制范围，在基底反力的作用下，基础将发生破坏，如图 2-9(b)所示。

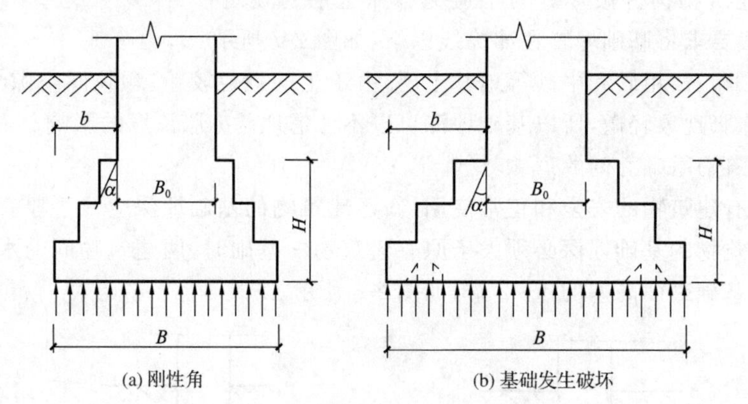

图 2-9 刚性基础

刚性角是刚性基础设计的重要依据，不同材料基础的刚性角是不同的，一般用基础台阶的宽和高的比值来表示。刚性基础台阶宽高比的允许值详见表 2-1。

表 2-1 刚性基础台阶宽高比的允许值

基础材料	质量要求	台阶宽高比的允许值		
		$p_k \leqslant 100$	$100 < p_k \leqslant 200$	$200 < p_k \leqslant 300$
混凝土基础	C15 混凝土	1∶1.00	1∶1.00	1∶1.25
毛石混凝土基础	C15 混凝土	1∶1.00	1∶1.00	1∶1.50
砖基础	砖不低于 MU10、砂浆不低于 M5	1∶1.50	1∶1.50	1∶1.50
毛石基础	砂浆不低于 M5	1∶1.25	1∶1.50	—
灰土基础	体积比为 3∶7 或 2∶8 的灰土，其最小干密度：粉土 1 550 kg/m³ 粉质黏土 1 500 kg/m³ 黏土 1 450 kg/m³	1∶1.25	1∶1.50	—
三合土基础	体积比 1∶3∶6 或 1∶2∶4(石灰∶砂∶骨料)，每层约虚铺 220 mm，夯至 150 mm	1∶1.50	1∶2.00	—

1. 灰土基础

灰土基础是用经过消解的生石灰和黏土按一定比例拌和、夯实而成的，常用灰、土体积比为 3∶7 或者 2∶8，如图 2-10 所示。

灰土基础的厚度与建筑物层数有关，一般厚度应不小于 300 mm，条形基础的宽度应不小于 600 mm，独立基础应不小于 700 mm。

灰土基础施工简单，造价低廉，但其抗冻、耐水性能差，一般用于低层砌体结构建筑物，在地下水位以下或很潮湿的地基上不宜采用。

2. 三合土基础

三合土基础是由石灰、砂、骨料三种材料，按体积比 1∶3∶6 或 1∶2∶4 拌和，在基槽内分层铺设、夯压密实而形成的基础，其建造方法与灰土基础相同，如图 2-11 所示。

三合土基础只用于 4 层及 4 层以下建筑物的基础，宽度可由计算确定，但一般不小于 600 mm。

3. 毛石基础

毛石基础由未加工凿平的石材和砂浆砌筑而成，如图 2-12 所示。毛石基础的截面形式有阶梯形、锥形和矩形等，基础的质量与砌筑方法有很大的关系。

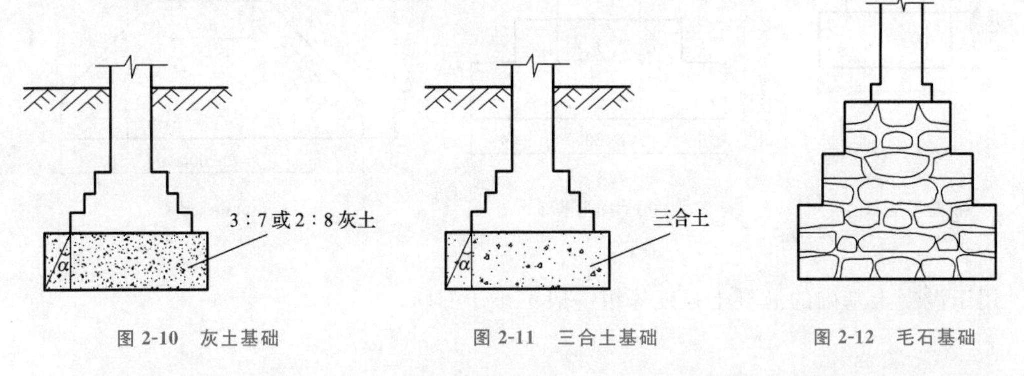

图 2-10 灰土基础　　图 2-11 三合土基础　　图 2-12 毛石基础

阶梯形毛石基础的每阶伸出宽度，不宜大于 200 mm。块石间的缝隙内砂浆要饱满，为便于上部墙体的砌筑，可在毛石基础的顶面铺设一层 60 mm 厚的 C20 混凝土找平层。

毛石基础的整体性欠佳，不宜用于有震动作用的建筑物。

4. 砖基础

砖基础用砖和砂浆砌筑而成，常采用台阶式逐级向下放大的砌筑方法，称为大放脚。在砖基础下宜做灰土或三合土垫层。

大放脚一般有二皮一收和二一间隔收两种砌筑方法。前者是指每砌筑两皮砖的高度，收进 1/4 砖的宽度；后者是指每两皮砖的高度与每一皮砖的高度相间隔，交替收进 1/4 砖，如图 2-13 所示。

5. 混凝土基础

混凝土基础是由素混凝土浇筑而成的基础，有矩形、锥形和台阶形等几种断面形式。混凝土基础具有耐久性好、可塑性强、耐水、耐腐蚀等优点。

当基础高度不大于 350 mm 时，一般做成矩形；当基础高度大于 350 mm 但不超过 1 000 mm 时，多做成台阶形，每阶高度 350～400 mm；当基础高度大于 1 000 mm 或基础底

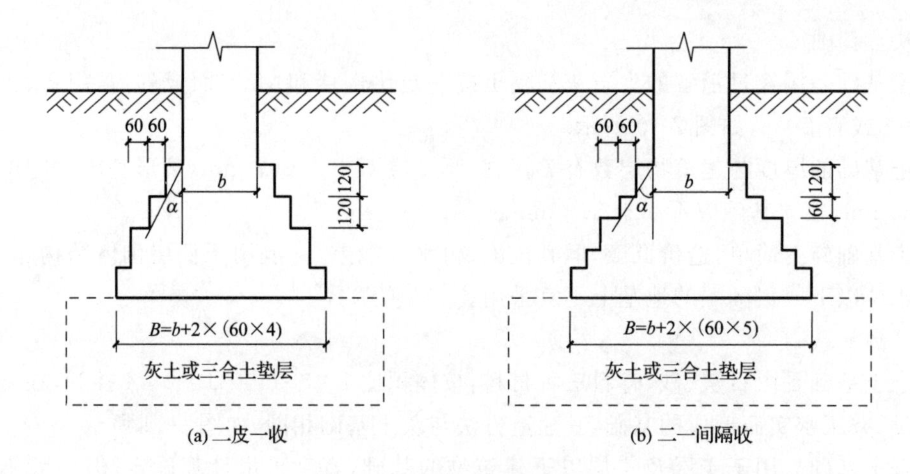

图 2-13 砖基础的砌筑方法

面宽度大于 2 000 mm 时，可做成锥形，如图 2-14 所示。

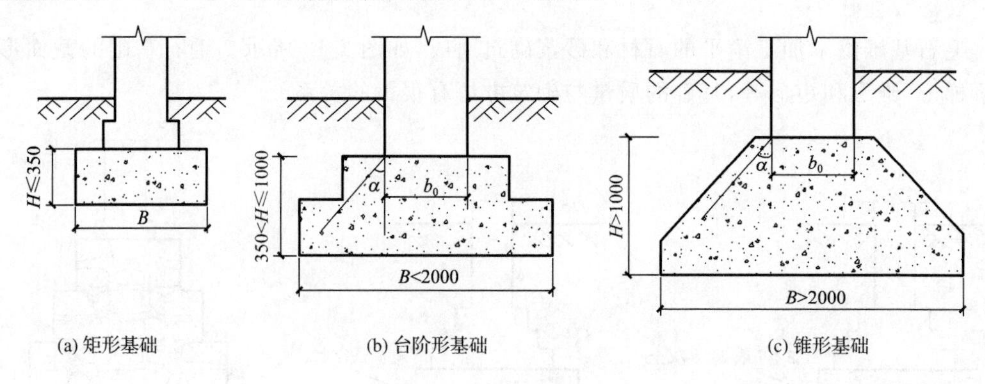

图 2-14 混凝土基础

用于混凝土基础的混凝土强度等级一般不小于 C15。

(二)柔性基础

钢筋混凝土基础在基础的底部配置钢筋，使基础能够承受较大的弯矩，基础底面宽度可加大而不受刚性角限制，这种基础称为柔性基础。在同样条件下，钢筋混凝土基础较混凝土基础节约材料和土方工程量，如图 2-15(a)所示。

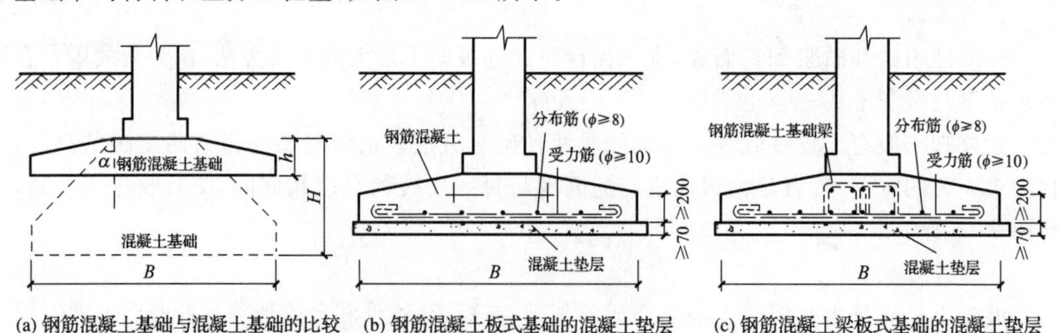

图 2-15 钢筋混凝土基础

为防止基础底部钢筋与地基土接触，并使基底能均匀传递对地基的压力，要在地基与基础之间设置混凝土垫层，垫层的厚度不宜小于 70 mm，垫层的混凝土强度等级不宜低于 C10，如图 2-15(b)、图 2-15(c)所示。

常用的柔性基础有独立基础、条形基础、十字基础、筏形基础和箱形基础等。

1. 独立基础

独立基础呈独立的块状形式，多用于柱下，常用的基础形式有阶梯形、锥形和杯口形等。

当柱为预制构件时，可以将基础做成杯口形，然后将柱插入并嵌固在杯口内，称为杯口基础，如图 2-16 所示。

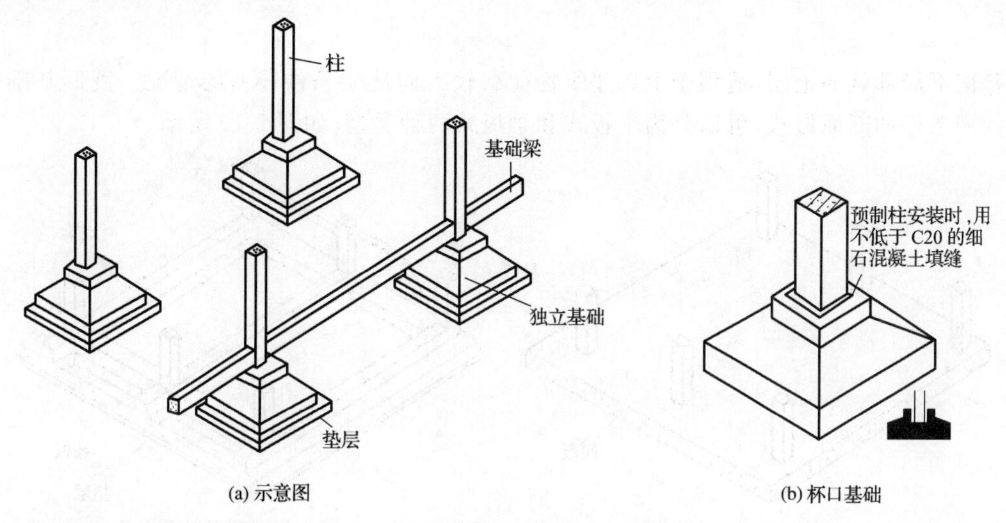

图 2-16　独立基础

2. 条形基础

条形基础呈连续的带形，也称带形基础。条形基础分为墙下条形基础和柱下条形基础，如图 2-17 所示。

柱下条形基础一般用于框架结构或排架结构。

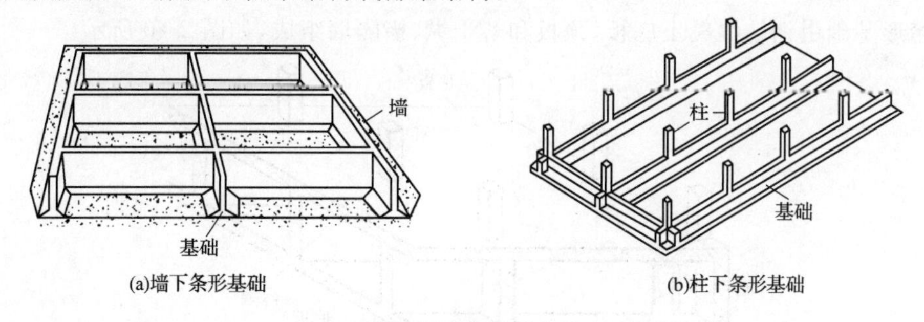

图 2-17　条形基础

3. 十字基础

当地质条件较差且上部结构对基底的整体性要求较高时，为了防止各柱之间的不均匀沉降，可将各柱下的基础沿纵、横两个方向连接起来，形成柱下十字交叉的条形基础，也称为井格基础，如图 2-18 所示。

4. 筏形基础

筏形基础又称满堂基础，由成片的钢筋混凝土板或梁板组成。这种基础整体性好，可跨

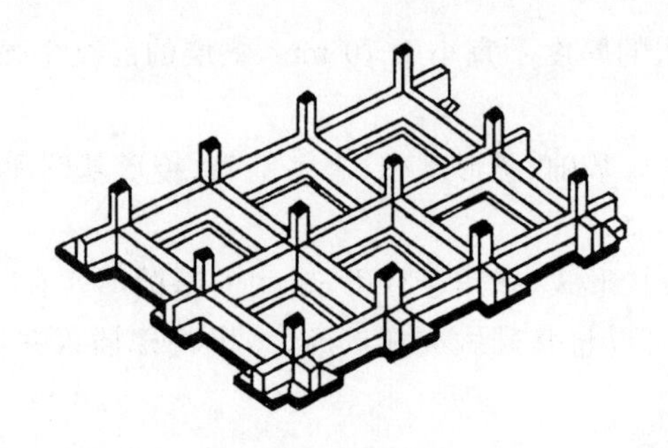

图 2-18　十字基础

越基础下局部软弱土层，适用于上部建筑物荷载较大而地质条件较差的情况。筏形基础根据使用条件和断面形式，可以分为平板式和梁板式两种类型，如图 2-19 所示。

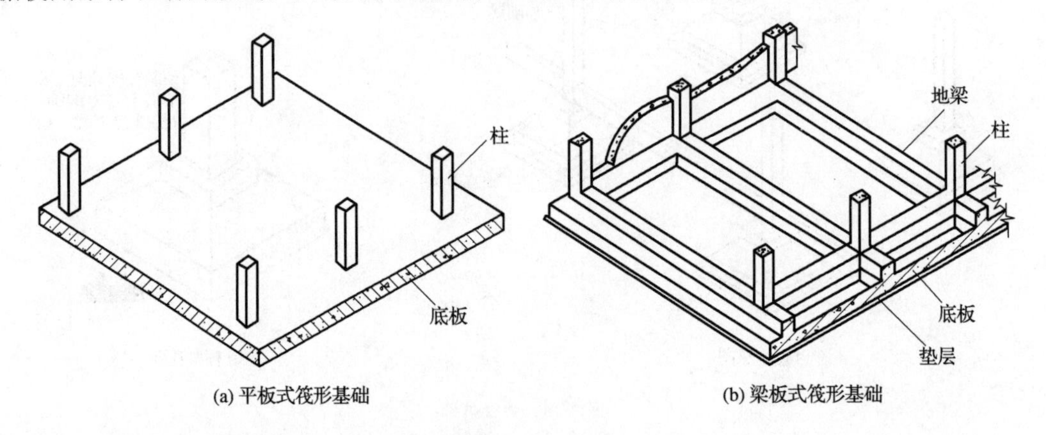

(a) 平板式筏形基础　　(b) 梁板式筏形基础

图 2-19　筏形基础

平板式筏形基础的底板较厚，构造比较简单；梁板式筏形基础的底板较薄，有双向交叉的梁，其受力状态类似于倒置的钢筋混凝土楼板。

5. 箱形基础

箱形基础由钢筋混凝土底板、顶板和若干纵、横隔墙组成，如图 2-20 所示。

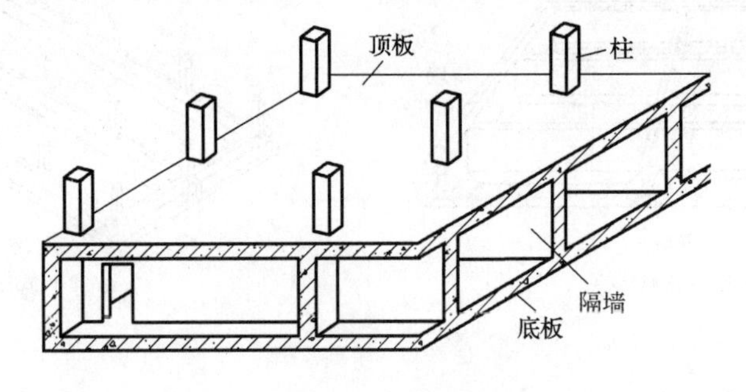

图 2-20　箱形基础

箱形基础一般用于上部荷载大、对地基不均匀沉降要求高的高层建筑以及软弱土层地基上的多层建筑等。

箱形基础整体空间刚度大，抵抗地基不均匀沉降和抗震的能力较强，封闭式的内部空间经适当处理后，可作为地下室使用。

（三）桩基础

桩基础由承台和桩两部分组成，桩全部或部分埋入土中，顶部由承台连成一体，如图 2-21 所示。

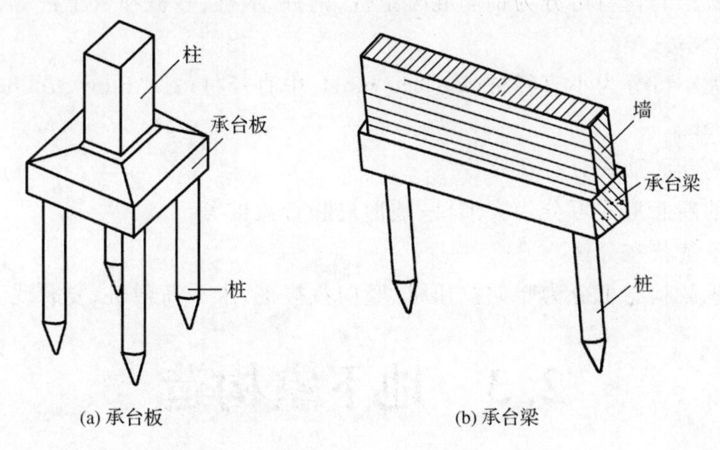

图 2-21 桩基础的组成

承台是在桩顶浇筑的钢筋混凝土梁或板。承台板的厚度由结构计算确定，承台的最小厚度不应小于 300 mm，桩顶嵌入承台的长度不应小于 50 mm。

在寒冷地区，承台下应按需要采取防冻措施，以减小土壤冻胀的反拱影响。通常的做法是在承台下铺设粗砂或炉渣等材料。

1. 按桩的受力特征分类

桩按受力特征可分为摩擦桩和端承桩。摩擦桩上的荷载主要由桩侧表面和土层之间的摩擦力承受；端承桩的桩身穿过软弱土层，上部荷载通过桩身，依靠桩端传递到下面的岩层或坚硬土层，如图 2-22 所示。

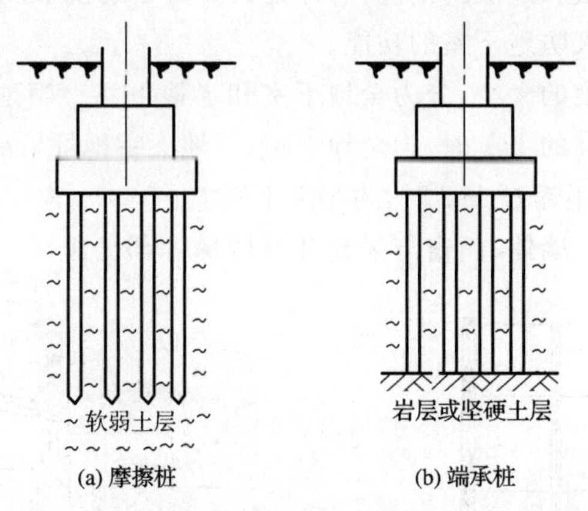

图 2-22 摩擦桩与端承桩

2. 按施工方法分类

桩按施工方法可分为预制桩和灌注桩。

预制桩是在工厂或现场预制成型的钢筋混凝土桩，然后用沉桩设备将其沉入地基土中，一般有振动打入、静力压入和锤击等沉桩方法。

灌注桩是直接在桩位上成孔，然后在其中安放钢筋骨架并浇筑混凝土而成的桩。灌注桩具有桩直径和深度大、承载力高、节约钢材等特点。灌注桩又可分为沉管灌注桩、钻(冲)孔灌注桩和挖孔桩等形式。

3. 按成桩所用的材料分类

桩按成桩所用的材料可分为钢筋混凝土桩、钢桩、木桩、砂桩和灰土桩等。

4. 按桩径大小分类

桩按桩径大小可分为小直径桩($d \leqslant 250$ mm)、中直径桩(250 mm$<d<$800 mm)和大直径桩($d \geqslant 800$ mm)。

5. 按桩身的断面形式分类

桩按桩身的断面形式可分为方形桩、圆形桩和管状桩等。

6. 按桩的承载状态分类

桩按桩的承载状态可分为竖向抗压桩、竖向抗拔桩、水平荷载桩、复合受力桩等。

2.3 地下室构造

一、地下室的组成

地下室是建筑物底层地面以下的空间。地下室可以专门设置，也可以利用高层建筑的深埋基础部分或箱形基础的内部空间改造而成。

地下室按照使用性质可以分为普通地下室和人防地下室。前者是指普通的地下空间，如商场、车库、餐厅、库房和设备用房等；后者是指有人防要求的地下空间。人防地下室应该具有紧急状态下人员隐蔽和疏散的功能，有保证人员安全的技术措施。平战结合的地下室，可以兼有普通地下室和人防地下室的功能。

地下室按照埋入深度的大小，分为全地下室和半地下室。当地下室地坪低于室外设计地坪的高度超过房间净高的1/2时，为全地下室；当地下室地坪低于室外设计地坪的高度超过该房间净高的1/3，但不超过1/2时，为半地下室。

地下室由顶板、底板、墙体、门窗与采光井及楼梯等部分组成。地下室和采光井的结构如图2-23所示。

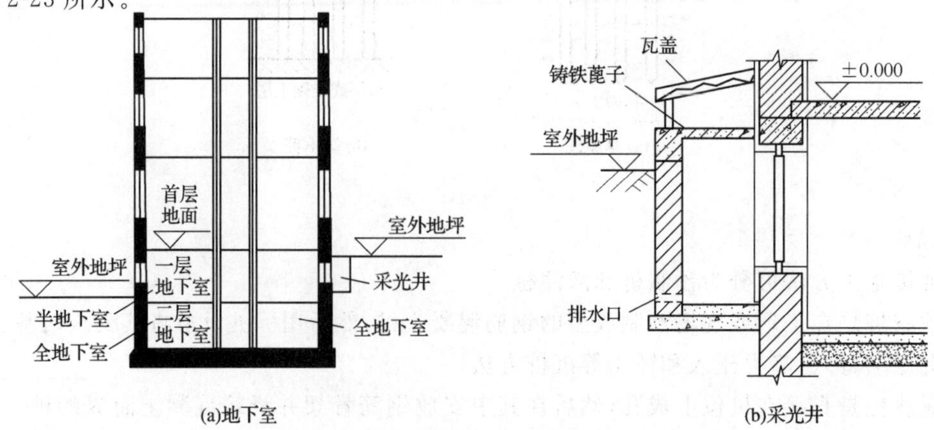

图 2-23 地下室和采光井的结构

1. 顶板

地下室顶板一般为现浇钢筋混凝土板、预制钢筋混凝土板或装配整体式楼板。人防地下室顶板必须采用现浇钢筋混凝土板，并按有关规定确定板的厚度和混凝土强度等级。

2. 底板

当地下室底板处于最高地下水位以下时，底板不仅承受上部垂直荷载，还承受地下水的浮力荷载，因此应采用钢筋混凝土底板，并双层配筋，底板下垫层上还应设置防水层。对处于最高地下水位以上的地下室底板，可按一般地面工程处理。

3. 墙体

地下室墙体不仅承受竖向荷载，还要承受土体、地下水和土壤冻胀的侧压力。钢筋混凝土墙体和砖砌墙体的外墙要做防潮或防水处理。

4. 门窗与采光井

半地下室可以利用两侧外墙上的窗直接采光、通风。如果地下室外窗在室外地坪以下，应设置采光井和防护篦子。

采光井的宽度在1 m左右，可以每个窗子单独设置一个采光井，也可将几个窗子连在一起设置采光井。采光井由侧墙和底板等组成，侧墙一般用砖砌筑，顶面应比室外设计地面高250～300 mm，以防地面水流入；底板一般用钢筋混凝土浇筑，应低于窗台250～300 mm，设有1%～3%的排水坡度，利用管道将雨水等引入地下排水管网。采光井口应设防护篦子，以保障人员室外行走时的安全。

人防地下室一般不允许设外窗，外门要按防空等级要求设置相应的保护措施。

5. 楼梯

当地下室与地面上部房间共用楼梯间时，要用防火门分隔，安全出口的设置必须满足消防要求。有人防要求的地下室至少要设置两部楼梯通向地面的安全出口，并且必须有一个是独立的安全出口。

二、地下室的防潮与防水

地下室的底板和墙身设置在地面以下，长期受到地潮和地下水的侵蚀，轻则引起墙面抹灰脱落、墙面生霉，重则进水，影响地下室的正常使用和建筑物的耐久性。防潮和防水是地下室的重要问题，必须根据地下水情况和工程要求对地下室采取相应的防潮、防水等措施。

地下室的防潮、防水处理和设防高度要综合考虑地表水、地下水、毛细管水的作用和附近水文地质条件的影响，合理确定。

（一）地下室防潮

当地下水的常年水位和设计最高地下水位低于地下室底板，且地下室周围的土壤和回填土透水性较好，如中粗砂、砂砾或砾石等，无形成上层滞水的可能时，地下室外墙和地坪仅受到土层中的毛细管水和地面水下渗的无压水影响，这时地下室底板和外墙只需做防潮处理。

对钢筋混凝土墙体的地下室外墙，可利用混凝土结构的自防潮功能，不必再做防潮处理，但在外墙穿管、接缝等处，应嵌入密封材料防潮。

对砖砌墙体的地下室外墙，墙体必须采用水泥砂浆砌筑，且灰缝应饱满。外墙外侧要设垂直防潮层，一般用15 mm厚1∶3水泥砂浆打底，10 mm厚1∶2水泥砂浆粉面，并刷防水涂料两道，然后在防潮层外侧回填底部宽度为 0.5 m 的隔水层，逐层夯实，以防地面雨水或其他地表水的影响。地下室所有的墙体都应设上、下两道水平防潮层，一道设在室外地面以下，一道设在地下室地坪的结构中间位置。地下室的防潮构造如图2-24所示。

地下室的地坪一般借助于混凝土材料防潮，但是当地下室的防潮要求较高时，应做专门的防潮处理。防潮层通常设在面层与垫层之间，且与墙身水平防潮层在同一水平面上。当地下室使用要求较高时，可在围护结构内侧加涂防潮涂料。

（二）地下室防水

当地下室底板在设计最高地下水位以下或建筑物地基和回填土的透水性较差时，下渗的地面水可能形成滞水，使地下室的底板和部分外墙浸在水中，有压水对地下室的影响如图2-25 所示。此时，地下室的外墙受到地下水的侧压力，底板受到地下水的浮力作用，侧压力和浮力越大，渗水越严重。因此，必须对地下室外墙和底板做防水处理。

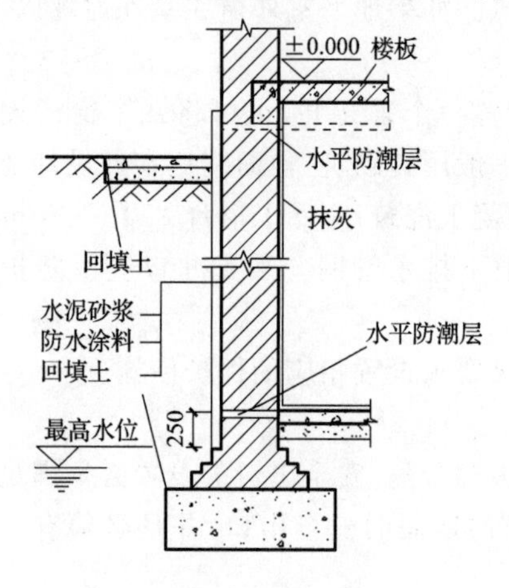

图 2-24　地下室的防潮构造

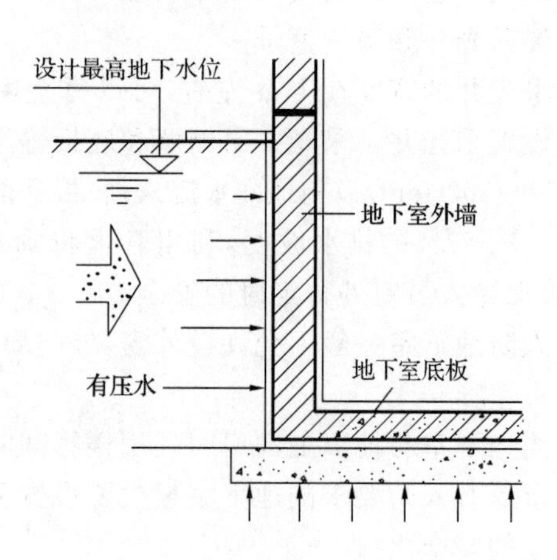

图 2-25　有压水对地下室的影响

1. 地下室防水的工程等级

根据工程的重要性和其使用中对防水的要求，《地下工程防水技术规范》(GB 50108—2008)规定了地下工程防水等级标准和不同防水等级的适用范围，详见表 2-2 和表 2-3。

表 2-2　地下工程防水等级标准

防水等级	标　准
一级	不允许渗水，结构表面无湿渍
二级	不允许漏水，结构表面可有少量湿渍 工业与民用建筑：总湿渍面积不应大于总防水面积（包括顶板、墙面、地面）的 1/1000；任意 100 m^2 防水面积上的湿渍不超过 2 处，单个湿渍的最大面积不大于 0.1 m^2 其他地下工程：总湿渍面积不应大于总防水面积的 2‰；任意 100 m^2 防水面积上的湿渍不超过 3 处，单个湿渍的最大面积不大于 0.2 m^2
三级	有少量漏水点，不得有线流和漏泥砂 任意 100 m^2 防水面积上的漏水点数不超过 7 处，单个漏水点的最大漏水量不大于 2.5 L/d，单个湿渍的最大面积不大于 0.3 m^2
四级	有漏水点，不得有线流和漏泥砂 整个工程平均漏水量不大于 2 L/(m^2 · d)；任意 100 m^2 防水面积的平均漏水量不大于 4 L/(m^2 · d)

表 2-3　不同防水等级的适用范围

防水等级	适用范围
一级	人员长期停留的场所；因有少量湿渍会使物品变质、失效的贮物场所及严重影响设备正常运转和危及工程安全运营的部位；极重要的战备工程、地铁车站
二级	人员经常活动的场所；在有少量湿渍的情况下不会使物品变质、失效的贮物场所及基本不影响设备正常运转和工程安全运营的部位；重要的战备工程
三级	人员临时活动的场所；一般战备工程
四级	对渗漏水无严格要求的工程

2. 地下室的防水措施

(1)防水混凝土防水

防水混凝土通过调整配合比或掺加外加剂、掺合料等方式来提高混凝土的密实性和抗渗性。

普通防水混凝土的配制和施工与一般混凝土相同，即通过控制水灰比、水泥和砂的用量，切断混凝土毛细管渗水通道，提高混凝土的密实性和抗渗性，实现混凝土自身的防水性能。

掺外加剂防水混凝土是在混凝土中掺入加气剂或密实剂，以提高其抗渗性能。目前常用外加剂的主要成分是氯化铝、氯化钙、三乙醇胺、三氯化铁和木质磺酸钙等。

由于防水混凝土的抗渗性随着温度的升高而降低，其环境温度一般不得高于80 ℃。

防水混凝土结构底板的混凝土垫层的强度等级不应小于 C15，厚度不应小于 100 mm，在软弱土层中厚度不应小于 150 mm。防水混凝土应连续浇筑，少留施工缝，地下室防水混凝土的施工缝构造如图 2-26 所示。防水混凝土结构厚度不应小于 250 mm。

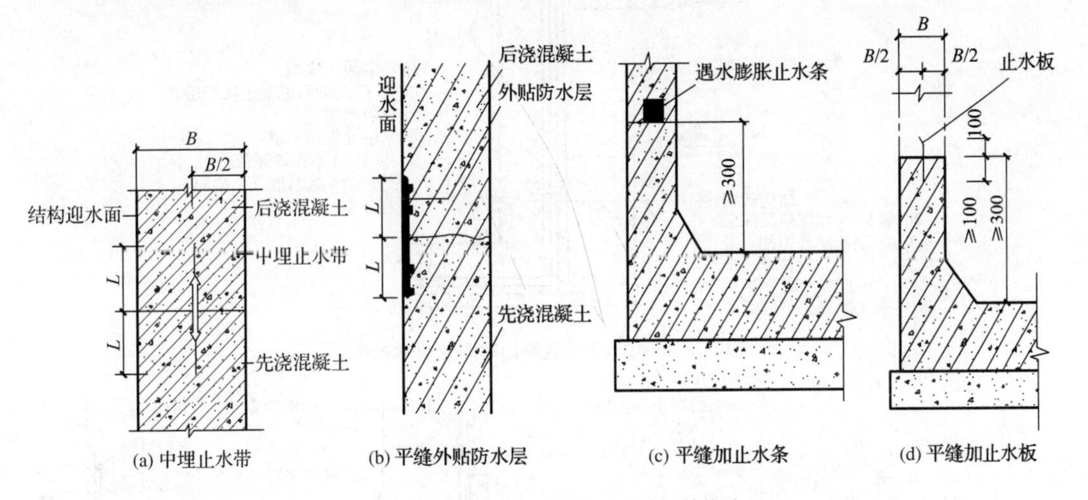

图 2-26　地下室防水混凝土的施工缝构造

(2)卷材防水

卷材防水是在围护结构的表面上覆盖一层或多层防水卷材，它适用于受震动作用、受侵蚀性介质作用或结构允许有微量变形的地下结构。常用的防水卷材有高聚物改性沥青防水卷材和合成高分子防水卷材等。防水卷材的层数与厚度应根据防水等级和防水卷材的种类确定。

卷材防水层设在地下工程围护结构的迎水面时，称为外防水，这种方法防水效果较好，但维修困难。

外防水的具体做法是先在混凝土垫层上铺设底板防水层，然后浇注地下室底板。底板下的防水卷材必须留出足够的长度，以便与墙面垂直防水卷材逐层搭接。防水层外面用50 mm厚聚苯板或砌120 mm厚保护墙一道进行保护。砌筑保护墙时，先在底部干铺油毡一层，并在转角处及沿墙长度每隔5～6 m处断开，断开的缝中填充卷材条等，保护墙与防水层之间的空隙用砌筑砂浆填实，在保护墙外0.5 m范围内回填2∶8灰土或黏土分层夯实，如图2-27(a)、图2-27(b)所示。卷材防水层甩茬、接茬做法，如图2-27(c)、图2-27(d)所示。

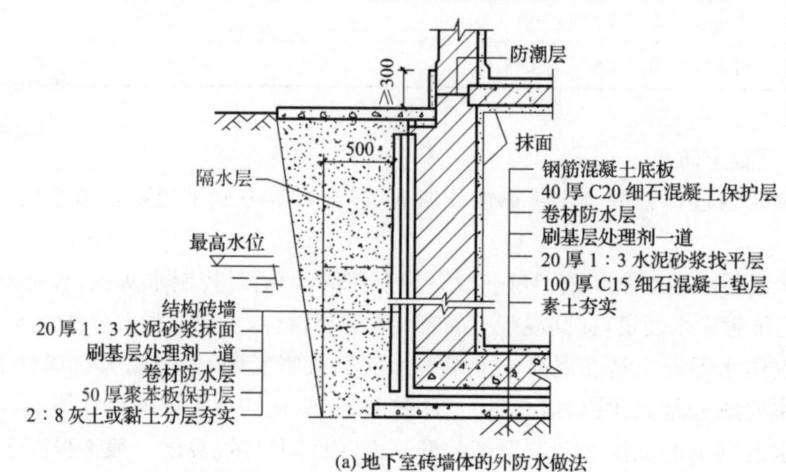

(a) 地下室砖墙体的外防水做法

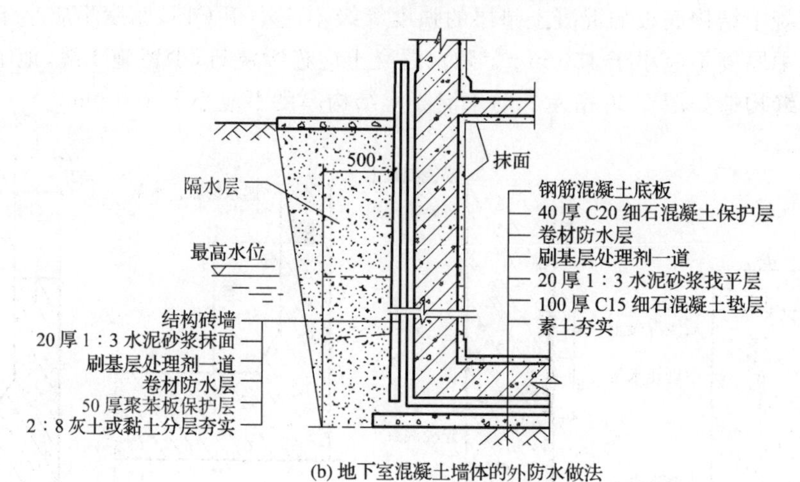

(b) 地下室混凝土墙体的外防水做法

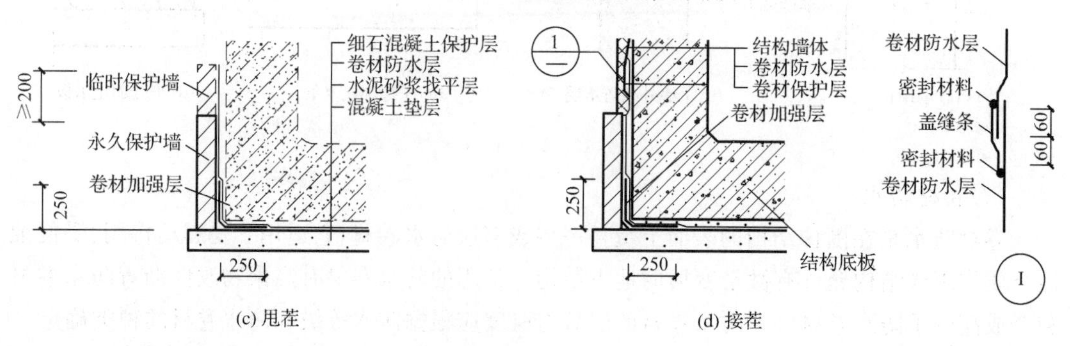

(c) 甩茬

(d) 接茬

图2-27　地下室外防水做法

卷材防水层设在地下工程围护结构的背水面时，称为内防水。这种做法防水效果较差，但施工简单，便于修补，常用于修缮工程或场地及条件受到限制的情况。

(3)水泥砂浆防水

水泥砂浆防水层有普通水泥砂浆防水层、聚合物水泥砂浆防水层以及掺外加剂或掺和料的水泥砂浆防水层等类型。由于砂浆干缩性大，易开裂渗漏，一般适用于主体结构刚度较大、建筑物变形较小且侵蚀性或震动性较小的工程，多用于结构的迎水面。

掺外加剂或掺和料的水泥砂浆防水层的厚度一般为18～20 mm；聚合物水泥砂浆防水层厚度，单层施工时宜为6～8 mm，双层施工时宜为10～12 mm。施工时水泥砂浆防水层的各层应紧密贴合，每层宜连续施工。

(4)涂料防水

涂料防水层包括有机涂料防水层和无机涂料防水层。涂料防水是在施工现场以刷涂、刮涂或滚涂等方式，将液态涂料在常温条件下涂敷于地下室结构表面的一种防水方法。

有机防水涂料主要包括水乳型、反应型和聚合物水泥防水涂料。它可以形成无接缝的完整防水膜，有较好的延伸性和抗渗性，适用于结构的迎水面。有机防水涂料层的厚度一般为1.2～2.0 mm，其外侧应做砂浆或砖墙保护层。

无机防水涂料包括水泥基无机活性涂料和水泥基渗透结晶型防水涂料。水泥基无机活性防水涂料层的厚度宜为1.5～2.0 mm；水泥基渗透结晶型防水涂料层的厚度不小于0.8 mm。

涂料防水可采用外防内涂和外防外涂两种做法，如图2-28所示。

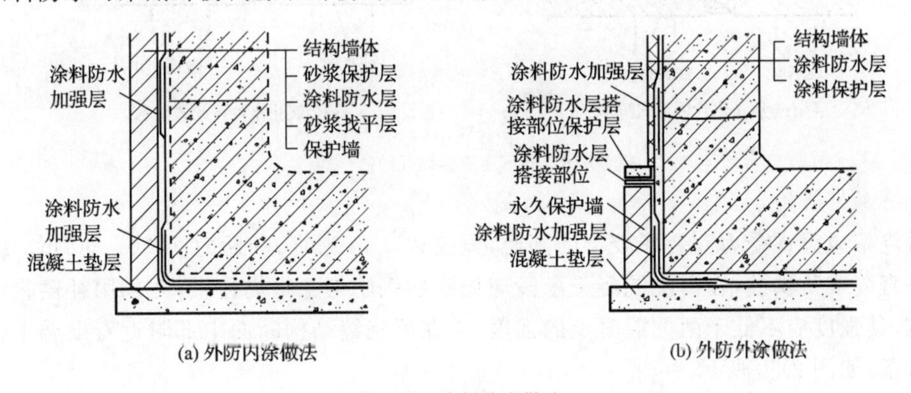

图2-28 涂料防水做法

(三)地下室防水的细部构造

地下室防水的细部构造主要包括变形缝、后浇带(施工缝)、穿墙管(盒)、埋设件、预留孔洞和孔口等构造做法。

1. 变形缝

地下室变形缝应满足密封防水、适应变形、方便施工、容易检查等要求，其宽度宜为20～30 mm。变形缝的构造形式和材料要根据工程特点、地基或结构变形情况，以及水压、水质和防水等级确定。

地下室变形缝处的防水根据一般工程、重要工程和内防水工程对其要求的不同有不同的做法，如图2-29(a)～图2-29(c)所示。根据防水材料的不同，又可分为卷材防水、止水带防水和金属止水片防水等，如图2-29(d)～图2-29(g)所示。

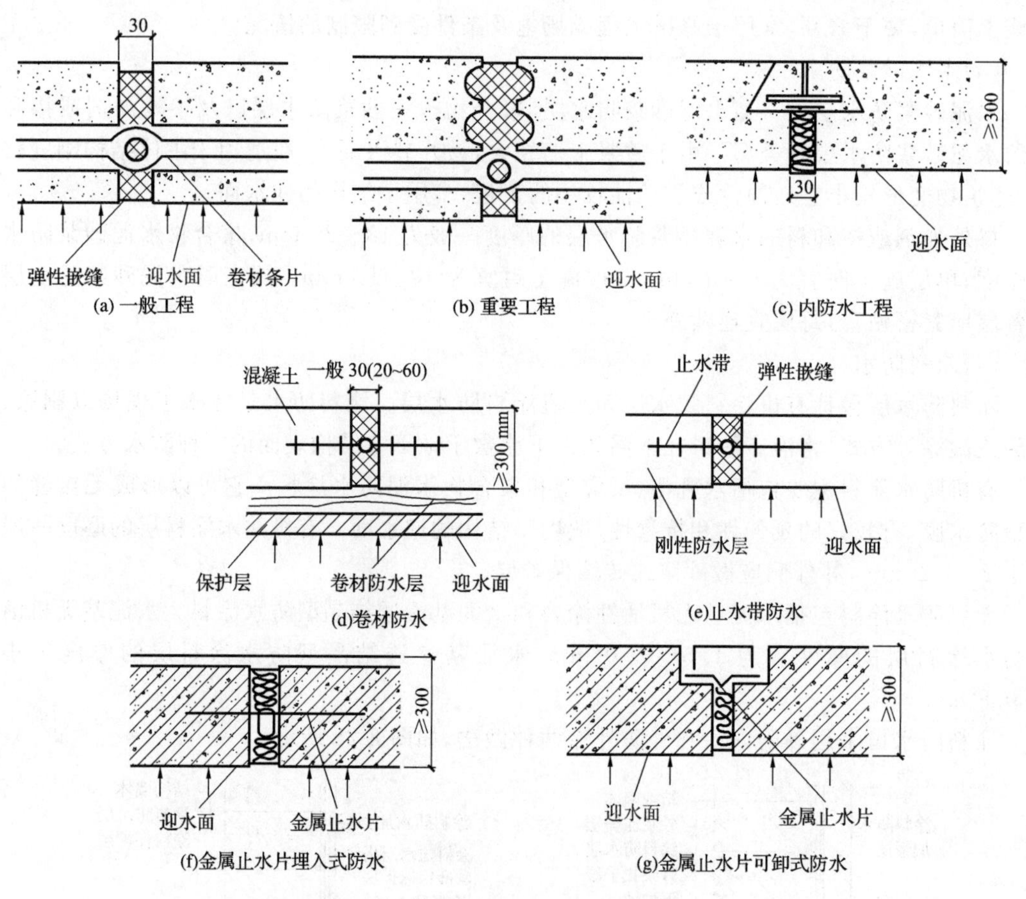

图 2-29 地下室变形缝处的防水构造

2. 后浇带

后浇带应设在受力和变形较小的部位，宽度以 1 m 为宜，间距宜为 30～60 m。后浇带可做平直缝或阶梯缝，在后浇混凝土区段应设附加钢筋与主钢筋连接，并采用补偿收缩混凝土浇筑，其强度应不低于两侧混凝土的强度，并在后浇缝结构断面中部附近安设遇水膨胀橡胶止水条，如图 2-30 所示。

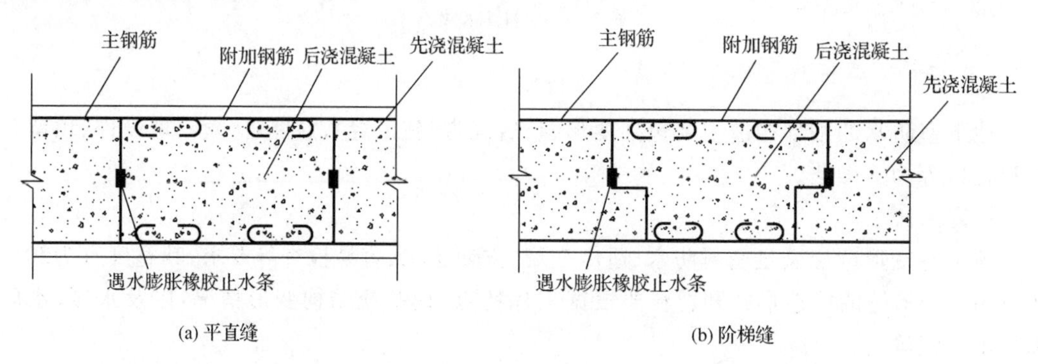

图 2-30 混凝土后浇带构造

3. 穿墙管

地下室穿墙管处应做好防水处理，常用的做法有刚性穿墙管直接埋入，适用于无变形、无压力水的防潮墙身，如图 2-31(a)所示；刚性穿墙防水套管，适用于有变形、一般防水要求处，如图 2-31(b)、图 2-31(c)所示；柔性穿墙防水套管，适用于有震动、有变形、有较高防水要求处，如图 2-31(d)所示。

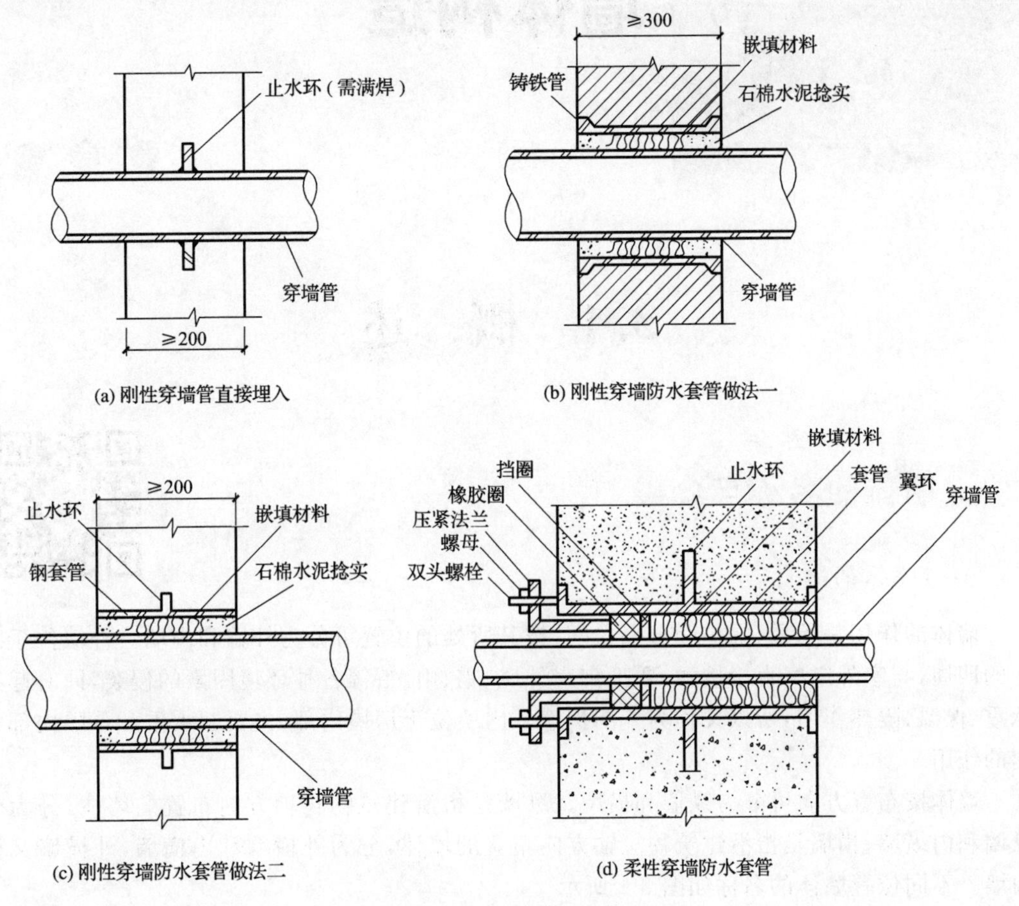

图 2-31　穿墙管处的防水构造

复习思考题

1. 地基和基础的概念是什么？
2. 什么是天然地基？什么是人工地基？
3. 地基和基础的设计要求有哪些？
4. 影响基础埋置深度的因素有哪些？
5. 什么是刚性基础？常用的刚性基础有哪几种形式？
6. 什么是柔性基础？常用的柔性基础有哪几种形式？
7. 按不同的分类方法，桩基的类型分别有哪些？
8. 地下室由哪几部分组成？
9. 简述地下室的防潮构造要点
10. 简述地下室的防水构造要点。

第3章 墙体构造

3.1 概述

一、墙体的名称与分类

墙体

(一)墙体的名称

墙体的作用是承重、围护和分隔空间，按其所处的位置可分为外墙和内墙。外墙位于房屋的四周，与室外空气直接接触，要抵御室外风、霜、雨、雪等各种环境因素的侵袭，同时起到承重、保温、隔热作用，所以又称为外围护墙。内墙位于房屋内部，主要起承重和分隔内部空间的作用。

墙体按布置方向可分为纵墙和横墙。纵墙是指沿建筑物长轴方向布置的墙体，分为外纵墙和内纵墙；横墙是指沿建筑物短轴方向布置的墙体，分为外横墙和内横墙，外横墙又称山墙。不同位置墙体的名称如图3-1所示。

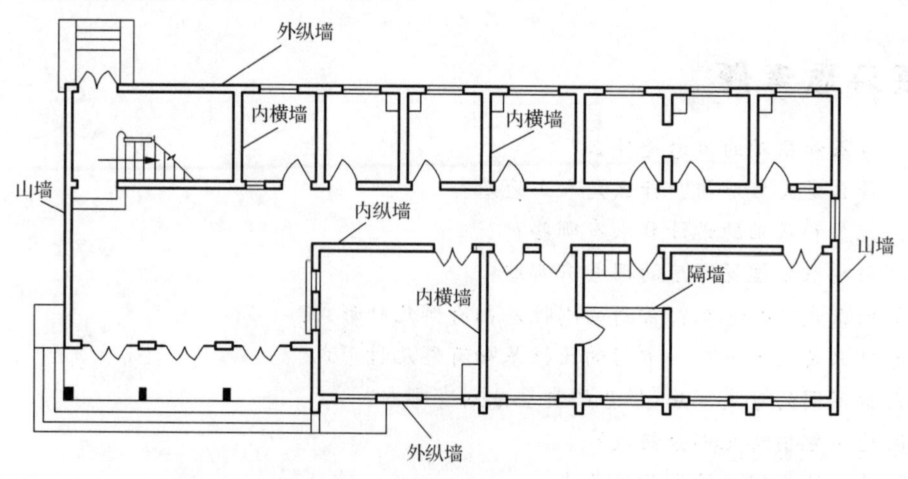

图3-1 不同位置墙体的名称

窗与窗之间或门与窗之间的墙，称为窗间墙；底层窗下的墙，称为窗下墙；平屋顶四周高出屋面部分的墙称为女儿墙，如图 3-2 所示。

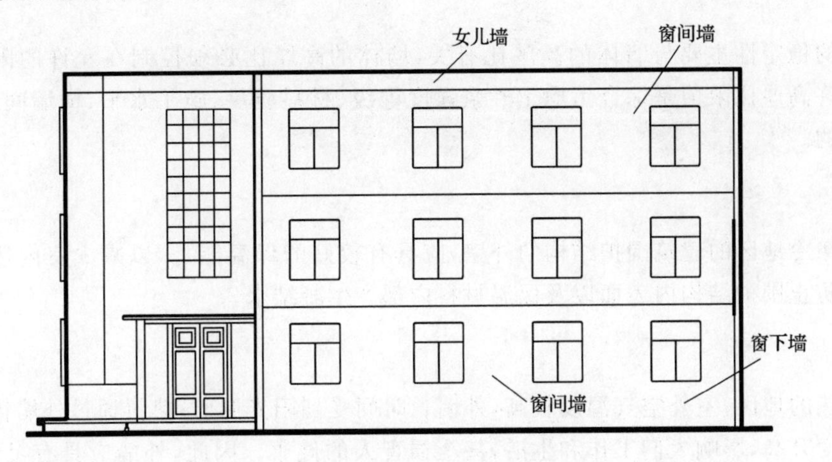

图 3-2 建筑立面图中各墙体的位置与名称

(二)墙体的分类

墙体按其所采用的材料可以分为砖墙、石墙、土墙、钢筋混凝土墙和砌块墙。

墙体按受力状况分为承重墙和非承重墙。承重墙直接承受楼板及屋顶传下来的荷载，非承重墙不承受除自身重量以外的其他荷载。

在框架结构中，非承重墙可以分为填充墙和幕墙。填充墙是指位于框架梁、柱之间的墙体；幕墙是指悬挂于框架梁、柱外侧轻而薄的墙体，有玻璃幕墙、金属幕墙和石材幕墙等。

墙体按构造方式可以分为实体墙、空心墙和复合墙，如图 3-3 所示。实体墙由单一材料组成，如砖墙、砌块墙等；空心墙由单一材料组成且墙体内部砌成空腔构造，如空斗砖墙，也可采用空心砌块和空心板材等砌筑而成；复合墙是由两种或两种以上材料构成的墙体。

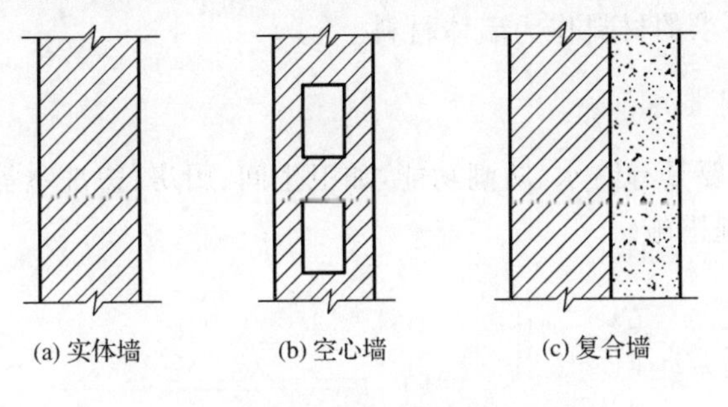

(a) 实体墙 (b) 空心墙 (c) 复合墙

图 3-3 墙体按构造方式分类

二、墙体的设计要求

(一)承载力要求

承载力是指墙体承受荷载的能力。承重墙和承自重墙必须有足够的承载能力，否则墙体可能碎裂或错位，甚至坍塌，故设计时必须验算其控制截面处的承载力。在地震设防区，还应考虑地震作用力对墙体承载力的影响。

（二）稳定性要求

墙体的稳定性主要与墙体的高厚比有关，墙体的高厚比必须控制在允许的限值以内。墙体的允许高厚比限值是综合考虑了砂浆强度等级、材料质量、施工水平、横墙间距等诸多因素确定的。

（三）保温要求

冬季寒冷地区的建筑围护结构的外墙，应具有较好的保温能力，以减少室内热量损失，同时还应防止围护结构内表面以及保温材料内部产生凝结水。

（四）隔热要求

在炎热的地区，室外空气温度较高，外墙长时间受到阳光照射，热量通过外墙传入室内，使室内温度升高，影响人们工作和生活，甚至损害人的健康。因此，外墙应具有足够的隔热功能。

（五）隔声要求

为减少外界噪声对室内的干扰，墙体应具有良好的隔声性能，要根据建筑的使用性质进行噪声控制。

墙体控制噪声的主要措施：一是加强墙体的密封处理；二是增加墙体密实性及厚度，避免噪声穿透墙体并减少墙体震动；三是采用有空气间层或多孔性材料的墙，提高墙体的减震和吸音能力。

（六）防火要求

墙体要满足防火要求，应选择燃烧性能和耐火极限均符合《建筑设计防火规范》(GB 50016—2014)要求的材料作为墙体材料。

（七）防水、防潮要求

特殊部位的墙体要具有防水、防潮功能，如卫生间、厨房、盥洗室等有水房间及地下室的墙体应采取防水、防潮措施。

三、墙体的承重方案

由墙体承重的建筑，墙体既是围护分隔构件又是主要的承重构件，墙体承受屋顶和楼板传来的荷载，并将这些荷载连同自重一起传至基础和地基。墙体的承重方案有多种，如图3-4所示。

（一）横墙承重

横墙承重方案的承重墙体主要由垂直于建筑物长度方向的横墙组成，如图3-4(a)所示。楼板两端搁置在横墙上，横墙将楼板传来的荷载并连同自身的重量传递给基础和地基。这种承重方案的横墙数量多，房屋刚度大，整体性好，但是建筑空间组合不够灵活，主要适用于房间面积较小，墙体位置比较固定的建筑，如宿舍、旅馆等。

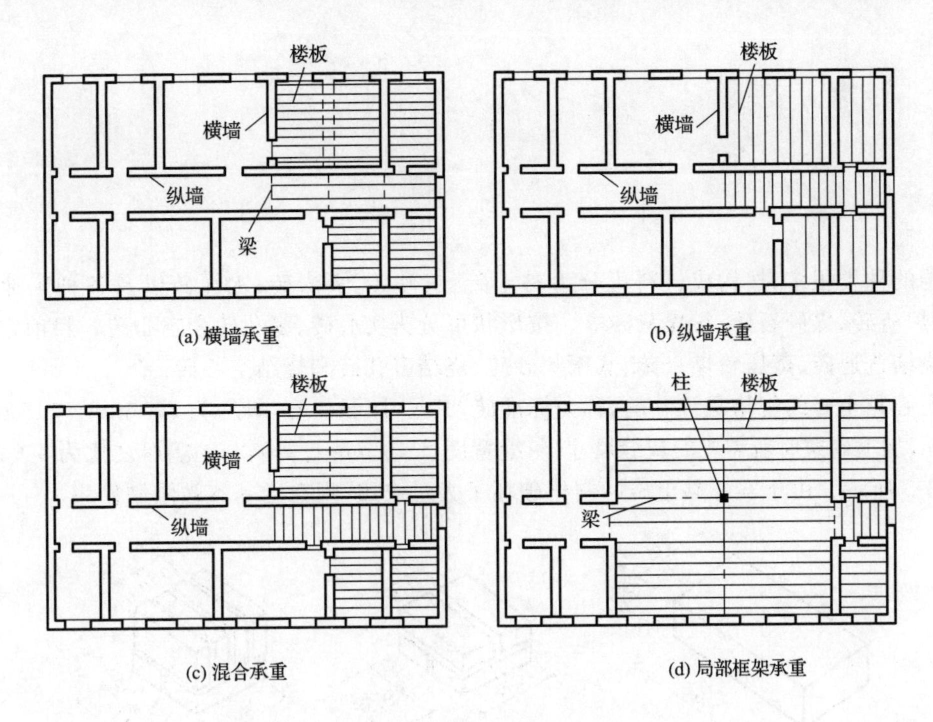

图 3-4　墙体的承重方案

(二)纵墙承重

纵墙承重方案的承重墙体主要由平行于建筑物长度方向的纵墙组成,如图 3-4(b)所示。楼板搁置在内、外纵墙上,纵墙将楼板传来的荷载并连同自身的重量传递给基础和地基。纵墙承重方案的横墙数量少,房屋刚度较小,应适当设置横墙,以保证房屋刚度的要求。这种方案空间划分较灵活,但设在纵墙上的门窗洞口的大小和位置将受到一定的限制,主要适用于在房间的使用上有较大空间要求的建筑,如教学楼中的教室、阅览室、实验室等。

(三)混合承重

混合承重方案的承重墙体由横墙和纵墙共同组成,如图 3-4(c)所示。这种承重方案空间组合灵活,整体性好,主要适用于房间开间、进深变化较多的建筑,如住宅等。

(四)局部框架承重

局部框架承重方案的承重体系由墙体和局部框架组成,如图 3-4(d)所示。这种方案多数情况下采用内部框架和四周墙体承重,主要适用于功能上有大空间要求的建筑,如商店、综合楼等。

3.2　砌体墙

砌体墙是借助砂浆等胶结材料,用砖、石或砌块等砌筑而成的墙体,在一般民用建筑中应用广泛,具有一定的保温、隔热、隔声、防火、防冻及承载能力,施工操作简单,但施工速度慢、劳动强度大。

一、砖墙

（一）砖墙的材料

1. 砖

砖的种类很多，按构成材料可分为黏土砖、灰砂砖、页岩砖、水泥砖以及各种工业废料砖，如炉渣砖、煤矸石砖、粉煤灰砖等。按形状可分为实心砖、多孔砖和空心砖。目前常用的砖有烧结普通砖、蒸压粉煤灰砖、蒸压灰砂砖、烧结多孔砖和烧结空心砖。

实心黏土砖的规格是统一的，称为标准砖，其尺寸(长×宽×厚)为 240 mm×115 mm×53 mm，加上砌筑时所需要的灰缝尺寸(灰缝宽度按 10 mm 计算)，长、宽、厚之比为 4∶2∶1，如图 3-5 所示。由于实心黏土砖的制作破坏了大量农田，现在已基本被限制使用。

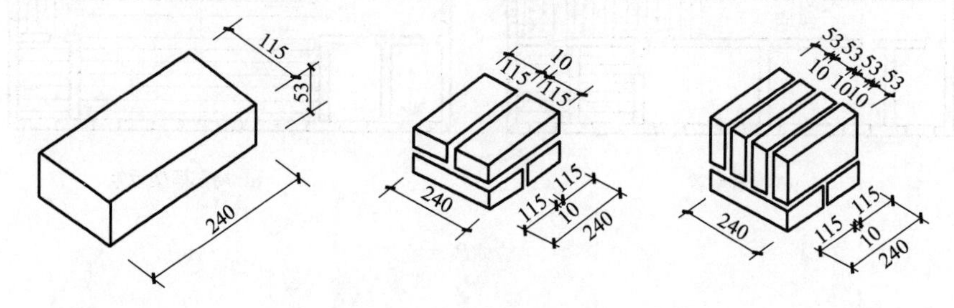

图 3-5 实心黏土砖的规格

烧结多孔砖以黏土、页岩、煤矸石为主要原料，经焙烧而成，孔洞率不小于 15%，孔形为圆孔或非圆孔，简称多孔砖。目前多孔砖分为 M 型多孔砖和 P 型多孔砖。

M 型多孔砖的主规格外形尺寸为 190 mm×190 mm×90 mm，简称为 M 型砖，如图 3-6 所示。

P 型多孔砖的主规格外形尺寸为 240 mm×115 mm×90 mm，简称为 P 型砖，如图 3-7 所示。

除主规格砖外，M 型砖和 P 型砖还有系列配砖。配砖在砌筑时与主规格砖配合使用。

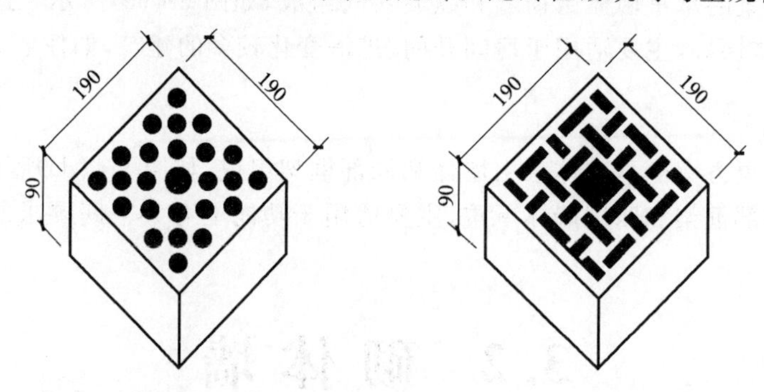

图 3-6 M 型多孔砖

砖的强度等级是依据标准试验方法所测得的抗压强度平均值划分的，可以分为MU30、MU25、MU20、MU15、MU10、MU7.5 六级。

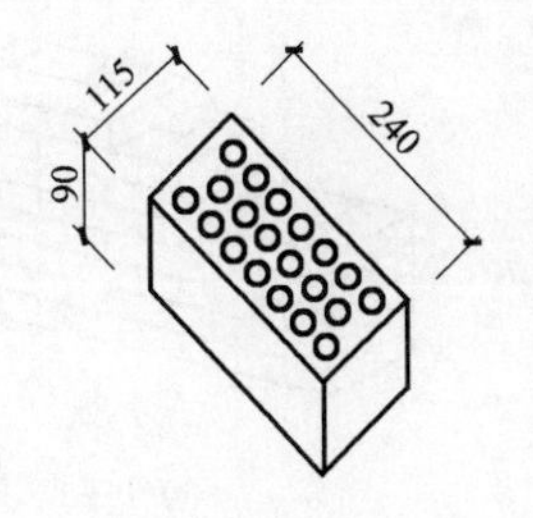

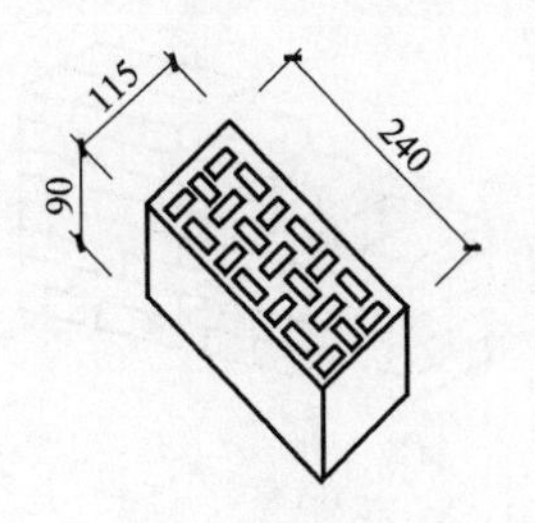

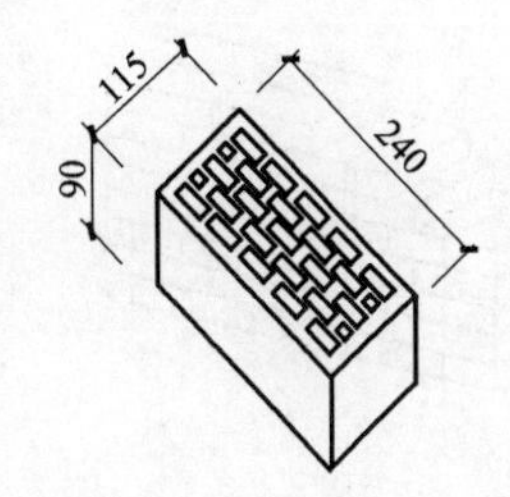

图 3-7 P 型多孔砖

2. 砂浆

砂浆是砌筑墙体的胶结材料，它把块材胶结成整体，使上下层块材受力均匀，并提高墙体防寒、隔热和隔声能力。砌筑砂浆要有一定的强度，以保证墙体的承载能力，还应有适当的稠度和保水性，以方便施工。

砌筑墙体的砂浆主要有水泥砂浆、石灰砂浆和混合砂浆等。水泥砂浆由水泥和砂加水拌和而成，属于水硬性材料，强度高，但可塑性和保水性较差，适用于潮湿环境中的墙体。石灰砂浆由石灰膏和砂加水拌和而成，属于气硬性材料，可塑性较好，但强度较低，遇水时强度下降，适用于对强度要求不高、位于地面以上的墙体。混合砂浆由水泥、石灰膏和砂加水拌和而成，有较高的强度，和易性较好，应用比较多。

砂浆的强度等级是以单位抗压强度来划分的，常用的有五级，即 M15、M10、M7.5、M5 和 M2.5。

(二)砖墙的组砌方式

在砖墙砌筑中，把长度方向垂直于墙面砌筑的砖叫丁砖，长度方向平行于墙面砌筑的砖叫顺砖。上下皮之间的水平灰缝称为横缝，左右两块砖之间的垂直缝称为竖缝，如图 3-8 所示。

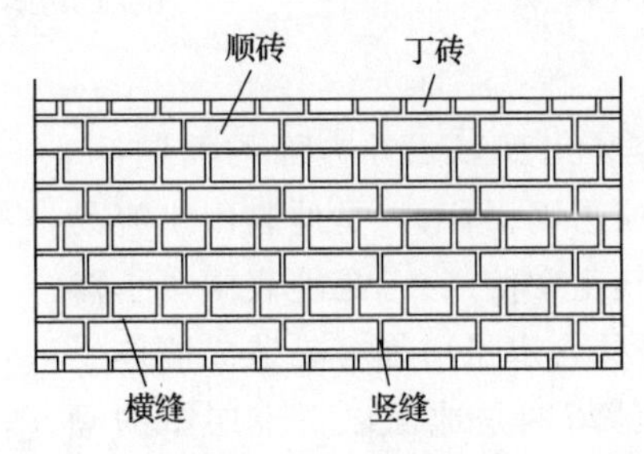

图 3-8 砖墙的组砌名称

为保证砖墙的强度和稳定性，砖墙砌筑时必须保证上下错缝、内外搭接，灰缝饱满平直，墙面平整。

砖墙组砌方式有一顺一丁式(又称上下皮一顺一丁式)、多顺一丁式、十字式(又称每皮一顺一丁式)、全顺式、两平一侧式等，如图 3-9 所示。

(三)砖墙的细部构造

砖墙的细部构造包括墙脚构造、门窗洞口构造和墙身加固措施等。

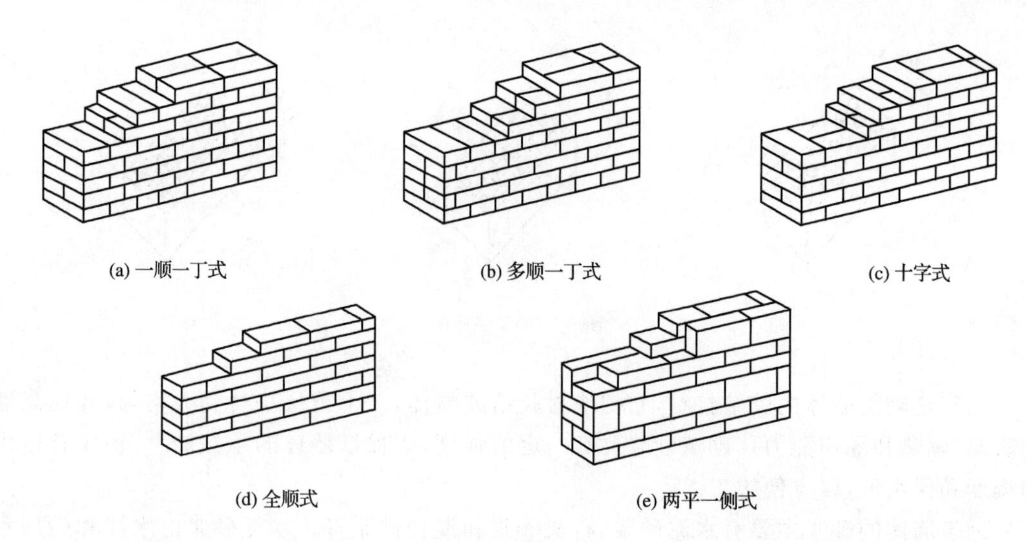

图 3-9 砖墙组砌方式

1. 墙脚构造

墙脚是指室内地面以下、基础以上的这段墙体。内、外墙都有墙脚，外墙的墙脚又称勒脚，如图 3-10 所示。

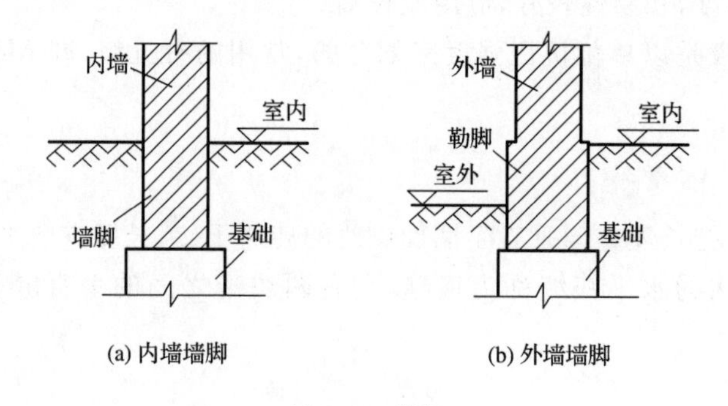

图 3-10 墙脚

墙脚由于其位置特殊，容易出现以下几方面的问题：一是容易受到地面上各种机械撞击而损坏；二是地表雨水容易溅湿墙面，使墙身受潮，影响其正常使用；三是地表雨水下渗至墙脚附近的土壤里，土壤中的含水量增加容易造成墙体受潮，甚至引起地基的不均匀沉降；四是地面以下土层中的潮气沿墙身向上渗透，如图 3-11 所示。

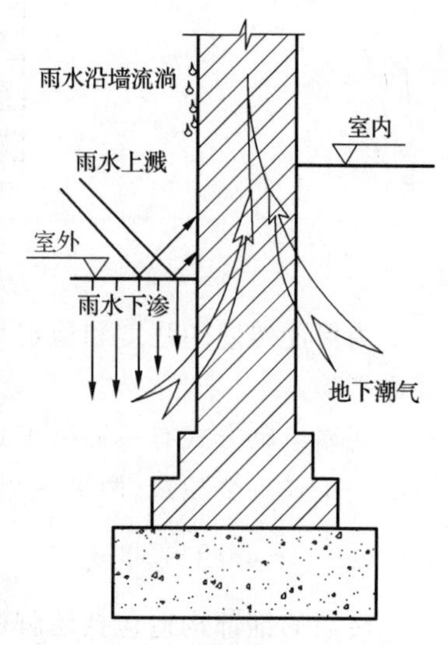

图 3-11 墙脚受潮示意图

因此，要适当提高墙脚部位的强度以减轻撞击造成的损坏，并做好墙脚部位的防水和防潮，同时要排除房屋四周地面的雨水，减少其向墙脚附近土壤的渗透，还要防止地面以下土层中的潮气对室内的影响。

(1)勒脚

勒脚的高度、色彩和做法等要与建筑物相适应，应选用坚固耐久、防水性能好的外墙饰面。勒脚的常见做法，如图 3-12所示。

表面抹灰勒脚,可采用 8～15 mm 厚 1∶3 水泥砂浆打底,12 mm 厚 1∶2 水泥白石子浆水刷石或斩假石抹面,如图 3-12(a)所示。

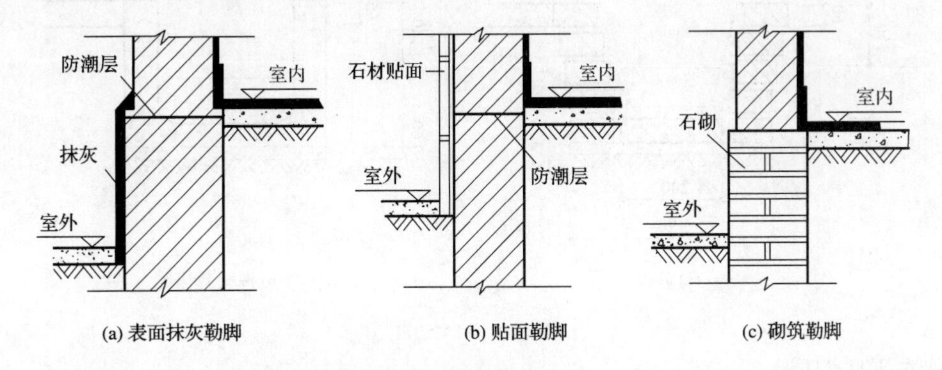

图 3-12 勒脚的常见做法

贴面勒脚,可用人工石材、天然石材、水磨石板、陶瓷面砖、花岗石板、大理石板等贴面,如图 3-12(b)所示。

砌筑勒脚,采用条石、块石、混凝土等坚固耐久的材料代替砖砌筑勒脚,如图 3-12(c)所示。

(2)散水和明沟

散水设在外墙四周,将地面做成向孔倾斜的坡面,以便排除勒脚附近的地面水,防止其浸入基础。散水的通常做法是在夯实的素土上铺三合土、混凝土、沥青砂浆等材料,厚度一般为 60～70 mm,应设 3%～5%的排水坡度,宽度一般为 0.6～1.0 m,如图 3-13 所示。

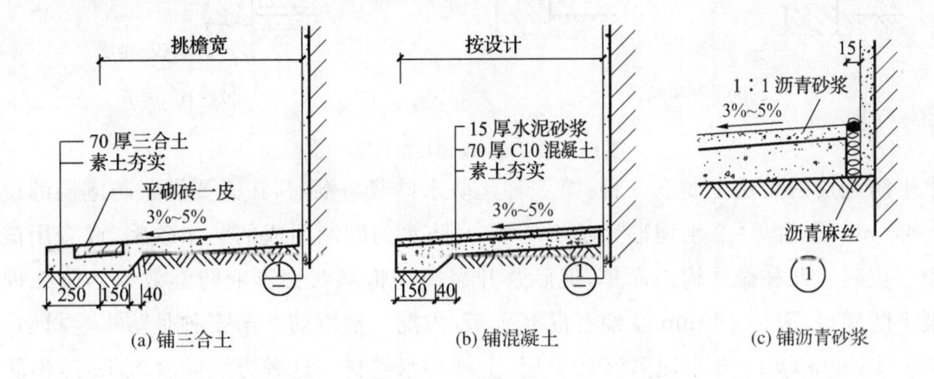

图 3-13 散水构造

散水与外墙交接处应设分隔缝,缝宽为 20～30 mm,缝内用弹性材料嵌缝,以防止外墙下沉时将散水拉裂。散水整体面层纵向每隔 6～12 m 做一道伸缩缝,缝口的构造与上述分隔缝构造相同。

明沟是设置在外墙四周的排水沟,可将屋面落下的雨水有组织地排向雨水井。明沟可用砖砌、石砌或混凝土现浇,沟底做 0.5%～1%的纵坡,如图 3-14 所示。外墙与明沟之间应设置散水。

(3)墙身防潮层

为防止土壤中的水分渗入墙体,需要在墙体内接近室内地坪的位置设置防潮层,防潮层分为水平防潮层和垂直防潮层。

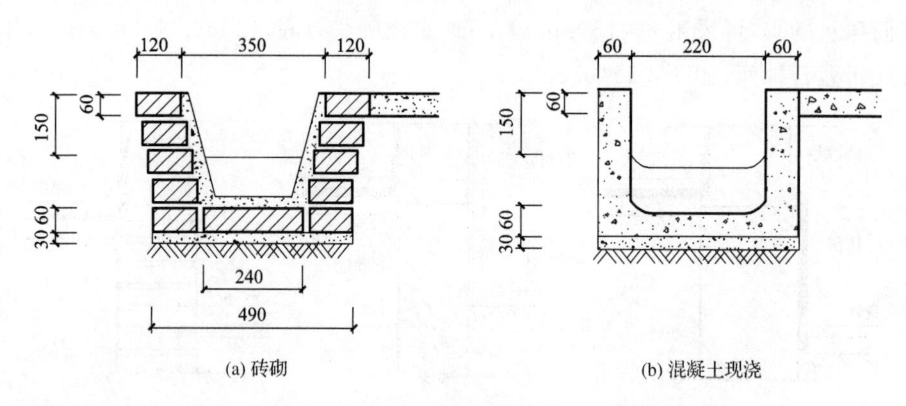

(a) 砖砌　　(b) 混凝土现浇

图 3-14　明沟构造

①水平防潮层

水平防潮层是在建筑物内、外墙内沿水平方向设置的防潮层。当室内地面垫层为混凝土等密实材料时，防潮层应设置在垫层厚度范围内，比室内地坪低 60 mm 处，并至少高于室外地面 150 mm；当室内地面垫层为炉渣、碎石等透水材料时，防潮层设在与室内地面平齐或高于室内地面 60 mm 处，如图 3-15(a)所示。

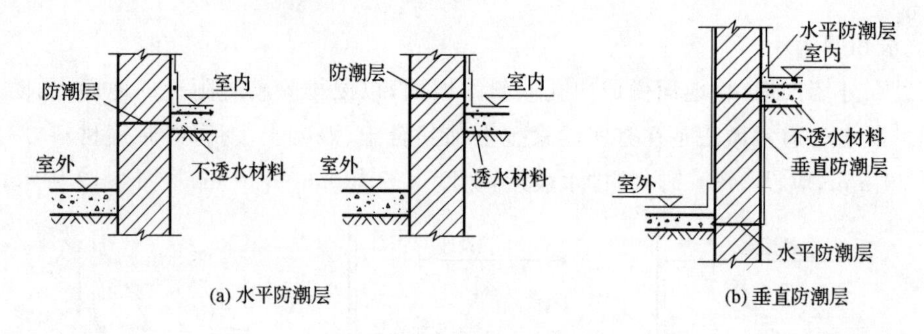

(a) 水平防潮层　　(b) 垂直防潮层

图 3-15　墙身防潮层的位置

水平防潮层的做法主要有三种：第一种是防水砂浆防潮层，在需要设置防潮层的位置铺设 20～25 mm 厚由 1∶2 水泥砂浆加 3%～5%防水剂配制而成的防水砂浆，或者用该防水砂浆砌三皮砖。此种做法构造简单，但砂浆开裂或不饱满时会影响防潮效果。第二种是细石混凝土防潮层，采用 60 mm 厚细石混凝土带，内配三根钢筋。第三种是防水卷材防潮层，先抹 10～15 mm 厚 1∶3 水泥砂浆找平层，上铺防水卷材。这种方法防水效果好，但防水卷材有隔离作用，削弱了砖墙的整体性。

当墙脚采用条石或混凝土等不透水材料，或设有钢筋混凝土圈梁时，可以不设水平防潮层。

②垂直防潮层

当室内地坪出现高差或室内地坪低于室外地面时，应在墙身内设高低两道水平防潮层，并在土壤一侧设垂直防潮层，如图 3-15(b)所示。其做法是在两道水平防潮层之间的墙面上，先用水泥砂浆抹面，再刷防水涂料，也可以采用防水砂浆抹面。

2. 门窗洞口构造

(1)门窗过梁

当墙上开设门窗洞口时，为了承受洞口上部砌体所传来的荷载，并把这些荷载传递到洞口两侧的墙体上，需要在洞口上设置横梁，即过梁。过梁应与圈梁、悬挑雨篷、窗楣板、遮阳板等构件协调设计。过梁有砖砌平拱过梁、砖砌弧拱过梁、钢筋砖过梁和钢筋混凝土过梁等。在工程实践中，砖砌弧拱过梁已很少用到。

①砖砌平拱过梁

砖砌平拱过梁应左右对称，灰缝最宽处不大于 15 mm，最窄处不小于 5 mm，中部起拱高度约为洞口跨度的 1/50，两端深入墙支座 20～30 mm，如图 3-16 所示。

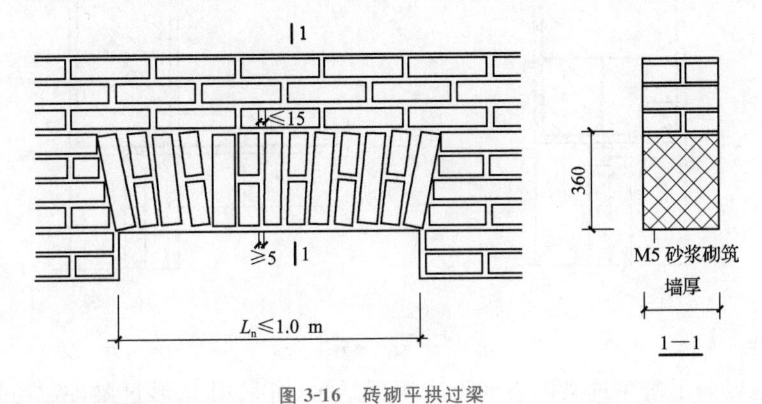

图 3-16　砖砌平拱过梁

②钢筋砖过梁

钢筋砖过梁是在洞口顶部的砖缝里配置钢筋，从而形成能受荷载的加筋砖砌体。其做法一般是在砖缝中铺设直径 6 mm、间距＜120 mm、伸入两端墙内≥240 mm 的钢筋，用不低于 M5 的砂浆砌筑，砌筑长度应不小于 5 皮砖，且不小于门窗洞口宽度的 1/4，如图 3-17 所示。钢筋砖过梁的砌法与外墙砌法相同，适用于跨度不大于 2 m、上面无集中荷载的洞口。

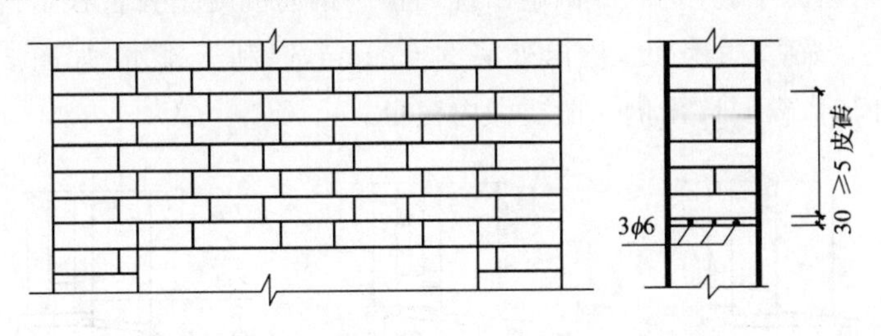

图 3-17　钢筋砖过梁

③钢筋混凝土过梁

钢筋混凝土过梁有现浇和预制两种。钢筋混凝土过梁宽度一般同墙厚，高度按结构计算确定，要与砖的模数相匹配，过梁两端伸入墙内的支承长度不小于 240 mm。

钢筋混凝土过梁有矩形和 L 形等。过梁的形式应配合相关构件的设计。例如，带有窗套的窗过梁，截面多为 L 形；带窗楣板的窗过梁，可按设计要求悬挑，一般可挑 300～500 mm，如图 3-18 所示。

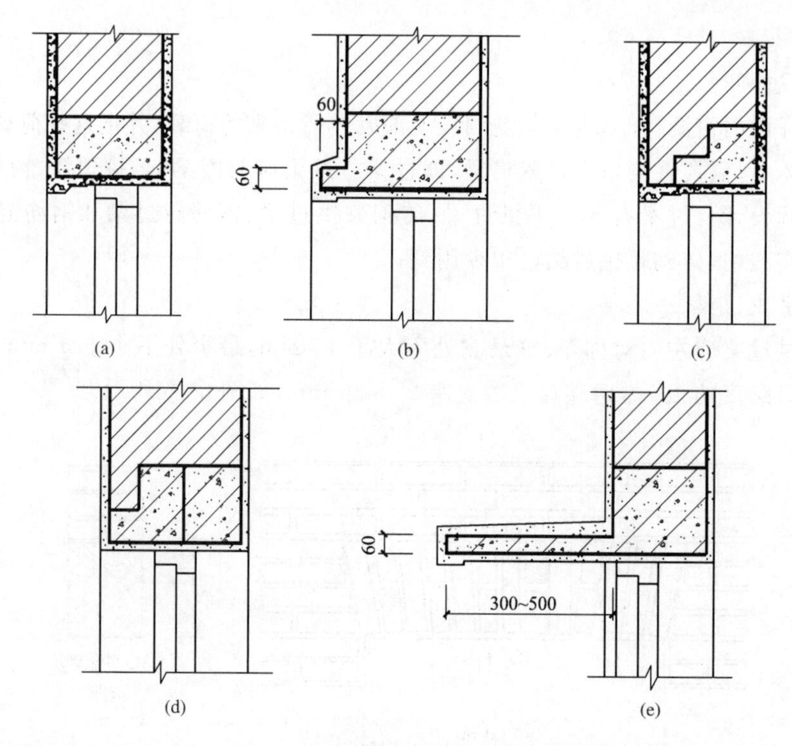

图 3-18 钢筋混凝土过梁

在寒冷地区为了避免过梁内表面上产生凝结水，可采用 L 形过梁，减少过梁的外露面积，或把过梁全部包起来。

(2)窗台

窗台的作用是排除沿窗面流下的雨水，防止其渗入室内。窗台有悬挑和不悬挑两种形式。

悬挑窗台可采用砖平砌出挑、砖侧砌出挑和预制钢筋混凝土窗台板出挑三种出挑方式。窗台应向外形成 10%左右的坡度，挑出外墙约 60 mm，以利于排水，如图 3-19 所示。当窗框安装在墙的中间时，窗洞口内侧一般要做内窗台。

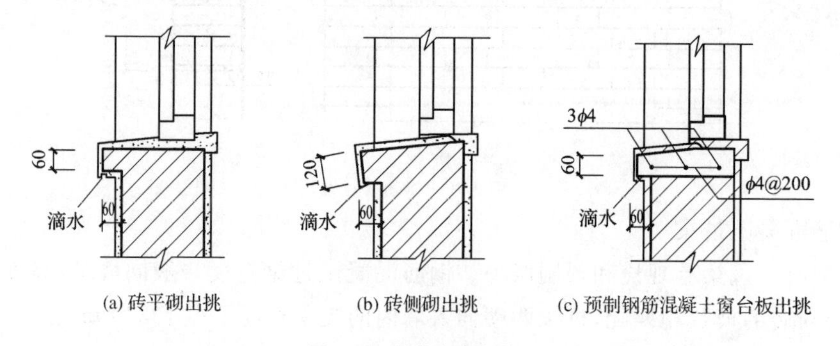

图 3-19 悬挑窗台构造

处于内墙或阳台等处的窗，或者当外墙为面砖饰面时，可采用不悬挑窗台。

3. 墙身加固措施

由于砌体墙的整体性不强，抗震能力较差，必须考虑对墙体进行加固。常用的加固措施主要有设置门垛、壁柱、圈梁或构造柱等。

(1)门垛和壁柱

在纵横墙交接处的墙体上开设门洞时，为了便于门的安装以及保证墙体的稳定性，一般应在门靠墙的转角部位增设门垛。门垛宽度同墙厚，长度一般为120 mm或240 mm，如图3-20所示。

当墙体上部出现集中荷载而其厚度又不足以承受时或者墙体长度、高度过大并影响其稳定时，可在墙体适当部位增设壁柱，以提高墙体的承载能力和稳定性。壁柱的尺寸应符合砖的模数要求，一般凸出墙面120 mm或240 mm，壁柱宽370 mm或490 mm，如图3-21所示。

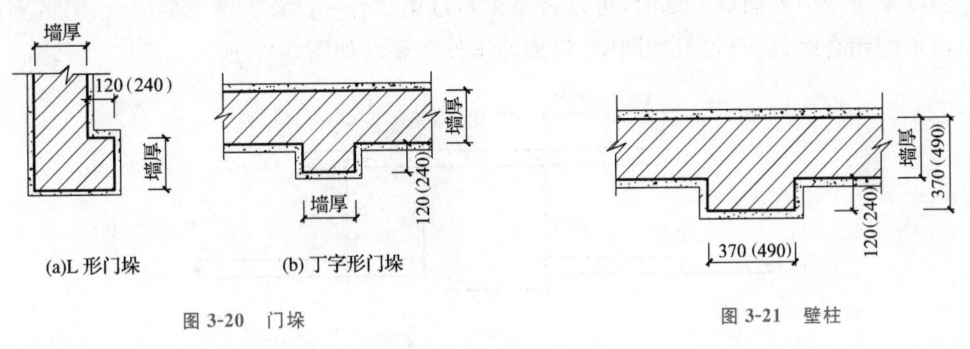

图3-20 门垛　　图3-21 壁柱

(2)圈梁

圈梁是沿着外墙四周和部分内横墙设置的连续闭合的梁，其作用是配合楼板提高房屋的整体刚度和稳定性，减少地基不均匀沉降或较大震动荷载对房屋的不利影响，提高房屋抗震能力。

圈梁有钢筋混凝土圈梁和钢筋砖圈梁两种。

钢筋混凝土圈梁的宽度同墙厚，截面高度不应小于120 mm，一般应符合砖的模数要求，多采用180 mm、240 mm。外墙圈梁一般与楼板平齐，内墙圈梁一般在楼板下，如图3-22所示。

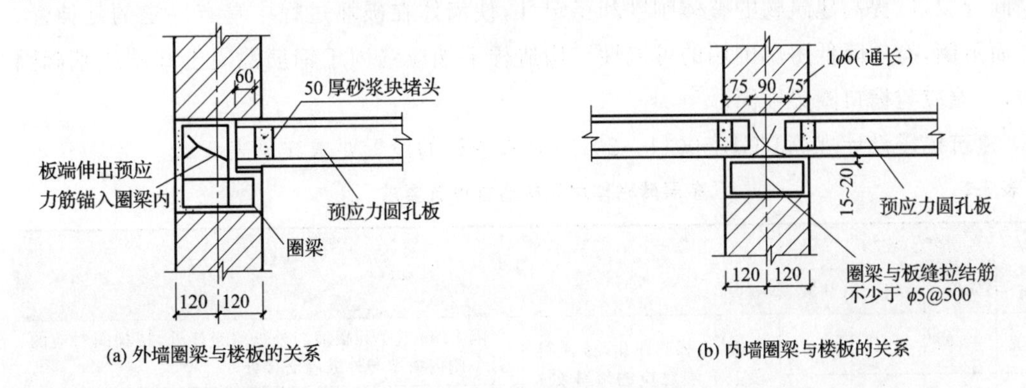

图3-22 钢筋混凝土圈梁与楼板的关系

《建筑抗震设计规范》(GB 50011—2010)规定了现浇钢筋混凝土圈梁的设置要求，详见表3-1。

表 3-1　　多层砖砌体房屋现浇钢筋混凝土圈梁设置要求

圈梁设置及配筋		烈度		
		6、7	8	9
圈梁设置	外墙和内纵墙	屋盖处及每层楼盖处	屋盖处及每层楼盖处	屋盖处及每层楼盖处
	内横墙	屋盖处及每层楼盖处；屋盖处间距不应大于4.5 m；楼盖处间距不应大于7.2 m；构造柱对应部位	屋盖处及每层楼盖处；各层沿所有横墙，且间距不应大于4.5 m；构造柱对应部位	屋盖处及每层楼盖处；各层所有横墙
配筋	最小纵筋/mm	4ϕ10	4ϕ12	4ϕ14
	最大箍筋间距/mm	250	200	150

当圈梁位于门窗洞口上部时，可以将圈梁与过梁二合一设置。圈梁应闭合，若遇到门窗洞口而不能闭合时，应设置附加圈梁，附加圈梁设置要求如图 3-23 所示。

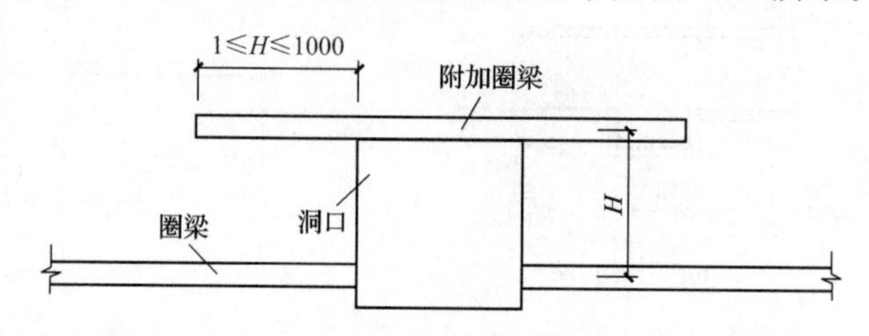

图 3-23　附加圈梁设置要求

钢筋砖圈梁是在圈梁高度内的墙体中设置通长钢筋，数量不少于 4ϕ6，水平间距不宜大于 120 mm，分上下两层布置并嵌入砖缝中，用不低于 M5 的砂浆砌筑 5～6 皮砖。钢筋砖圈梁的抗震能力较差，适用于非抗震设防区。

(3)构造柱

钢筋混凝土构造柱是按构造要求设置在墙身中的钢筋混凝土柱，一般设置在外墙四角、内外墙交接处、楼梯间和电梯间四角、较大洞口两侧以及较长墙体中部，与各层圈梁连接形成空间骨架，以提高建筑物的整体刚度和稳定性，使墙体在破坏过程中具有一定的延伸性，能裂而不倒，有效降低房屋倒塌的可能性。构造柱下端应锚固于钢筋混凝土基础或基础圈梁内，上端应与檐口圈梁锚固。

《建筑抗震设计规范》(GB 50011—2010)对构造柱的设置要求详见表 3-2。

表 3-2　　多层砖砌体房屋构造柱设置要求

房屋层数				设置部位	
6度	7度	8度	9度		
四、五	三、四	二、三		楼、电梯间四角，楼梯斜段上下端对应的墙体处；外墙四角和对应转角；错层部位横墙与外纵墙交接处；大房间内外墙交接处；较大洞口两侧	隔 12 m 或单元横墙与外纵墙交接处，楼梯间对应的另一侧内横墙与外纵墙交接处
六	五	四	二		隔开间横墙(轴线)与外墙交接处；山墙与内纵墙交接处
七	≥六	≥五	≥三		内墙(轴线)与外墙交接处；内墙的局部较小墙垛处；内纵墙与横墙(轴线)交接处

构造柱的截面尺寸不小于 240 mm×180 mm。施工时必须先砌墙，预留“马牙槎”，后浇注钢筋混凝土构造柱，竖向钢筋一般用 4ϕ12，箍筋间距不宜大于 250 mm，并应沿墙高每隔 500 mm设置 2ϕ6 拉结筋，每边伸入墙内不宜小于 1 m，如图 3-24 所示。

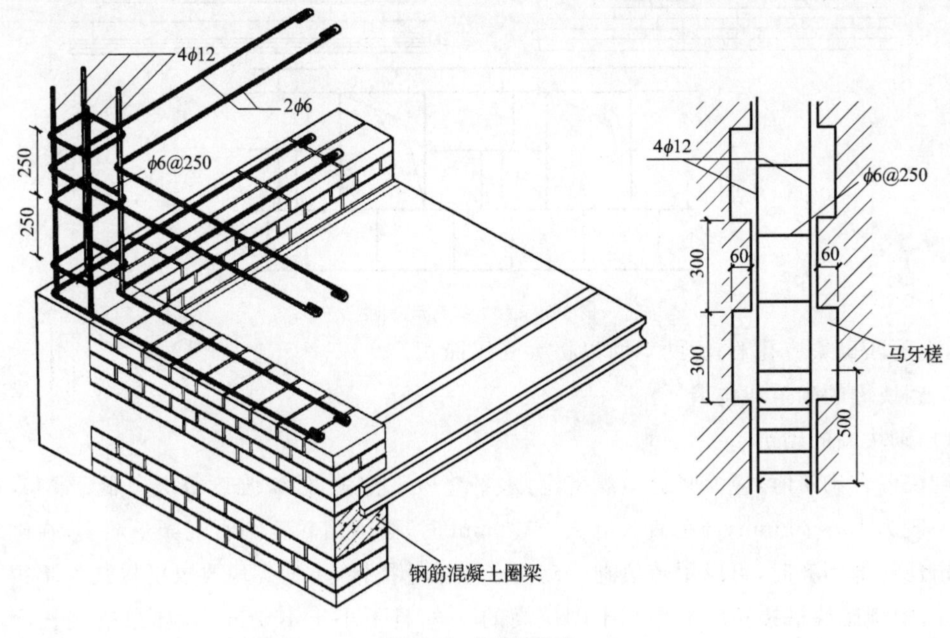

图 3-24 构造柱构造

二、砌块墙

(一)砌块的种类与规格

砌块的材料主要有混凝土、加气混凝土及各种工业废料(如粉煤灰、煤矸石、炉渣等)。砌块外形尺寸比普通砖大，故砌筑速度较快。

砌块按尺寸和质量分为小型砌块、中型砌块和大型砌块；按外观形状可以分为实心砌块和空心砌块；按砌块在组砌时的位置与作用可以分为主砌块和辅助砌块。

砌块系列中，主砌块高度为 115～380 mm 的称作小型砌块，高度为 380～980 mm 的称作中型砌块，高度大于 980 mm 的称作大型砌块。

(二)砌块墙的组砌与构造

1. 砌块的排列设计

由于砌块规格较多、尺寸较大，为保证错缝搭接以及砌体的整体性，减少施工错误，需要事先进行砌块排列设计，如图 3-25 所示。

砌块排列设计应满足：上下皮错缝搭接，内外墙交接处和转角处的砌块彼此搭接；砌块排列应以主规格为主，并使主砌块的数量在 70%以上，排列不足一块时可以用次要规格代替，尽量做到不镶砖，优先采用主规格的砌块并尽量减少砌块的规格和数量；当采用空心砌

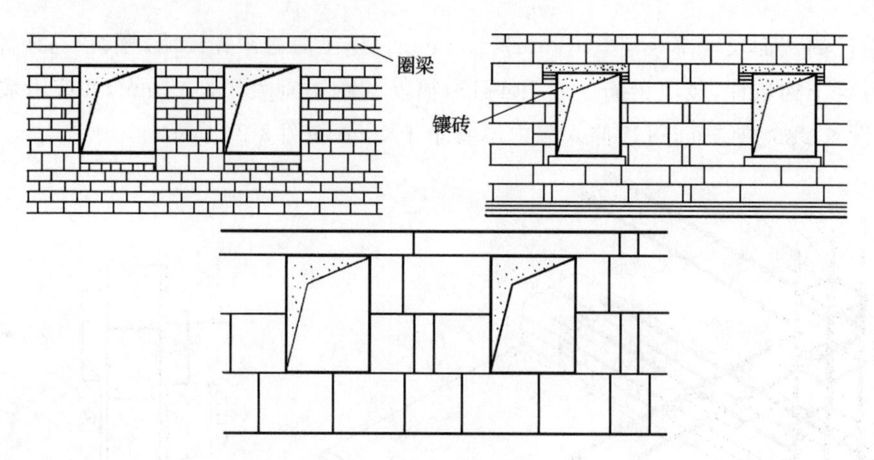

图 3-25　砌块排列示意图

块时，上下匹砌块应孔对孔、肋对肋以扩大受压面积。

2. 砌块墙的砌筑和构造

(1)砌块墙的砌筑

砌块墙在砌筑时，应使竖缝填灌密实，水平缝砂浆饱满，砂浆强度等级不低于 M5，灰缝厚度一般为 15～20 mm，当垂直灰缝大于 30 mm 时，必须用 C20 细石混凝土灌实，在砌筑过程中出现局部不齐时，可以用砖填砌。砌块必须错缝搭接，小型砌块要求搭接长度不得小于 90 mm，中型砌块搭接长度不得小于砌块高的 1/3，且不小于 150 mm。如果搭接长度不满足要求，应在水平灰缝错缝不足处加设 $\phi4$ 的钢筋网片，使之拉结成整体，如图 3-26 所示。

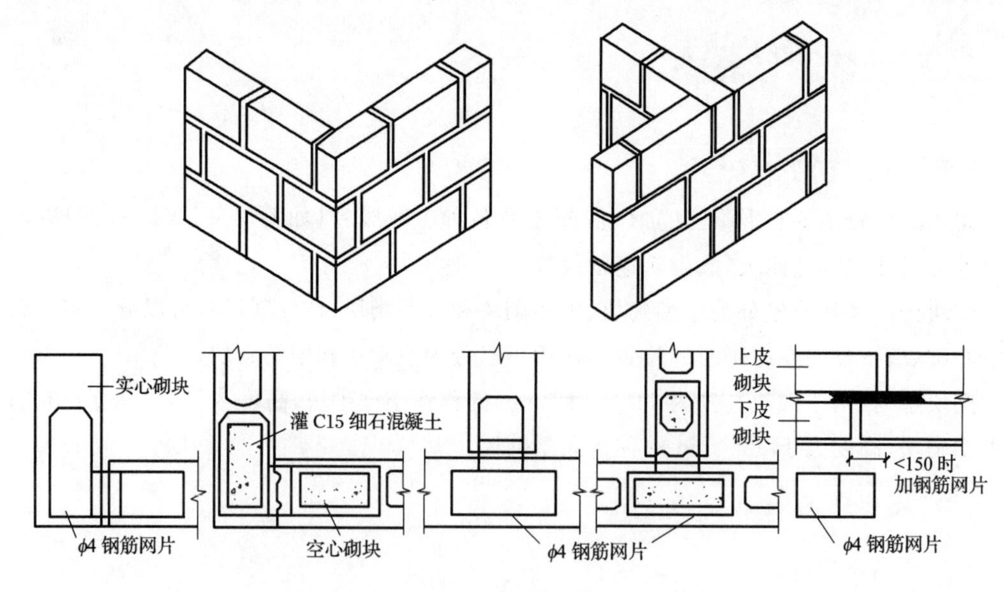

图 3-26　砌块墙的砌筑

(2)过梁和圈梁的构造

砌块墙过梁的构造与普通砖墙过梁的构造基本相同。

砌块墙采用钢筋混凝土圈梁，有现浇和预制两种。为方便施工，现浇圈梁常采用 U 形预制砌块代替模板，在其凹槽内配置钢筋后浇筑混凝土，如图 3-27 所示。

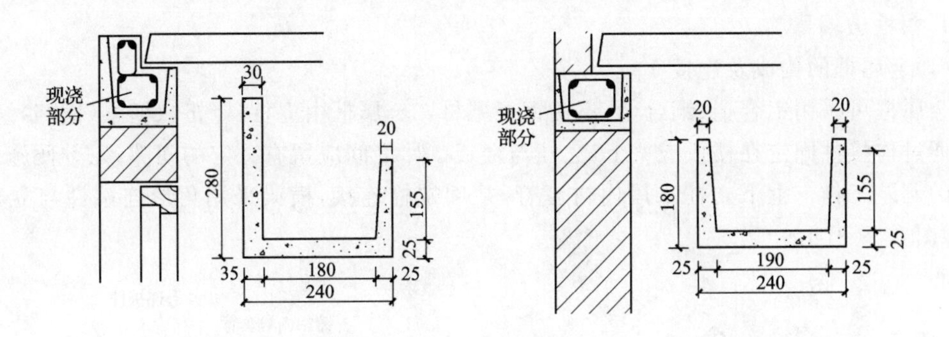

图 3-27 砌块墙现浇圈梁

预制圈梁一般预制成圈梁砌块，砌块之间用预埋件焊接。

(3)构造柱的构造

砌块墙应按规定设置构造柱，或在转角、丁字接头、十字接头等墙段较长的部位，利用空心砌块设置混凝土芯柱。混凝土芯柱的做法是将空心砌块上下孔洞对齐，在孔中插入通长钢筋，在水平缝中埋设拉结筋，并用 C20 细石混凝土分层填实，如图 3-28 所示。

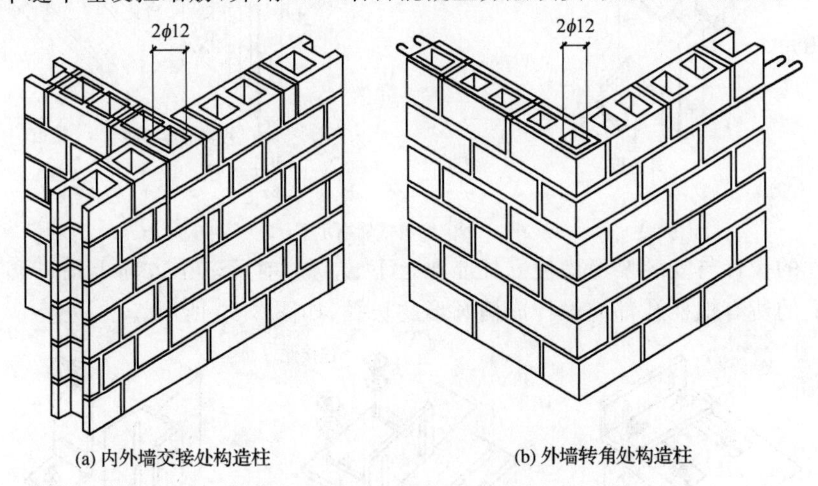

(a) 内外墙交接处构造柱　　(b) 外墙转角处构造柱

图 3-28 砌块墙构造柱的构造

3.3 幕 墙

幕墙是用轻而薄的板材悬挂于主体结构上的外围结构，其装饰效果好，质量轻，安装快，抗震性能好。常用的幕墙主要有玻璃幕墙、金属幕墙、石材幕墙和轻质混凝土挂板等。

一、玻璃幕墙

(一)按构造方式分

玻璃幕墙按构造方式分为明框玻璃幕墙、隐框玻璃幕墙、点支式玻璃幕墙和全玻璃幕墙。

1. 明框玻璃幕墙

(1)金属框的构成及连接

金属框可采用铝合金、铜合金、不锈钢等型材。金属框由立柱(竖梃)、横梁(横档)组成,立柱通过连接件固定在楼板或梁上,立柱与楼板(梁)之间应留有一定的间隙,以方便施工安装时的调差工作。上下立柱采用内衬套管,并用螺栓连接,横梁采用角形连接件与立柱连接,如图 3-29 所示。

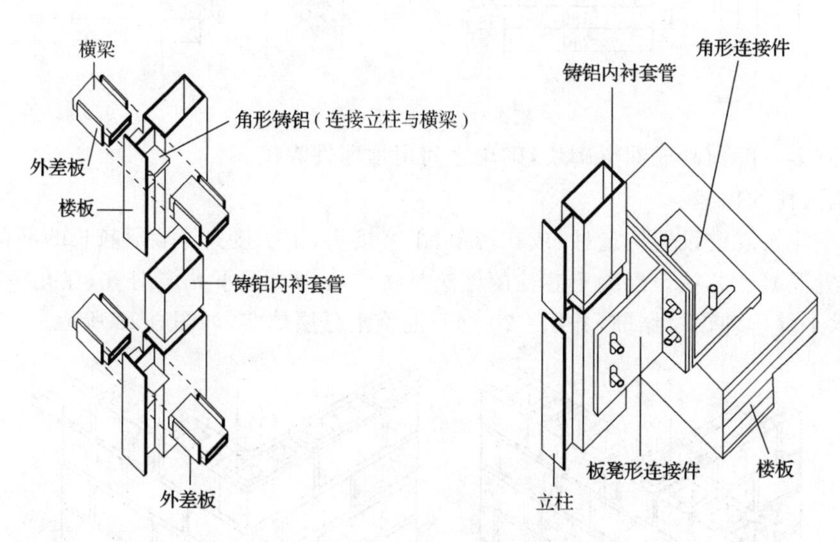

图 3-29 金属框连接示意

连接件的设计与安装要考虑使立柱能在上下、左右、前后三个方向上均可调节移动,所以连接件上的所有螺栓孔都应设计成椭圆形的长孔,如图 3-30 所示。

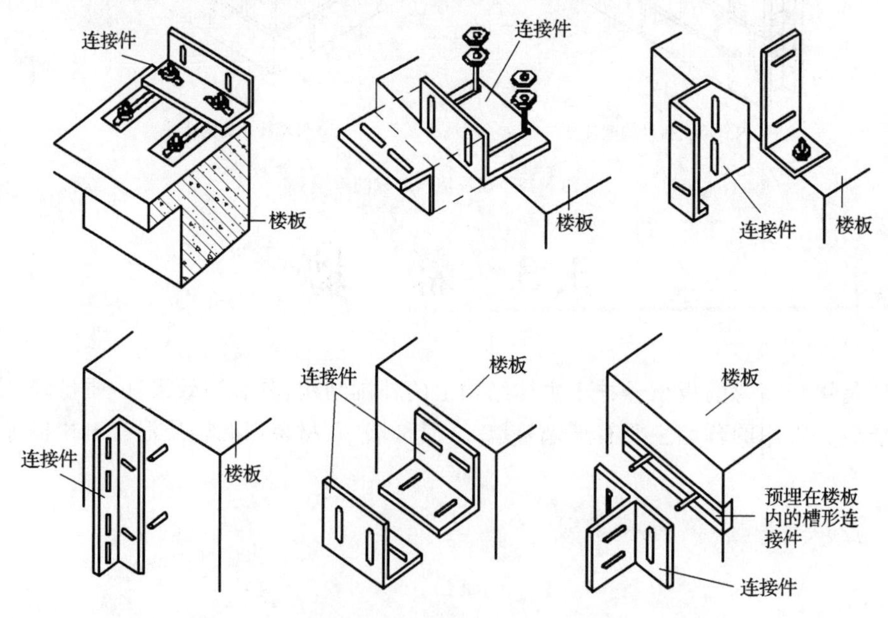

图 3-30 明框玻璃幕墙的连接件

(2)玻璃的安装

在明框玻璃幕墙中,玻璃镶嵌在立柱、横梁等金属框上,并用金属压条卡紧。玻璃与金属框接缝处的防水构造处理是幕墙防风雨的关键,目前普遍采用的方式为设置三层构造层,即密封层、密封衬垫层和空腔。玻璃的安装形式如图 3-31 所示。

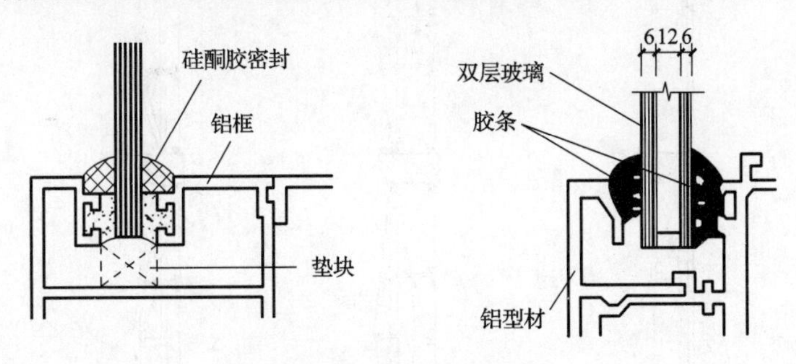

图 3-31　玻璃的安装形式

2. 隐框玻璃幕墙

隐框玻璃幕墙又可分为全隐框玻璃幕墙和半隐框玻璃幕墙。半隐框玻璃幕墙可以是横明竖隐,也可以是竖明横隐。隐框玻璃幕墙用连接件将金属附框固定在幕墙立柱和横梁形成的框格上,然后用硅酮胶将玻璃黏结于金属附框上。

隐框玻璃幕墙的立柱与主体的连接构造如图 3-32 所示,玻璃与框格的连接构造如图 3-33 所示。

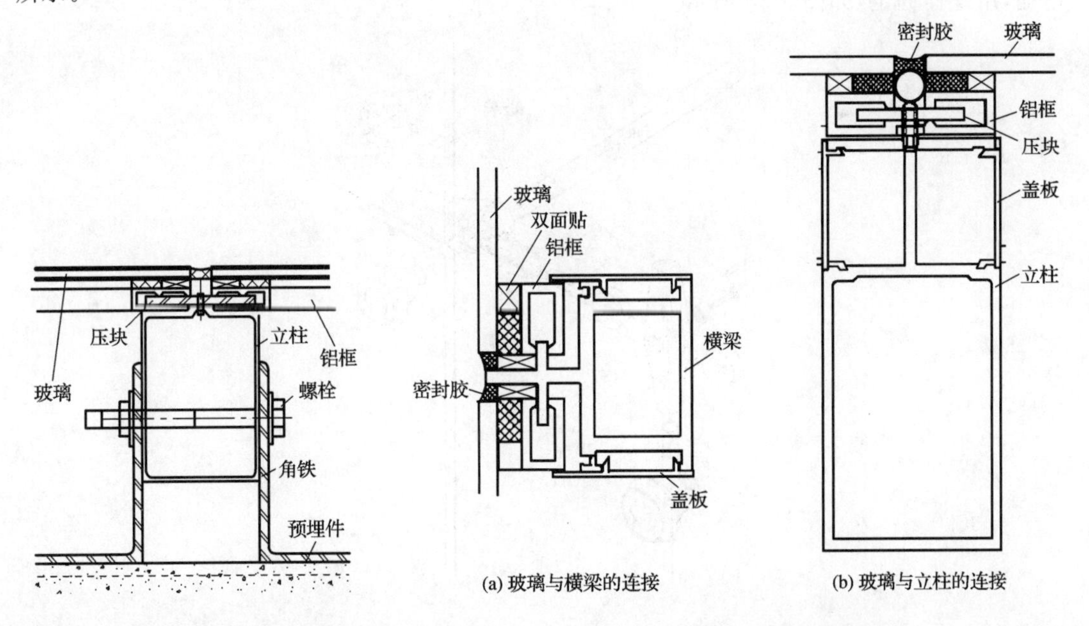

图 3-32　立柱与主体的连接构造

图 3-33　玻璃与框格的连接构造

3. 点支式玻璃幕墙

点支式玻璃幕墙是用金属骨架或玻璃肋形成支承体系,将四角开圆孔的玻璃用连接件固定的幕墙。点支式玻璃幕墙的支承体系分为杆件体系和索杆体系,杆件体系主要有钢立柱和钢桁架,索杆体系主要有钢拉索、钢拉杆和自平衡索桁架,如图 3-34 所示。

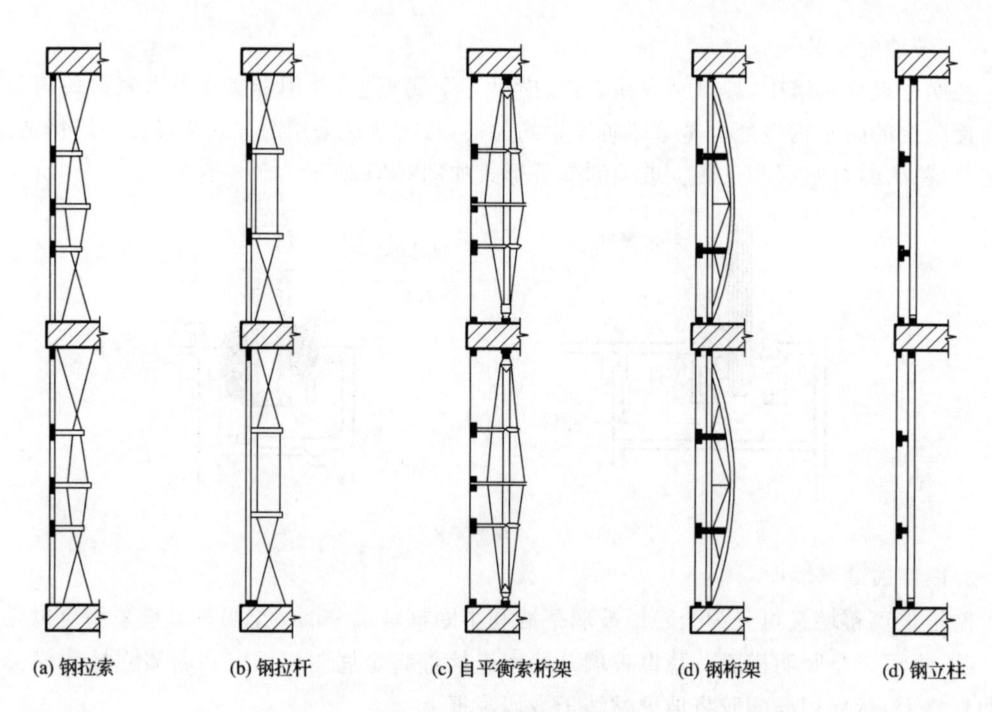

图 3-34　点支式玻璃幕墙的支承体系

玻璃与支承体系的连接主要通过钢爪件、连接件和转接件来实现的。一般在玻璃四角钻孔，用螺栓固定，如图 3-35 所示。

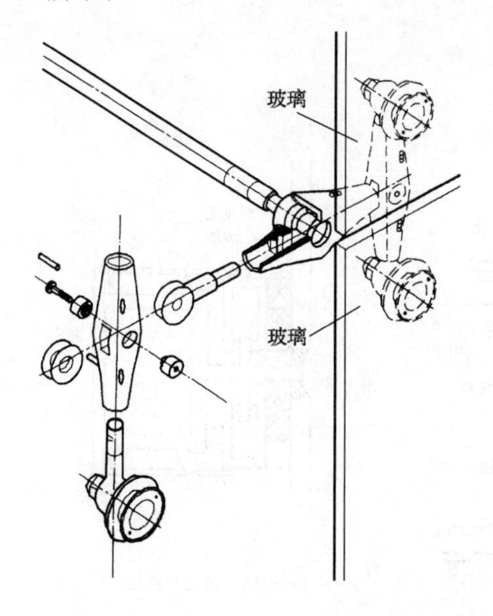

图 3-35　玻璃与支承体系的连接示意

4. 全玻璃幕墙

全玻璃幕墙由玻璃肋和玻璃面板构成，其支承系统分为悬挂式和支承式。当玻璃高不小于 6 m 时，应采用悬挂式，如图 3-36 所示。

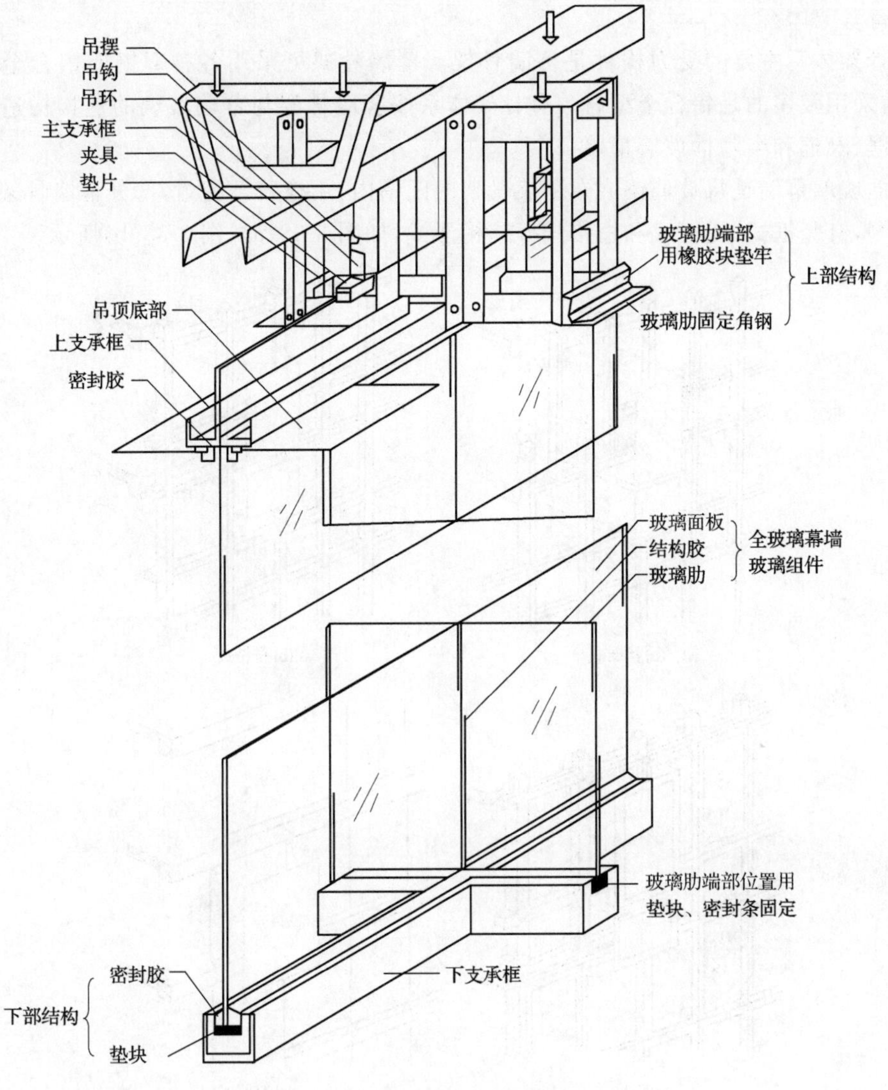

图 3-36　悬挂式全玻璃幕墙

全玻璃幕墙的玻璃面板与玻璃肋之间的连接如图 3-37 所示。

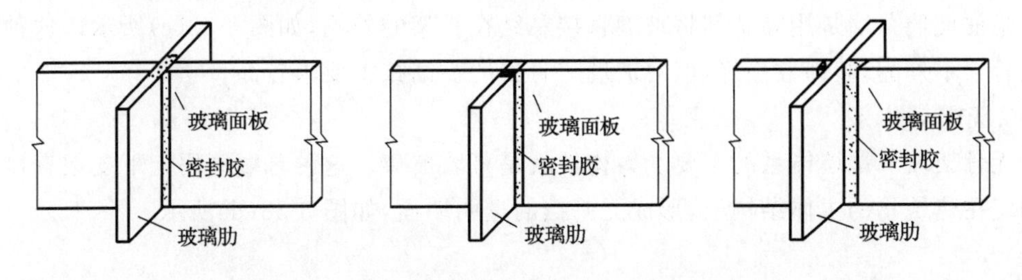

图 3-37　全玻璃幕墙的玻璃面板与玻璃肋的连接

(二)按骨架的采用情况分

玻璃幕墙按骨架的采用情况可分为有骨架体系和无骨架体系两类。

1. 有骨架体系

有骨架体系主要的受力构件是幕墙骨架。幕墙骨架可采用各种型钢或铝合金型材制成，目前采用较多的是铝合金型材。有骨架体系按幕墙骨架与幕墙玻璃的连接构造方式可分为明框、隐框和半隐框玻璃幕墙。

明框玻璃幕墙是将玻璃镶嵌在幕墙骨架的凹槽内，用橡胶条密封，部分幕墙骨架暴露在玻璃外侧，有竖框式、横框式和框格式等结构形式，如图 3-38(a)、图 3-38(b)所示。

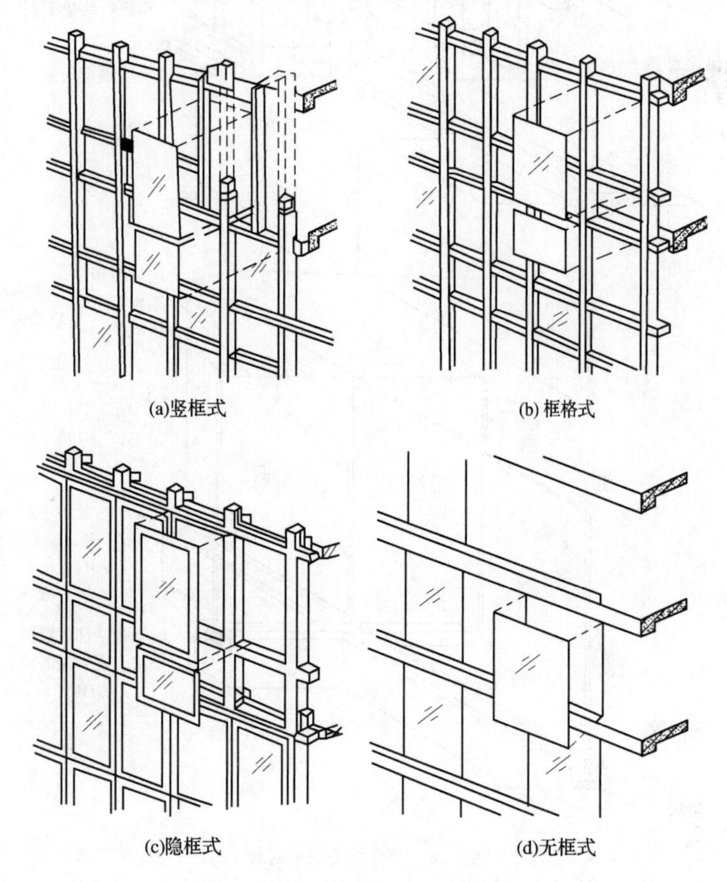

图 3-38 玻璃幕墙结构形式

隐框玻璃幕墙是用黏结剂将玻璃直接黏结在骨架的外侧，如图 3-38(c)所示。这种玻璃幕墙骨架不外露，装饰效果好，但对玻璃与骨架的黏结技术要求较高。

2. 无骨架体系

无骨架玻璃幕墙体系的主要受力构件就是幕墙玻璃。这种幕墙利用上下支架直接将玻璃固定在建筑物的主体结构上，形成无遮挡的透明墙面，如图 3-38(d)所示。

二、金属幕墙

金属幕墙由金属构架和金属板材组成。铝合金板材幕墙所采用的板材一般有单层铝板、铝塑复合板、蜂窝铝板等。铝合金板材幕墙的结点构造如图 3-39 所示。

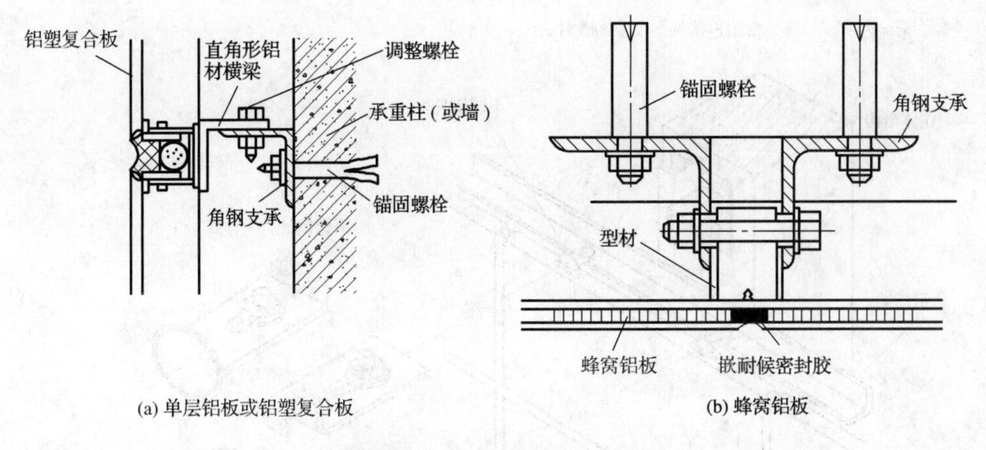

(a) 单层铝板或铝塑复合板　　(b) 蜂窝铝板

图 3-39　铝合金板材幕墙的结点构造

三、石材幕墙

石材幕墙由金属构架和石材板组成，石材板多用花岗岩，因为石材板重量大，金属构架一般采用镀锌方钢、槽钢或角钢。

石材幕墙用金属挂件将石材板直接悬挂在主体结构上，主要做法有钢销式干挂法、短槽式干挂法和背栓式干挂法等，如图 3-40 所示。

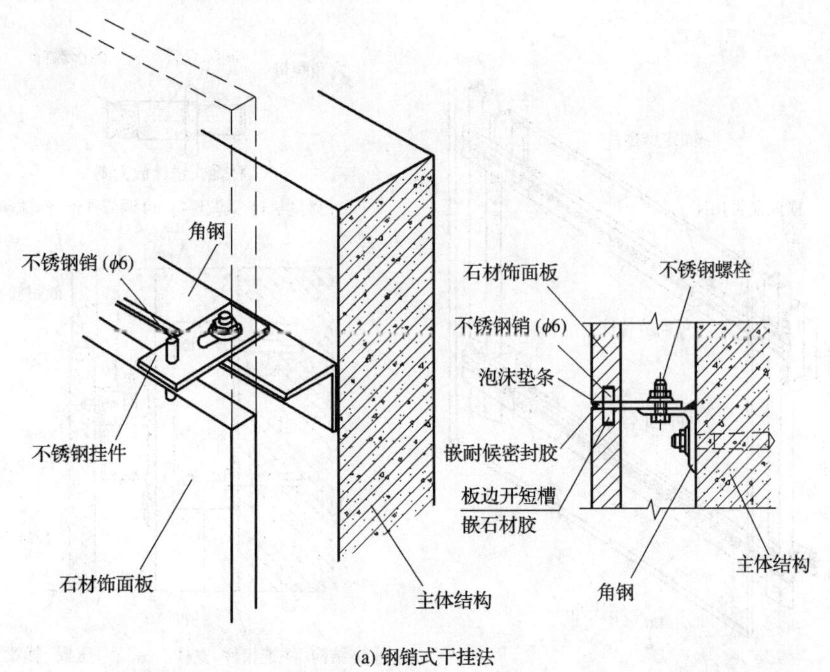

(a) 钢销式干挂法

图 3-40　石材幕墙干挂法构造

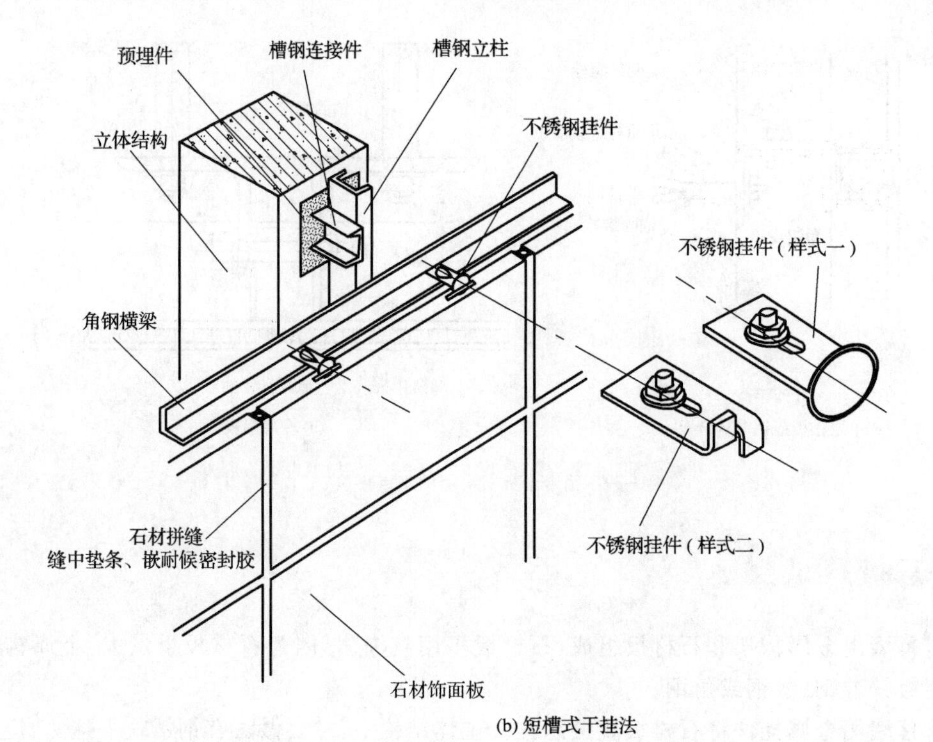

(b) 短槽式干挂法

固定摩擦片
横向龙骨扣件
可调节挂件
主连接件
横向龙骨
竖向龙骨
副连接件
底挂件
六角螺母
间隔套管
锥形螺杆
柱锥式锚栓放大图
微调螺钉 微调螺钉 可调节挂件 泡沫垫条
嵌耐候密封胶
柱锥式锚栓
石材饰面板
主体结构 主连接件 立柱 压板 横梁

(c)背栓式干挂法

图 3-40 石材幕墙干挂法构造(续)

3.4 隔　墙

隔墙的主要作用是分隔室内空间，其自身重量由楼板或墙下的梁承担。隔墙的构造要求有以下几个方面：

①自重轻，有利于减轻楼板的荷载；

②厚度薄，可增大建筑的有效空间；

③易于拆换，能随使用要求的改变而重新设置；

④有一定的隔声能力，以减少各房间之间的相互干扰；

⑤满足不同的使用空间的要求，如有水房间的隔墙要求防水、防潮；厨房的隔墙要求防潮、防火等。

隔墙按构造方式可分为块材隔墙、骨架隔墙和板材隔墙。

一、块材隔墙

块材隔墙由普通砖、空心砖或轻质砌块砌筑而成，常用的有普通砖隔墙和砌块隔墙。

（一）普通砖隔墙

普通砖隔墙分为半砖（120 mm）隔墙和 1/4 砖（60 mm）隔墙。半砖隔墙用普通砖砌筑，砌筑砂浆强度宜大于 M2.5。在墙体高度超过 5 m 时应采取加固措施，一般沿高度方向每隔 0.5 m 砌入 2 根 $\phi 4$ 钢筋，或每隔 1.2～1.5 m 设一道 30～50 mm 厚的水泥砂浆层，内置 2 根 $\phi 6$ 钢筋，顶部与楼板相接处用立砖斜砌。普通砖隔墙的构造如图 3-41 所示。

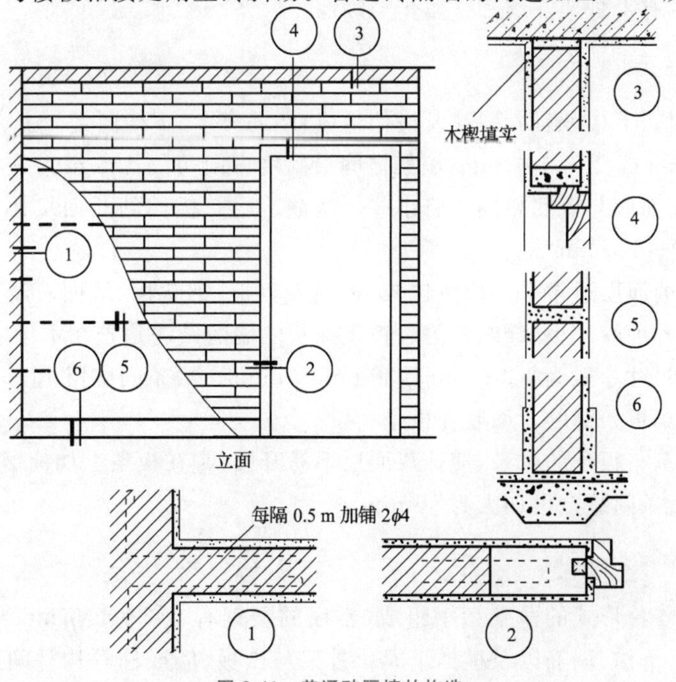

图 3-41　普通砖隔墙的构造

1/4 砖隔墙是由普通砖侧砌而成，由于其厚度较薄、稳定性较差，砌筑高度和长度不宜过大，砌筑砂浆强度不低于 M5。

(二)砌块隔墙

砌块隔墙常用的砌块有加气混凝土砌块、粉煤灰硅酸盐砌块、水泥炉渣空心砖等。隔墙的厚度由砌块尺寸确定，一般为 90～120 mm。砌块隔墙需采取加固措施，通常是沿墙身横向配置钢筋，其构造如图 3-42 所示。砌块隔墙砌筑时，应在墙下先砌 3～5 层普通砖。

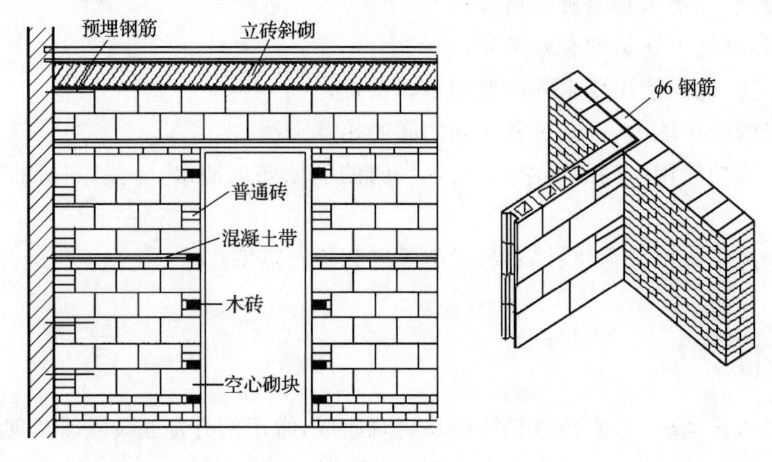

图 3-42 砌块隔墙构造

二、骨架隔墙

骨架隔墙由骨架和面层两部分组成，施工时一般先立骨架后做面层，骨架和面层宜采用轻质材料，常用的有木骨架隔墙和金属骨架隔墙。

(一)木骨架隔墙

木骨架由上槛、下槛、墙筋、斜撑及横档组成，墙筋靠上、下槛固定。上、下槛及墙筋断面尺寸为 45～50 mm 或 70～100 mm，墙筋之间沿高度方向每隔 1.5 m 左右设斜撑或横档一道，斜撑与横档断面应与墙筋相同或略小些。墙筋、斜撑、横档的断面尺寸一般视饰面材料而定，通常为 400～600 mm。

木骨架隔墙的面层通常采用板条抹灰、装饰吸声板、钙塑板、纸面石膏板、水泥刨花板、水泥石膏板以及各种胶合板、纤维板等。板条抹灰隔墙的做法是先在木骨架上钉木板条，然后抹灰。木板条尺寸一般为 1 200 mm×30 mm×6 mm。板条间应留出 7～10 mm 的空隙，从而使灰浆能挤到板条缝的背面咬住板条。

为了加强抹灰与板条的联系，使抹灰面层不易开裂，常在板条上加铺钢丝网。加铺了钢丝网的隔墙，其板条间缝宽可加大为 50 mm。

(二)金属骨架隔墙

金属骨架由各种形式的薄壁型钢组成，常用的型钢有 0.6～1.5 mm 厚的槽钢和工字钢。骨架由上槛、下槛、墙筋以及横档组成。骨架与楼板、墙或柱等构件间用膨胀螺栓或射钉固定，墙筋、横档用专用配件连接，墙筋间距依据面板尺寸确定，金属骨架隔墙构造如图 3-43 所示。

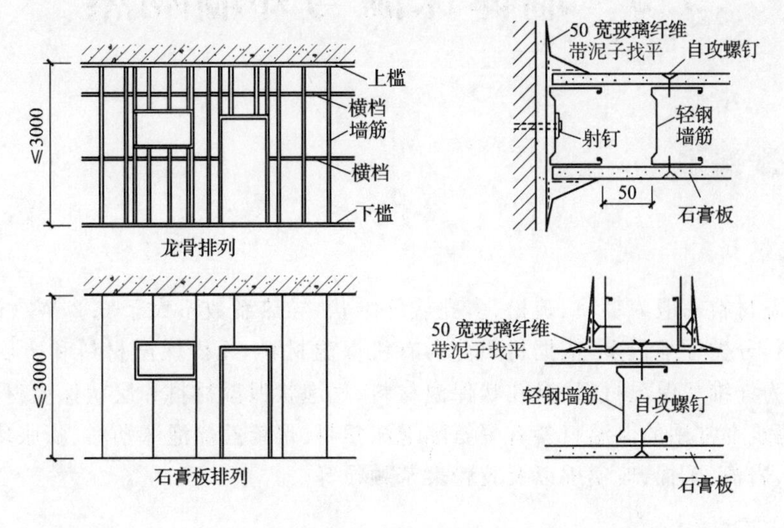

图 3-43　金属骨架隔墙构造

金属骨架隔墙面层的面板可采用胶合板、纤维板、纸面石膏板或纤维水泥板等。面板用镀锌螺钉、自攻螺钉固定在金属骨架上。

三、板材隔墙

板材隔墙是采用由轻质材料制成的预制轻型板材安装而成的隔墙，常用的板材有加气混凝土条板、石膏条板、碳化石灰板、蜂窝纸板、水泥刨花板、钢丝网泡沫塑料水泥砂浆复合板等。

条板隔墙的一般做法是用一对对口木楔在板底将板楔紧，条板之间用黏结剂黏结，安装完成后再进行面层装修，石膏空心板隔墙构造如图 3-44 所示。

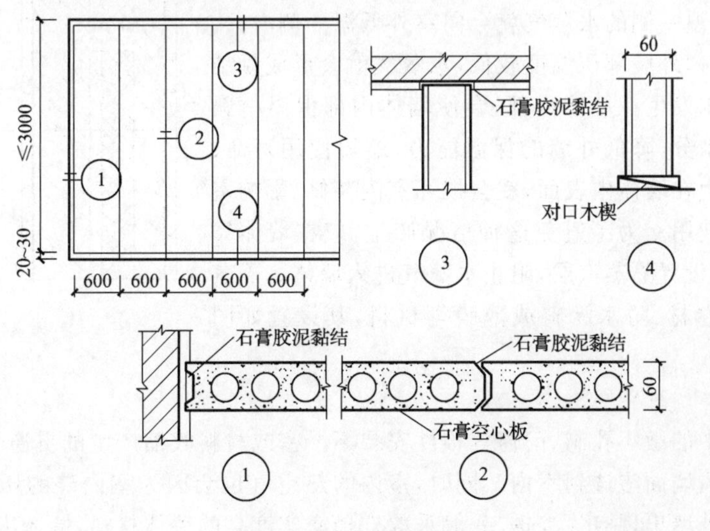

图 3-44　石膏空心板隔墙构造

3.5 墙体保温与外墙隔热

一、墙体保温

(一)保温材料

墙体保温材料一般为轻质、疏松、多孔或纤维状,导热系数不大于 0.2 W/(m·K)的材料。保温材料分类标准很多,依据材质分为有机保温材料、无机保温材料和金属保温材料;依据形态分为纤维状保温材料、微孔状保温材料、气泡状保温材料和层状保温材料等。

目前,建筑上常用的保温材料有聚氨酯泡沫塑料、聚苯乙烯泡沫塑料、膨胀珍珠岩、加气混凝土砌块、岩棉、矿棉、玻璃棉以及胶粉聚苯颗粒等。

(二)保温措施

对于墙体保温而言,除了保证围护结构具有较高的保温能力,还应防止围护结构内表面以及保温材料内部出现凝结水现象,同时还要防止墙体出现空气渗透。

1. 提高墙体保温能力

为提高墙体保温能力、减少热损失,必须提高外墙的热阻。一般有三种做法:一是增加外墙厚度;二是选择导热系数小的墙体材料;三是采用多种材料的复合墙。单纯增加外墙厚度会产生结构自重大,墙体材料用量多,建筑结构面积增大,室内有效空间减少等问题。设计中一般采用导热系数小的墙体材料和复合墙来提高墙体的保温能力。

2. 防止墙体中出现凝结水

在冬季,为了避免采暖建筑热损失,一般门窗紧闭,生活用水及人的呼吸会使室内湿度增高,形成高温、高湿的室内环境。同时,由于外墙两侧存在温差,室内高温一侧的水蒸气就会向室外低温一侧渗透。当渗透至外墙时,外墙部位温度较低,水蒸气就会形成凝结水。如果凝结水发生在墙体内部,会使墙体内部保温材料的空隙中充满水分,降低外墙的保温能力,缩短使用寿命;如果凝结水发生在墙体内表面,就会损坏室内装修,影响室内空间的正常使用。为了避免这种情况产生,应在墙体靠室内高温一侧,设置隔蒸汽层,阻止水蒸气进入墙体。隔蒸汽层常用防水卷材、防水涂料或薄膜等材料,其设置如图 3-45 所示。

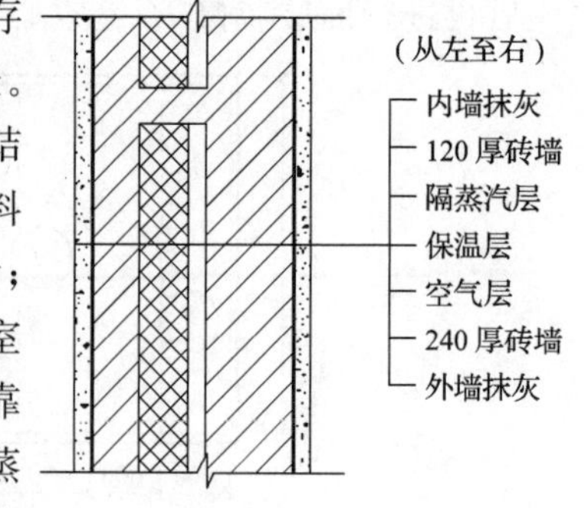

图 3-45 隔蒸汽层的设置

3. 防止墙体出现空气渗透

墙体材料中的微小孔洞、门窗等构件安装不严密或材料收缩产生的贯通性缝隙等,都会使冷空气从迎风墙面渗透到室内。同时,室内的热空气也会因为室内外的压力差渗透到室外。为了防止外墙出现空气渗透,一般采取选择密实度高的墙体材料、墙体内外加抹灰层和加强构件间缝隙处理等措施。

(三)保温方式

墙体保温分为单一材料保温和复合材料保温,采用单一材料保温的墙体又称自保温墙体,复合材料保温由保温材料和墙体材料复合而成。复合材料墙体保温方式一般有外墙内保温、外墙夹心保温和外墙外保温,如图 3-46 所示。

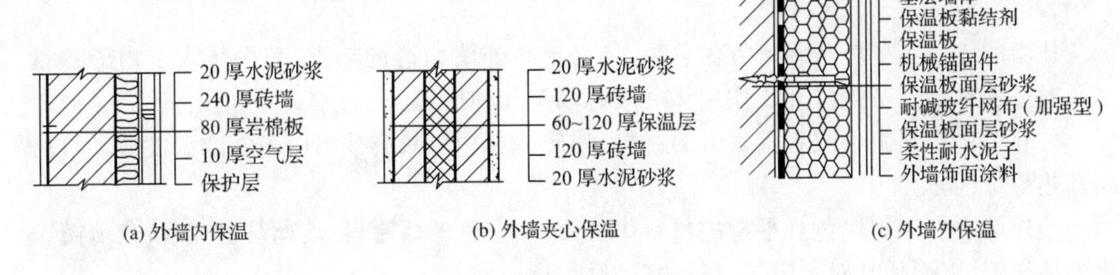

图 3-46 复合材料墙体保温方式

1. 自保温墙体

自保温墙体是指采用绝热材料、新型墙体材料以及配套专用砂浆为主要材料的墙体,具有较高的保温性能,不需要再做保温层。自保温墙体常用的材料主要有蒸压加气混凝土砌块、烧结保温空心砖、节能型空心砌块等。自保温墙体热工性能良好,并具有一定的耐久性和抗冲击能力,但墙体厚度较大,目前主要用作填充墙或低层建筑承重墙。

2. 外墙内保温

外墙内保温是将保温材料置于外墙内侧,其构造一般分为主体结构层、空气层、保温层和保护层,如图 3-46(a)所示。空气层可以防止水分渗透致使保温材料受潮;保温层主要起保温作用;保护层可以保护保温层并阻止水蒸气的渗透。保护层常用石膏板、建筑人造板或其他饰面材料。

目前常用的内保温做法主要有三种:①内贴预制保温板,包括增强水泥类、增强石膏类、聚合物砂浆类板材;②内贴增强粉刷石膏聚苯板,即在墙上粘贴聚苯板,用粉刷石膏做面层,面层厚度 8～10 mm,并用玻璃纤维网格布增强;③内抹胶粉聚苯颗粒保温浆料,即在基层墙体上经界面处理后直接抹聚苯颗粒保温浆料,再做抗裂砂浆面层,并用玻璃纤维网格布增强。

外墙内保温施工方便,但会占用室内使用空间,热桥部位热损失较大,墙体易结露。外墙内保温多用于室内外温差较小的地区。

3. 外墙夹心保温

外墙夹心保温是将保温材料置于外墙的内外墙片之间,内外墙片可以是混凝土砖、空心砌块等墙体材料,如图 3-46(b)所示。

4. 外墙外保温

外墙外保温是将保温层设置在外墙外表面,保温层外侧一般需要做面层。

外墙外保温层应采用热阻值高、吸湿率低、收缩率小的高效保温材料。外墙外保温常用的保温材料有膨胀型聚苯乙烯板、挤塑型聚苯乙烯板、岩棉板、玻璃棉板以及保温浆料等,其中膨胀型聚苯乙烯板应用较为普遍。保温板的固定主要有粘贴、钉固以及二者结合三种方法，如图 3-46(c)所示。外墙外保温具有施工方便，阻燃性好，对基层平整度要求不高，整体性能好，适用于异型墙面等优点。

与内保温及夹心保温相比，外保温热工性能高，保温效果好，不仅适用于新建工程，也适用于旧楼改造。

二、外墙隔热

外墙的隔热主要应从两个方面着手：一是提高外墙构造的热阻，减少传入室内的热量；二是通过各种措施减少室外热作用。一般有以下几种措施。

①外墙选用热阻大或者重量大的材料，如砖、土块等，减小外墙内表面的温度波动，以提高其热稳定性。

②外墙表面选用浅色且平滑的材料作饰面，如白色外墙涂料、玻璃马赛克、浅色墙砖、金属外墙板等，以增加其对太阳辐射热的反射能力。

③在窗口外侧设遮阳措施，以遮挡直射入室内的太阳光。

④在外墙外表面种植攀爬类植物使之遮挡整个外墙，利用植物的遮挡和光合作用来吸收太阳辐射热，起到隔热作用。

⑤在进行总平面和单体建筑设计时，应争取良好的朝向，避免西晒，同时尽量避免穿堂风，加强绿化，以达到较好的隔热效果。

复习思考题

1. 简述墙体的分类方式及类别。
2. 墙体在设计上有哪些要求？
3. 简述墙体承重方式并举例说明。
4. 简述墙脚水平防潮层的做法、特点及适用情况。
5. 简述散水的做法。
6. 简述圈梁与构造柱的作用和做法。
7. 分析砌块墙构造与砖墙构造的异同点。
8. 常见隔墙有哪些？
9. 玻璃幕墙按照构造方式不同可以分为哪几类？
10. 墙体保温方式有哪几种？各有何特点？
11. 简述外墙隔热的措施。

第4章
楼板层、地坪、阳台与雨篷构造

楼板层与地坪是房屋的重要组成部分。楼板层是建筑物的水平分隔构件，它将建筑物沿竖直方向分隔成若干部分，同时又是建筑结构的承重构件。楼板层一方面承受自重和楼板层上的全部荷载，并把荷载传给墙或柱，同时还对墙体起一定的水平支撑作用，增加房屋的刚度和整体稳定性，以减少风和地震产生的水平力对墙体的影响。

地坪是建筑物底层与土壤相接的水平构件，它承受着作用在底层地面上的全部荷载，并将它们均匀地传给地基。

楼板层与地坪要具备一定的防火、隔声、防水、防潮等能力，并具有一定的装饰和保温作用。

4.1 楼板层的构造要求与组成

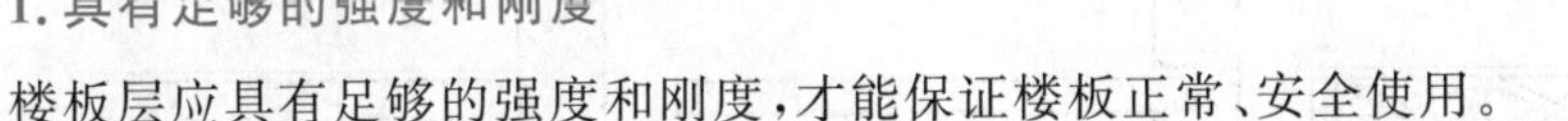

楼地层

一、构造要求

1.具有足够的强度和刚度

楼板层应具有足够的强度和刚度，才能保证楼板正常、安全使用。

足够的强度是指楼板能够承受自重和不同使用要求下的使用荷载而不损坏。足够的刚度是指楼板在一定的荷载作用下，挠度变形不超过规定值。

2.满足隔声要求

楼板层应具备一定的隔声能力，避免上下楼板层之间的相互干扰。

楼板传声有空气传声和固体传声两种途径，提高楼板层隔声能力的措施有以下几种。

①选用空心构件来隔绝空气传声。

②在面层下铺设弹性垫层。

③在楼板面铺设弹性面层，如橡胶、地毡等。

④在楼板下设置吊顶棚。

3.满足防火、防潮等要求

楼板层要满足防火要求，对于厨房、厕所和卫生间等易积水、易潮湿的房间，楼板层应具备一定的防水、防潮能力。

4. 经济方面的要求

在多层或高层建筑中，楼板结构的工程量占相当大的比重，在楼板层设计时，要尽量考虑减轻自重和减少材料的消耗，降低工程成本，并提高装配化程度，为建筑工业化创造条件。

二、构造组成

楼板层一般由面层、结构层和顶棚层组成，根据工程实际需要，可在楼板层里设置附加层，如图 4-1 所示。

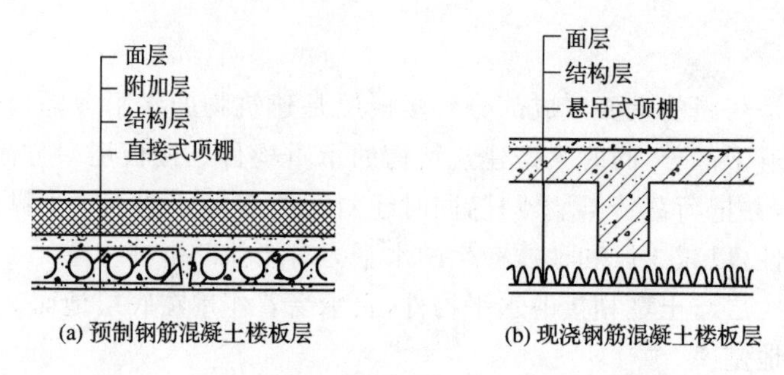

图 4-1 楼板层的组成

1. 面层

面层又称为楼面，是楼板层的上表面部分，具有保护楼板、承受并传递荷载及装饰室内的作用。

2. 结构层

结构层即楼板，是楼板层的承重部分。主要功能是承受楼板层上的全部荷载并将这些荷载传给墙(梁)或柱，同时还对墙身起水平支撑作用，以加强建筑物的整体刚度。

楼板按所用材料可分为木楼板、钢筋混凝土楼板、压型钢板组合楼板等类型，如图 4-2 所示。

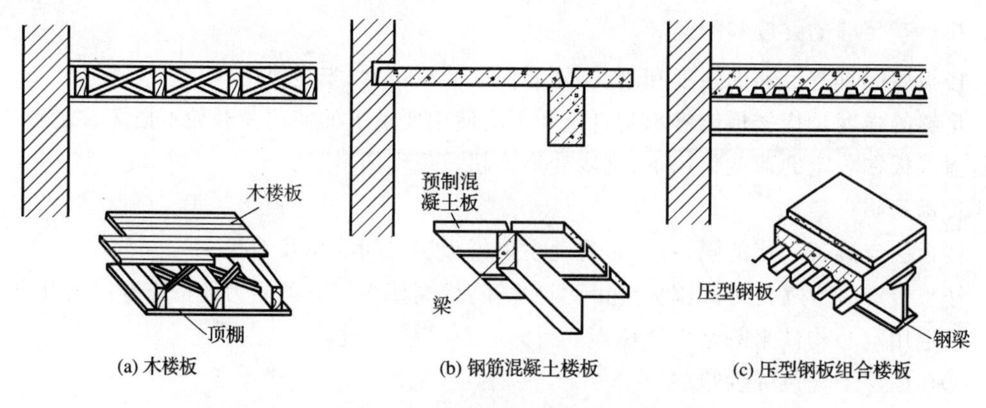

图 4-2 楼板的类型

木楼板是在木隔栅上铺钉木板，并在隔栅之间设置剪力撑以加强整体性和稳定性。木楼板构造简单、施工方便、自重轻，但防火及耐久性差，木材消耗量大。

钢筋混凝土楼板强度高、整体性好，有较强的耐火、耐久和可塑性能，便于机械化施工和工业化生产，但自重较大。

压型钢板组合楼板是利用压型钢板作为衬板与混凝土浇筑在一起的组合楼板。用钢衬板作为楼板的承重构件和底模，既提高了楼板的强度和刚度，又加快了施工进度，但底板要进行防火处理。

3. 附加层

附加层又称功能层，根据使用功能的要求可设置在结构层的上部或下部，如满足隔热、保温、隔声、防水、防潮、防腐蚀或防静电等功能要求。

4. 顶棚层

顶棚层位于楼板层的最下部分，有直接式顶棚和悬吊式顶棚两种类型。

4.2 钢筋混凝土楼板

钢筋混凝土楼板按施工方法，有现浇钢筋混凝土楼板、预制装配式钢筋混凝土楼板和装配整体式钢筋混凝土楼板三种常见的类型。

一、现浇钢筋混凝土楼板

现浇钢筋混凝土楼板是在施工现场通过支模、绑扎钢筋、浇筑混凝土、养护等工序成型的楼板。它可以自由成型，便于留孔洞和布置管线。现浇钢筋混凝土楼板整体性好、抗震能力强，但模板用量大、施工受季节影响较大。

现浇钢筋混凝土楼板有板式楼板、肋形楼板、井字形楼板、无梁楼板和压型钢板组合楼板等形式。

(一)板式楼板

板式楼板的板内不设置梁，将板直接搁置在墙上，楼板上的荷载通过楼板直接传递给墙体。板式楼板的厚度不小于 60 mm，一般不超过 120 mm，经济跨度在 3 m 以内。板式楼板底面平整，便于支模施工，多适用于厨房、卫生间或走道等尺寸较小的房间。

楼板一般四边支撑，按受力有单向板和双向板之分，如图 4-3 所示。当板的长边与短边之比大于 2 时，板基本上只有沿短边方向产生的变形，而沿长边方向的变形很小，这表明荷载主要向短边方向传递，这种板称为单向板；当长边与短边之比不大于 2 时，板的两个方向都发生变形，这种板称为双向板。双向板比单向板受力合理，更能发挥材料的作用。

(二)肋形楼板

若在跨度较大的房间中仍采用板式楼板，会因板跨较大而增加板厚，增加材料用量和板的自重，造成受力与传力的不合理。此时，可在楼板内设置梁，形成梁板式楼板，即肋形楼板，如图 4-4 所示。

肋形楼板一般在纵、横两个方向设置梁，分别为主梁和次梁。主梁通常沿房间短跨方向搁置在墙体或承重柱上，次梁搁置在主梁上，板搁置在次梁上。肋形楼板上的荷载由板依次传递给次梁、主梁，再传给墙或柱。支撑在主、次梁上的板，根据尺寸可以是单向板或双

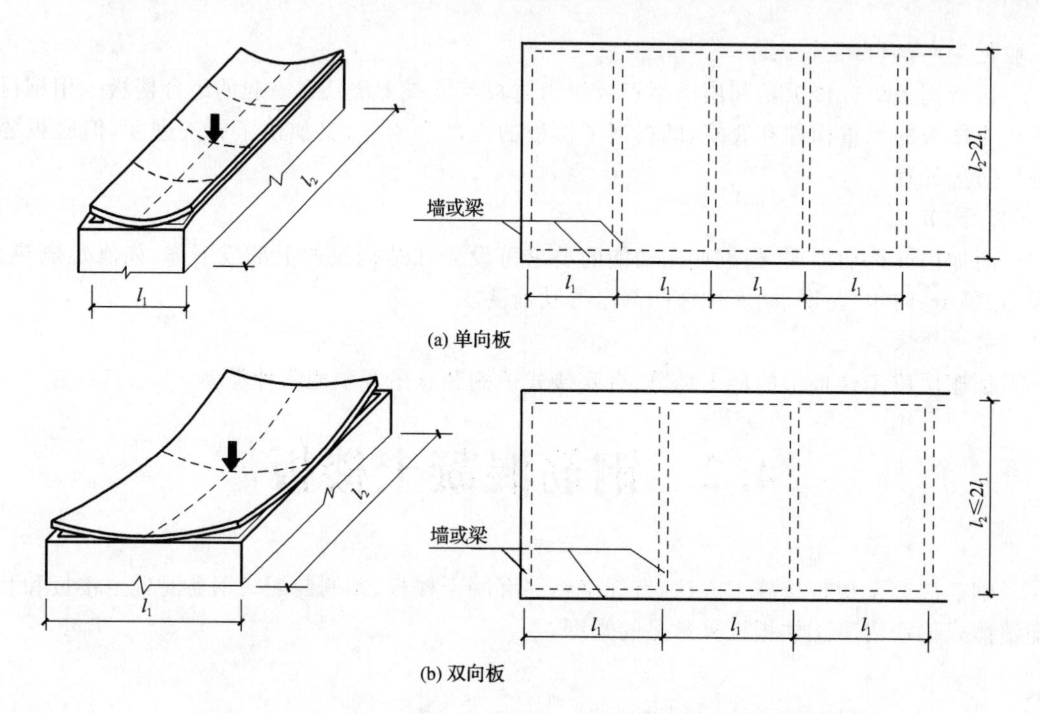

图 4-3　单向板与双向板

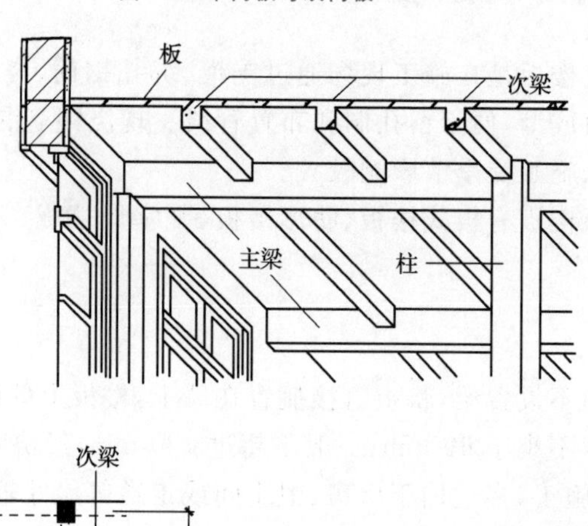

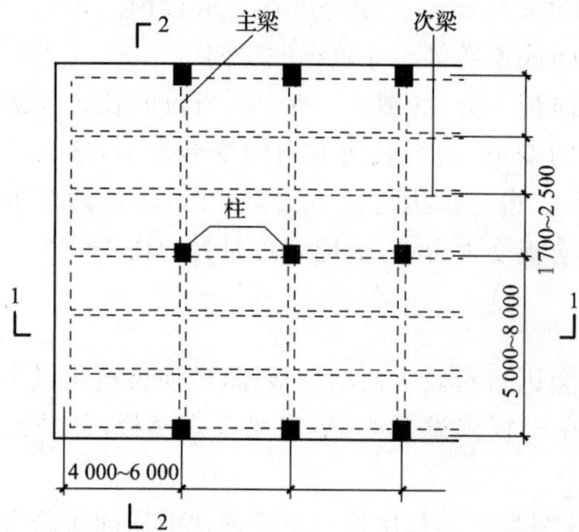

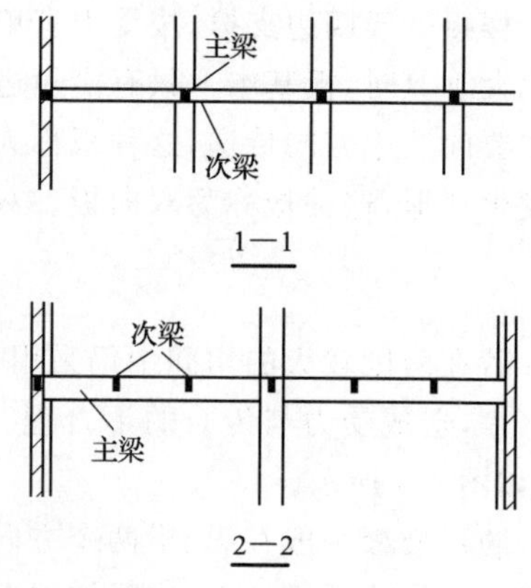

图 4-4　肋形楼板

向板。

楼板结构尺寸的选择，直接影响到楼板结构的合理性和工程造价的高低。一般主梁的经济跨度为5～8 m，截面高度为跨度的1/14～1/8；次梁的跨度为4～6 m，截面高度为跨度的1/18～1/12；板的跨度宜小于3.0 m，单向板的最小厚度为60 mm，双向板的最小厚度为80 mm。

（三）井字形楼板

当房间的平面尺寸较大且形状接近方形时，可沿两个方向布置等距离、等截面尺寸的梁，无主次之分，这种楼板称为井字形楼板。井字形楼板是肋形楼板的一种特殊情况。井字形楼板的布置形式有正井式和斜井式两种，如图4-5所示。梁与墙之间成正交梁系的为正井式，梁与墙之间成斜向布置的为斜井式。

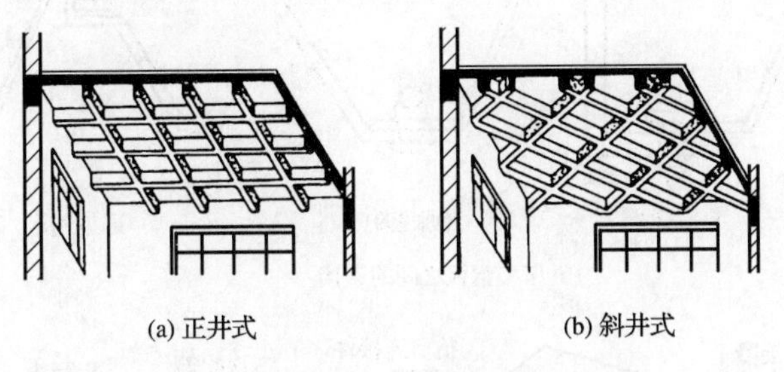

图4-5 井字形楼板

井字形楼板中常用的板跨度为3.5～6 m，梁的总跨度可达20～30 m，梁的截面高度一般不小于梁跨的1/15，梁宽为高度的1/4～1/2，且不小于120 mm。

（四）无梁楼板

无梁楼板将楼板直接支撑在柱上，楼板内不设梁。为增加柱端的支撑面积和减小板的跨度，一般需在柱顶加设柱帽和托板，当楼面荷载较小时，可采用无柱帽楼板，如图4-6所示。

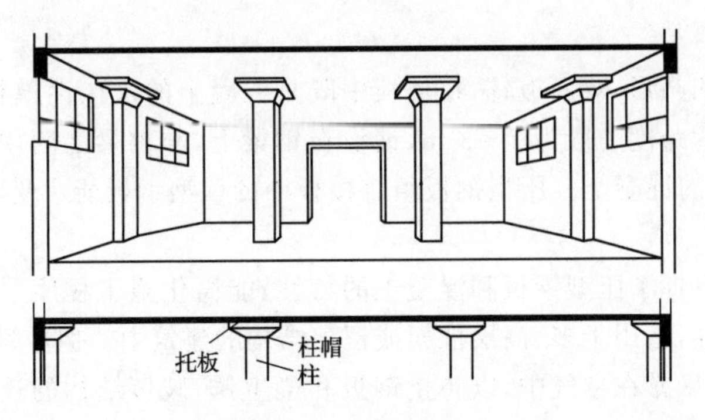

图4-6 无梁楼板

无梁楼板的柱网一般布置为正方形或矩形，经济柱距为6 m左右。楼板四周应设圈梁，圈梁支撑在外墙或兼作过梁时，梁高不小于2.5倍板厚及板跨的1/15。板的最小厚度为150 mm，且不小于板跨的1/35～1/32。

无梁楼板顶棚平整、室内空间大、采光通风好，但楼板较厚、用钢量大，适用于非抗震区的多高层建筑物，如商场、展览馆、车库、仓库等荷载大、空间大、层高受限制的建筑物。

（五）压型钢板组合楼板

压型钢板组合楼板是以压型钢板为衬板与现浇混凝土浇筑在一起构成的楼板结构。压型钢板组合楼板由钢梁、压型钢板和现浇混凝土三部分组成，如图 4-7 所示。

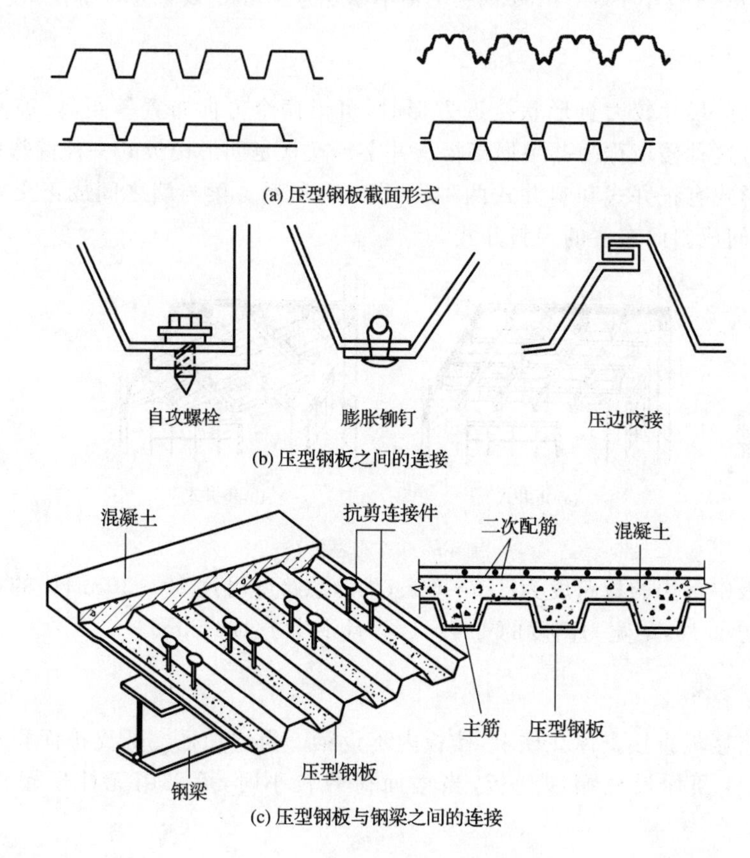

图 4-7　压型钢板组合楼板

压型钢板多为凹凸形，双面镀锌，在楼板中既是混凝土的永久性模板，又能与混凝土共同工作。压型钢板的跨度一般为 2～3 m，铺设在钢梁上，与钢梁之间用栓钉连接。上面浇筑厚 100～150 mm 的混凝土。压型钢板组合楼板中的压型钢板能承受施工时的荷载，是板底的受拉钢筋。

这种结构充分发挥了压型钢板和混凝土的特性，能简化施工程序，加快施工速度，增加楼板的刚度和整体性，适用于多、高层框架或框剪结构的建筑中。但应避免在腐蚀的环境中使用，且应避免长期暴露在空气中，以防止钢板和梁生锈，破坏结构的连接性能。在动荷载作用下，应加强细部设计，并注意保持结构组合作用的完整性和共振问题。

二、预制装配式钢筋混凝土楼板

预制装配式钢筋混凝土楼板，是将楼板的梁、板预制成各种形式和规格的构件，在现场装配而成。这种楼板现场湿作业少，可节省模板、提高机械化程度、缩短施工工期，但楼板整体性较差。

（一）预制装配式钢筋混凝土楼板的类型

常用的预制装配式钢筋混凝土楼板按截面形式分为实心平板、空心板和槽形板等。

1. 实心平板

实心平板的两端支撑在墙或梁上，板的厚度为板跨度的1/30，一般为60～80 mm。

实心平板的上下板面平整，制作简单，但板跨受到限制，板的隔声效果较差，多用作小跨度处的阳台板、走道板、楼梯平台板、管沟盖板等，如图4-8所示。

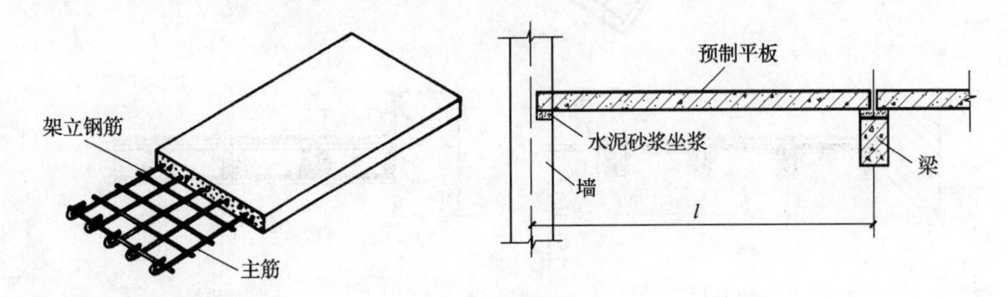

图4-8　预制钢筋混凝土实心平板

2. 空心板

空心板是将平板沿纵向抽空而成。孔的断面形状有圆形、椭圆形和矩形等，如图4-9所示。普通空心板的跨度多在4.5 m以下，板厚为90～120 mm，大型空心板跨度为4.5～7.2 m，板厚为180～240 mm。

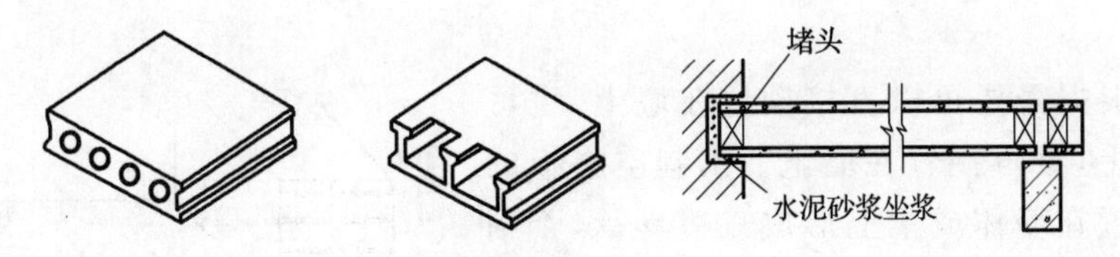

图4-9　预制空心板

空心板节省材料、隔音隔热性能较好，但空心板上不能任意开洞，不宜用于管道穿越较多的房间。为避免板端孔壁被压坏及灌注端缝时漏浆，可在空心板端深入墙内部分用混凝土块或砖块填实。

3. 槽形板

槽形板由肋和板构成，对跨度尺寸较大的板可以减轻重量，使受力更加合理。板长为3～6 m的非预应力槽形板，板肋高为120～240 mm，板的厚度仅30 mm。当跨度大于6 m时，应在槽形板中部每隔500～700 mm处增设一横肋。为避免板端肋被挤压，可在板端深入墙内部分用堵砖填实，如图4-10所示。

槽形板的搁置方式有正槽板和倒槽板两种。正槽板的边肋向下放置，板底不平，常用于天棚平整要求不高的房间，否则应做吊顶处理。倒槽板的边肋向上放置，板底平整，但受力不甚合理，并需做面板，倒槽板根据需要可在板内填充轻质材料，满足保温、隔声等要求。

（二）板的布置

1. 结构布置

在进行楼板结构布置时，首先应根据房间的使用要求确定板的种类，然后根据开间与进

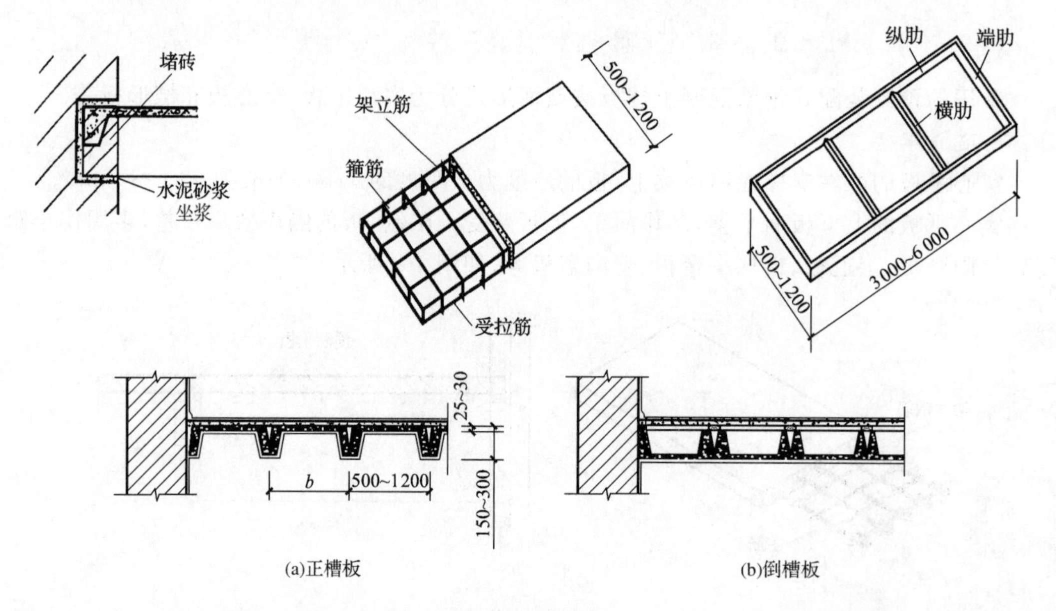

图 4-10 槽形板

深尺寸确定楼板的支承方式，最后根据现有板的规格进行合理的安排。应尽量减少板的规格、类型，过多的规格与类型会给施工带来麻烦。

为减少板缝的现浇混凝土量，应优先选用宽板，窄板可作为调剂使用。当遇有上下水管线、烟道、通风道穿过楼板时，为防止空心板开洞过多，应尽量做成现浇钢筋混凝土板或局部现浇。

预制板根据需要可以直接搁置在墙上，也可以支承在梁上，梁再搁置在墙上。预制空心板的长边不得搁置在墙体或梁上形成三边支承，否则会引起板的开裂，如图 4-11 所示。

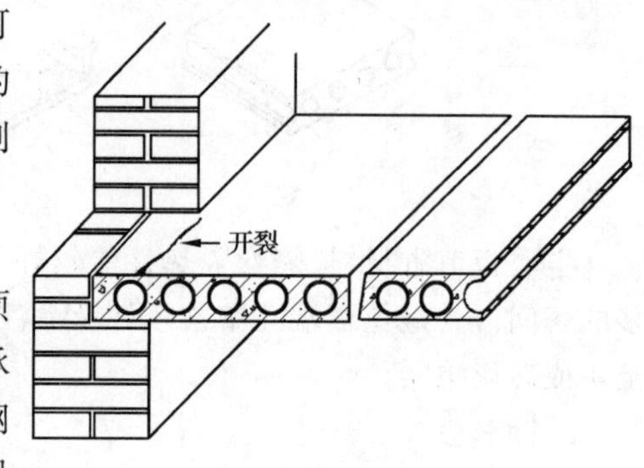

图 4-11 三边支承的板

2. 板的搁置构造

为保证楼板与墙体有可靠的连接，板端必须有足够的支承长度。无抗震设防需求时，板支承于砖墙上的搁置长度不应小于 100 mm，支承于钢筋混凝土梁上的搁置长度不应小于 80 mm。为保证板的平稳和受力均匀，预制板直接搁置在墙上或梁上时，应先铺厚度为 10～20 mm 的 M5 水泥砂浆（即坐浆），然后再铺板。板安装后，板的端缝内必须用细石混凝土或水泥砂浆灌实。

板一般直接搁置在梁的顶面，有时为了增加室内的有效高度，也可以将板搁置在梁出挑的翼缘上，使板的上表面与梁的顶面相平齐。

为增强建筑物，特别是位于地基条件较差地段或地震区的建筑物的整体刚度和抗震性能，应在板与墙及板端与板端的连接处设置锚固钢筋，如图 4-12 所示。锚固钢筋的设置与锚固构造做法应满足抗震要求。

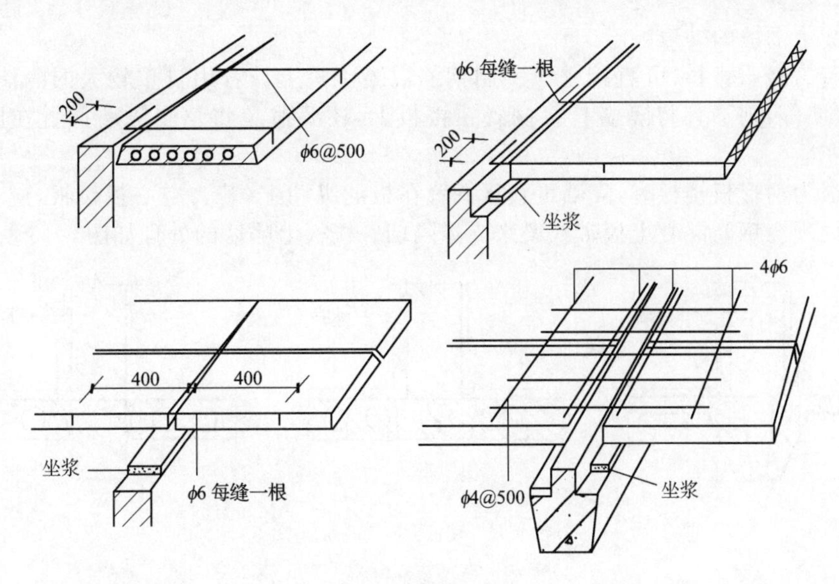

图 4-12　板缝的锚固

（三）板的细部构造

1. 板缝的处理

为方便板的安装铺设，板与板之间常留有 10～20 mm 的缝隙。为了加强板的整体性，避免在板缝处出现裂缝而影响楼板的使用和美观，必须用细石混凝土灌缝密实。板的侧缝一般有 V 形缝、U 形缝和凹槽缝几种，如图 4-13 所示。

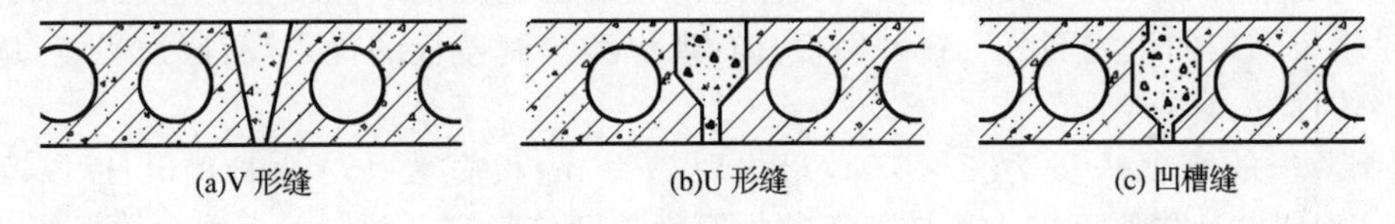

图 4-13　侧缝的接缝形式

V 形缝和 U 形缝容易灌浆，适用于厚度较薄的板；凹槽缝连接牢固，整体性好，但灌缝捣实困难。

2. 板缝差

房间内楼板的块数是按墙或梁的净尺寸计算得出的，板的排列受到板宽规格的限制，可能出现较大的缝隙。不够整板块数的尺寸称为板缝差，一般可通过调整板缝、局部现浇等办法解决板缝差的问题，如图 4-14 所示。

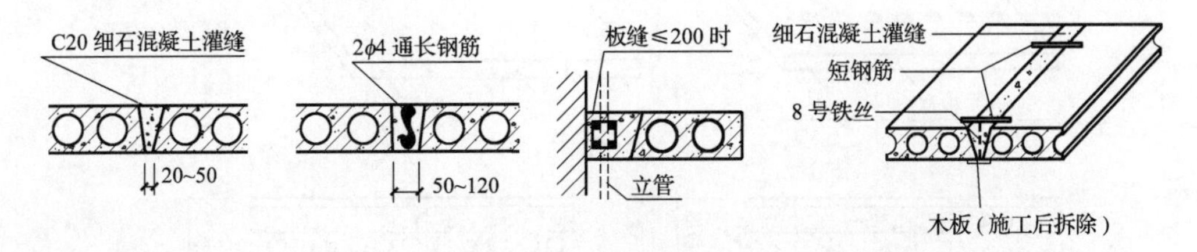

图 4-14　预制板缝差的处理

当板缝差较小时，可调整增大各楼板之间的缝隙。调整后的板缝隙宽度小于 50 mm 时，直接用细石混凝土浇筑即可；调整后的板缝隙大于 50 mm 时，应在灌缝中配置钢筋。对宽度大于 120 mm 或有竖向管道沿墙边穿过的板缝，可用局部现浇带的方法解决。

3. 楼板上隔墙的处理

隔墙若为轻质材料，可直接立于预制钢筋混凝土板上。若用自重较大的隔墙，如砖隔墙、砌块隔墙等，则不宜将隔墙直接搁置在楼板上，还要避免将整个隔墙搁置在同一块楼板上。

当楼板为槽形板楼板时，隔墙可直接搁置在板的纵肋上；若为空心板楼板，应在隔墙下的板缝处设现浇钢筋混凝土板带或梁来支撑隔墙。楼板上隔墙的处理如图 4-15 所示。

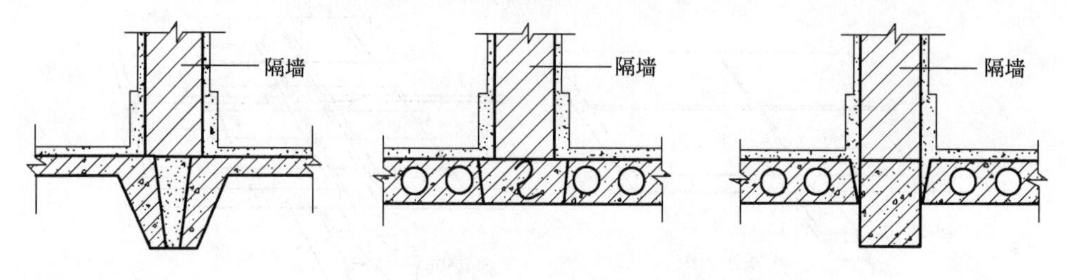

图 4-15 楼板上隔墙的处理

三、装配整体式钢筋混凝土楼板

装配整体式钢筋混凝土楼板是先将部分预制构件现场安装，再以整体浇筑的方法将其连成一体的楼板。

预制薄板叠合楼板是常用的一种形式，是以预制的预应力或非预应力混凝土薄板为底模，板面现浇叠合层而成的装配式楼板。预制薄板既是现浇钢筋混凝土叠合层的永久性模板，又是楼板结构的组成部分。这种楼板具有现浇和预制楼板的优点，板底面平整，施工速度快，整体性好，自重较轻。

预制薄板的跨度一般为 4～6 m，最大可达 9 m，板宽为 1.1～1.8 m，板厚不小于 50 mm。现浇叠合层厚度以大于或等于薄板厚度的两倍为宜。预制薄板叠合楼板的总厚度约为 150～250 mm。为保证预制薄板与现浇叠合层之间有较好的连接，可在预制薄板的上表面刻槽，或预留较规则的三角形结合钢筋，如图 4-16 所示。

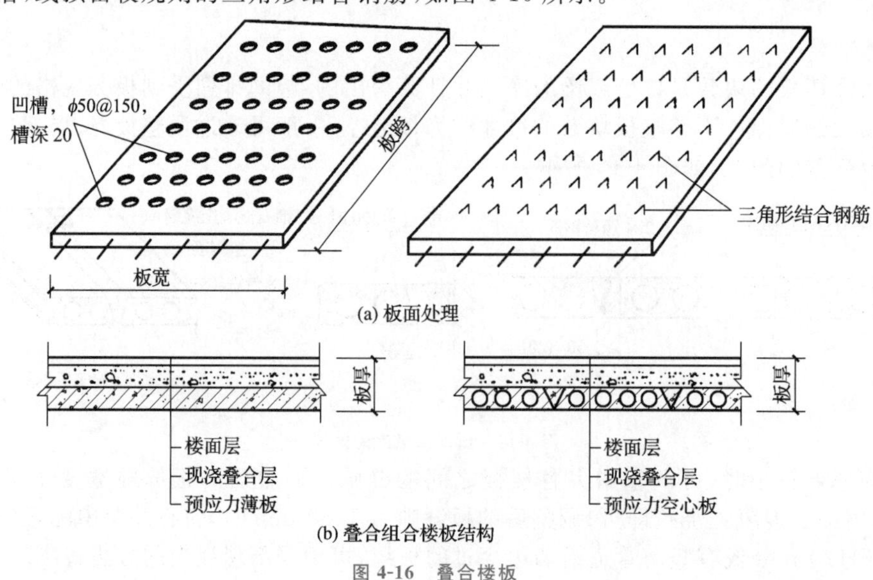

图 4-16 叠合楼板

四、楼地面的细部构造

（一）踢脚

踢脚又称踢脚板，位于楼地面与墙面的交界处，作用是保护墙脚，防止脏污或损坏墙面。踢脚的高度为 100～150 mm，所用的材料一般与地面材料相同，并与地面一起施工，主要有水泥砂浆、木材、陶瓷砖、水磨石、石材等，如图 4-17 所示。

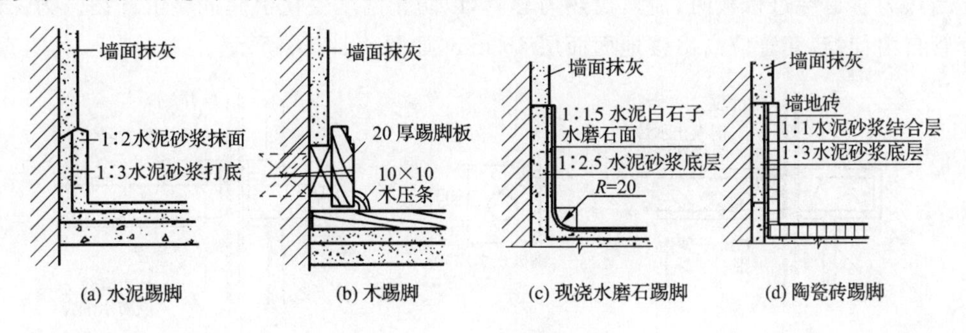

图 4-17　踢脚

（二）楼地面防水

在厕所、盥洗室、淋浴室和实验室等用水频繁的房间，应做好楼地面的排水和防水。

为便于排水，要设置地漏，并由地面四周向地漏方向设 1%～1.5%的坡度，引导水流入地漏，如图 4-18(a)所示。为防止用水房间积水外溢，用水房间地面应比相邻无水房间或走道等地面低 20 ～ 30 mm，也可用门槛挡水，如图 4-18(b)、图 4-18(c)所示。

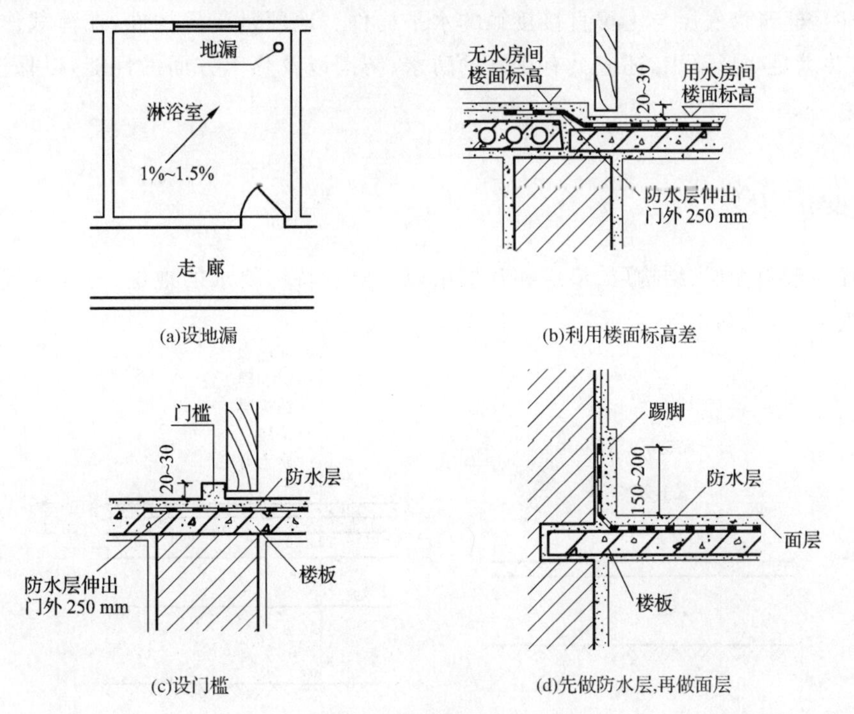

图 4-18　楼地面防水

当房间有较高的防水要求时，应在现浇楼板上设置一道防水层，再做地面面层。常用的防水材料有防水涂料、防水卷材和防水砂浆等。为防止积水沿房间四周侵入墙身，应将防水层沿墙角向上翻起成泛水，高度一般高出楼地面 150～200 mm。当遇到门洞时，应将防水层向外延伸 250 mm 以上，如图 4-18(b)、图 4-18(c)、图 4-18(d)所示。

当房间内有设备管道穿过楼板层时，必须做好防水密封。对常温普通管道，可将管道穿过的楼板孔洞用 C20 干硬性细石混凝土捣实，再用防水涂料做密封，也可在管道上焊接钢板止水片，如图 4-19(a)所示。

当热力管道穿过楼板时，需增设热力套管，以防止温度变化引起混凝土开裂。为保证热力套管自由伸缩，套管应高出楼地面面层 30 mm，如图 4-19(b)所示。

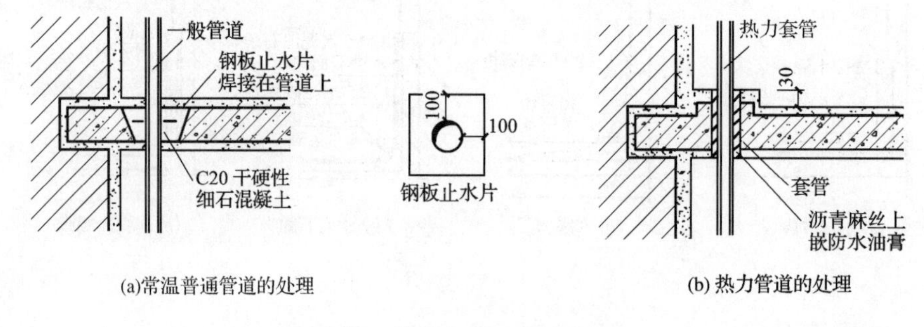

图 4-19 管道穿过楼板层时的处理

4.3 地坪

地坪是建筑物底层与土壤直接接触的水平构件。地坪是受压构件，在荷载作用下应不被破坏，并满足变形要求，还应具有良好的防水、防潮以及热工方面的性能，以保证防潮、保温效果。

一、地坪的组成

地坪一般由面层、结构层、垫层和基层组成。对有特殊要求的地层，可在面层与垫层之间增设附加层，如图 4-20 所示。

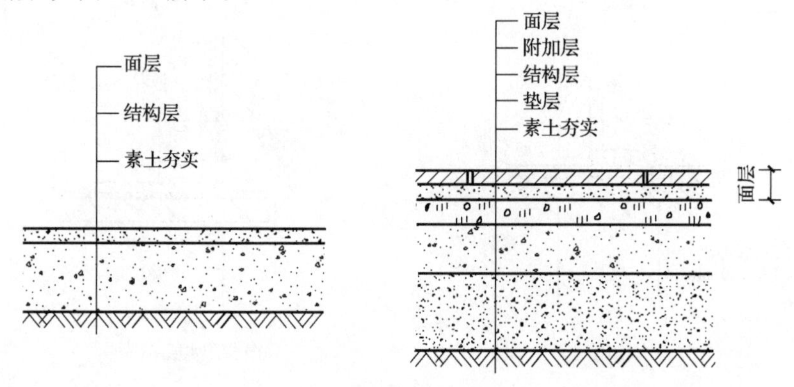

图 4-20 地坪的组成

1. 面层

地坪的面层也称地面，是人、家具、设备等直接接触的部分，直接承受各种物理和化学作用，有装饰室内和保护结构层的作用。

2. 结构层

地坪的结构层一般起找平和传递荷载的作用，通常采用C10混凝土。结构层厚度一般为80～100 mm。

3. 附加层

附加层是为满足建筑物的某些特殊要求而设置的构造层，如保温层、防水层、防潮层及埋置管线层等。

4. 垫层

垫层介于结构层和地基之间，起加强地基和帮助传递荷载的作用。当地基土壤条件较好或地层上荷载不大时，一般采用原土夯实或填土分层夯实等方法设置垫层。当地层上荷载较大或土壤条件较差时，必须对土壤进行换土或夯入砾石、碎砖等以提高其承载能力。

二、地坪的防潮

地坪一般与土壤直接接触，土壤中的水分会通过毛细作用引起地面受潮，影响地坪的正常使用。因此地坪应做防潮处理。

对无特殊防潮要求的房间，其地坪防潮采用60 mm厚C10混凝土垫层即可。对防潮要求较高的房间，一般是在垫层与面层之间铺设防水涂料或防水卷材形成防潮层，必要时可在垫层下设置粒径均匀的卵石、碎石或粗砂等切断毛细水的通道，如图4-21(a)、图4-21(b)所示。

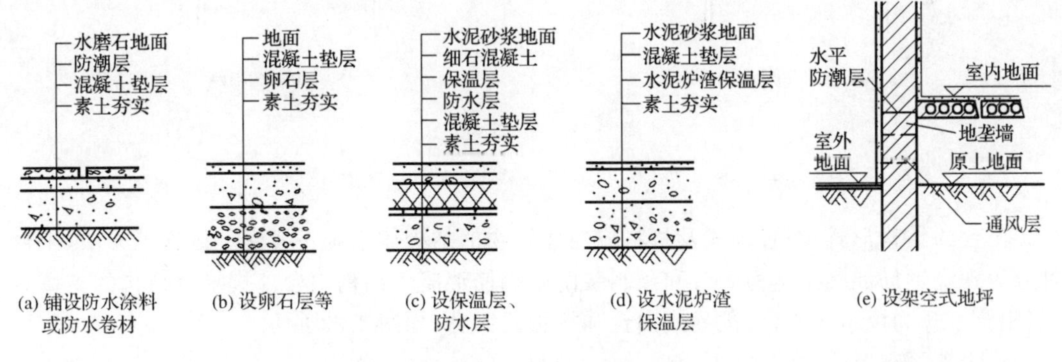

(a) 铺设防水涂料或防水卷材　(b) 设卵石层等　(c) 设保温层、防水层　(d) 设水泥炉渣保温层　(e) 设架空式地坪

图4-21　地坪的防潮

在空气相对湿度较大的地区，由于地表温度低于室内温度，地面上易产生凝结水，故应在垫层上设保温层并在其下设置防水层。保温层有两种做法，一是对地下水位较高的地区，可在面层与混凝土垫层间设保温层，并在保温层下做防水层，如图4-21(c)所示；二是对地下水位较低、土壤较干燥的地区，可在垫层下铺一层1∶3水泥炉渣或其他工业废料作为保温层，如图4-21(d)所示。

对温差较大、地下水位高的地区，可采用架空式地坪构造，将地层底板搁置在地垄墙上，形成通风层，带走地下潮气，如图4-21(e)所示。

4.4 阳台与雨篷

一、阳台

阳台是连接室内的室外平台，是多层住宅、高层住宅等建筑中不可缺少的一部分。良好的阳台外观造型还能丰富和改善建筑立面效果。

(一)阳台的类型

阳台按其与外墙的相对位置分为挑阳台、凹阳台、半挑半凹阳台和转角阳台，如图 4-22 所示。阳台主要由阳台板和栏杆扶手组成，阳台板是阳台的承重构件，栏杆扶手是阳台的围护构件，设于阳台临空一侧。

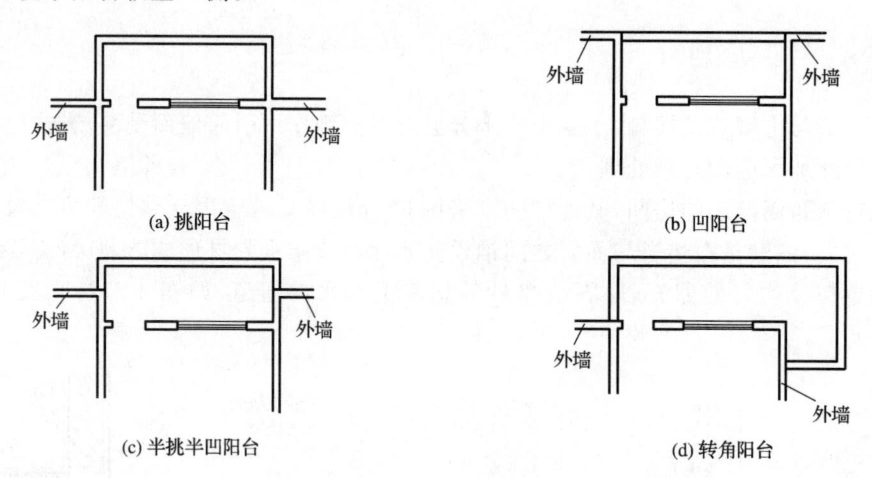

图 4-22 阳台的类型

(二)阳台的结构布置

阳台的结构形式、布置方式及材料应与建筑物的结构体系统一考虑。按施工方法，阳台可分为现浇钢筋混凝土结构阳台和预制装配式钢筋混凝土结构阳台。按承重结构的支撑方式，阳台可分为墙承式阳台、挑梁式阳台和挑板式阳台，如图 4-23 所示。

1. 墙承式阳台

墙承式阳台是将阳台板搁置在墙体上，阳台荷载直接传递到承重墙上，阳台板的跨度和板型一般与房间楼板相同，如图 4-23(a)所示。

2. 挑梁式阳台

挑梁式阳台是从内承重横墙或柱上挑出悬臂梁，在悬臂梁上铺设预制板或直接现浇钢筋混凝土板，阳台荷载通过悬臂梁传递给墙体或柱，如图 4-23(b)所示。

3. 挑板式阳台

挑板式阳台的一种做法是将房间楼板直接向墙外悬挑形成阳台板，即楼板悬挑式阳台，

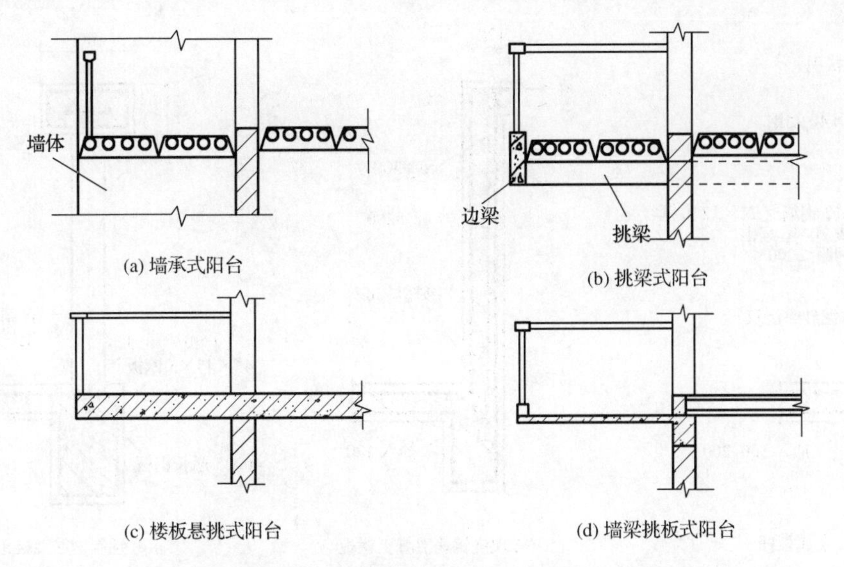

图 4-23　阳台按承重结构的支承方式分类

如图 4-23(c)所示。挑板式阳台的另一种做法是将阳台板与墙梁整浇到一起，利用梁上部的墙体或楼板重量平衡阳台板，防止阳台倾覆，即墙梁挑板式阳台，如图 4-23(d)所示。

(三)阳台的细部构造

1. 阳台栏杆(板)与扶手

阳台栏杆(板)与扶手是阳台的围护结构，起着安全围护及装饰作用。当阳台临空高度在 24 m 以下时，栏杆(板)高度不应低于 1.05 m；当阳台临空高度在 24 m 及以上时，栏杆(板)高度不应低于 1.1 m。栏杆(板)高度为从所在楼地面至栏杆扶手顶面的垂直高度，当底部有宽度不小于 220 mm，且高度不大于 450 mm 的可踏部位时，栏杆(板)高度应从可踏部位顶面起算。

栏杆(板)按材料可分为金属栏杆、混凝土栏杆(板)、砖砌栏板等。栏杆(板)的形式有空花栏杆、实心栏板以及由空花栏杆和实心栏板组合而成的组合式栏杆，如图 4-24 所示。住宅、托儿所、幼儿园、中小学及其他少年儿童专用活动场所的栏杆必须采取防止攀爬的构造。当采用垂直杆件做栏杆时，其杆件净间距不应大于 110 mm。公共场所栏杆离地面 100 mm 高度范围内不宜留空。阳台栏杆(板)与边梁要有可靠的连接，以保证栏杆(板)的强度和稳定性。阳台栏杆(板)与扶手的连接构造如图 4-25 所示。

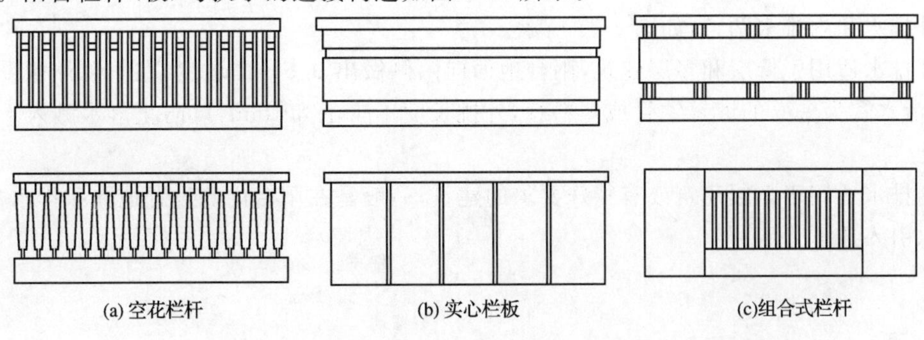

图 4-24　阳台栏杆(板)的形式

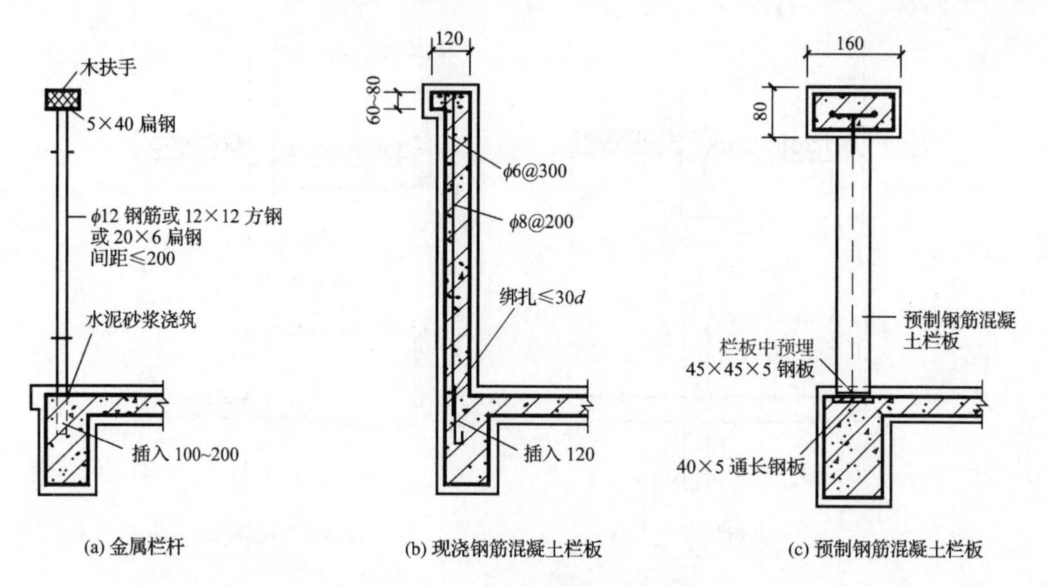

(a) 金属栏杆　(b) 现浇钢筋混凝土栏板　(c) 预制钢筋混凝土栏板

图 4-25　阳台栏杆(板)与扶手的连接构造

扶手与砖墙的连接是把扶手或扶手中的钢筋伸入墙体的预留洞中，再用细石混凝土或水泥砂浆填实固牢，如图 4-26(a)所示。现浇钢筋混凝土栏杆与砖墙连接时，可在墙体内预埋 240 mm×240 mm×120 mm 的 C20 细石混凝土块，从中伸出 2ϕ6 钢筋，长 300 mm，与扶手中的钢筋绑扎后再进行现浇，如图 4-26(b)所示。扶手与钢筋混凝土墙体或构造柱可通过预埋件连接。

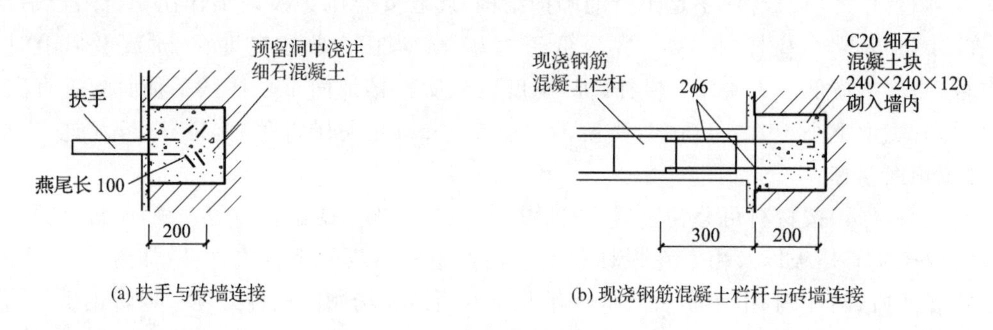

(a) 扶手与砖墙连接　(b) 现浇钢筋混凝土栏杆与砖墙连接

图 4-26　扶手与墙体的连接

2. 阳台的排水处理

为防止阳台上的积水流入室内，阳台地面应较室内地面低 20～50 mm。阳台的排水方式有外排水和内排水两种，如图 4-27 所示。

外排水适用于低层和多层建筑，阳台地面向两侧做出 0.5%的坡度，在阳台外侧设置泄水管，泄水管为 ϕ50 的镀锌铁管或塑料管，外挑长度不少于 80 mm，以防止落水溅入下层的阳台上。

内排水适用于高层建筑或有特殊要求的建筑，一般是在阳台内侧设置地漏和排水立管，将积水引入地下管网。

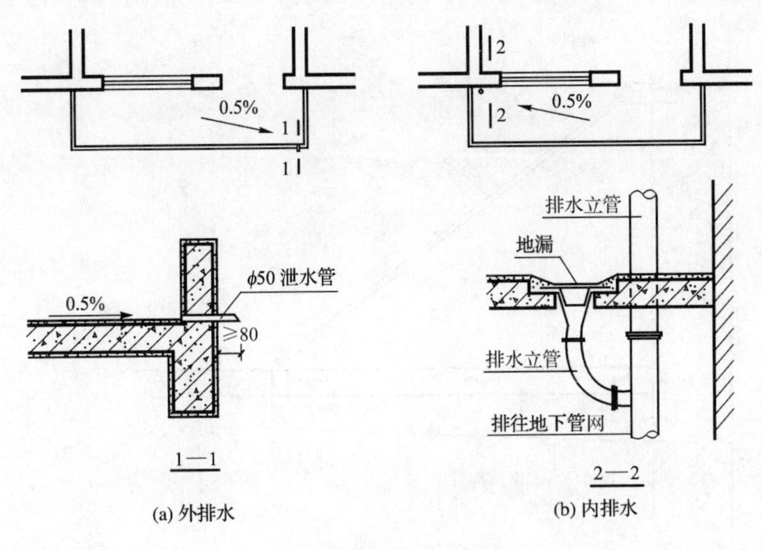

图 4-27　阳台排水构造

二、雨篷

雨篷是位于建筑物入口处外门上部，用于遮挡雨水的水平构件。雨篷多为钢筋混凝土悬挑构件，大型雨篷常加立柱形成门廊。

挑出尺寸较小的雨篷可做成挑板式，由雨篷梁悬挑雨篷板，雨篷梁兼作过梁，挑出长度一般不超过 1.5 m，如图 4-28(a)所示。当雨篷挑出尺寸较大时，一般做成挑梁式，为保证雨篷板底平整，可将挑梁上翻，如图 4-28(b)所示。

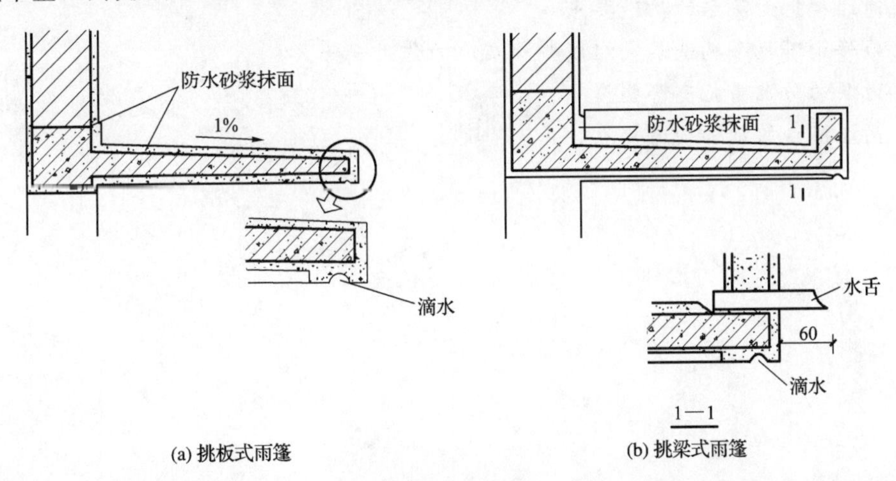

图 4-28　雨篷构造

悬挂式雨篷对建筑立面有很好的美化作用，通常由钢结构骨架和钢化玻璃组成，并用钢斜拉杆抵抗雨篷倾斜。点支钢化玻璃雨篷的构造如图 4-29 所示。

雨篷在构造上要解决好抗倾覆和排水问题，可沿板四周用砖砌或现浇混凝土做凸檐挡水，板面用防水砂浆抹面，并向排水口做出 1%的坡度。雨篷与墙体相接处应抹防水砂浆，泛水高度不小于 250 mm。

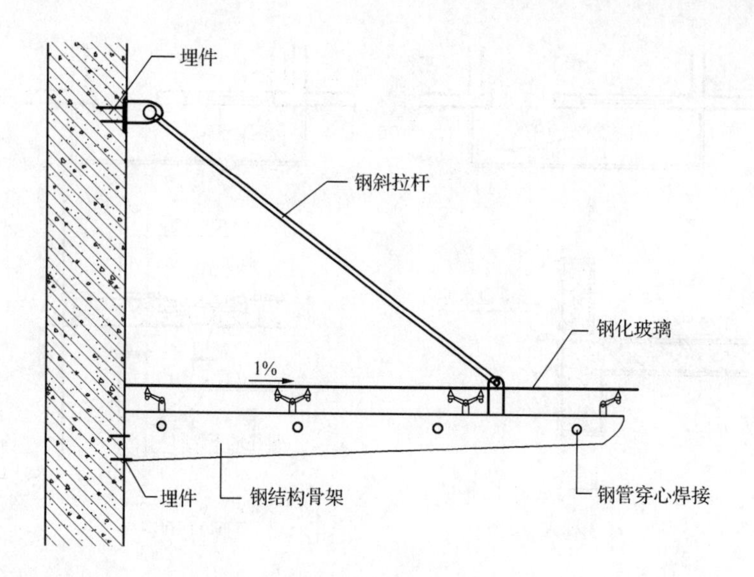

图 4-29 点支钢化玻璃雨篷的构造

复习思考题

1. 楼板层的构造是什么？
2. 简述现浇钢筋混凝土板的形式与特点。
3. 预制装配式钢筋混凝土楼板有哪几种类型？各有什么特点？
4. 预制装配式钢筋混凝土楼板的搁置构造有哪些？
5. 简述装配整体式钢筋混凝土楼板的构造要点。
6. 简述楼地面防水的构造要点。
7. 地坪由哪几个构造层次组成？各层次的作用是什么？
8. 地层的防潮措施有哪些？
9. 简述阳台的细部构造要点。

第 5 章 楼梯、坡道及电梯构造

5.1 楼 梯

楼梯

一、楼梯的组成与类型

(一)楼梯的组成

楼梯一般由梯段、楼梯平台、栏杆和扶手三部分组成,如图 5-1 所示。

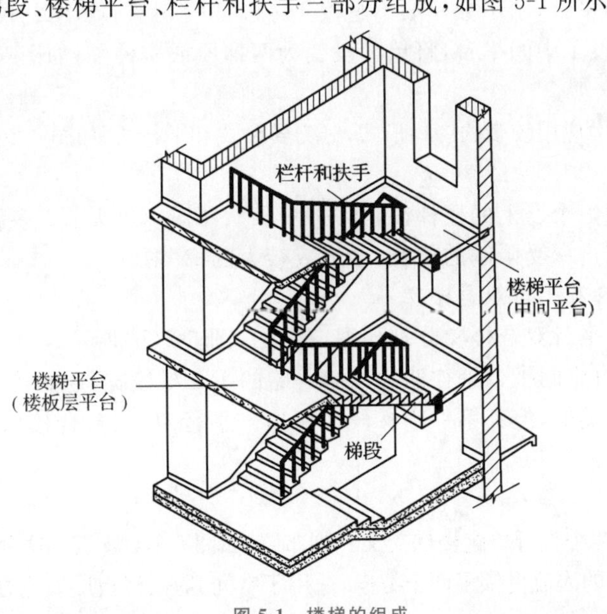

图 5-1 楼梯的组成

1. 梯段

梯段是设有踏步的联系两个不同标高平台的倾斜构件。每个梯段的踏步步数一般不应超过 18 级,也不应少于 3 级。

2. 楼梯平台

楼梯平台是联系两个梯段的水平部分,主要用于楼梯转折、连通楼板层和供人暂时休息。楼梯平台分为两种:两楼板层之间的平台称为中间平台,用来供人们行走时调节体力和改变行进方向;与楼板层面标高齐平的平台称为楼板层平台,除了起中间平台的作用外,还用来分配从楼梯到达楼板层的人流。

3. 栏杆和扶手

栏杆和扶手是设在梯段及楼梯平台边缘起保护作用的围护构件。当梯段宽度不大时,只需在梯段临空的一侧设置扶手;当梯段宽度较大时,要加设靠墙扶手及中间扶手。

(二)楼梯的类型

1. 按楼梯的材料划分

楼梯可分为钢筋混凝土楼梯、钢楼梯和木楼梯等。

2. 按楼梯的使用性质划分

楼梯可分为主要楼梯、辅助楼梯、疏散楼梯和消防楼梯。

3. 按楼梯所处的位置划分

楼梯可分为室内楼梯和室外楼梯。

4. 按楼梯的平面形式划分

楼梯可分为直跑楼梯、双跑楼梯、多跑楼梯、平行双分楼梯、平行双合楼梯、交叉楼梯、剪刀楼梯以及螺旋楼梯和弧形楼梯等,如图 5-2 所示。

(1)直跑楼梯

直跑楼梯是指沿着一个直线方向上下楼的楼梯,它分为直行单跑楼梯和直行多跑楼梯。直行单跑楼梯无中间平台,踏步数一般不超过 18 级,如图 5-2(a)所示;直行多跑楼梯是直行单跑楼梯的延伸,增设了中间平台,将单梯段变为两梯段或多梯段,如图 5-2(b)所示。

(2)双跑楼梯

双跑楼梯是建筑中应用较多的一种形式,分为转角式和平行式,如图 5-2(c)、图 5-2(d)所示。

(3)多跑楼梯

多跑楼梯一般有三个以上的楼梯段,如图 5-2(e)、图 5-2(f)所示。多跑楼梯多用于楼板层层高较大且楼梯间进深受限制的情况,会形成较大的梯井。

(4)平行双分楼梯和平行双合楼梯

平行双分楼梯与平行双合楼梯分别如图 5-2(g)、图 5-2(h)所示。平行双分楼梯的第一跑在中部上行,然后自中间平台处往两边以第一跑的 1/2 梯段宽,通到楼板层面。平行双合楼梯与平行双分楼梯类似,但其第一跑梯段在两边。平行双分、双合楼梯通常在人流多、梯段宽度较大时采用。

(5)交叉楼梯

交叉楼梯相当于两个直行单跑楼梯交叉并列布置,如图 5-2(i)所示。这种楼梯通行的人流量较大,且为上下楼板层的人流提供了两个方向,适用于空间开敞、楼板层人流方向多的情况。

(6)剪刀楼梯

剪刀楼梯相当于两个平行双跑楼梯对接,如图 5-2(j)所示。中间平台为人流的变换行走方向提供了便利,常用于楼板层层高较大且楼板层人流有多向性选择要求的建筑。

(7)螺旋楼梯

螺旋楼梯通常是围绕一根单柱布置,平面呈圆形,如图 5-2(k)所示。螺旋楼梯占用建筑空间小,每个踏步呈扇形,内窄外宽,不便于上下行走,大多用于人流通行较少的地方。

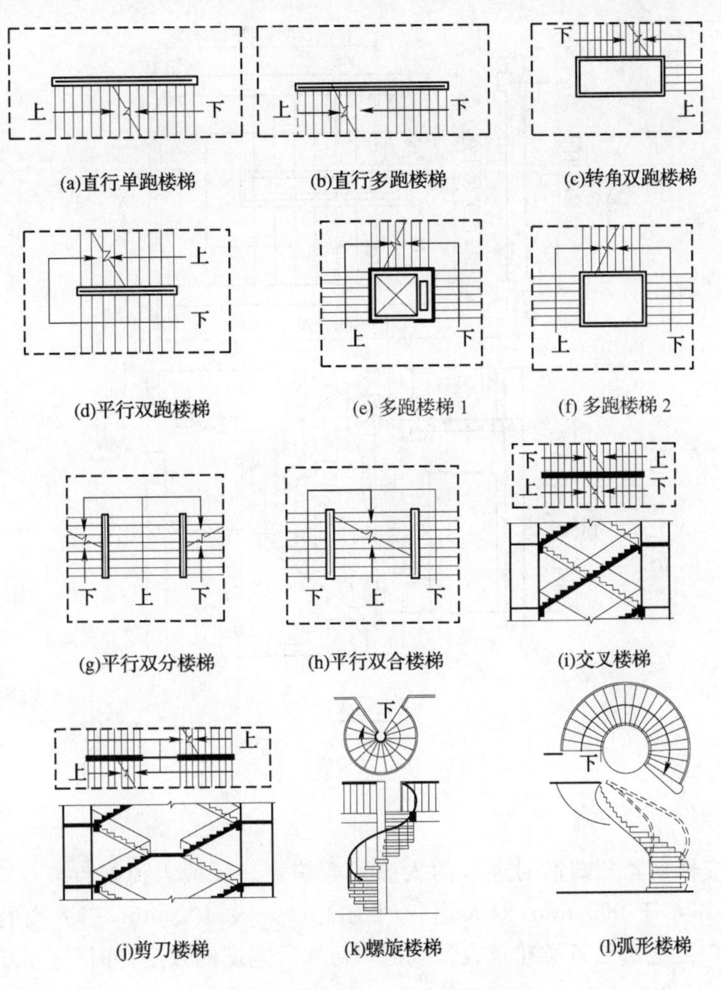

图 5-2　按平面形式划分的楼梯类型

(8)弧形楼梯

弧形楼梯的梯段呈弧形，围绕一较大的轴心空间旋转，水平投影为一段弧环，并且曲率半径较大，其扇形踏步的内侧宽度也较大，可以用来通行较多的人流，如图 5-2(l)所示。

(三)楼梯的设计要求

①楼梯梯段的宽度、平台的进深以及踏步的宽度和高度等尺寸，要满足行人行走舒适、家具搬运方便以及有利于在紧急情况下疏散人流的要求。

②楼梯结构要满足承重要求，构造尽量简单，以便施工。楼梯使用的材料要满足建筑防火要求。

③楼梯栏杆、扶手等要连接牢固，材料的使用符合经济要求。

二、楼梯的尺度

楼梯的尺度涉及梯段、踏步、平台、净空高度等多个尺寸，如图 5-3 所示。各尺寸相互影响，相互制约，设计时应统一协调各部分尺寸，使之符合相关规范的规定。

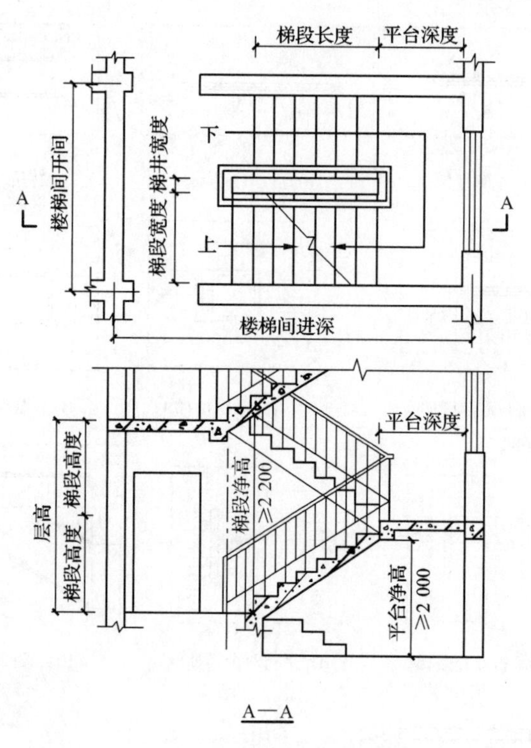

图 5-3 楼梯的尺度

(一)梯段尺寸

梯段宽度应根据紧急疏散时通过的人流股数确定。每股人流按 500～600 mm 宽度考虑,单人通行时不小于 900 mm,双人通行时为 1 100～1 400 mm,三人通行时为 1 600～2 100 mm。同时还应满足各类建筑设计规范中对梯段宽度的限定,如住宅不小于 1 100 mm,公共建筑不小于 1 300 mm。

梯段长度(L)是指梯段的水平投影长度,其值为 $L=(N-1)b$,其中 b 为踏宽,N 为本梯段踏步数。

(二)平台深度

对平行多跑和折行多跑等楼梯,中间平台深度应不小于梯段净宽,并不得小于 1.2 m,以保证能通行与梯段宽度相对应的人流股数,并便于家具搬运。对直行多跑楼梯,中间平台深度一般等于梯段宽度,且不小于 900 mm。楼板层平台的深度可比中间平台深度适当大一些,以利于人流分配和停留。

(三)踏步尺寸

楼梯的坡度是由踏步的高宽比决定的。踏步的高宽比是综合考虑行走的舒适度、安全性和楼梯间的尺度等因素后确定的。人流量大、安全要求高的楼梯坡度应该平缓一些,反之可以陡一些,以节约楼梯间的面积。

踏步由踏面和踢面组成,踏面宽度称为踏宽,用 b 表示,踢面高度称为踏高,用 h 表示,如图 5-4(a)所示。踏步的尺寸应根据人体的基本尺度来确定,可参考经验公式 $2h+b=(600\sim620)$ mm,可在一定的取值范围内调整。

有时为了在踏宽一定的情况下增加行走的舒适度，常将踏步出挑 20～30 mm，也可将踢面做成倾斜面，如图 5-4(b)、图 5-4(c)所示。

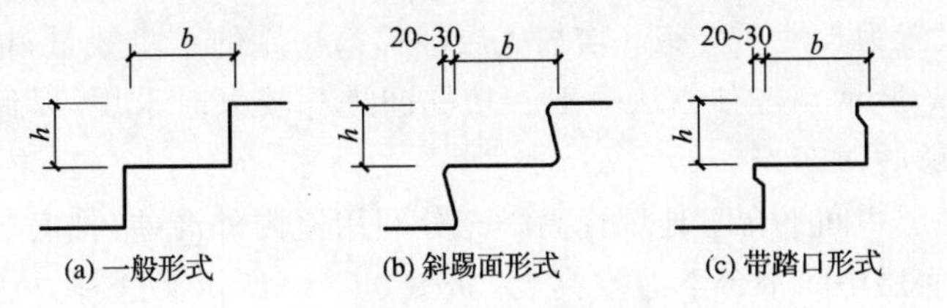

图 5-4 踏步形式

常用楼梯踏步尺寸的参考数据见表 5-1。

表 5-1 常用楼梯踏步尺寸

名 称	住 宅	幼儿园	学校、办公楼	医 院	剧院、会堂
踏高 h/mm	150～175	120～150	140～160	120～150	120～150
踏宽 b/mm	260～300	260～280	280～340	300～350	300～350

(四)栏杆扶手高度

栏杆扶手高度是指从踏步前缘至扶手上表面的垂直距离。室内楼梯的栏杆扶手高度不宜小于 900 mm，室外楼梯的栏杆扶手高度不宜小于 1 100 mm。供儿童使用的楼梯需要设两道扶手，即在成人使用扶手的基础上增设一道高度在 500～600 mm 高的儿童扶手，如图 5-5 所示。

当梯段净宽达三股人流时，应增设靠墙扶手，梯段达四股人流时，宜增设中间扶手。

(五)梯井宽度

梯井的主要作用是方便施工，宽度一般为 100 mm。在多层公共建筑的疏散楼梯中，根据消防要求，梯井宽度不宜小于 150 mm。当梯井宽度较大时，应设置防护设施。

(六)净空高度

楼梯各部分的净空高度关系到人流通行和家具搬运的便利，其中梯段部位的净空高度不应小于 2 200 mm，平台下净空高度不应小于 2 000 mm，如图 5-6 所示。

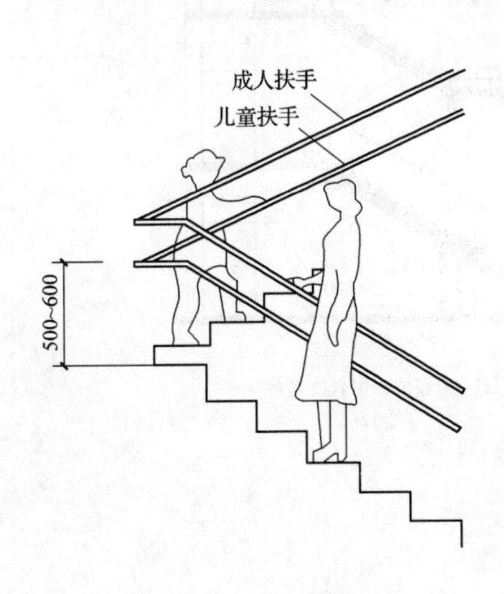

图 5-5 供儿童使用的楼梯

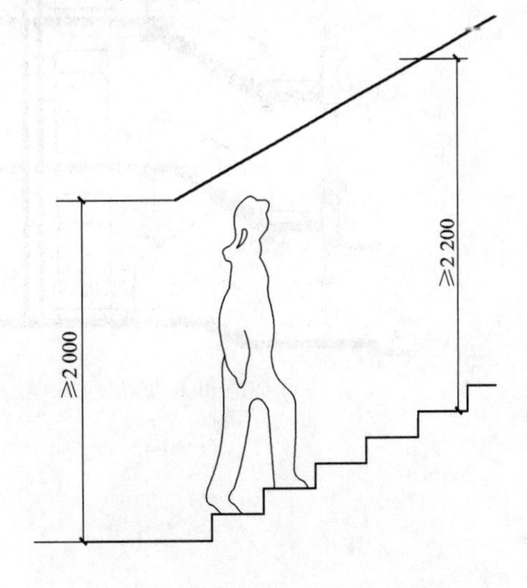

图 5-6 楼梯各部分的净空高度

当底层中间平台下用作交通空间时，为使平台下净空高度满足要求，可采用以下几种处理方法。

①底层梯段设置为长短不等跑。增加底层楼梯第一跑的踏步数量，抬高底层中间平台的标高，如图 5-7(a)所示。这种方法一般在楼梯间进深较大时采用，以保证第一梯段变长后，中间平台有足够的深度。

②局部降低底层中间平台下地坪标高。充分利用室内外高差，把底层中间平台下地坪适当降低，以增大底层中间平台下净空高度，如图 5-7(b)所示。这种方法必须要保证中间平台下地坪标高降低后仍应高于室外地坪，以免雨水内溢。

③同时采用前述两种方法，在底层梯段采用长短不等跑的同时，又降低底层中间平台下地坪标高，如图 5-7(c)所示。这种方法兼有前两种方法的优点，在实践中应用较多。

④底层采用直跑楼梯。将底层楼梯做成直行单跑或直行双跑，从底层直接上到二层，如图 5-7(d)所示。

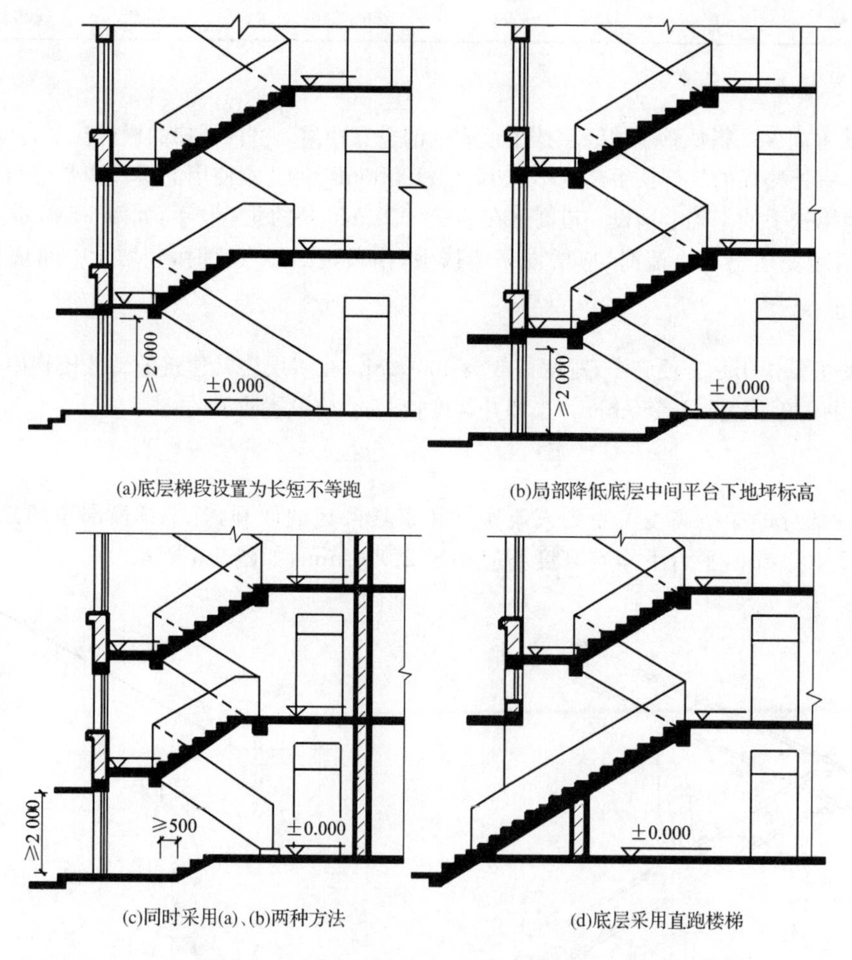

(a)底层梯段设置为长短不等跑　(b)局部降低底层中间平台下地坪标高

(c)同时采用(a)、(b)两种方法　(d)底层采用直跑楼梯

图 5-7　底层中间平台下用作交通空间时的处理

三、现浇钢筋混凝土楼梯

现浇钢筋混凝土楼梯的整体性好、刚度大，可适用于各种楼梯间和楼梯形式，但模板耗费较多，混凝土用量大，自重较重，施工周期长。

现浇钢筋混凝土楼梯按梯段部分的结构形式不同，分为梁式楼梯和板式楼梯。

（一）梁式楼梯

梁式楼梯的梯段由梯段斜梁和踏步板组成，如图5-8所示。梯段的荷载由踏步板传递给梯段斜梁，梯段斜梁再传递给平台梁，最后由平台梁传递给墙体或柱。

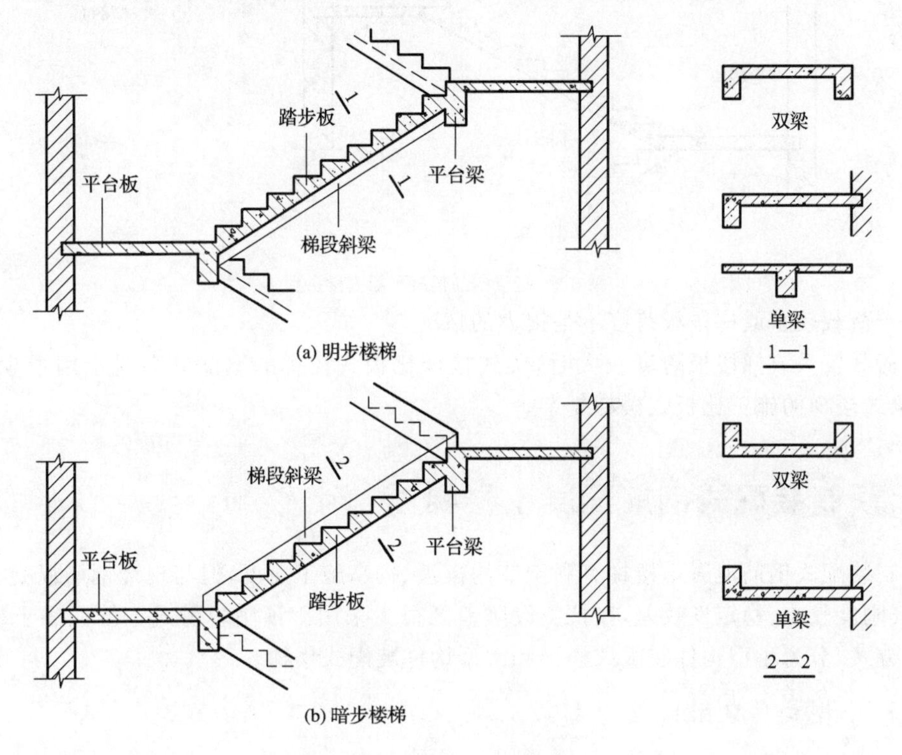

图5-8　现浇钢筋混凝土梁式楼梯

梯段斜梁一般为两根，分别布置在踏步板两侧。按梯段斜梁相对于踏步板的位置不同，梁式楼梯又分为明步楼梯和暗步楼梯。明步楼梯的梯段斜梁下翻，斜梁在踏步板之下，踏步外露；暗步楼梯的梯段斜梁上翻，斜梁在踏步板之上，踏步包在里面。

当梯段斜梁为一根时，可以在踏步板临梯井一端设斜梁，另一端搁置在墙内，省去一根斜梁，但施工不便；也可以在踏步板中部或一端设置斜梁，踏步板悬挑。

（二）板式楼梯

板式楼梯一般由梯段板、平台梁和平台板组成，如图5-9所示。梯段板是带踏步的斜板，它承受梯段的全部荷载，并通过平台梁将荷载传给墙体或柱。板式楼梯也可通过取消梯段板一端或两端的平台梁，使平台板与梯段板连为一体，形成折形板，直接搁置于墙体或梁上。

板式楼梯板底平整，相对美观。但当梯段板跨度较大时板的厚度也较大。因此，板式楼

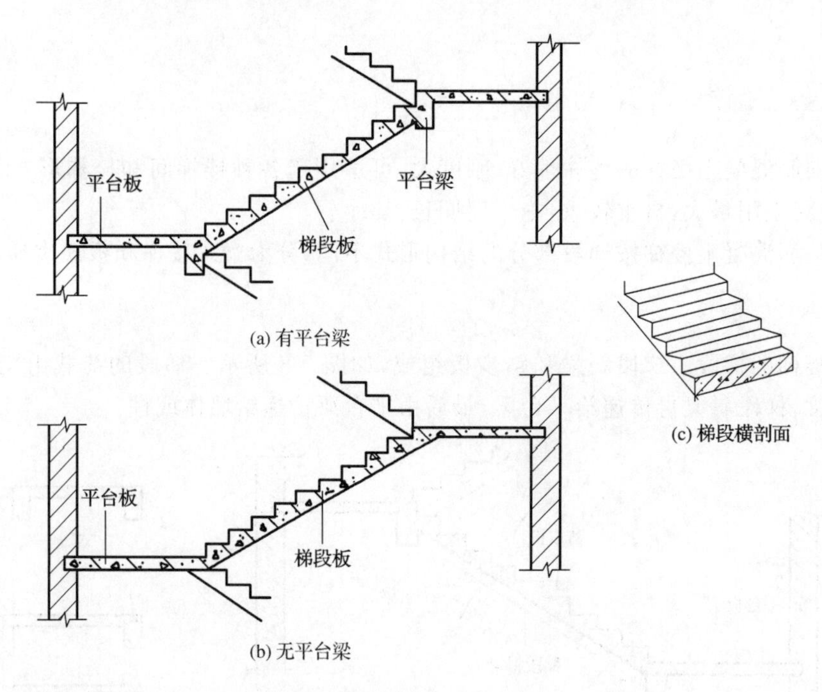

图 5-9 现浇钢筋混凝土板式楼梯

梯多用于荷载较小或梯段板跨度不是很大的情况。

当荷载较大或梯段板跨度较大时，梁式楼梯比板式楼梯的钢筋和混凝土用量少、自重轻，但梁式楼梯的施工比板式楼梯复杂。

四、预制装配式钢筋混凝土楼梯

预制装配式钢筋混凝土楼梯有利于节约模板、提高施工速度，但与现浇钢筋混凝土楼梯相比，其刚度较小、稳定性较差，在抗震设防地区很少采用。预制装配式钢筋混凝土楼梯按其构造方式，分为小型构件装配式楼梯和大型构件装配式楼梯。

(一)小型构件装配式楼梯

小型构件装配式楼梯可分为梁承式和墙承式。

1. 梁承式

预制装配梁承式钢筋混凝土楼梯的踏步板两端各设一根梯段斜梁，踏步板支承在梯段斜梁上，如图 5-10 所示。

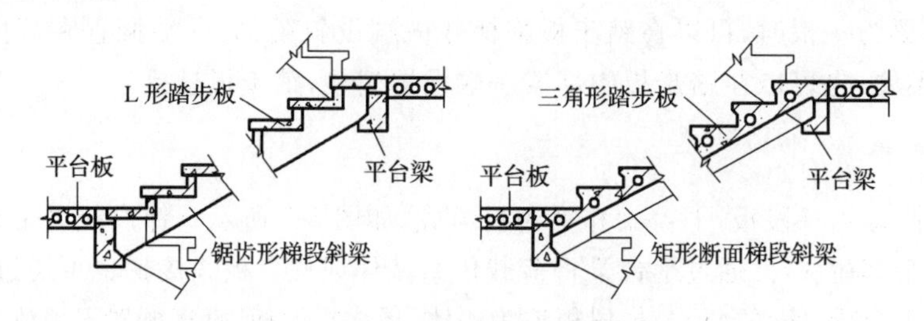

图 5-10 预制装配梁承式钢筋混凝土楼梯

踏步板的断面形式有一字形、L形、倒L形、三角形等，如图5-11所示。

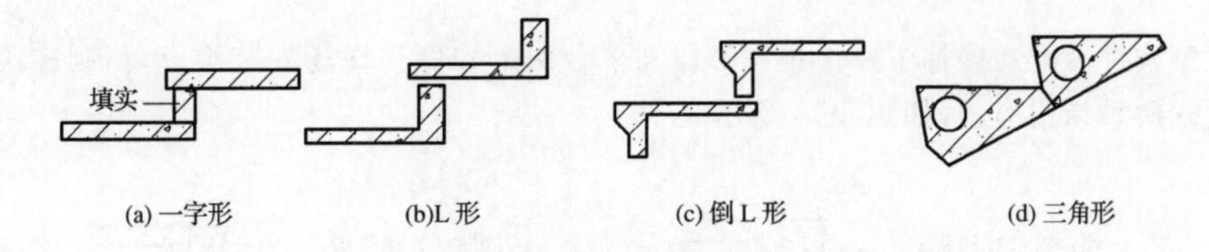

图5-11　踏步板的断面形式

梯段斜梁的断面形式有矩形和锯齿形，如图5-12所示。矩形断面梯段斜梁用于搁置三角形踏步板，锯齿形断面梯段斜梁用于搁置一字形、倒L形和L形踏步板。

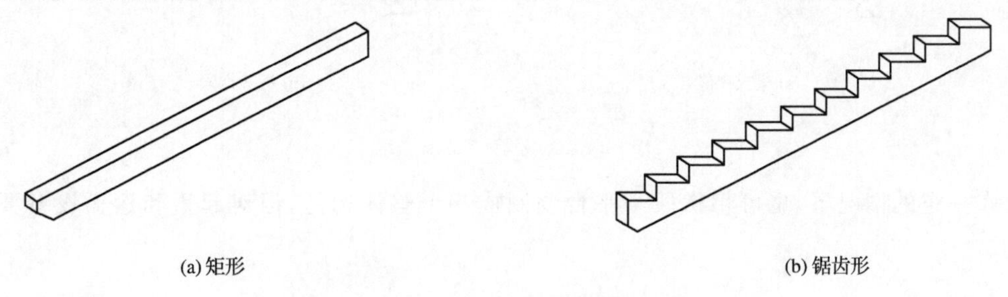

图5-12　梯段斜梁的断面形式

2. 墙承式

预制装配墙承式钢筋混凝土楼梯是将预制的踏步板直接搁置在两端的墙体上，踏步板上的荷载直接传递给两端的墙体，踏步板一般采用一字形或L形断面。

预制装配墙承悬臂式钢筋混凝土楼梯的踏步板一端搁置于楼梯间侧墙上，另一端悬挑，如图5-13所示。为了加强踏步板之间的整体性，在构造上需将每块踏步板互相连接起来。连接方法是在踏步板悬臂端预留孔，用下一块踏步板上预留的插筋套接，再用高强度水泥砂浆嵌固。

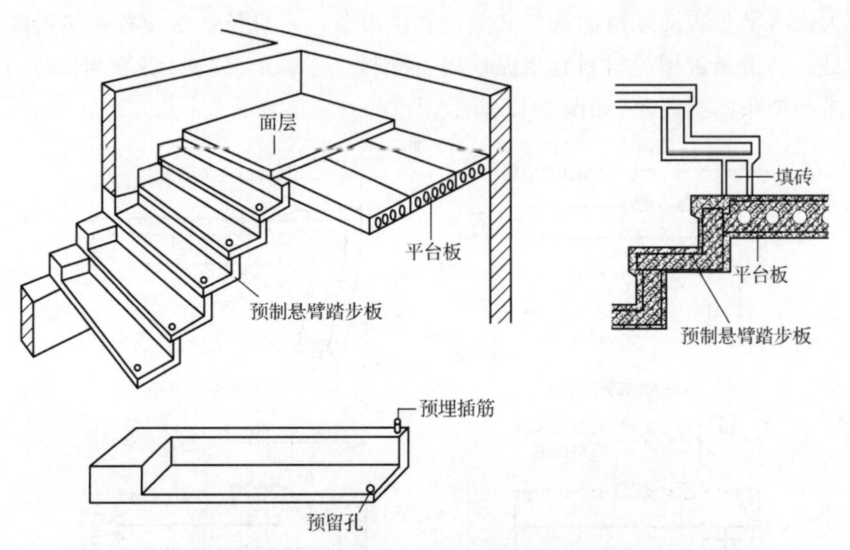

图5-13　预制装配墙承悬臂式钢筋混凝土楼梯

在楼板层平台与梯段交接处，由于楼梯间侧墙的另一面常有房间楼板支承于该墙上，楼板砌入墙位置与踏步板砌入墙位置相冲突，因此必须对此块踏步板做特殊处理。

(二)大型构件装配式楼梯

大型构件装配式楼梯主要由预制梯段和平台两个构件在现场安装组成,预制梯段有梁式和板式两种结构形式,如图 5-14 所示。

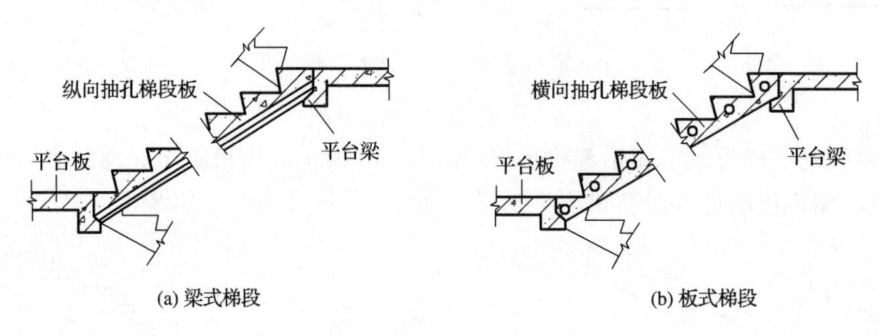

图 5-14 大型构件装配式楼梯

在一定的情况下,也可将梯段与平台预制成一个整体构件,但对起重和运输设备要求较高。

五、楼梯的细部构造

(一)踏步面层及其防滑处理

楼梯踏步面层应耐磨、防滑并便于行走和清洁。踏步面层的材料要视装修要求确定,常用的有水泥砂浆、水磨石、缸砖以及天然或人造石材等。

在踏步上设置防滑条可以避免行人使用楼梯时滑倒,又能起到保护踏步阳角的作用。人流量较大或者踏步表面光滑的楼梯必须设置防滑条。防滑条通常设置在接近踏口或靠近踏步阳角处。防滑条常用的材料有水泥铁屑、金刚砂、金属条(铸铁、铝条、铜条)、有色金属、马赛克及带防滑条的缸砖等,如图 5-15 所示。

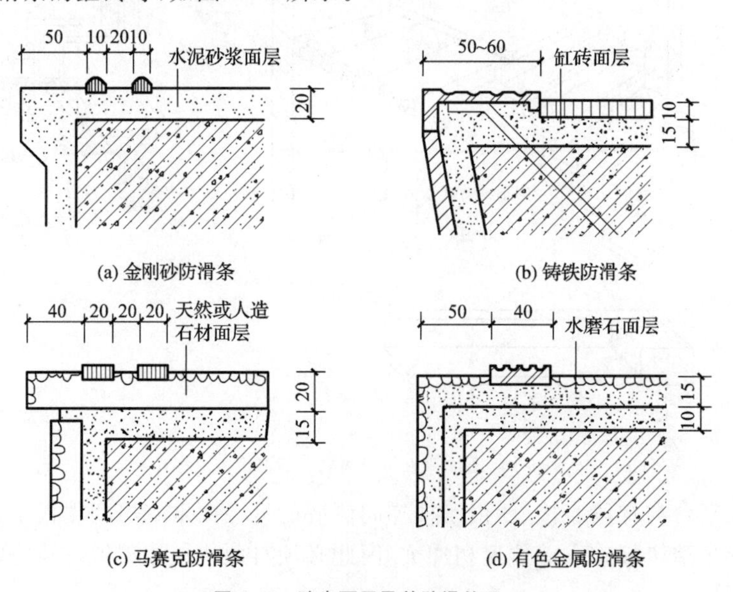

图 5-15 踏步面层及其防滑处理

(二)栏杆与扶手构造

1.栏杆

栏杆可分为空花式栏杆、栏板式栏杆和组合式栏杆。

(1)空花式栏杆

空花式栏杆以竖杆为主要受力构件,一般采用圆钢、方钢、扁钢钢管以及木材、铝合金型材、铜材和不锈钢材等制作。

空花式栏杆应保证其竖杆具有足够的强度以抵抗侧向冲击力,一般利用水平杆或斜杆将竖杆连为一体,竖杆间的净距应不大于 110 mm。这种类型的栏杆具有重量轻、空透、轻巧的特点,是栏杆的主要形式,如图 5-16 所示。

图 5-16　空花式栏杆

(2)栏板式栏杆

栏板式栏杆常采用砖砌栏板、钢板网水泥抹灰栏板、钢筋混凝土栏板等,也可用装饰性较好的有机玻璃、钢化玻璃等。

砖砌栏板通常采用较高标号的砂浆砌筑 1/2 或 1/4 砖栏板,为了加强其抗侧向冲击的能力,应在砌体中加设拉结筋,并在栏板顶部现浇钢筋混凝土通长扶手,如图 5-17(a)所示。

钢板网水泥抹灰栏板,以钢筋为骨架,然后将钢板网绑扎在骨架上,用水泥砂浆双面抹灰,要保证钢筋骨架与梯段构件有可靠连接,如图 5-17(b)所示。

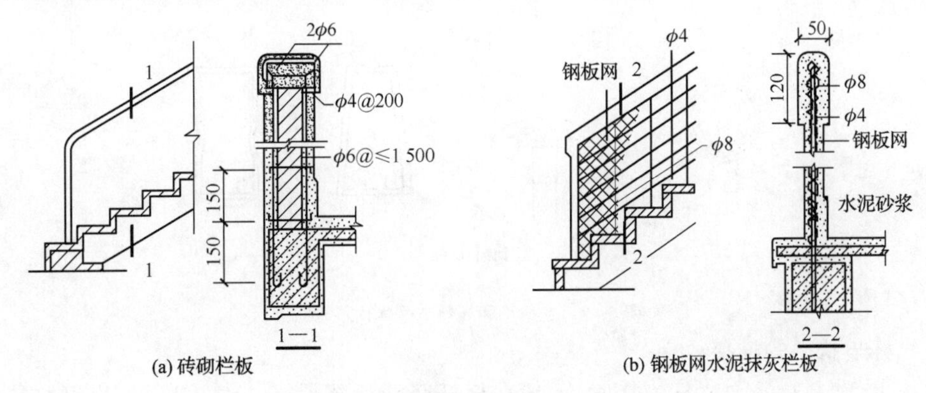

图 5-17　栏板式栏杆

钢筋混凝土栏板与钢板网水泥抹灰栏板类似，多采用现浇处理。

(3)组合式栏杆

组合式栏杆是空花式栏板和栏板式栏板两种形式的组合，竖杆常采用钢材或不锈钢等材料制作，栏板部分采用轻质材料制作，常见的栏板有钢筋混凝土板、木板、塑料贴面板、铝板、有机玻璃板、钢化玻璃板等，如图 5-18 所示。

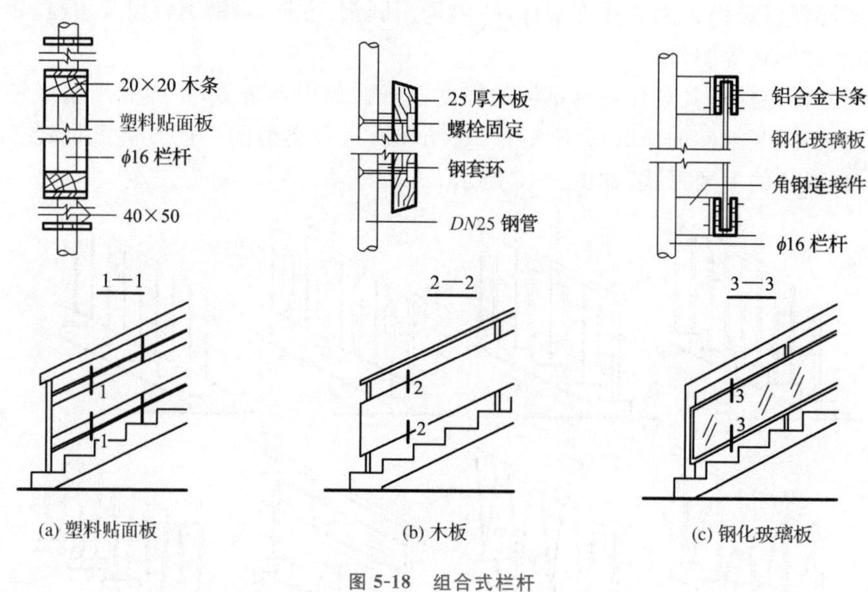

图 5-18 组合式栏杆

2. 扶手

扶手断面形式和尺寸的选择既要考虑人体尺度和使用要求，又要考虑扶手与楼梯的尺度关系和加工制作的可行性。扶手多用木材、塑料、金属管材(钢管、铝合金管、铜管和不锈钢管等)制作。木扶手和塑料扶手手感舒适、断面形式多样，如图 5-19 所示。

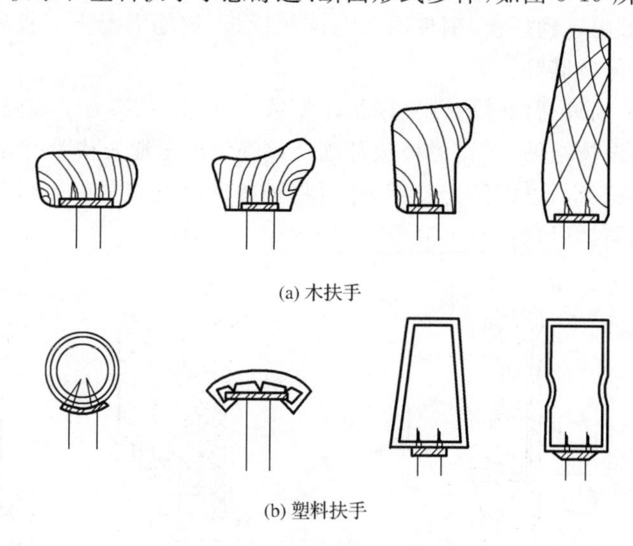

图 5-19 木扶手和塑料扶手断面形式

3. 栏杆与扶手的连接

木扶手、塑料扶手与栏杆连接时，一般在栏杆竖杆顶部焊接一通长扁钢，扁钢与扶手底面或侧面槽口榫接，并用木螺钉固定。

金属管材扶手与栏杆竖杆一般采用焊接或铆接连接。

4. 栏杆与梯段、平台的连接

栏杆与梯段、平台的连接一般有预埋钢板焊接、预留孔插接、螺栓连接等方法，如图 5-20 所示。为了保护栏杆免受锈蚀并增强美观效果，常在竖杆下部装设套环，覆盖住栏杆与梯段或平台的接头处。

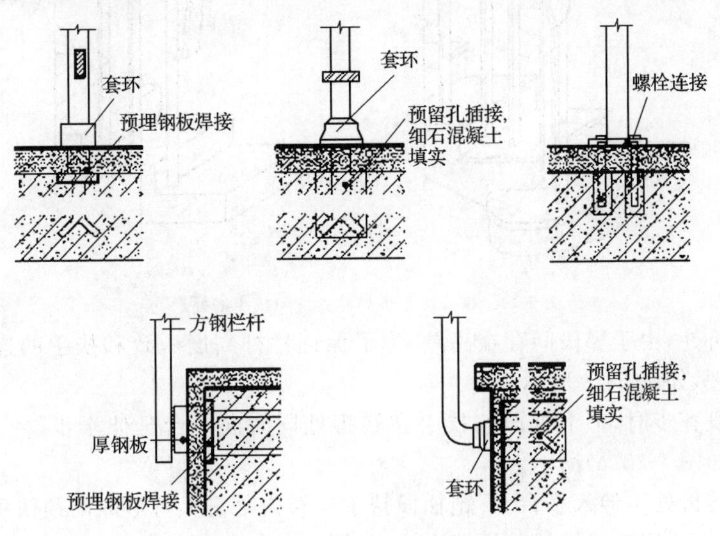

图 5-20　栏杆与梯段、平台的连接

5. 扶手与墙体的连接

靠墙扶手通过连接件固定于墙体上，并应保证扶手与墙面保持 50 mm 左右的净距离。一般做法是在砖墙上预留洞口，将扶手连接件伸入洞口，用细石混凝土填实。当扶手与钢筋混凝土墙或柱连接时，多采用预埋钢板焊接的方法，如图 5-21(a)所示。扶手结束处与墙或柱的连接，可用预埋钢板焊接或预留孔插接，如图 5-21(b)所示。

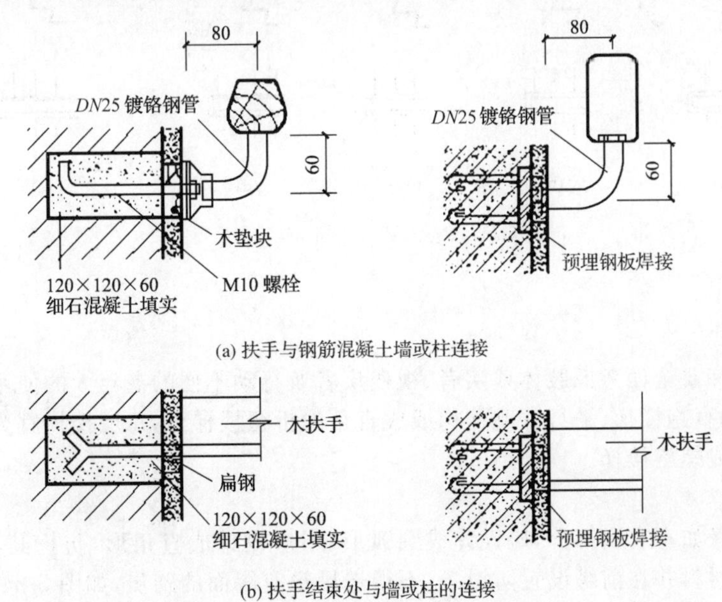

图 5-21　扶手与墙体的连接

6. 楼梯起步和梯段转折处栏杆和扶手的处理

在底层第一跑梯段起步处，为增强栏杆的刚度和美观效果，应对第一级踏步处的栏杆和扶手进行处理，如图 5-22 所示。

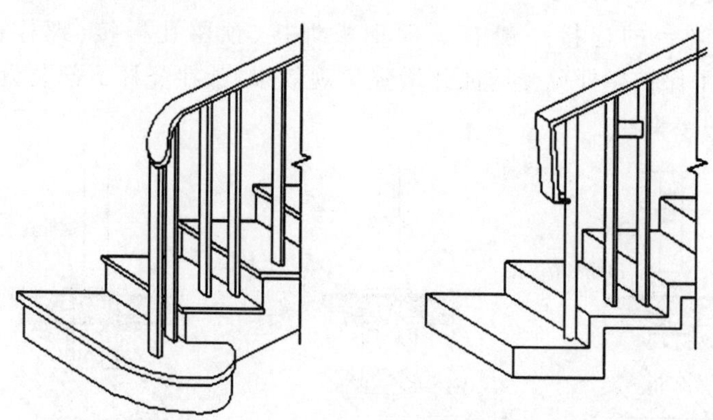

图 5-22 第一级踏步处的栏杆和扶手的处理

在梯段转折处，由于梯段间存在高差，为了保证栏杆高度一致和扶手的连续，需根据不同情况进行处理，如图 5-23 所示。

当上下梯段齐步时，上下梯段的扶手在转折处同时向平台延伸半步，使两扶手高度相等，连接自然，如图 5-23(a)所示。

若扶手在转折处不伸入平台，下跑梯段扶手在转折处需上弯形成鹤颈扶手，因鹤颈扶手制作较麻烦，也可改用直线转折的硬接方式，如图 5-23(b)、图 5-23(c)所示。

当上下梯段相错一步时，扶手在转折处不需向平台延伸即可自然连接，如图 5-23(d)所示。当长短跑梯段错开几步时，将出现一段水平扶手，如图 5-23(e)所示。

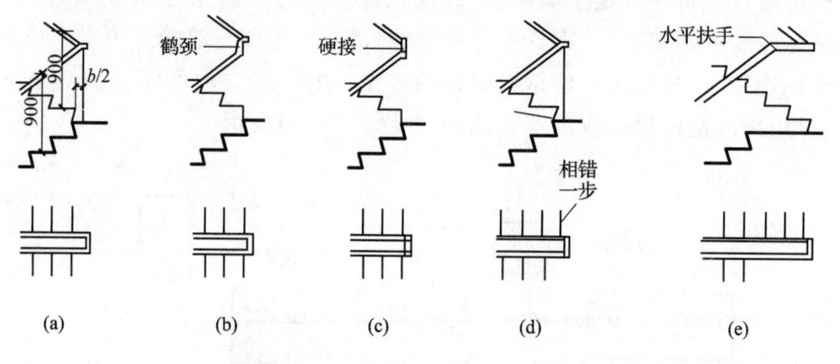

图 5-23 梯段转折处栏杆和扶手的处理

（三）无障碍楼梯

1. 楼梯形式

无障碍楼梯要全面考虑肢体残疾者、视残疾者及行动不便的老年人的使用要求，应采用直行形式，比如直跑楼梯、平行双跑楼梯或成直角的折行楼梯等，每层楼梯宜为两跑或三跑，避免采用弧形或螺旋楼梯。

2. 踏步

踏面的前缘如有突出部分，应设计成圆弧形，不应设计成直角形，防止其刮碰鞋面。踏面应选用防滑材料并在前缘设置防滑条，不得选用没有踢面的踏步，如图 5-24 所示。

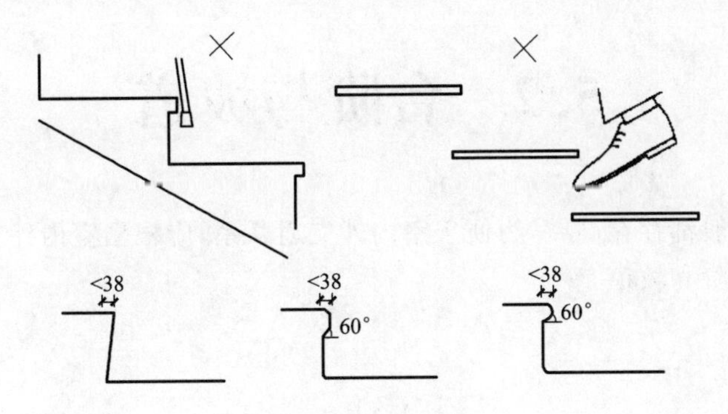

图 5-24　踏步

楼梯应尽可能平缓，同一座楼梯的踏宽和踏高应一致。在踏步起点前和终点后的 250～300 mm 处，应设置导盲提示块，如图 5-25 所示。

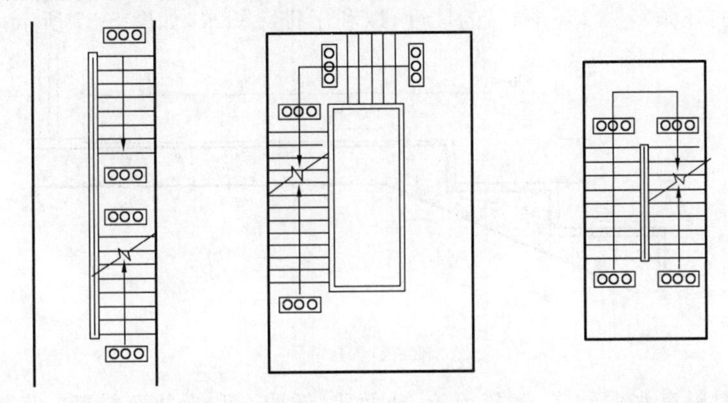

图 5-25　踏步导盲提示块的设置

3. 栏杆和扶手的设计

在楼梯的两侧需设高 850～900 mm 的扶手，扶手要保持连贯，在起点和终点处水平延伸 300 mm 以上，以确保使用者的通行安全，并在扶手靠近末端处设置盲文标识牌，如图 5-26 所示。

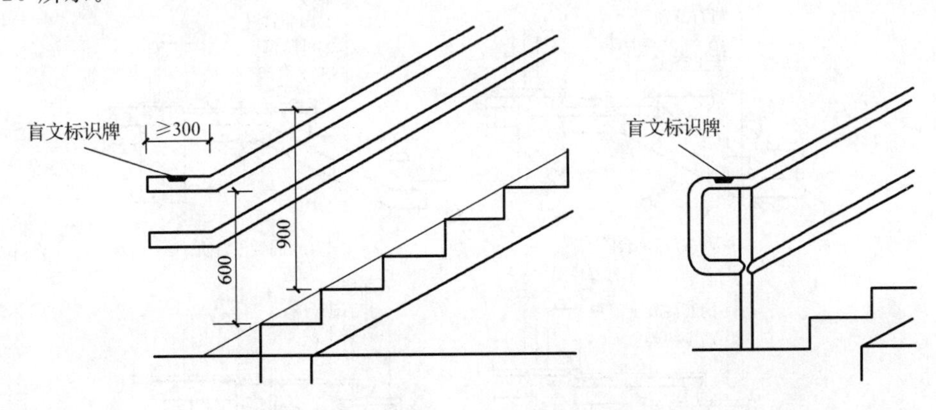

图 5-26　扶手的盲文标识牌

扶手要易于抓握、安装坚固，能承受一人以上的重量。在扶手的下方要设高50 mm的安全挡台。

5.2 台阶与坡道

由于室内外一般都存在高差，为便于室内外交通联系，应根据室内外交通要求以及室内外高差情况设置台阶和坡道。

一、台阶

一般需要在台阶和入口之间设缓冲平台，平台宽度应不小于 1 000 mm；台阶踏步的高宽比应比楼梯踏步小，踏高一般为 120～150 mm，踏宽一般为 300～400 mm；台阶踏面和平台表面应设置向外倾斜为 1%～4%的坡度，以利于排除积水，如图 5-27 所示。

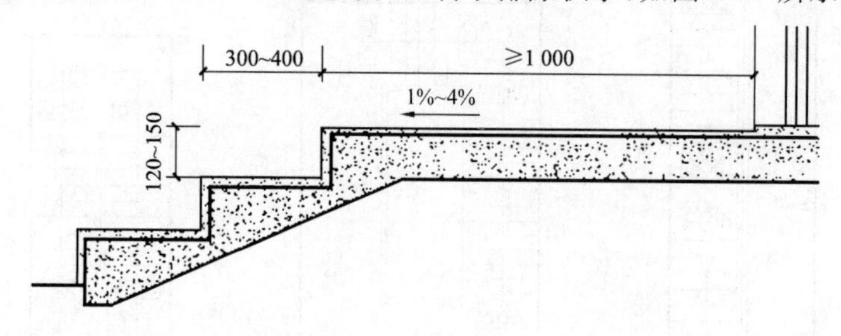

图 5-27 台阶

台阶面层材料有水泥砂浆、陶瓷锦砖、地面砖、斩假石和天然石料等。步数较少的台阶，其垫层做法与地面垫层做法类似，一般用素土夯实后按台阶形状尺寸做 C10 混凝土垫层或砖、石垫层；步数较多或地基土质较差的台阶，可做成钢筋混凝土架空台阶；严寒地区的台阶还需考虑地基土冻胀因素，一般做成换土地基台阶。具体做法是将砂夹土换土垫层设置在冰冻线以下。台阶构造实例如图 5-28 所示。

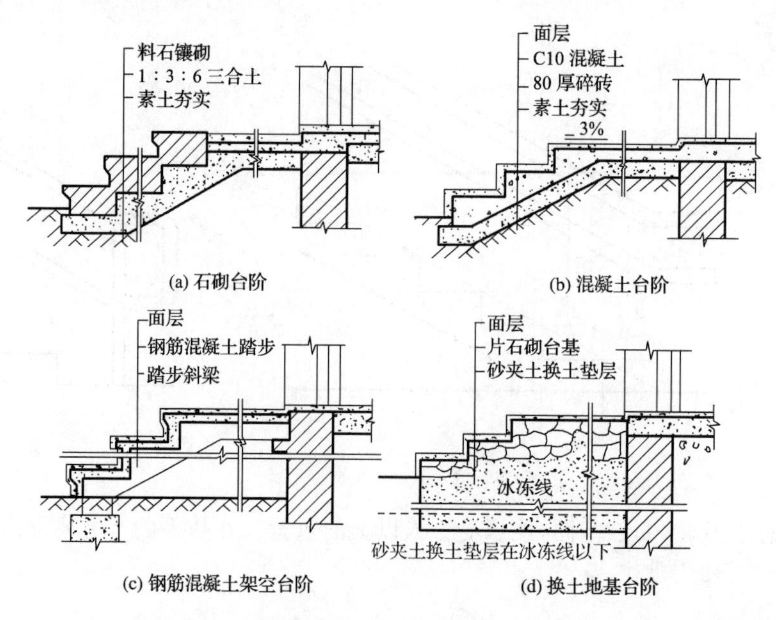

图 5-28 台阶构造实例

二、坡道

坡道的形式有一字形、L形和U形等，如图5-29所示。基外坡道坡度不宜大于1∶10，室内坡道坡度不宜大于1∶8。

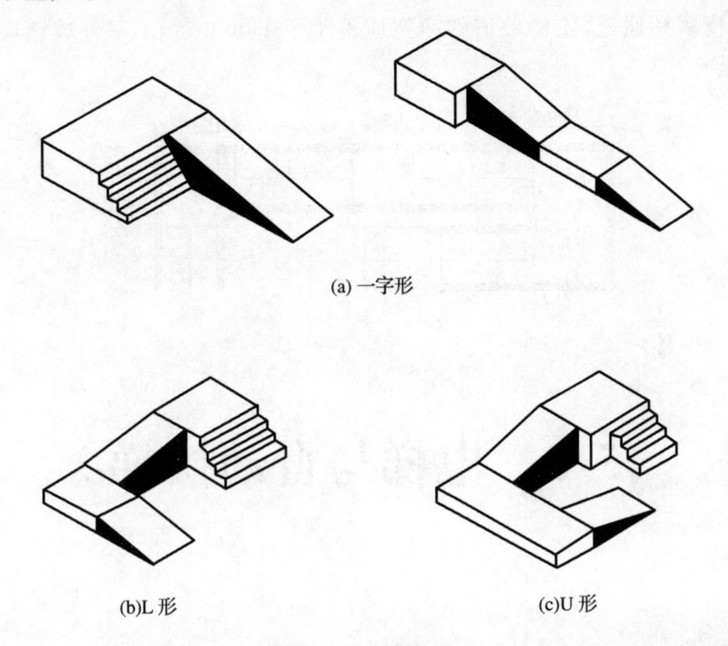

图5-29　坡道的形式

常用的坡道多为混凝土坡道。对防滑要求较高或坡度较大的坡道，要设置防滑条或做成锯齿形，如图5-30所示。

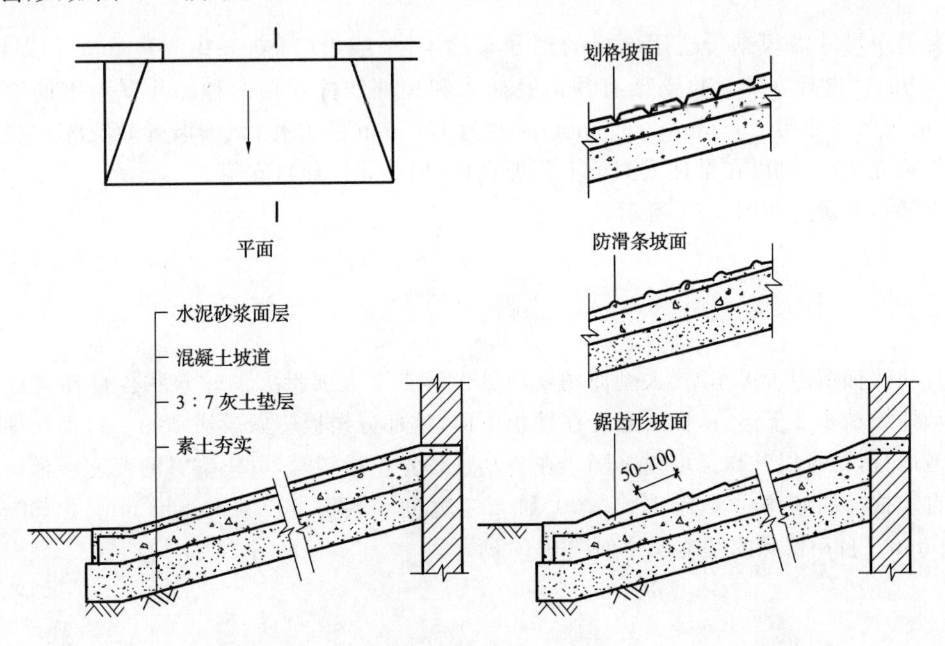

图5-30　坡道构造示例

三、无障碍坡道

供轮椅使用的轮椅坡道的坡度应不大于1∶12，每段坡道最大高度为750 mm，最大水平投影长度为9 000 mm。

为便于轮椅顺利通过，轮椅坡道的净宽应不小于1 000 mm。室外坡道应具有的最小尺寸如图5-31所示。

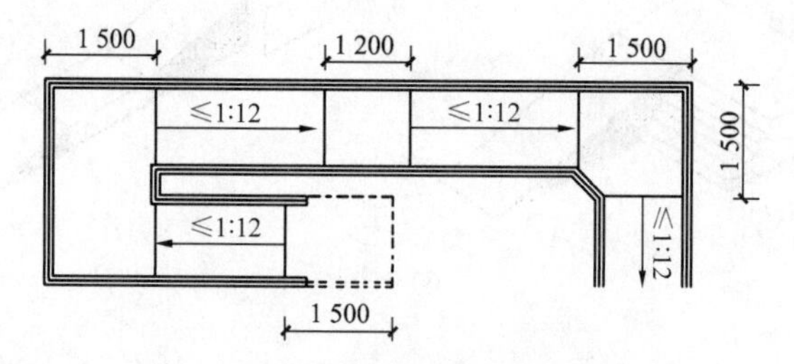

图5-31　室外坡道应具有的最小尺寸

5.3　电梯与自动扶梯

一、电梯

电梯根据使用性质可分为客梯、货梯、消防电梯和观光电梯等。电梯通常由井道、机房、井道地坑以及相关部件组成，相关部件主要是指轿厢、井壁导轨及其支架和各种电气部件等。

井道净尺寸需根据所选用电梯的型号来确定，一般为(1 800～2 500) mm×(2 100～2 600) mm。电梯安装导轨支架有预留孔插入和预埋铁件焊接两种。井壁为钢筋混凝土时，一般预留尺寸为150 mm×150 mm、深度为150 mm的方孔，以安装导轨支架。当井壁为框架填充墙时，可以在梁柱或圈梁上预埋铁件，用于焊接导轨支架。

电梯构造示意如图5-32所示。

二、自动扶梯

自动扶梯适用于火车站、大型商场及展览馆等上下人流量大的建筑物。自动扶梯由电机带动梯级踏步上下运行，机房悬挂在楼板下面，这部分楼板应做成活动的。自动扶梯一般可正逆运行，既可以升高又可以下降。在自动扶梯停止运转时，可作临时的普通楼梯使用。

自动扶梯的倾角主要有27.3°、30°和35°，宽度一般有600 mm、800 mm、1 000 mm、1 200 mm。自动扶梯的基本尺寸如图5-33所示。

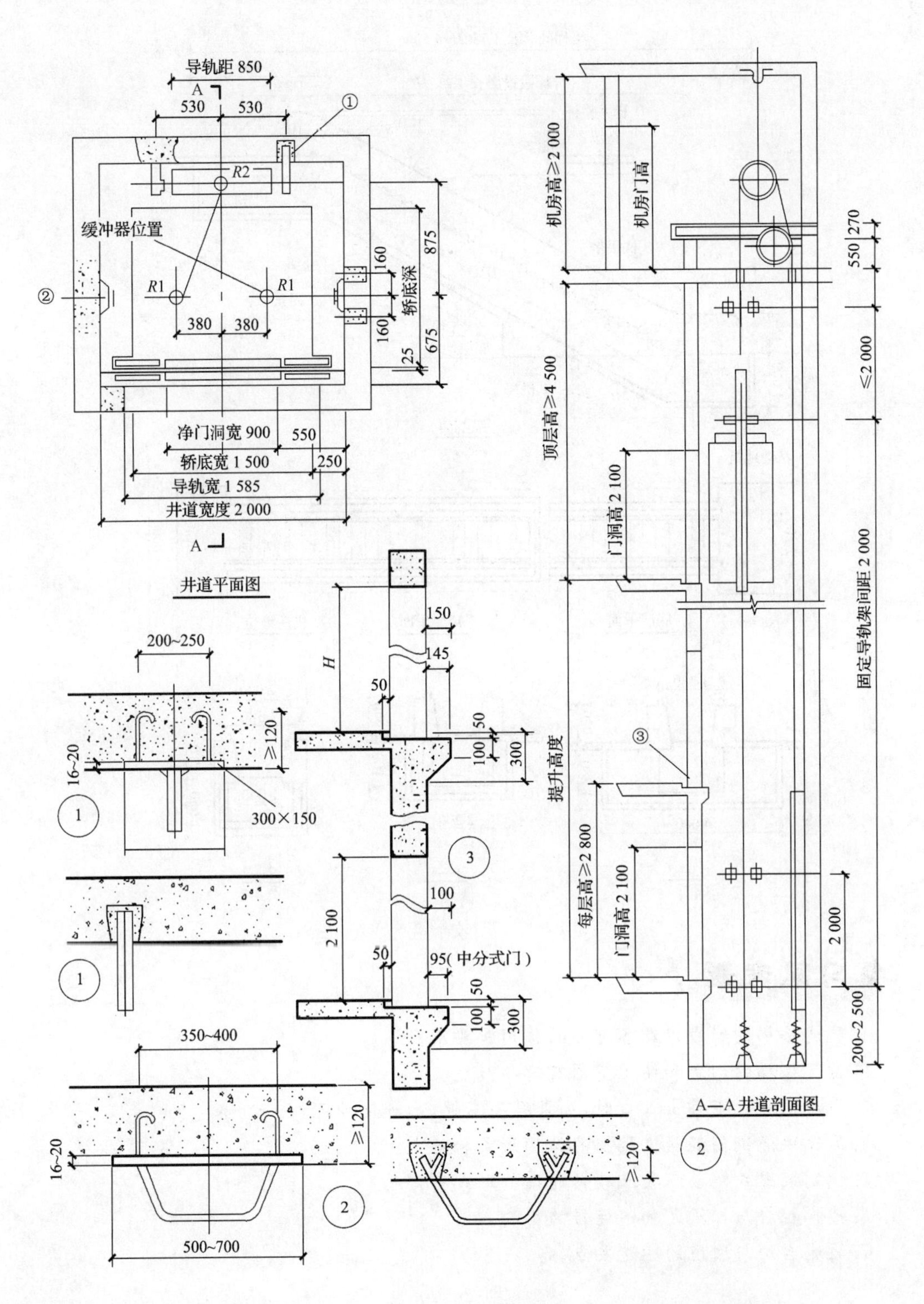
导轨距 850
A
530
530
①
R2
缓冲器位置
875
160
②
R1
R1
轿底深
380
380
160
675
25
净门洞宽 900
550
轿底宽 1 500
250
导轨宽 1 585
井道宽度 2 000
A
井道平面图
200~250
≥120
16~20
300×150
①
①
350~400
≥120
16~20
②
500~700
150
H
145
50
50
100
300
③
2 100
100
50
95(中分式门)
50
100
300
≥120
机房高≥2 000
机房门高
270
550
≤2 000
顶层高≥4 500
门洞高 2 100
固定导轨架间距 2 000
③
提升高度
每层高≥2 800
门洞高 2 100
2 000
1 200~2 500
A—A 井道剖面图
②

图 5-32　电梯构造示意

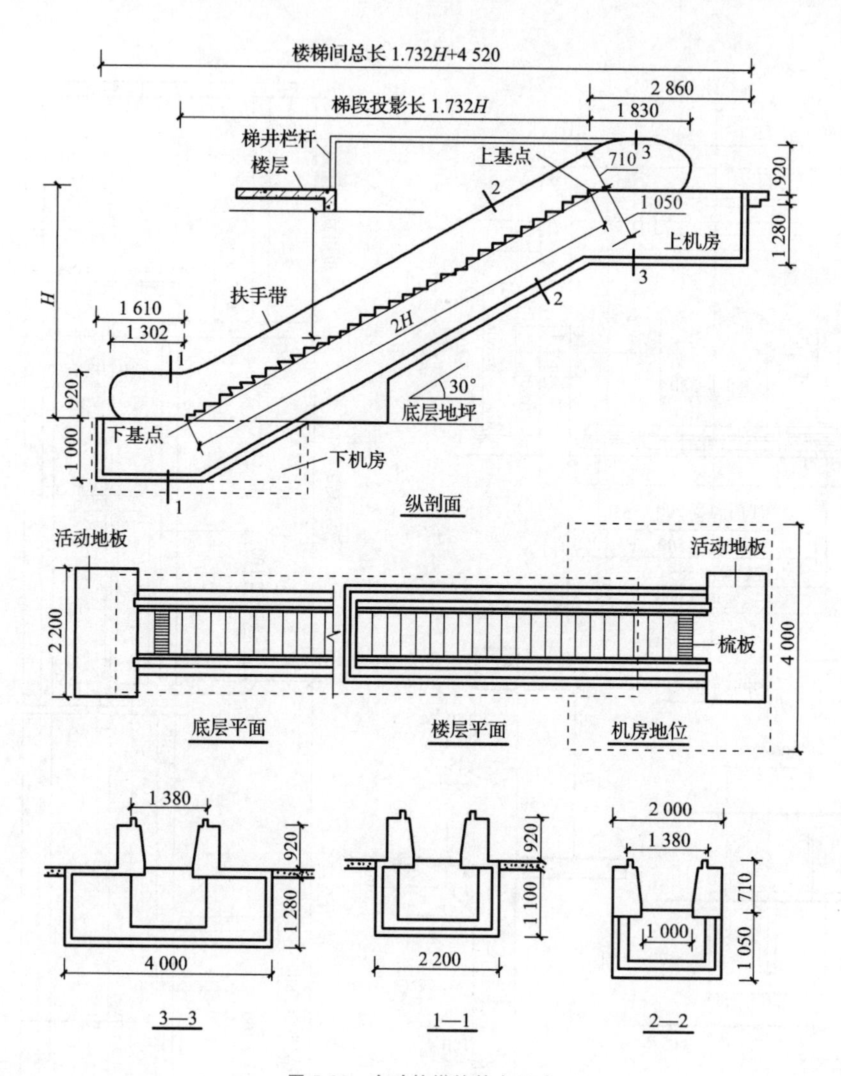

图 5-33　自动扶梯的基本尺寸

复习思考题

1. 简述楼梯的组成以及各部分的作用和要求。
2. 常见楼梯的形式和使用范围有哪些？
3. 当底层平台下作出入口时，如果净高不够，应如何处理？
4. 简述现浇钢筋混凝土楼梯的结构形式和特点。
5. 预制装配式钢筋混凝土楼梯的结构形式有哪些？
6. 楼梯栏杆与梯段是如何连接的？
7. 简述台阶与坡道的构造要点。

第6章 屋顶构造

6.1 概　述

屋顶

一、屋顶的作用与要求

屋顶是房屋顶部的外围护构件，其主要作用有三个：一是承重，即承受风、雨、雪和屋顶自重等对屋顶的作用；二是围护，即抵御自然界中的风、雨、雪、霜的干扰，以及太阳辐射、昼夜温差和各种外界不利因素对建筑物的影响；三是装饰建筑立面，屋顶是建筑造型的重要组成部分，其形式对建筑立面和整体造型有显著影响。

屋顶要有足够的强度，以承受其上的各种荷载的作用；还要有足够的刚度，防止因变形过大而导致的屋面防水层开裂而渗水。屋顶还应有防水排水、保温隔热、抵御侵蚀等功能，同时还应做到自重轻、构造简单、施工方便、造价经济，并与建筑物的整体形象相协调。此外，还应遵守国家有关环境保护、建筑节能和防火安全等方面的规定。

《屋面工程技术规范》(GB 50345—2012)根据建筑物的类别、重要程度、使用功能要求等，将屋面防水分为2个等级，详见表6-1。

表6-1　屋面防水等级和设防要求

防水等级	建筑类别	设防要求
Ⅰ级	重要建筑和高层建筑	两道防水设防
Ⅱ级	一般建筑	一道防水设防

二、屋顶的组成

屋顶由面层、承重结构、保温隔热层和顶棚等部分组成，如图6-1所示。

面层是屋顶的最顶层，直接受自然界各种因素的影响和作用；承重结构承受其上部传来的各种荷载和屋顶自重，并将其传递到下部的墙体或柱；保温隔热层是防止室内热量散失和室外高温对室内产生影响的构造层；顶棚是屋顶的底层，可分为直接抹灰顶棚和悬吊式顶棚。

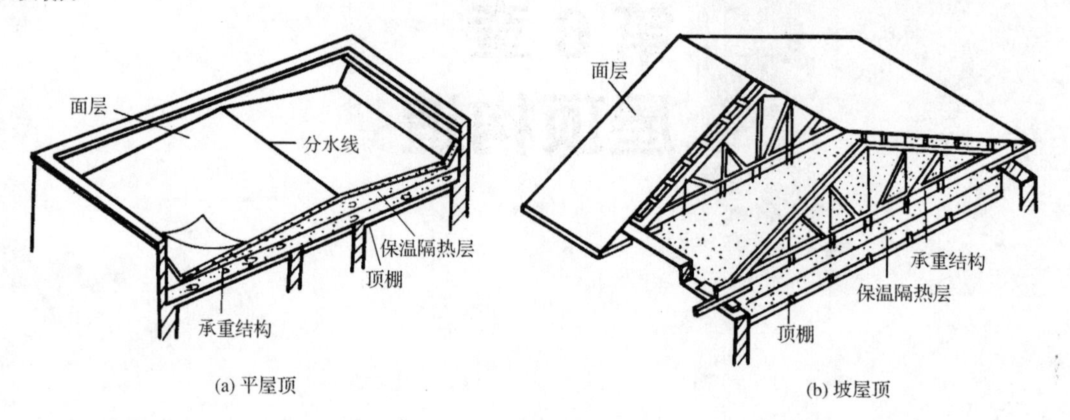

图 6-1 屋顶的组成

三、屋顶的坡度

为迅速排出雨水，防止屋顶渗漏，屋顶面层应做出一定的坡度。

（一）屋顶坡度的表示方法

屋顶坡度的常用表示方法有百分比法、斜率法和角度法，如图 6-2 所示。

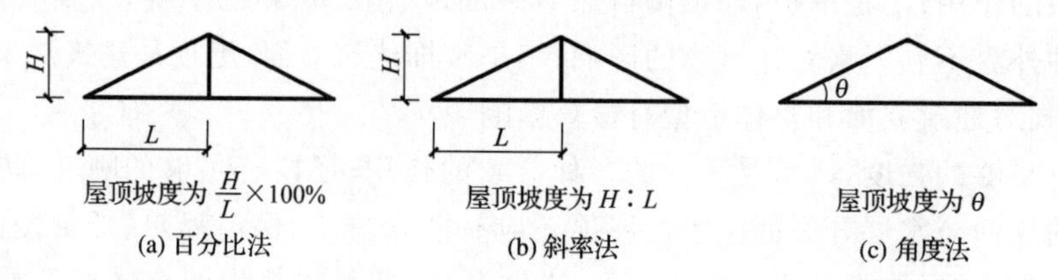

图 6-2 屋顶坡度的常用表示方法

百分比法是以屋顶高度与坡面的水平投影长度的百分比表示，多用于平屋顶；斜率法是以屋顶高度与坡面的水平投影长度之比表示，可用于平屋顶和坡屋顶；角度法是以倾斜屋面与水平面的夹角表示，多用于有较大坡度的坡屋顶。

（二）屋顶坡度的适用范围

屋顶坡度的大小与屋面防水材料的防水性能和单块防水材料的面积大小等有直接关系。一般而言，当屋面防水材料的尺寸较大，如卷材防水屋面和刚性防水屋面，基本上是整体防水层，接缝较少，则屋顶坡度可以小一些；当屋面采用黏土瓦、小青瓦等单块面积小、接缝多的防水材料时，屋顶应选择稍大的坡度。不同屋面防水材料的适宜坡度范围如图 6-3 所示。

屋顶坡度和排水速度成正比。在降雨量大的地区，为迅速排出积水，防止渗漏，屋顶坡度应大一些；反之，屋顶坡度可以小一些。我国南方地区年降雨量和每小时最大降雨量均高于北方地区，在屋面防水材料相同的情况下，南方地区的屋顶坡度一般要大于北方地区。

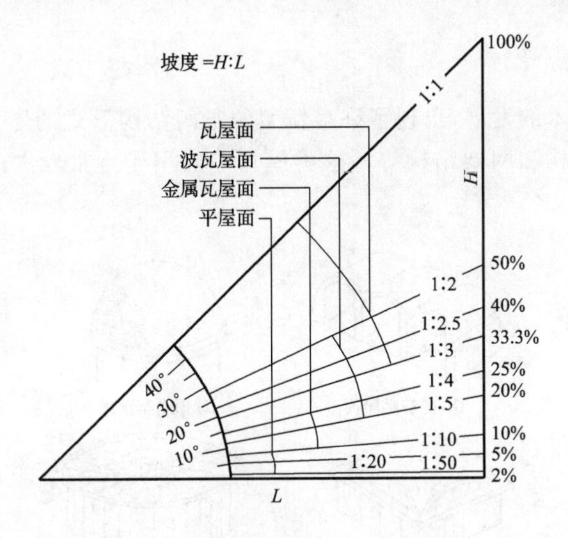

图 6-3　不同屋面防水材料的适宜坡度范围

四、屋顶的类型

(一)平屋顶

平屋顶通常是指屋顶坡度小于10%的屋顶,常用坡度范围为2%～5%。这种屋顶节约建筑空间,施工速度快,可以用作上人屋面。常见的平屋顶形式如图6-4所示。

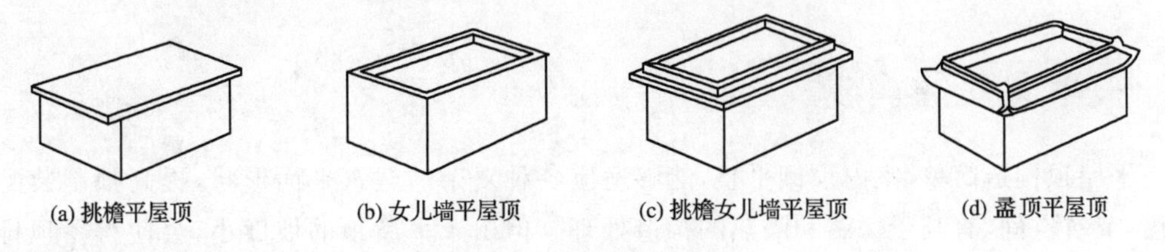

图 6-4　常见的平屋顶形式

(二)坡屋顶

坡屋顶通常是指屋顶坡度大于10%的屋顶,常用坡度范围为10%～60%。坡屋顶在我国有着悠久的历史,在现代建筑中也常采用。常见的坡屋顶形式如图6-5所示。

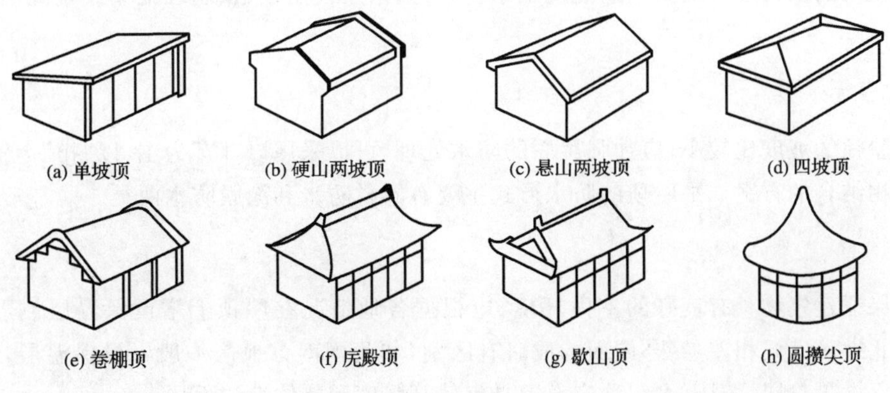

图 6-5　常见的坡屋顶形式

(三)其他形式的屋顶

随着建筑科学技术的发展,出现了许多新型的空间结构形式的屋顶,如拱结构、折板结构、薄壳结构、悬索结构和网架结构等。这类屋顶一般用于体量较大的公共建筑,如图 6-6 所示。

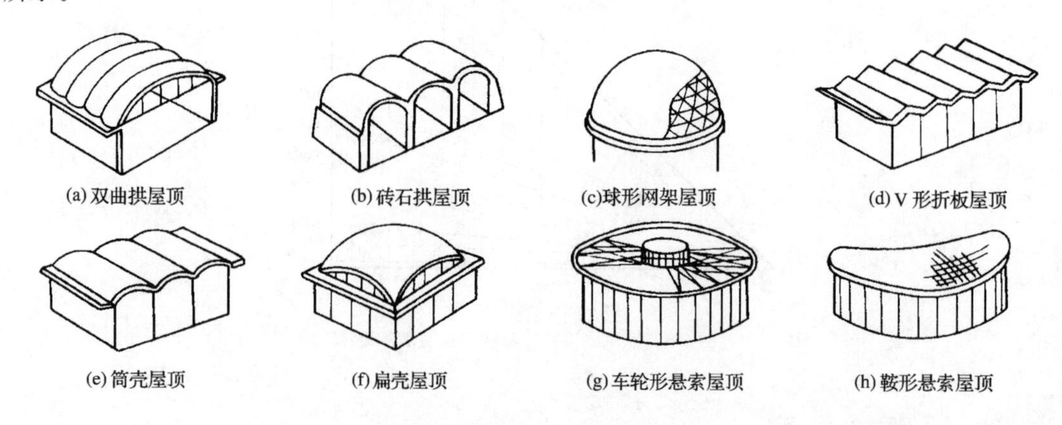

图 6-6 新型空间结构屋顶的形式

6.2 平屋顶

一、平屋顶的构成

平屋顶构造简单,室内顶棚平整,能够适应各种复杂的建筑平面形状,提高预制装配化程度,节省空间,有利于保温和隔热的构造处理。但由于平屋顶的坡度小,会使得屋顶排水慢,从而增大了屋面积水的概率,易产生渗漏现象。

平屋顶一般由结构层、防水层、保温层或隔热层、保护层等构成。

(一)结构层

平屋顶的结构层一般为钢筋混凝土结构,可以采用预制板、预制装配板或现浇钢筋混凝土板。

(二)防水层

平屋顶的坡度比较小,应加强屋面的防水处理,可以采用以"防"为主,以"排"为辅,"防"与"排"相结合的方案。平屋顶的防水形式主要有卷材防水和涂膜防水两类。

(三)保温层或隔热层

为保证建筑物具有良好的室内环境,应根据各地情况在屋顶上增设保温层或隔热层。我国南北地区气候相差悬殊,屋面构成略有区别,如我国南方地区一般不设保温层,北方地区一般不设隔热层。对上人屋顶应设置具有较高强度和整体性的面层。

二、平屋顶的排水

平屋顶的排水方式分为无组织排水和有组织排水。

（一）无组织排水

无组织排水又称自由落水，是指屋面雨水直接从檐口滴落至地面的一种排水方式。

无组织排水不必设置天沟和雨水管，构造简单，但从檐口流下的雨水对建筑本身及四周环境影响较大，故要求屋檐必须挑出外墙面，以防止屋面雨水顺外墙面漫流而影响墙体。无组织排水方式主要适用于当地雨量不大或一般非临街的低层建筑。

（二）有组织排水

有组织排水是把屋面划分为若干排水区域，通过人工设计的排水系统，将雨水有组织地排至地面的一种排水方式。

有组织排水包括有组织外排水和有组织内排水两种形式。

1. 有组织外排水

有组织外排水是按一定的区域把屋面雨水汇集到檐沟，经雨水口和室外雨水管将其排至地面，如图 6-7 所示。

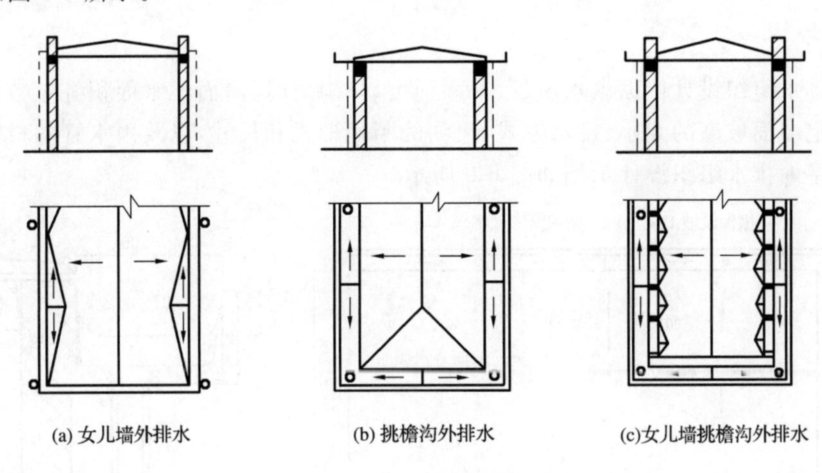

(a) 女儿墙外排水　(b) 挑檐沟外排水　(c)女儿墙挑檐沟外排水

图 6-7　有组织外排水

（1）女儿墙外排水

在女儿墙内侧设内檐沟或垫坡，雨水穿过女儿墙上的雨水口，在女儿墙外面经雨水管落下，如图 6-7(a)所示。

（2）挑檐沟外排水

在墙外设置排水挑檐沟，将屋面雨水排至檐沟，檐沟内垫出纵向坡度，把雨水引向雨水口，再经雨水管落下，如图 6-7(b)所示。

（3）女儿墙挑檐沟外排水

在檐口处既有女儿墙又设置挑檐沟，如图 6-7(c)所示。

当建筑出现高低跨时，可先将高跨屋面的雨水排至低跨屋面，再从低跨屋面落下。

2. 有组织内排水

有组织内排水是将屋面雨水汇集至天沟，经雨水口和室内雨水管排入地下排水系统，如图 6-8 所示。

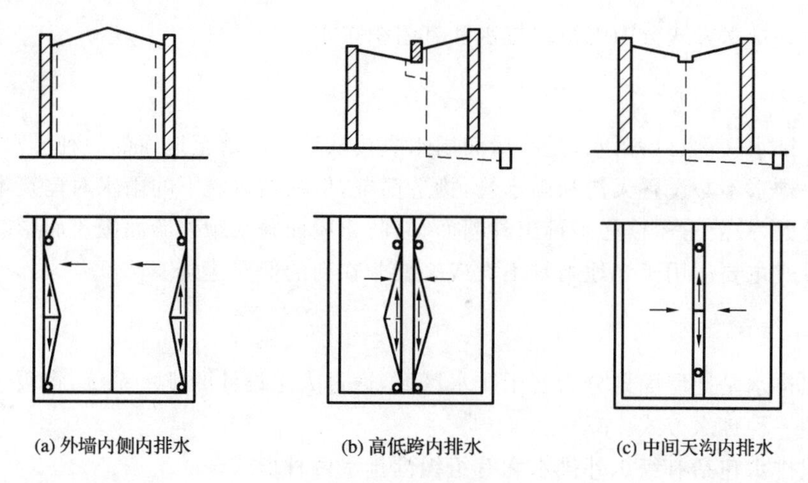

图 6-8 有组织内排水

有组织内排水适用于某些不宜在外墙上设置雨水管的建筑，如多跨房屋的中间跨、高层建筑以及容易造成室外雨水管冻裂或冰堵的寒冷地区的建筑。

（三）排水组织设计

屋面排水组织设计依据雨水流量、暴雨强度、降雨历时、屋面汇水面积等参数，按国家有关标准确定屋面坡度的大小、排水方式、天沟的断面形式和尺寸，以及雨水管的材料、直径和间距等。屋面排水组织设计示例如图 6-9 所示。

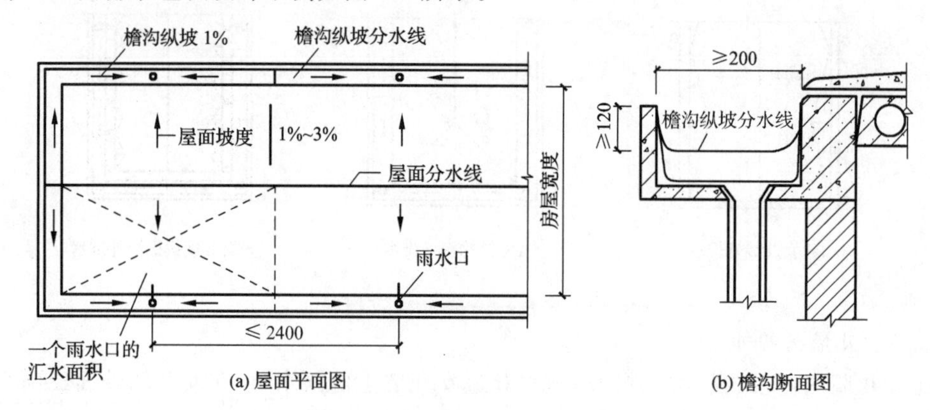

图 6-9 屋面排水组织设计示例

排水坡数的确定与建筑物进深、屋面面积大小及建筑物所处的位置等有关。单坡排水的屋面宽度不宜超过 12 m，矩形天沟净宽不宜小于 200 mm。

雨水管直径一般有 75 mm、100 mm、125 mm、150 mm 和 200 mm 等规格，民用建筑上使用的一般为 75～100 mm。雨水管的管材有铸铁、白铁皮以及塑料等。

（四）平屋顶坡度的形成

平屋顶坡度的形成主要有材料找坡和结构找坡两种形式，如图 6-10 所示。

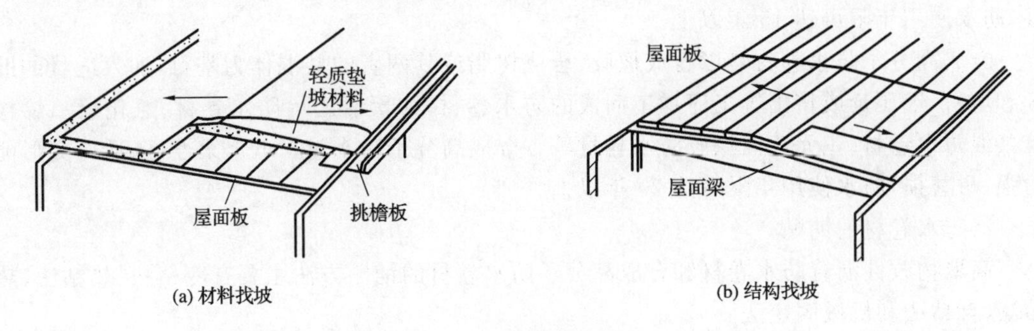

(a) 材料找坡　　(b) 结构找坡

图 6-10　平屋顶坡度的形成

材料找坡，又称垫置坡度或填坡，是将屋面板像楼板一样水平搁置，然后在屋面板上采用轻质材料铺垫形成屋面坡度的一种做法。常用的找坡材料有膨胀珍珠岩、蛭石、炉渣等轻质材料或在这些轻质材料中加适量水泥形成的轻质混凝土。材料找坡的坡度宜为2%，找坡材料最薄处的厚度应不小于20 mm。如果屋面有保温要求，可利用屋面保温层兼作找坡层。

结构找坡，又称搁置坡度或撑坡，是将屋面板倾斜搁置在下部的承重墙、屋面梁或屋架上形成屋面坡度的一种做法。结构找坡的坡度不应小于3%。这种做法不需要另加找坡层，屋面荷载小，但室内顶棚是倾斜的。

三、平屋顶的防水构造

(一)卷材防水屋面

1. 卷材防水屋面的基本构造

卷材防水屋面是将防水卷材相互搭接，用胶结材料将其粘贴在屋面基层上从而形成具有防水功能的屋面。卷材防水屋面主要由找平层、防水层和保护层等组成，如图6-11所示。卷材防水屋面适用于Ⅰ、Ⅱ级防水屋面。

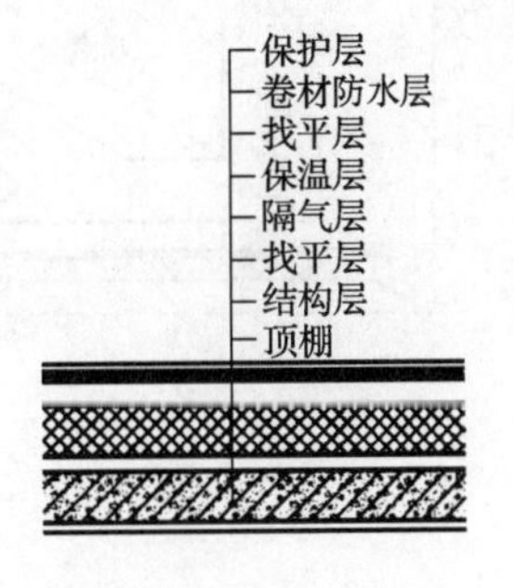

图 6-11　卷材防水屋面组成

(1)找平层

防水卷材应铺贴在平整的基层上，所以在结构层或找坡层上必须先做找平层。找平层可选用水泥砂浆和细石混凝土等，厚度根据防水卷材的种类和基层情况确定。

找平层宜设分格缝，即为了防止屋面变形引起找平层产生不规则裂缝而设置的人工缝。分格缝缝宽一般为5～20 mm，且缝内应嵌填密封材料。分格缝的间距不宜大于6 m。

(2)防水层

①防水卷材的类型

目前应用的屋面防水卷材有高聚物改性沥青防水卷材和合成高分子防水卷材。在应用中，要根据屋面防水等级选择防水卷材和铺贴层数。

高聚物改性沥青防水卷材是以纤维织物或纤维毡为胎基，以合成高分子聚合物改性石油沥青为涂盖层，以细砂、矿物粉或塑料膜为隔离材料制成的防水卷材，如APP改性沥青防水卷材、SBS改性沥青防水卷材等。高聚物改性沥青防水卷材具有较好的低温柔性和延伸性,防水使用年限可达 15 年以上。

合成高分子防水卷材是以合成橡胶、合成树脂或其两者的共混体为基料,加入适量的助剂和填料,经压延或挤出等工序加工而成的防水卷材,如聚氯乙烯防水卷材、氯化聚乙烯橡胶共混防水卷材、三元乙丙橡胶防水卷材等。合成高分子防水卷材低温柔性好、适应变形能力强、耐磨损,防水使用年限可达 20 年以上。

②防水卷材的铺贴

高聚物改性沥青防水卷材和合成高分子防水卷材的铺贴方法主要有冷粘法、热粘法、热熔法、自粘法和机械固定法。

冷粘法是在基层涂刷基层处理剂后,用胶粘剂将卷材粘贴在基层上。

热粘法是用导热油炉将热熔型改性沥青胶结材料熔化,用于粘贴卷材。应随刮随滚铺,并展平压实。

热熔法是在基层涂刷基层处理剂后,将火焰加热器喷嘴对准基层和卷材底面,对两者同时加热,加热至卷材底面热熔胶熔融呈光亮黑色,直接粘贴并滚压粘牢。卷材接缝处要用 10 mm 宽的密封材料封严。

自粘法是在基层涂刷基层处理剂,待其干燥后及时铺贴卷材。铺贴时撕去卷材的隔离纸,立即粘贴。其搭接部位要用热风加热,从而提高接缝部位的黏结性能。

机械固定法是用固定件把防水卷材固定在基层上,相邻卷材的搭接部位用热风焊接或熔剂黏结成整体。卷材收头应采用金属压条钉压固定和密封处理。这种方法的防水层受基层变形影响小,施工快捷,造价较低。机械固定法有点固定和条固定两种方式,如图 6-12 所示。

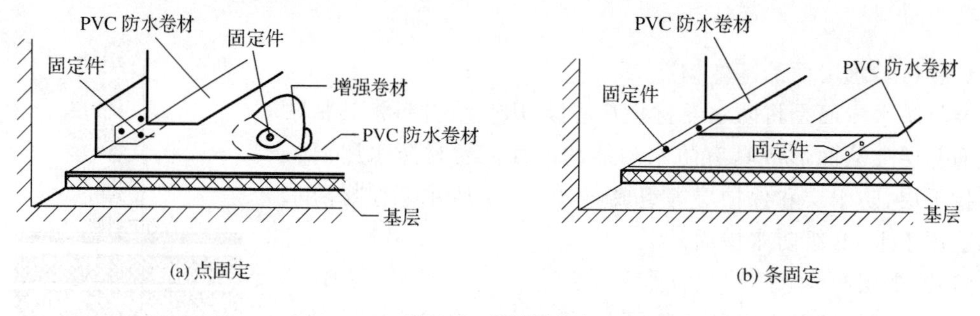

图 6-12 机械固定法

(3)保护层

当卷材防水层在屋面的最上部时,设置保护层可以防止阳光直射,延缓防水卷材老化。

①不上人屋面

不上人屋面保护层可采用浅色涂料、铝箔、矿物粒料、水泥砂浆等。

水泥砂浆保护层的做法是采用 20 mm 厚 1∶2.5 或 M15 水泥砂浆抹平压光,并设表面分隔缝。

采用浅色涂料做保护层时,应将防水层黏结牢固,厚薄均匀,不得漏涂。有的防水卷材出厂时,卷材的表面已做好了铝箔面层或涂料等保护层,可不再专门做保护层。

②上人屋面

上人屋面保护层一般有两种做法,即在防水层上铺设地砖或 30 mm 厚 C20 细石混凝土预制块，或浇筑 40 mm 或 50 mm 厚 C20 细石混凝土，并配 ϕ4@100 双向钢筋网片。

采用块体材料做保护层时，宜设纵横间距不大于 10 mm 的分格缝，分格缝宽度宜为 20 mm，并用密封材料嵌填。

采用现浇混凝土做保护层时，表面抹光压平，并应设纵横间距不大于 6 m 的分格缝，分格缝宽度宜为 10～20 mm，并用密封材料嵌填。

块体材料、水泥砂浆、现浇混凝土保护层与卷材防水层之间应设隔离层，如图 6-13 所示。常用的隔离层有塑料膜、土工布、卷材、低强度等级砂浆等。

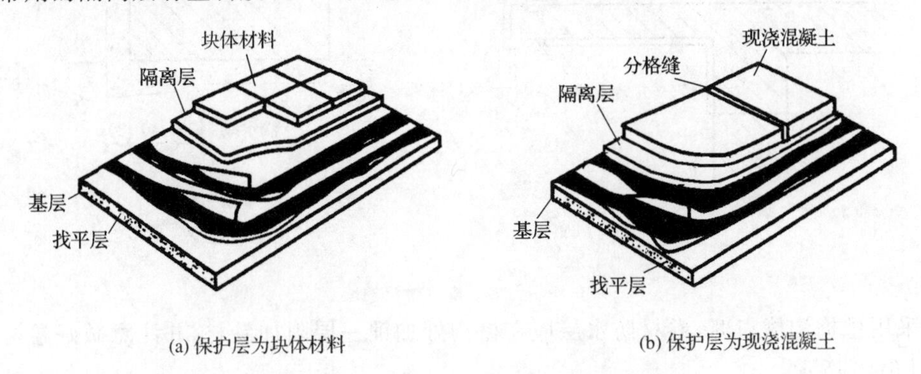

图 6-13 保护层与卷材防水层之间应设隔离层

2. 卷材防水屋面的细部构造

卷材防水屋面在檐口、变形缝、上人孔以及屋面与突出构件之间等部位特别容易产生渗漏，应加强这些部位的防水处理。

(1)泛水构造

泛水是指屋面防水层与垂直屋面凸出物交接处的防水构造。泛水应有足够的高度，迎水面不低于 250 mm，在垂直面与水平面交接处要加铺一层防水卷材，并形成转圆角或做成 45°斜面，防水卷材的收头处要黏结牢固，如图 6-14 所示。

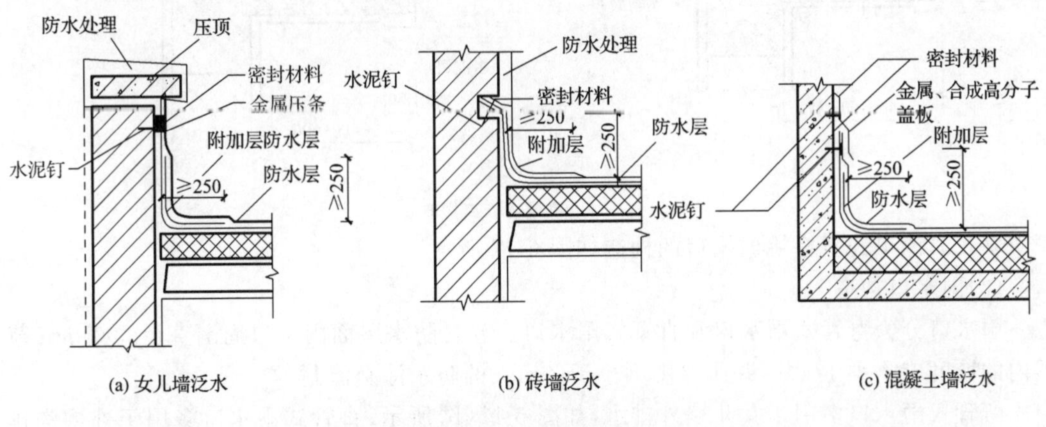

图 6-14 泛水构造

(2)檐口构造

檐口部位防水卷材的收头处理方法与檐口的形式有关。

无组织排水檐口卷材的收头要压入挑檐板前端的预留凹槽内，先用钢压条固定，然后用密封材料封实，如图 6-15 所示。

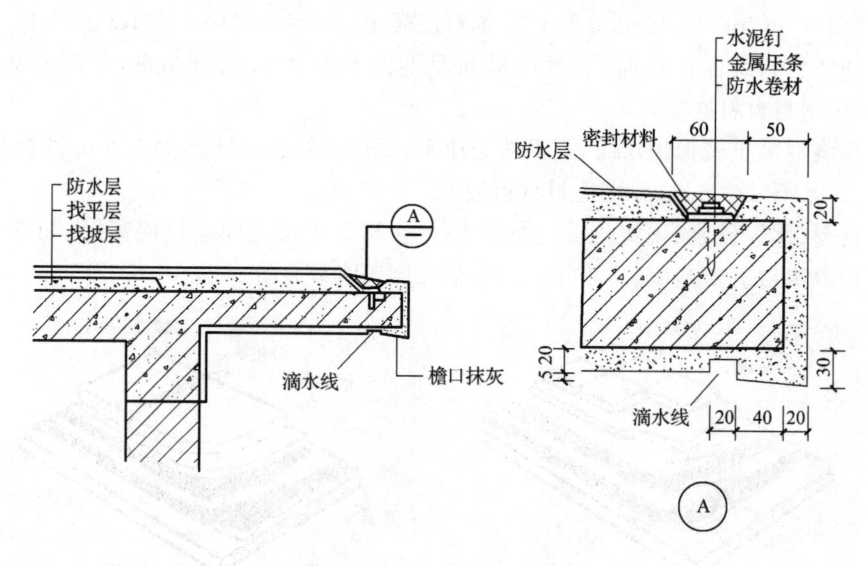

图 6-15 无组织排水檐口构造

当采用挑檐沟檐口时，卷材防水层应在檐沟处加铺一层附加卷材，并注意做好卷材的收头，如图 6-16 所示。

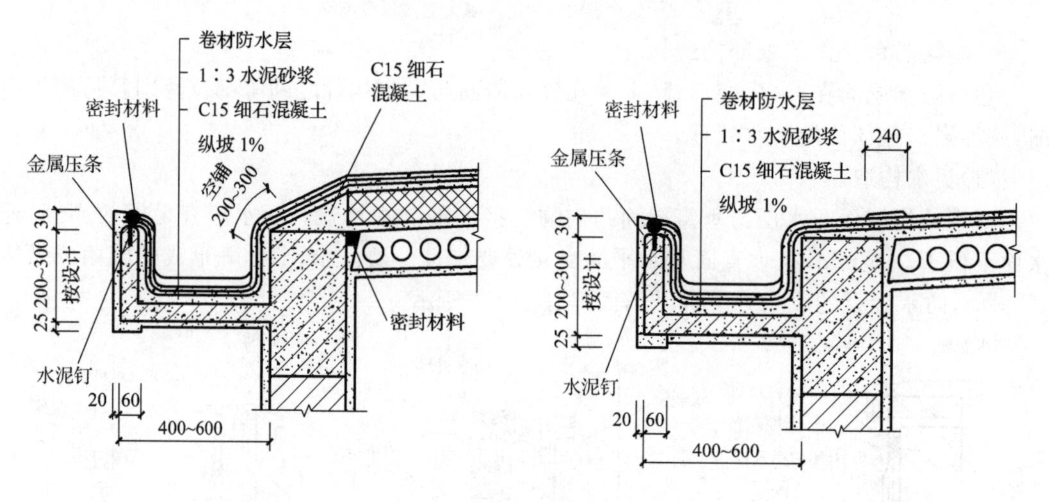

图 6-16 挑檐沟檐口构造

女儿墙檐口和斜板挑檐檐口的构造如图 6-17 所示。

(3)雨水口构造

雨水口分为弯管式雨水口和直管式雨水口。卷材防水屋面雨水口周围直径 500 mm 范围内的坡度应不小于 5%，并用厚度不小于 2 mm 的防水涂料涂封。

弯管式雨水口多用于女儿墙外排水，如图 6-17(b)所示；直管式雨水口多用于外檐沟排水或内排水，如图 6-18 所示。

(4)伸出屋面管道防水构造

管道周围的找平层应抹出高度不小于 30 mm 的排水坡，管道泛水处的防水层泛水高度应不小于 250 mm，上增设附加层，卷材收头处用金属箍和密封材料封严。如图 6-19 所示。

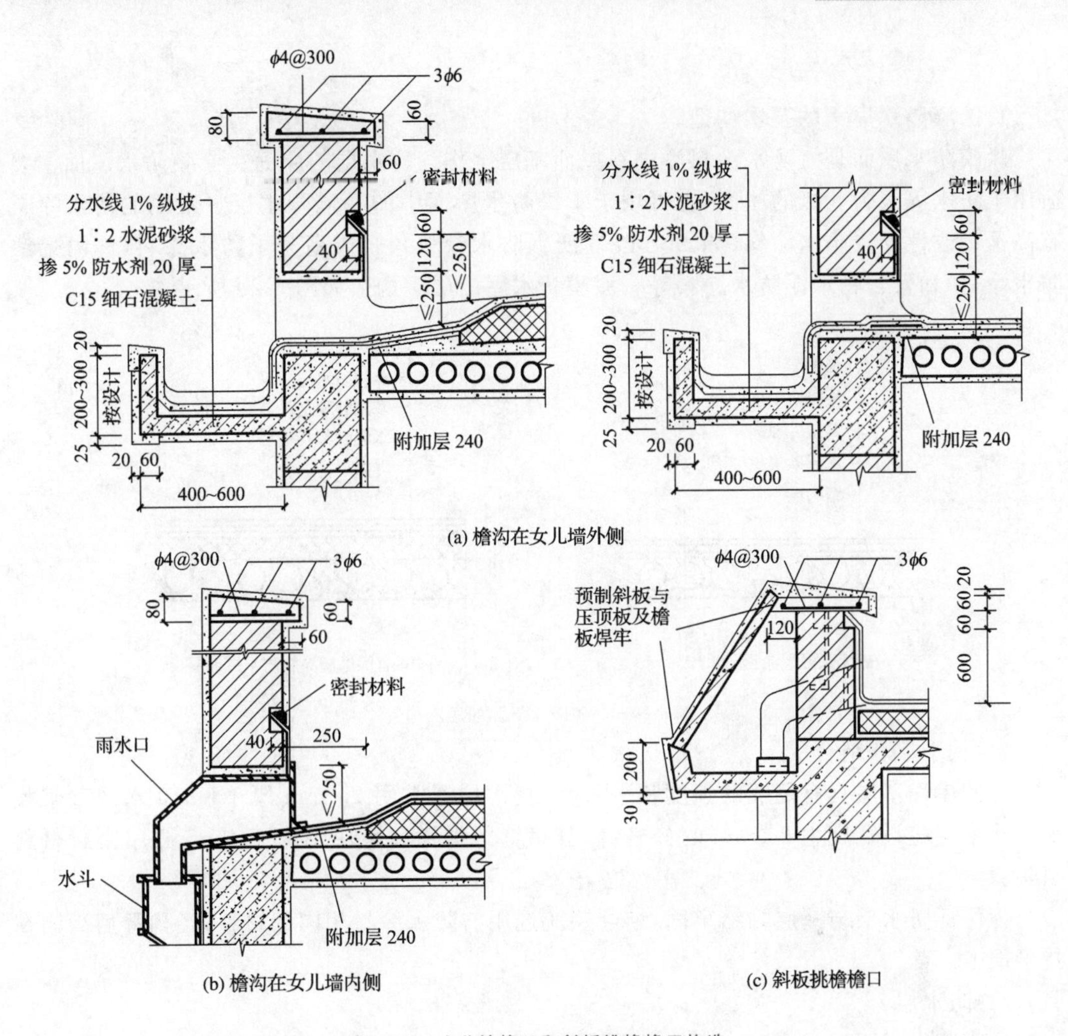

图 6-17　女儿墙檐口和斜板挑檐檐口构造

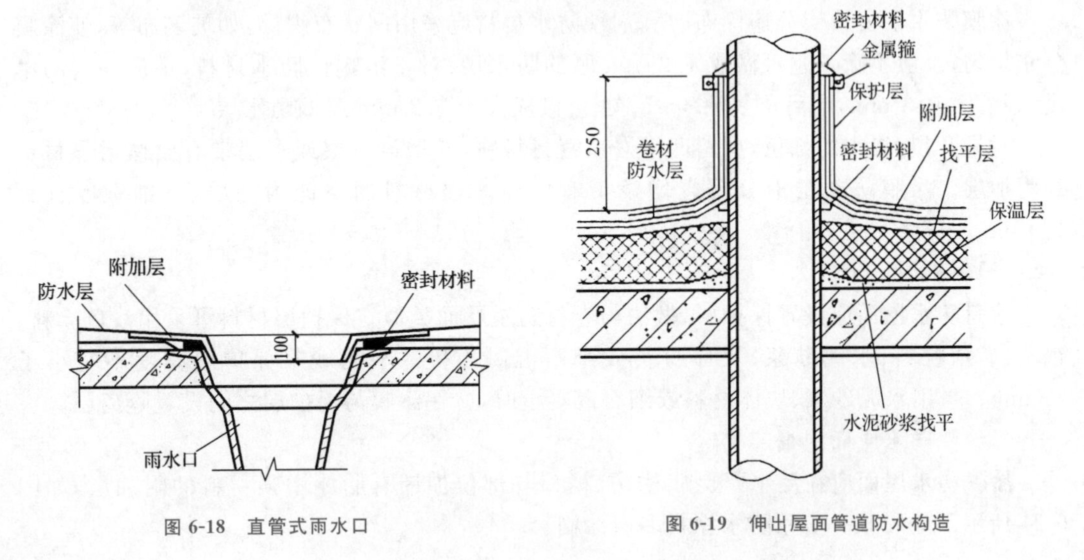

图 6-18　直管式雨水口

图 6-19　伸出屋面管道防水构造

（二）涂膜防水屋面

1. 涂膜防水屋面的基本构造

涂膜防水屋面是将防水涂料涂刷在屋面基层上作为防水层的屋面。涂膜防水屋面主要适用于防水等级为Ⅱ级的屋面，也可用于Ⅰ级防水屋面中的一道防水层。常用的防水涂料有高聚物改性沥青防水涂料（如 SBS 改性沥青防水涂料）、合成高分子防水涂料（如丙烯酸防水涂料）和聚合物水泥防水涂料等。涂膜防水屋面层次构造如图 6-20 所示。

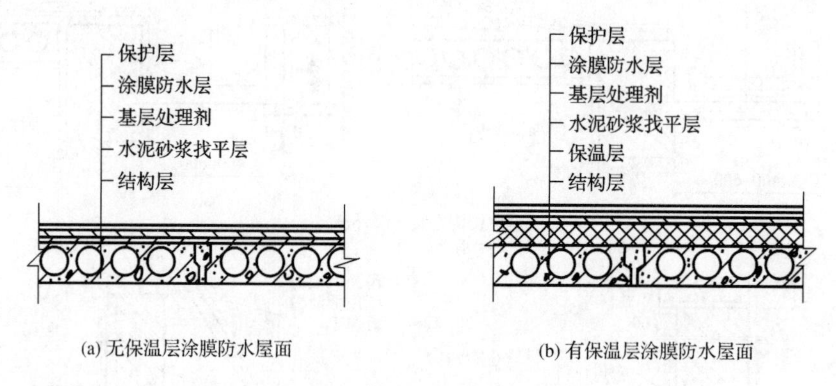

图 6-20　涂膜防水屋面的层次构造

（1）找平层和结合层

为使屋面基层具有足够的强度和平整度，找平层通常用 25 mm 厚 1∶2.5 水泥砂浆找平。找平层应设宽度为 20 mm 的分格缝，分格缝的纵横间距应不大于 6 m，并用密封材料填实。

为保证防水层与基层黏结牢固，结合层应选用与防水涂料相同的材料，经稀释后满刷在找平层上。

（2）防水层

涂膜防水层要根据屋面防水等级和设防要求选择防水涂料，确定防水层厚度。

涂膜防水层要分层分遍涂布。乳剂性防水材料应采用网状布织层，如玻璃布等，使涂膜分布均匀，一般手涂三遍可做成 1.2 mm 厚的防水层；对于溶剂性防水材料，手涂一次的厚度为 0.2～0.3 mm，干后重复涂 4～5 次，可做成大于 1.2 mm 厚的防水层。

对易开裂、渗水的部位，应留凹槽嵌填密封材料，并增设一层或多层带有胎体增强材料的附加层。涂膜防水层沿分隔缝增设带有胎体增强材料的空铺附加层，空铺宽度宜为 100 mm。

（3）保护层

涂膜防水屋面应设置保护层，做法与卷材防水屋面类似。保护层材料可采用浅色涂料、铝箔、矿物粒料、水泥砂浆、块体材料或细石混凝土等。水泥砂浆保护层厚度不宜小于 20 mm。采用水泥砂浆、块体材料或细石混凝土时，应在涂膜与保护层之间设置隔离层。

2. 涂膜防水屋面的细部构造

涂膜防水屋面应在泛水、天沟、檐沟、檐口等部位加铺有胎体增强材料的附加层，如图 6-21 所示。涂膜收头应用防水涂料多遍涂刷。

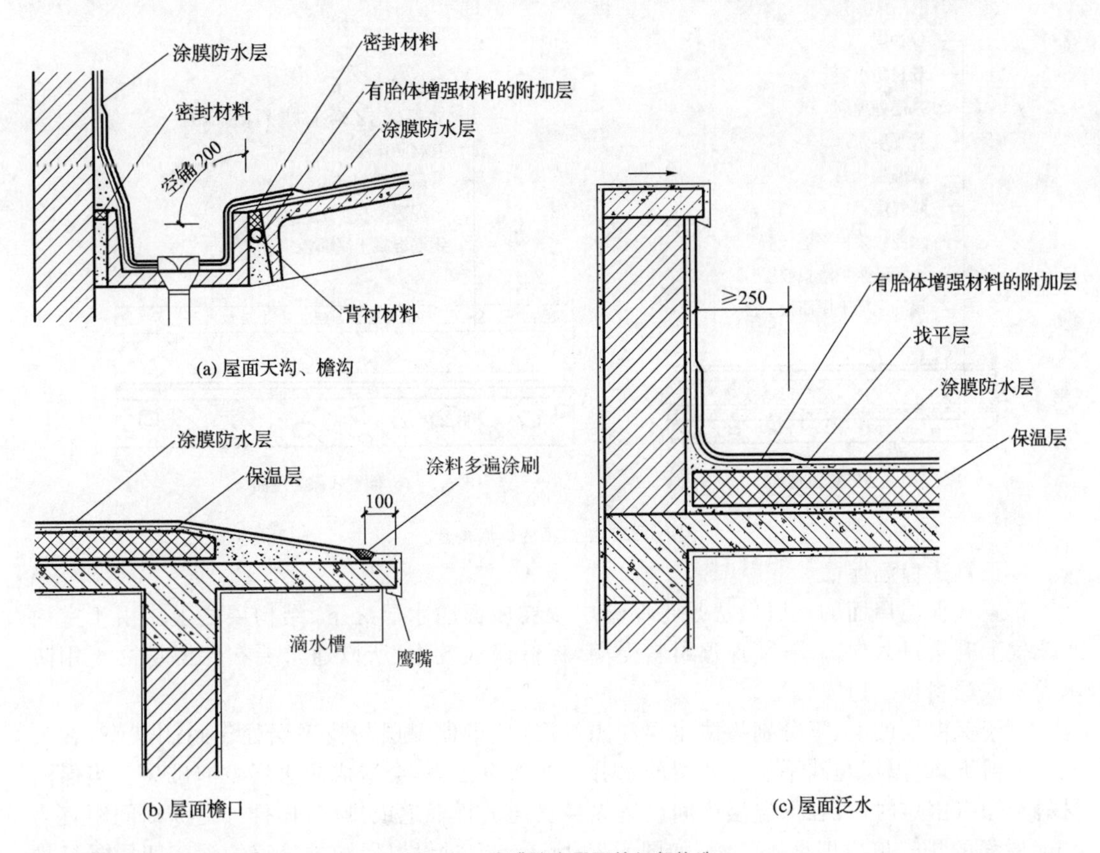

图 6-21 涂膜防水屋面的细部构造

四、平屋顶的保温与隔热

(一)平屋顶的保温

在冬季气候寒冷的地区,为保证房屋的正常使用并减少能源消耗,屋顶应满足基本的保温要求,构造处理的一般做法是在屋顶中增设保温层。

保温层应根据屋面所需的传热系数或热阻选择轻质、吸水率低、密度和导热系数小、有一定强度的保温材料。常用的有板状材料保温层、纤维材料保温层和整体材料保温层。保温层及其保温材料,见表 6-2。

表 6-2 保温层及其保温材料

保温层	保温材料
板状材料保温层	聚苯乙烯泡沫塑料,硬质聚氨酯泡沫塑料,膨胀珍珠岩制品,泡沫玻璃制品,加气混凝土砌块,泡沫混凝土砌块
纤维材料保温层	玻璃棉制品,岩棉、矿渣棉制品
整体材料保温层	喷涂硬泡沫聚氨酯,现浇泡沫混凝土

注:本表摘自《屋面工程技术规范》(GB 50345—2012)。

根据屋顶保温层与防水层相对位置的不同,有正置式保温屋面和倒置式保温屋面两类,如图 6-22 所示。

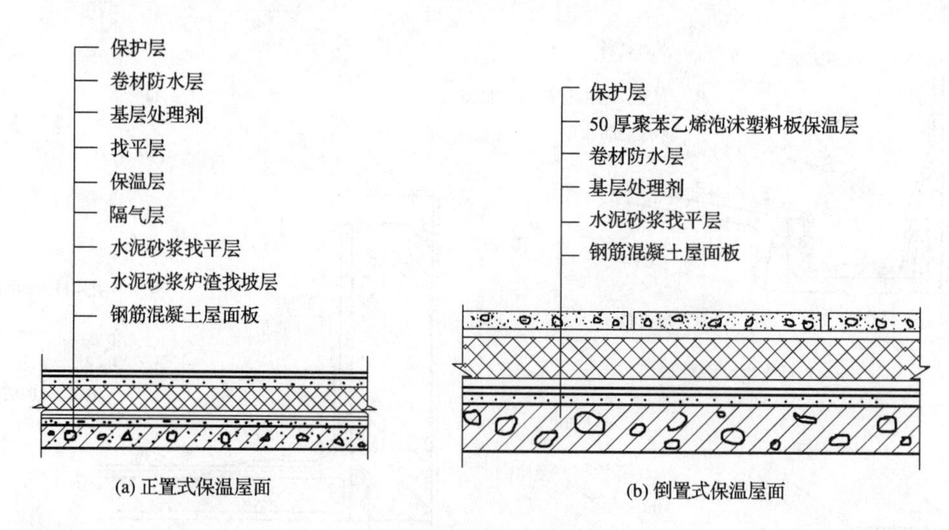

图 6-22 平屋顶的保温构造

1. 正置式保温屋面

正置式保温屋面的一般做法是将保温层放在屋面防水层之下、结构层之上。由于室内水蒸气上升会进入保温层，使保温材料受潮，降低保温效果，所以通常要在保温层之下用防水卷材或涂料做一道隔气层。

由于保温层的上、下分别为防水层和隔气层，使得保温层与找平层处于封闭状态，在阳光的辐射下，保温层与找平层中残留的水分无法散发出去，会造成防水层鼓泡破裂。当保温材料干燥有困难时，可在保温层中间设置纵横贯通的排气道或排气口，排气道纵横间距宜为 6 m，屋面的排气口应埋设排气管，如图 6-23 所示。穿过保温层和排气道的管壁四周要打排气口。排气口的数量可根据具体情况确定，一个排气口一般负担 36 m^2 的面积。

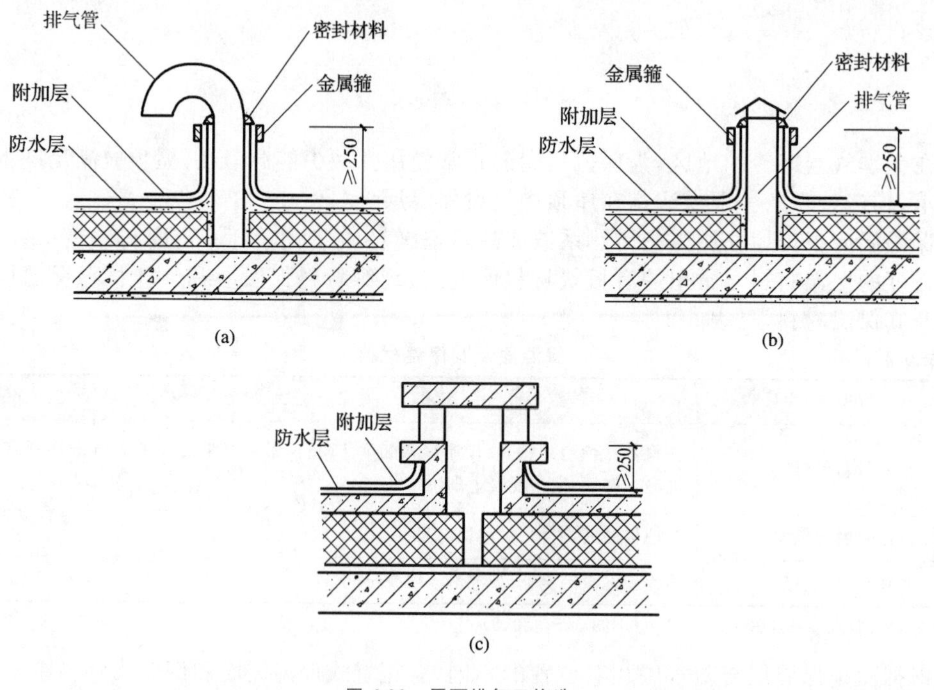

图 6-23 屋面排气口构造

2. 倒置式保温屋面

倒置式保温屋面的保温层设置在防水层之上，形成敞露式的保温层，可以保护防水层不受阳光辐射和剧烈气候变化的直接影响，减少外来作用力对防水层的破坏。保温层应采用吸水率低且长期浸水不腐烂的保温材料，如聚氨酯和聚苯乙烯泡沫塑料板等。可干铺或粘贴板状保温材料，也可在现场喷硬质聚氨酯泡沫塑料。

倒置式保温屋面的保温层上面宜用块体材料或细石混凝土做保护层。

（二）平屋顶的隔热

阳光辐射会使屋顶的温度剧烈上升，影响室内人们正常的生活和工作。因此，应对屋顶进行适当的构造处理，以达到隔热降温的目的。目前主要的构造措施有通风隔热、实体材料隔热和反射降温等。

1. 通风隔热屋面

这类屋面利用风压原理和热压原理散发部分热量，减少热量向屋顶下表面的传递，以达到隔热降温的目的。一般有架空通风层和顶棚通风层两种方式。

(1)架空通风层隔热屋面

这种隔热屋面一般是用预制或现浇板块架空搁置在防水层上，形成通风层，还能对结构层和防水层起保护作用。具体做法是用垫块做支座，上铺大阶砖、预制混凝土或现浇混凝土平板。架空层的净高为180～300 mm，架空层周边应设一定数量的通风孔，保证空气流通。当女儿墙上不宜开设通风孔时，在距女儿墙250 mm的范围内不应铺设架空板，以保证通风，如图6-24所示。

架空通风层隔热屋面也可以采用截面形式为槽形、弧形或三角形等的预制板，盖在平屋顶上形成通风间层。

(2)顶棚通风层隔热屋面

这种隔热屋面是将通风层设在结构层的下面，利用屋顶与室内顶棚之间的空间作为隔热层进行通风降温，如图6-25所示。

顶棚通风层应有足够的净空高度，一般为500 mm左右，需设置一定数量的通风孔，以利丁空气对流。

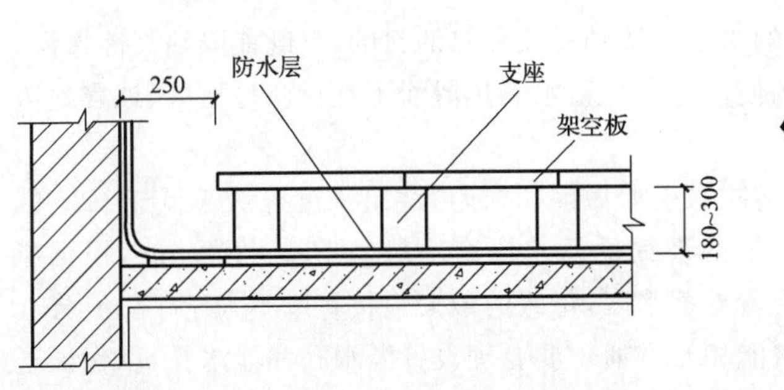

图6-24　架空通风层隔热屋面构造

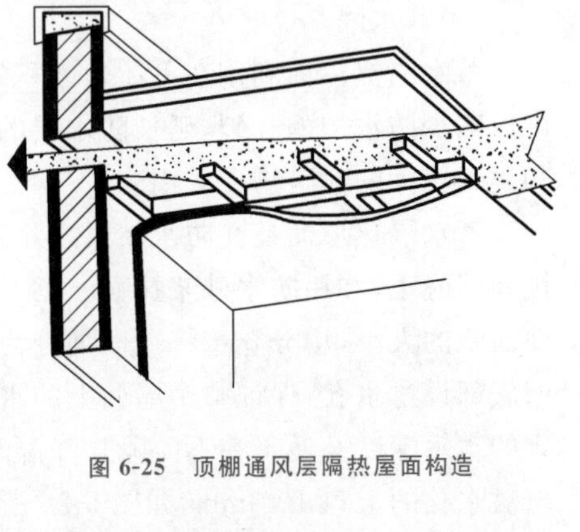

图6-25　顶棚通风层隔热屋面构造

2. 实体材料隔热屋面

这种屋面利用实体材料的蓄热性、热稳定性和传导过程中的时间延迟性来实现隔热目的，但在晚间气温降低后，屋顶蓄有的热量将会向室内散发，适合于夜间不使用的建筑物。

实体材料的容重较大，在满足隔热要求的前提下，应尽量降低其厚度，减轻屋顶自重。

(1)大阶砖或混凝土实铺隔热

这种屋面可用作上人屋面，其构造如图 6-26 所示。

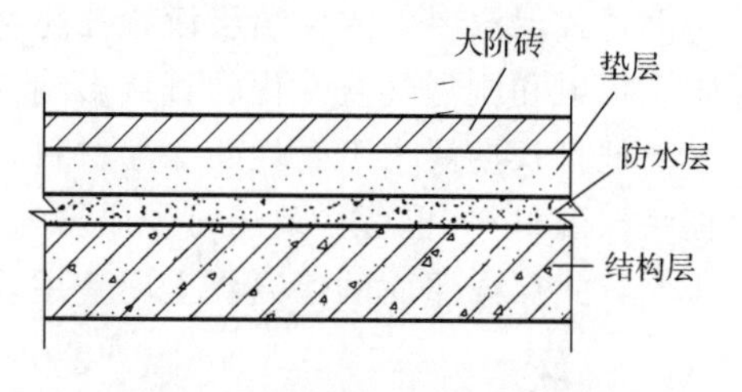

图 6-26 大阶砖实铺隔热屋面构造

(2)种植隔热

种植隔热屋面是在屋面防水层上覆盖种植土，种植绿色植物，达到隔热降温目的，一般包括植被层、种植土层、过滤层和排水层。种植屋面的防水层应采用耐腐蚀、能防止植物根系穿刺、耐水性好的防水卷材。防水卷材、涂膜防水层的上部要设置刚性保护层。

种植屋面的种植介质应尽量选用谷壳、膨胀蛭石等轻质材料，减轻屋顶自重。屋顶四周必须设置栏杆或女儿墙等，保证上到屋顶人员的安全。挡墙下部设排水孔和过水网，过水网可采用堆积的砾石，它能保证水通过时种植介质不流失，如图 6-27 所示。

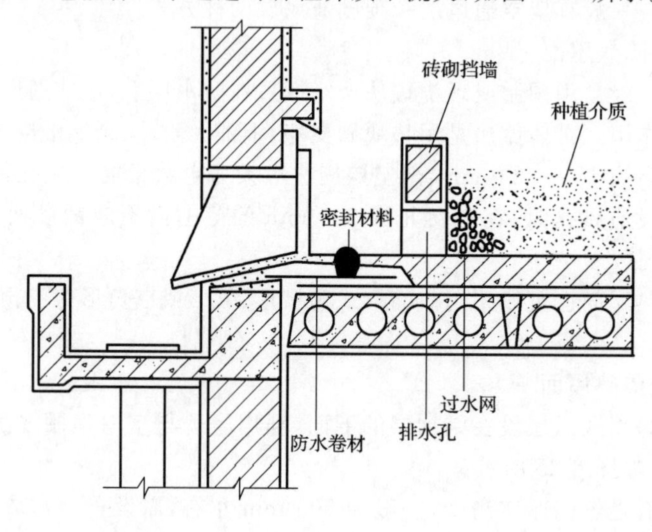

图 6-27 种植隔热屋面构造

(3)蓄水隔热

蓄水隔热屋面利用在平屋顶蓄积的水层来达到屋顶隔热的目的，它既能隔热又能保温，可以减少防水层的开裂，延长防水层的使用寿命。蓄水隔热屋面不宜在寒冷地区、地震地区和震动较大的建筑物上采用。

蓄水隔热屋面是在防水卷材或涂膜防水层上做隔离层，再浇筑强度等级不低于 C25 的抗渗混凝土，并用防水砂浆抹面。蓄水隔热屋面的蓄水深度一般为 150～200 mm，根据屋面面积的大小，用分仓壁将屋面划分为若干蓄水区，每区的最大边长一般不大于 10 m，分仓壁底部设过水孔，保证整个屋面上的水能相互贯通。要合理设置溢水孔和泄水孔，以保证适宜的蓄水深度及便于在不需隔热降温时将积水排除。屋面泛水要有足够的高度，至少应高出溢水孔的上口 100 mm，如图 6-28 所示。

可以将种植隔热屋面与蓄水隔热屋面结合起来，形成蓄水植被隔热屋面，如图 6-29 所示。

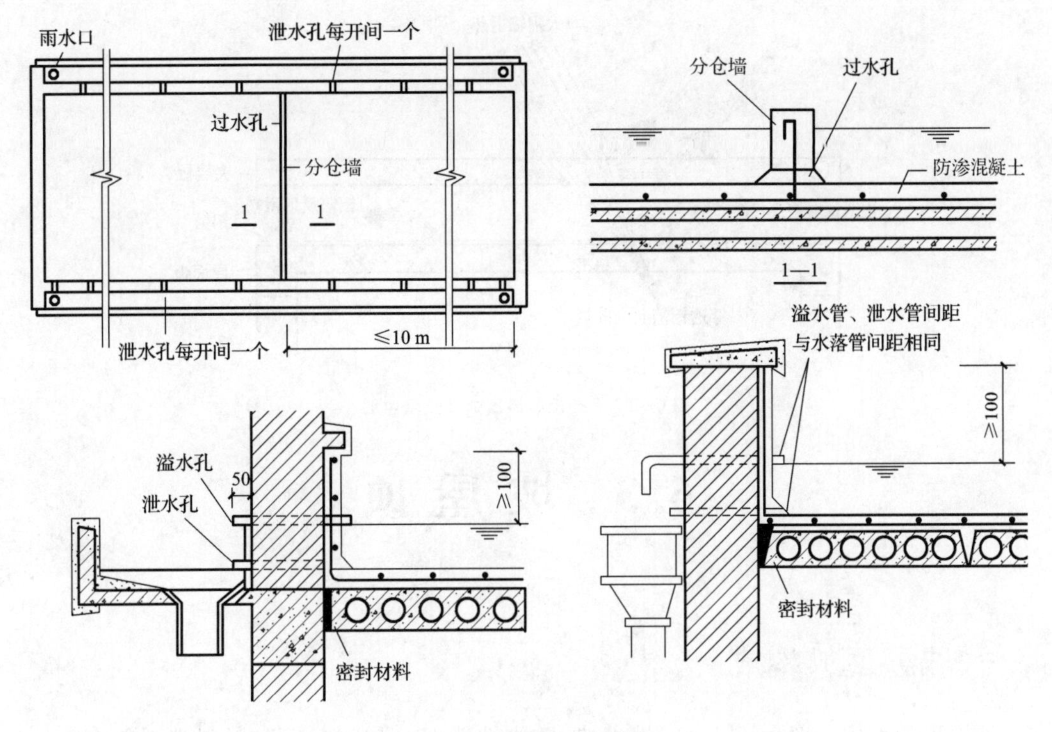

图 6-28 蓄水隔热屋面构造

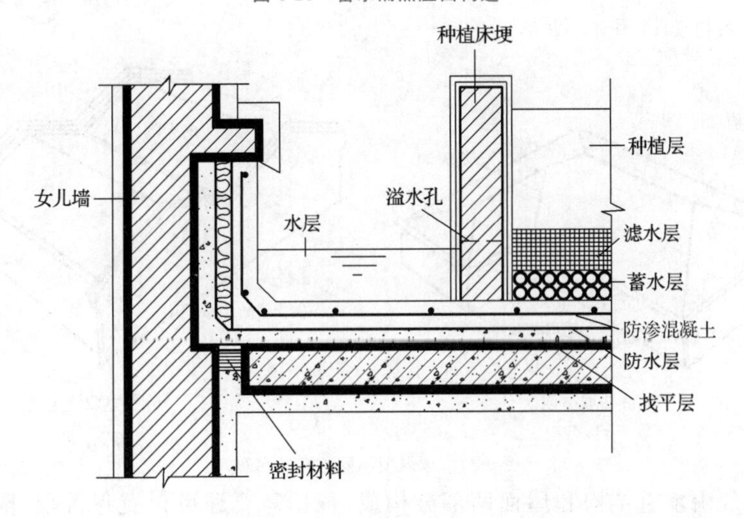

图 6-29 蓄水植被隔热屋面构造

3. 反射降温屋面

反射降温屋面利用屋面材料表面的颜色和光滑度对热辐射的反射作用，减少阳光对屋面的辐射热，以达到降温目的。屋顶表面可以铺设浅颜色材料，如浅色的砾石，或刷白色的涂料等。

如果在顶棚通风隔热屋面的基层中加一层铝箔，就会产生二次反射作用，进一步改善屋顶的隔热效果。图 6-30 所示为铝箔反射屋顶的隔热示意图。

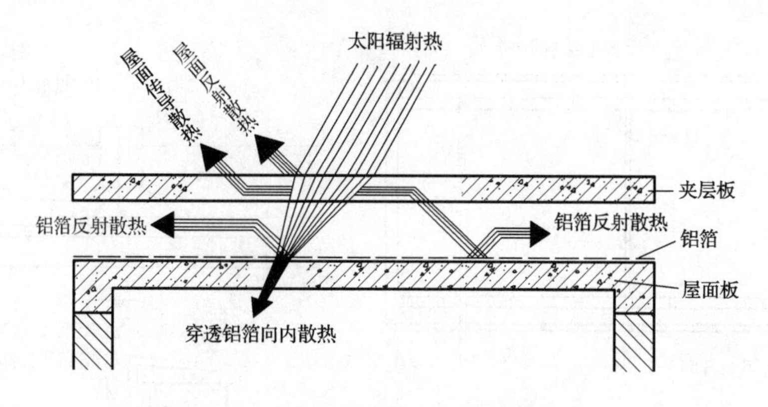

图 6-30 铝箔反射屋顶的隔热示意图

6.3 坡屋顶

一、坡屋顶的构成

坡屋顶的坡度一般大于 10%，排水快，防水性能好，但结构复杂，材料消耗较多。坡屋顶不同位置的名称如图 6-31 所示。

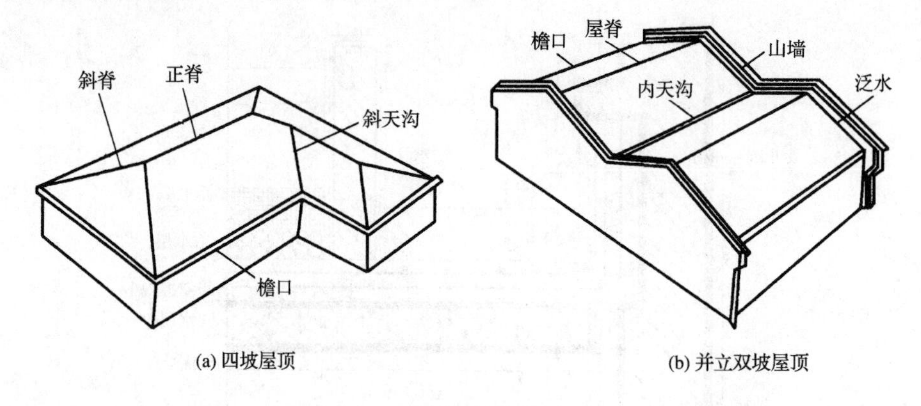

图 6-31 坡屋顶不同位置的名称

坡屋顶一般由承重结构和屋面两部分构成，根据需要还可设置保温层、隔热层及顶棚等，如图 6-32 所示。

(1)承重结构是指承受屋面荷载的骨架部分，一般有屋面大梁、檩条和椽子等。

(2)屋面是坡屋顶的覆盖层，直接承受雨、雪、风和太阳辐射等作用，由屋面的防水材料和基层，如椽子、挂瓦条、屋面板等组成。

(3)顶棚是屋顶下面的覆盖层，可使室内上部平整，起装饰和反射光线等作用。

(4)保温层或隔热层一般设置在屋面层或顶棚处，可根据具体情况决定。

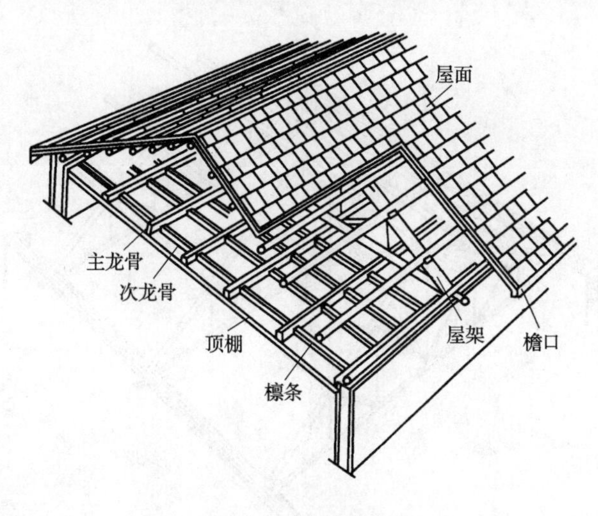

图 6-32　坡屋顶的构成

二、坡屋顶的承重结构体系

坡屋顶的承重结构体系主要有横墙承重、屋架承重和梁架承重等形式。

(一)横墙承重

横墙承重也称硬山搁檩,是将横墙顶部做成坡形用以支撑檩条,如图 6-33 所示。这种结构横墙间距较小,房间布置不灵活,一般适用于多数开间相同且并列的建筑物。

有檩条的屋面结构,也称有檩体系。

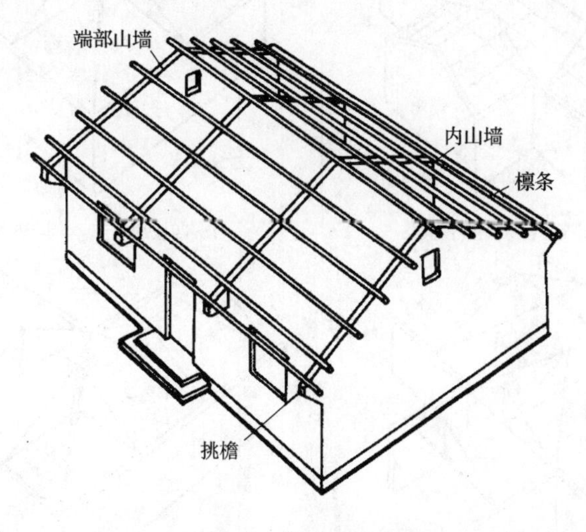

图 6-33　横墙承重结构

(二)屋架承重

屋架承重是利用建筑物的外纵墙或柱支撑屋架,在屋架上搁置檩条来承受屋面重量,如图 6-34 所示。屋架承重方式多用于要求有较大空间的建筑物。

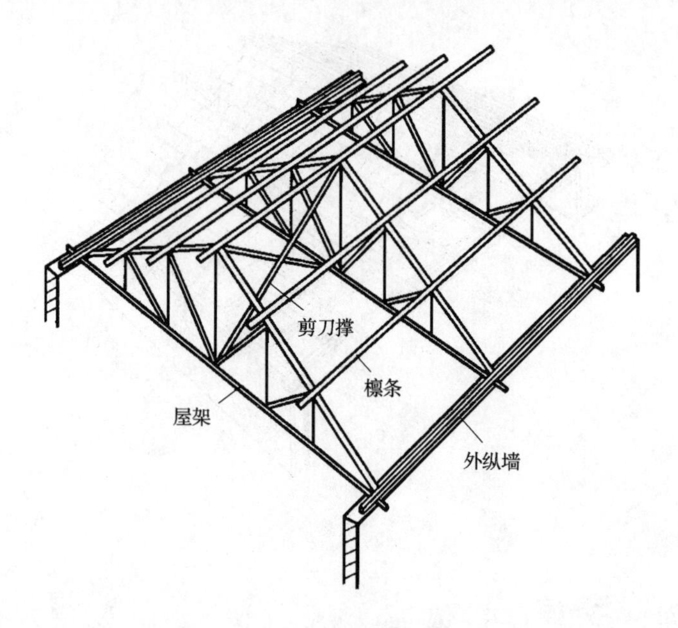

图 6-34 屋架承重结构

常用的屋架形式有三角形、梯形和矩形等，对四面坡和歇山屋顶，可制成异形屋架，其屋架布置如图 6-35 所示。

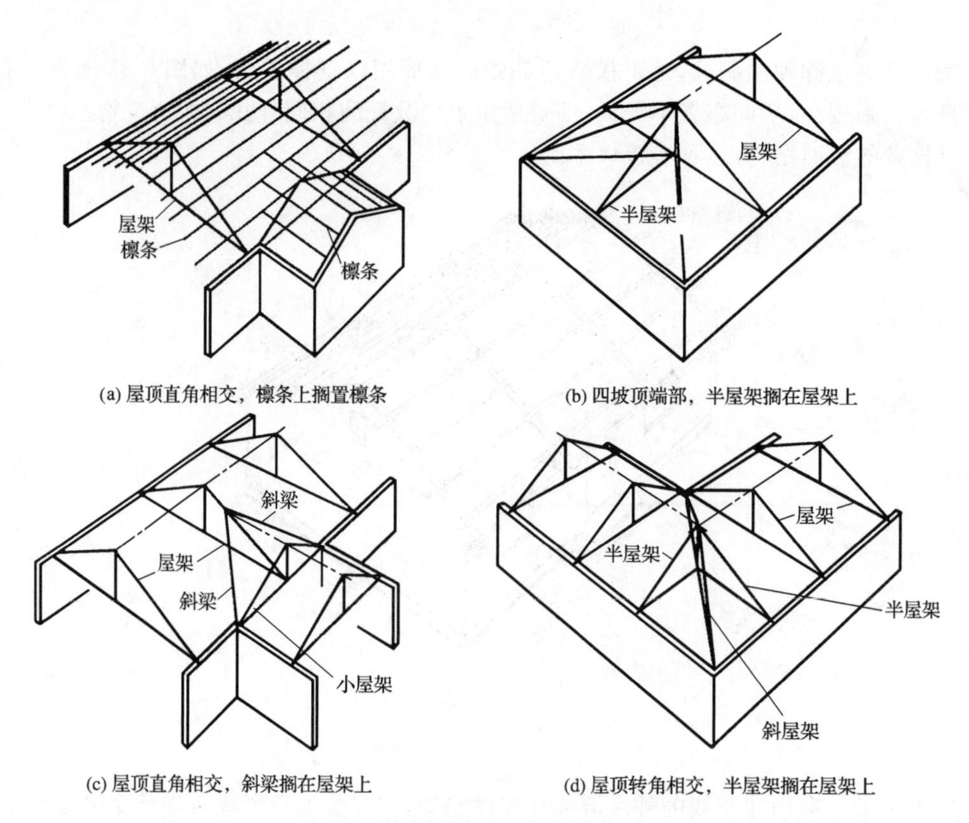

(a) 屋顶直角相交，檩条上搁置檩条

(b) 四坡顶端部，半屋架搁在屋架上

(c) 屋顶直角相交，斜梁搁在屋架上

(d) 屋顶转角相交，半屋架搁在屋架上

图 6-35 异形屋架的屋架布置

(三)梁架承重

梁架承重是我国传统的承重结构形式,梁架承重由柱和梁组成排架,檩条搁置于梁间承受屋面荷载,并将排架连接成一个完整的骨架,如图 6-36 所示。这种结构的墙体不承重,只起分隔与围护作用,具有整体性强和抗震性能好等特点。

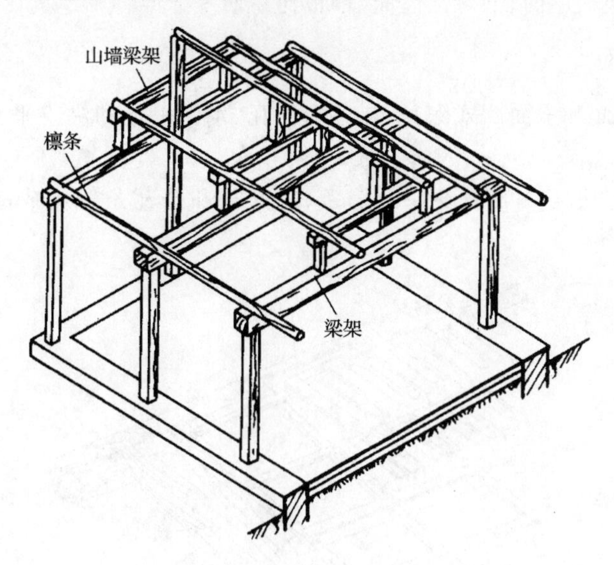

图 6-36 梁架承重结构

三、坡屋顶的排水方式

坡屋顶的排水方式分为无组织排水和有组织排水。

(一)无组织排水

无组织排水的屋面直接伸出外墙,形成挑出的外檐,使屋面雨水经外檐自由落下,如图 6-37(a) 所示。

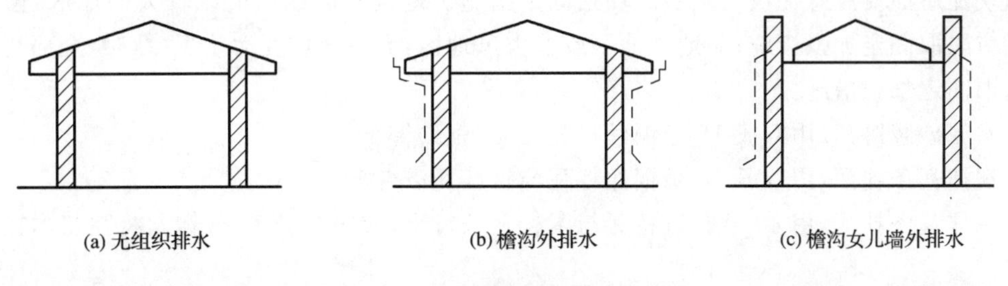

图 6-37 坡屋顶的排水方式

(二)有组织排水

有组织排水包括檐沟外排水和檐沟女儿墙外排水,如图 6-37(b)、图 6-37(c)所示。

檐沟外排水的雨水从屋面流入檐沟,再经雨水管排至地面。檐沟女儿墙外排水是在屋顶四周设女儿墙,女儿墙内侧设檐沟,屋面雨水先排至檐沟,再经雨水口、雨水管排到地面。

四、瓦屋面构造

瓦屋面是将各种瓦材铺盖在基层上，利用瓦的相互搭接防止雨水渗漏。依据采用的瓦材不同，瓦屋面有块瓦屋面、沥青瓦屋面、钢板瓦屋面等类型。

(一)块瓦屋面

块瓦包括彩釉面和素面西式陶瓦、彩色水泥瓦、水泥平瓦和黏土平瓦等可钩挂或可钉、绑固定的瓦材。

在有檩体系中，块瓦一般铺设在由檩条、屋面板和挂瓦条等组成的基层上，如图 6-38 所示。

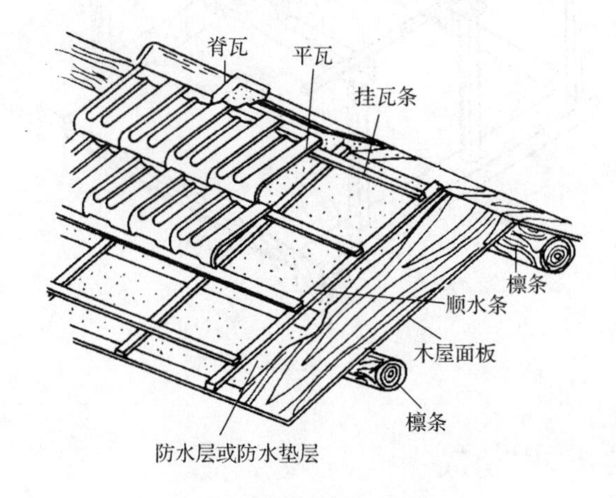

图 6-38　有檩体系块瓦屋面

在由钢筋混凝土板等构成的瓦屋面中，块瓦屋面铺设方法有水泥砂浆卧瓦、钢挂瓦条挂瓦、木挂瓦条挂瓦等几种，如图 6-39 所示。

挂瓦条可以固定在顺水条上，顺水条钉固在细石混凝土找平层上；不设顺水条时，挂瓦条和支撑垫块直接钉固在细石混凝土找平层上。

块瓦屋面要注意瓦块与基层的加强固定措施。地震地区或风荷载较大的地区，全部瓦块均应采取固定加强措施；非地震地区或非大风地区，当屋面坡度大于 1∶2 时，全部瓦块均应采取固定加强措施。

水泥砂浆卧瓦，用双股 18 号铜丝将瓦与 $\phi6$ 钢筋绑牢。

钢挂瓦条挂瓦，用双股 18 号铜丝将瓦与钢挂瓦条绑牢。

木挂瓦条挂瓦，用 40 号圆钉将瓦与木挂瓦条钉牢，或用双股 18 号铜丝将瓦与木挂瓦条绑牢。

(二)沥青瓦屋面

沥青瓦是以纤维毡为胎基，用沥青材料浸渍涂盖后，表面覆以保护隔离材料的彩色瓦块状屋面防水片材，有多种形状，如图 6-40 所示。

沥青瓦柔性好、耐酸碱、质量轻、色彩丰富、立体感强，具有良好的防水和装饰功能。

沥青瓦屋面的铺设采用钉、粘结合，以钉为主的方法，如图 6-41 所示。

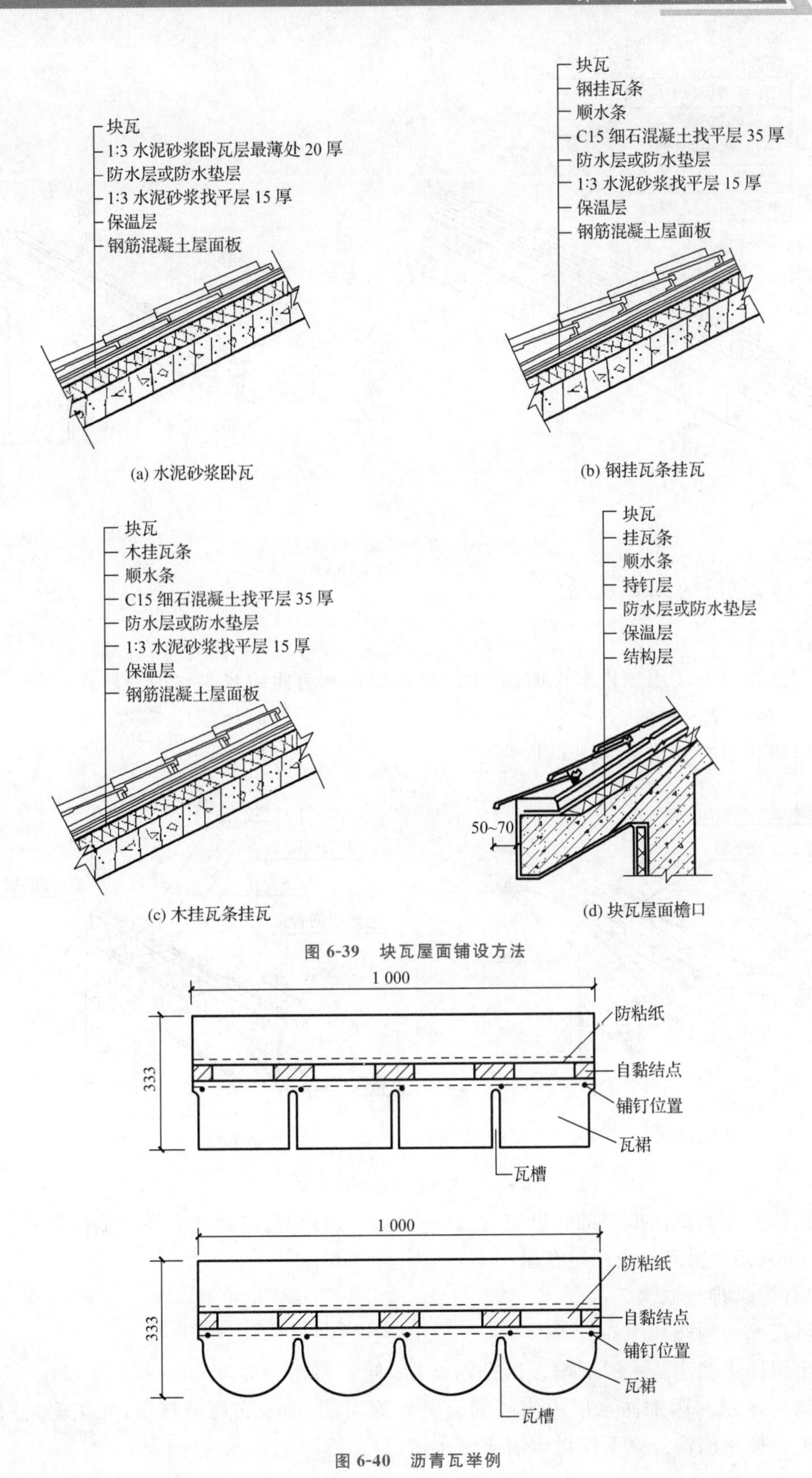

图 6-39　块瓦屋面铺设方法

图 6-40　沥青瓦举例

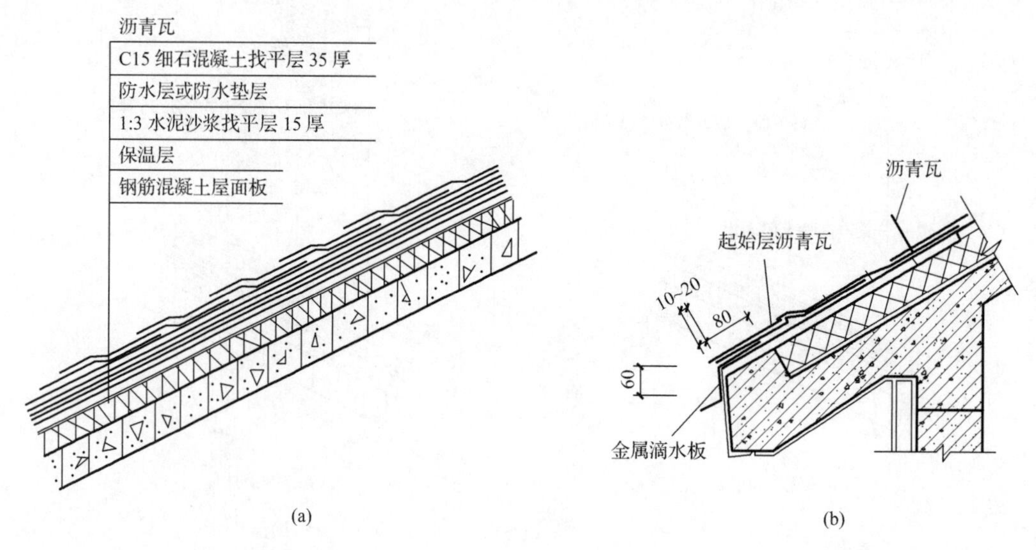

图 6-41 沥青瓦屋面构造

(三)瓦屋面的细部构造

1. 檐口

瓦屋面檐口有无组织排水挑檐、有组织排水檐沟和有组织排水包檐等形式。

(1)无组织排水挑檐

无组织排水挑檐构造如图 6-42 所示。

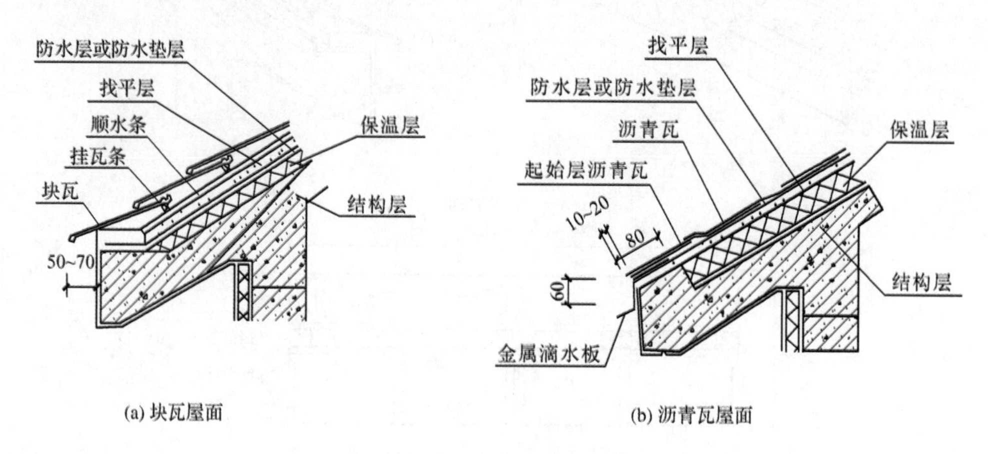

图 6-42 无组织排水挑檐构造

块瓦屋面瓦头挑出檐口的长度宜为 50～70 mm;沥青瓦屋面瓦头挑出檐口的长度宜为 10～20 mm,其金属滴水板固定在基层上。

(2)有组织排水檐沟

瓦屋面檐沟构造如图 6-43 所示。

有组织排水檐沟防水层下增设附加防水层,伸入屋面的宽度不小于 250 mm。有组织排水檐沟防水层和附加防水层由沟底翻上至外侧顶部,用金属压条钉压,并用密封材料封严。有组织排水檐沟外侧下端做鹰嘴或滴水槽。

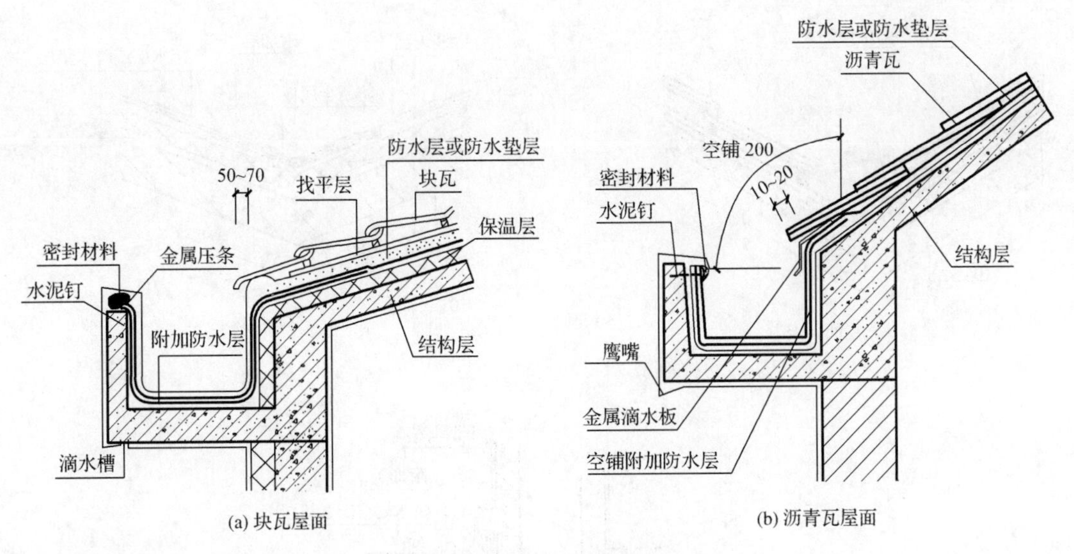

(a) 块瓦屋面 (b) 沥青瓦屋面

图 6-43 瓦屋面檐沟构造

2. 屋脊与斜天沟

(1)屋脊

瓦屋顶块瓦屋脊一般用聚合物水泥砂浆窝脊瓦;沥青瓦屋面的脊瓦在两坡面瓦上的搭盖宽度,每边不应小于 150 mm,如图 6-44 所示。

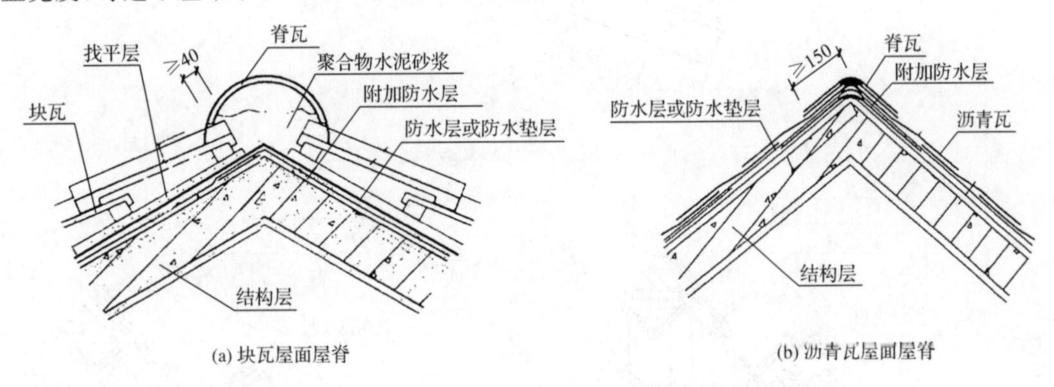

(a) 块瓦屋面屋脊 (b) 沥青瓦屋面屋脊

图 6-44 瓦屋面屋脊

(2)斜天沟

斜天沟一般设置在防水层或防水附加层上,应铺设厚度不小于 0.45 mm 的防锈金属板,如图 6-45 所示。

3. 烟囱出屋面构造

为了防止屋面雨水从烟囱四周渗漏,在交界处应做泛水,如图 6-46 所示。烟囱泛水处的防水层或防水垫层下,增设附加层。烟囱泛水宜采用聚合物水泥砂浆。在烟囱与屋面的交接处,应在迎水面中部抹出分水线,并高出两侧 30 mm。

4. 屋顶窗

块瓦屋面、沥青瓦屋面与屋顶窗交接处,应采用金属排水板、窗框固定铁角、窗口防水卷材、挂瓦条等连接,其构造如图 6-47 所示。

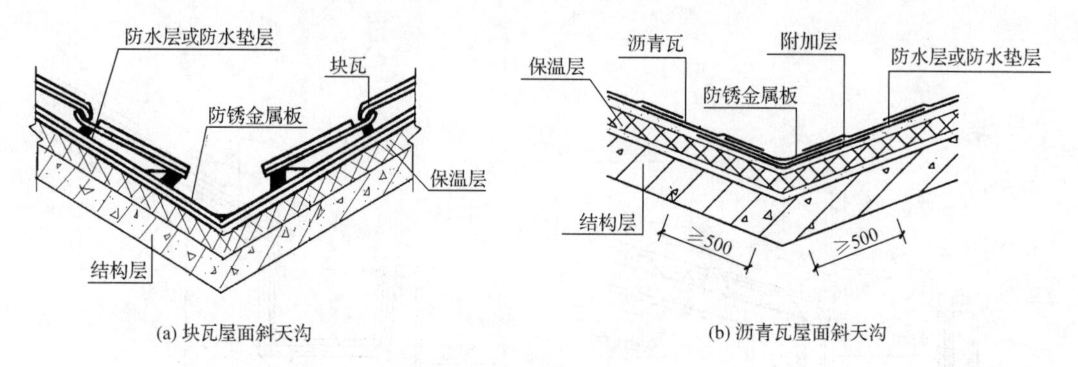

图 6-45　瓦屋面斜天沟

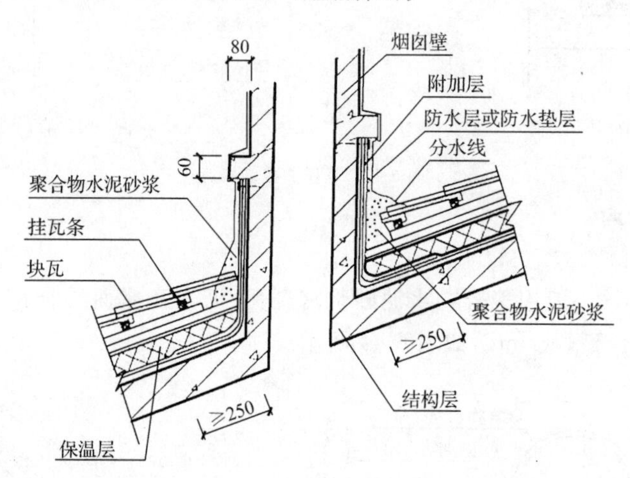

图 6-46　烟囱泛水处构造

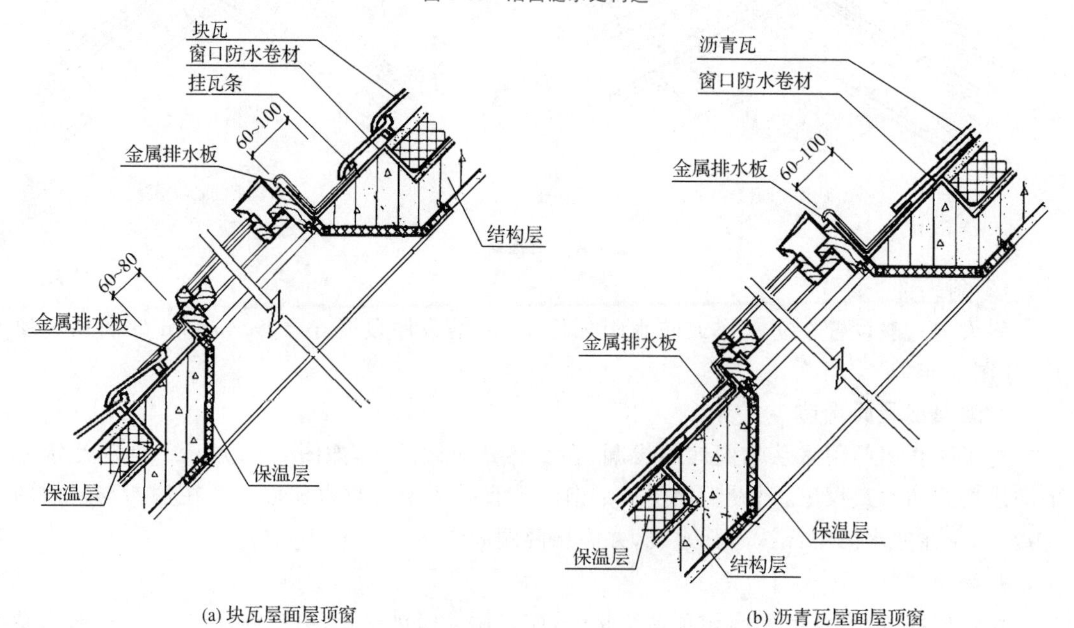

图 6-47　瓦屋面屋顶窗构造

复习思考题

1. 屋顶的作用有哪些？
2. 屋顶的坡度有哪几种表示方法？
3. 影响屋顶坡度的因素有哪些？
4. 屋顶的排水方式有哪几种？
5. 屋面排水组织设计的主要内容有哪些？
6. 平屋顶排水坡度是怎样形成的？
7. 卷材防水屋面的基本构造层次及其作用是什么？
8. 常用的防水卷材有哪几种类型？
9. 简述卷材防水屋面细部构造做法的要点。
10. 涂膜防水屋面的基本构造层次有哪些？
11. 平屋顶的保温构造有哪几种做法？
12. 平屋顶常用的隔热措施有哪些？
13. 坡屋顶的承重结构有哪几种？

第7章 门窗构造

7.1 概 述

门窗是房屋的围护构件。门的主要功能是交通出入、分隔建筑空间,并兼有采光和通风的作用。窗的主要功能是采光和通风。此外,门窗的尺寸、数量、用材、造型等对建筑物的造型和艺术效果影响很大。

在设计门窗时,必须根据有关规范和建筑的使用要求来确定其形式及尺寸大小。门窗造型要美观大方,构造应坚固、耐久,开启灵活,关闭严紧,便于维修和清洁,规格类型应尽量统一,并符合现行《建筑模数协调统一标准》(GB/T 50002—2013)的要求。外墙上的门窗还要满足建筑节能要求。

一、门窗的类型

(一)门的类型

1. 按制作材料

门按其制作材料可分为木门、钢门、铝合金门、塑钢门、玻璃门等。

2. 按开启方式

门按其开启方式可分为平开门、弹簧门、推拉门、折叠门、转门和卷帘门等,如图7-1所示。

(1)平开门

平开门是通过装在一侧门框的铰链转动,使门扇水平开启的门。平开门有单扇、双扇和向内开、向外开等形式。平开门是建筑物中最常见的门。

(2)弹簧门

弹簧门通过装在门扇上的弹簧铰链转动,使门扇水平开启,并借助弹簧的力量使门扇自动关闭,有单扇、双扇和多扇组合等形式。弹簧门适用于有自关要求的房间和公共建筑中人流出入频繁的场所,但在幼儿园等儿童用建筑物中不宜采用。

(3)推拉门

推拉门是通过门扇沿轨道滑行而开启的门,有单扇和双扇等形式。开启时门扇可隐于

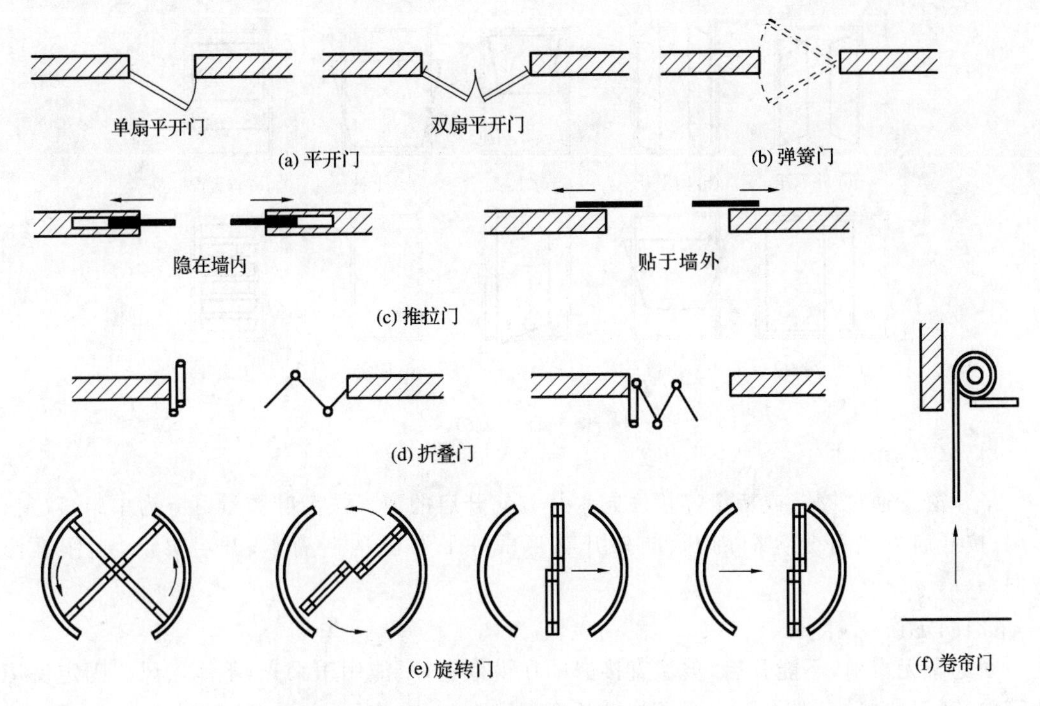

图 7-1　门的类型(按开启方式分)

墙内或贴于墙外,推拉门轨道可分为上挂式和下滑式。推拉门开启后基本不占室内空间,但密封性较差,多用作分隔室内空间的内门。

(4)折叠门

折叠门由多个门扇组成,门扇之间用铰链相连,通过铰链使门扇相互折叠而开启。折叠门开启时占空间少,但构造较复杂,一般用作分隔室内空间。

(5)转门

转门是由两个固定的弧形门套和垂直旋转的门扇构成。门扇可分为三扇或四扇,绕竖轴旋转。转门能隔断室内外空气流通,有利于保温,多用作宾馆建筑的入口门或寒冷地区公共建筑的外门。转门不能作为疏散门,当转门设置在疏散口时,需在转门两侧另设疏散门。

(6)卷帘门

卷帘门的门扇是由一块块的连锁金属片条或木板条组成,分为叶片式和空格式,帘板两端嵌在门两边的滑槽内,通过门洞上部的卷动滚轴将门扇叶片卷起而开启。卷帘门开启时可用电动或人力操作,当采用电动开关时,必须考虑停电时备用手动开关的情况。卷帘门开启时基本不占室内空间,适用于非频繁开启的高大洞口,多用作商业建筑外门、厂房大门以及仓库门、车库门等。

(二)窗的类型

1. 按制作材料

窗按其制作材料分为木窗、钢窗、铝合金窗、塑钢窗、彩板窗等。

2. 按开启方式

窗按照其开启方式分为平开窗、固定窗、推拉窗、悬窗、立转窗、百叶窗等,如图 7-2 所示。

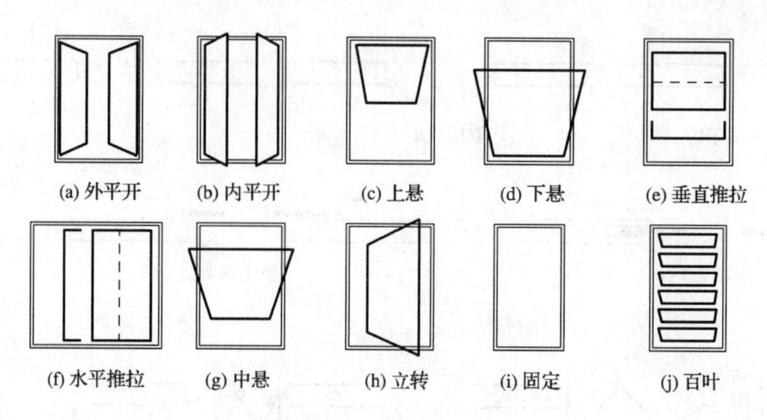

图 7-2 窗的开启方式

(1)平开窗

平开窗是通过铰链或特定连接件向水平方向开启的窗。按扇叶数量可分为单扇、双扇、多扇;按开启方式可分为向内开、向外开等形式。平开窗构造简单,开启灵活,制作维修方便。

(2)固定窗

固定窗无窗扇,不能开启,玻璃直接嵌固在窗框上,只能用于采光,不能通风。固定窗构造简单,密闭性好,一般作为门亮子与平开窗、推拉窗配合使用。

(3)推拉窗

推拉窗是窗扇沿导轨或滑槽滑动而开启的窗,有水平推拉和垂直推拉两种形式。推拉窗开启时不占室内空间,窗扇受力状态好,适于安装大型玻璃,通常用于金属窗及钢窗。

(4)悬窗

悬窗根据铰链和转轴位置的高低,分为上悬窗、中悬窗和下悬窗。上悬窗铰链安装在窗扇的上边缘,多向外开,防雨性好。中悬窗是在窗扇两边中部安装水平转轴,开启时窗扇绕水平轴旋转,窗扇上部向内,下部向外,对挡雨、通风有利,常用于大空间建筑的高侧窗。下悬窗铰链安装在窗扇的下边缘,多向内开,防雨性较差。

二、门窗的尺寸

(一)门的尺寸

门的尺寸应依据交通要求、家具设备搬运以及安全疏散要求来确定。门洞宽度为 700～3 300 mm,门洞高度为 2 100～3 000 mm。单扇门的宽度为 700～1 000 mm,双扇门的宽度为 1 200～1 800 mm。若门的上部设有亮子,亮子高度一般为 300～600 mm。

(二)窗的尺寸

窗的尺寸主要依据房间的采光通风、墙体结构和建筑造型等要求来确定。窗洞口的高度与宽度尺寸通常采用扩大模数 3M 数列,常用的洞口宽度有 600 mm、900 mm、1 200 mm、1 500 mm、1 800 mm、2 100 mm 等,洞口高度一般为 1 500～2 100 mm。

7.2 木门窗

一、木门

木门主要由门框、门扇、亮子、五金零件及其附件组成，如图7-3所示。门扇依据其构造方式，分为镶板门、夹板门、拼板门、玻璃门和纱门等。亮子又称腰头窗，在门的上方，起到辅助采光与通风的作用，开启方式有平开、固定和上悬、中悬、下悬。门框是门扇、亮子与墙的联系构件，由上槛、中横框等组成，多扇门时，还有中竖框。门扇由上冒头、中冒头、下冒头和门梃等组成。五金零件一般有铰链、插销、门锁、拉手、门碰头等，附件有贴脸板、筒子板等。

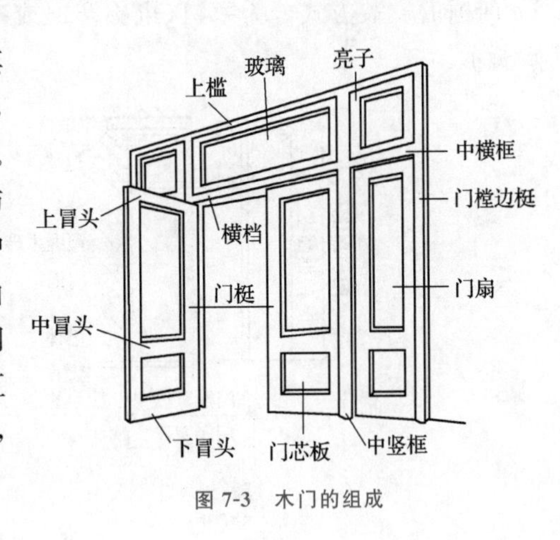

图7-3　木门的组成

（一）门框

门框的断面形式与门的开启方式、尺寸及层数有关，要利于门的安装，并具有较好的密闭性。常用木门门框断面形式和尺寸如图7-4所示。

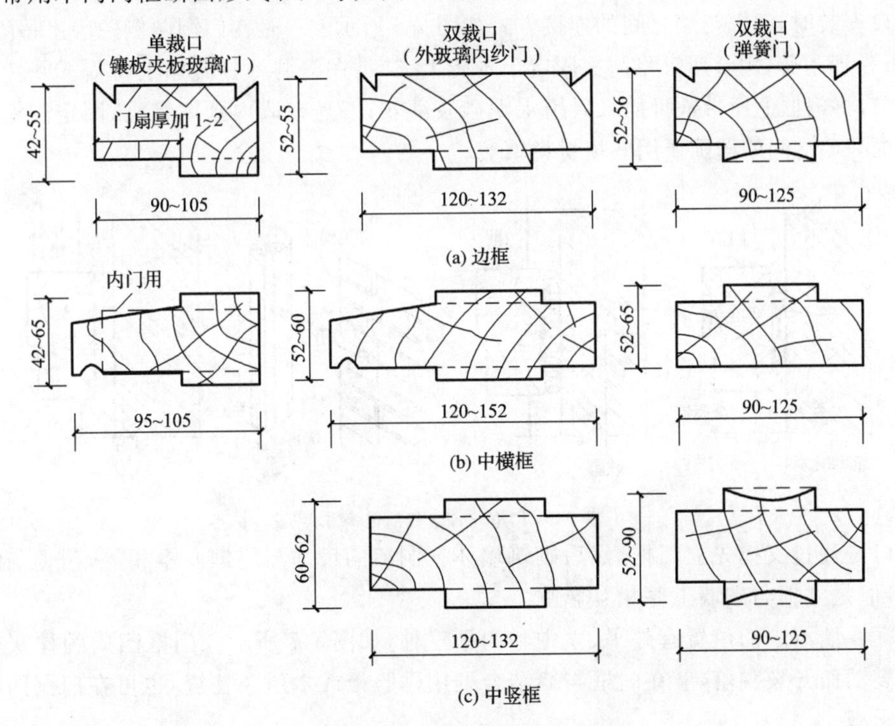

图7-4　常用木门门框的断面形式和尺寸

为了提高门扇与门框间的密闭性，门框上应设有裁口。裁口分为单裁口与双裁口，单裁口适用于单层门，双裁口适用于双层门或弹簧门。裁口宽度要比门扇厚度大 1～2 mm，裁口深度一般为 8～10 mm。

由于门框靠墙的一面易受潮变形，常在靠墙一面开 1～2 道背槽，以减轻门框受潮变形的程度，也有利于门框的嵌固。背槽的形状一般为矩形或三角形，深度为 8～10 mm，宽度为 12～20 mm。

门框的安装方式分为塞口（也称塞框或塞樘子）和立口（也称立框或立樘子）两种，如图 7-5 所示。

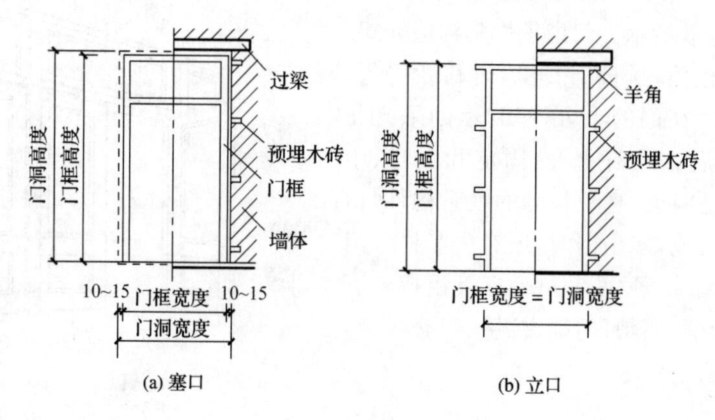

图 7-5 门框的安装方式

塞口是在砌墙时预留门洞，然后在预留的洞口中安装门框。采用塞口方式安装时，洞口的宽度应比门框大 20～30 mm，高度比门框大 10～20 mm。

塞口安装时，门框与墙之间的连接方式如图 7-6 所示。一是在门洞两侧砖墙上每隔 500～600 mm 预埋木砖，用金属钉将门框固定于木砖上；二是在门洞两侧砖墙上每隔 500～600 mm 预留洞口，将门框上所带铁脚插入后用水泥砂浆灌实；三是在墙内预埋螺栓，固定门框上的铁脚。门框与墙之间的缝隙要用嵌填材料填实。

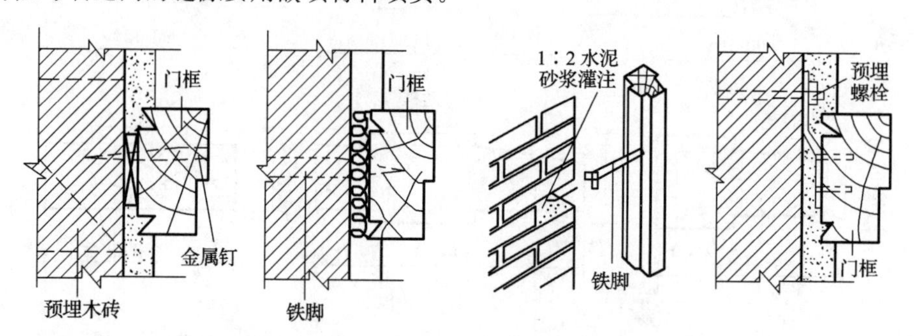

图 7-6 门框与墙之间的连接方式

立口是通过支撑先立门框，然后砌筑墙体。洞口的尺寸与门框基本相等，门框与墙的结合紧密，但是立框与砌墙工序相互影响。

门框在墙洞中的位置有外平、立中和内平三种，如图 7-7 所示。门框四周的抹灰容易因门框的震动而开裂脱落，应在门框与墙结合处用贴脸板或木压条盖缝，也可在门洞两侧和上方设筒子板。

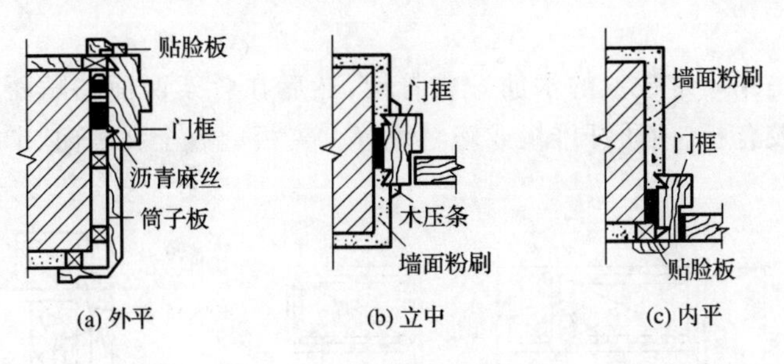

图 7-7　门框在墙洞中的位置

（二）门扇

1. 镶板门

镶板门的门扇框子由上冒头、下冒头和边梃组成，有时中间还设有一根或多根中冒头，特殊情况下还会设有中竖框。在框子内可以镶装门芯板、玻璃、纱或百叶板，构成不同的门扇。镶板门构造如图 7-8 所示。

门扇的边梃与上、中冒头的断面尺寸一般相同，厚度为40～45 mm，宽度为 100～120 mm。为了减少门扇的变形，下冒头的宽度可加大至 160～250 mm，并采用双榫与边梃结合。

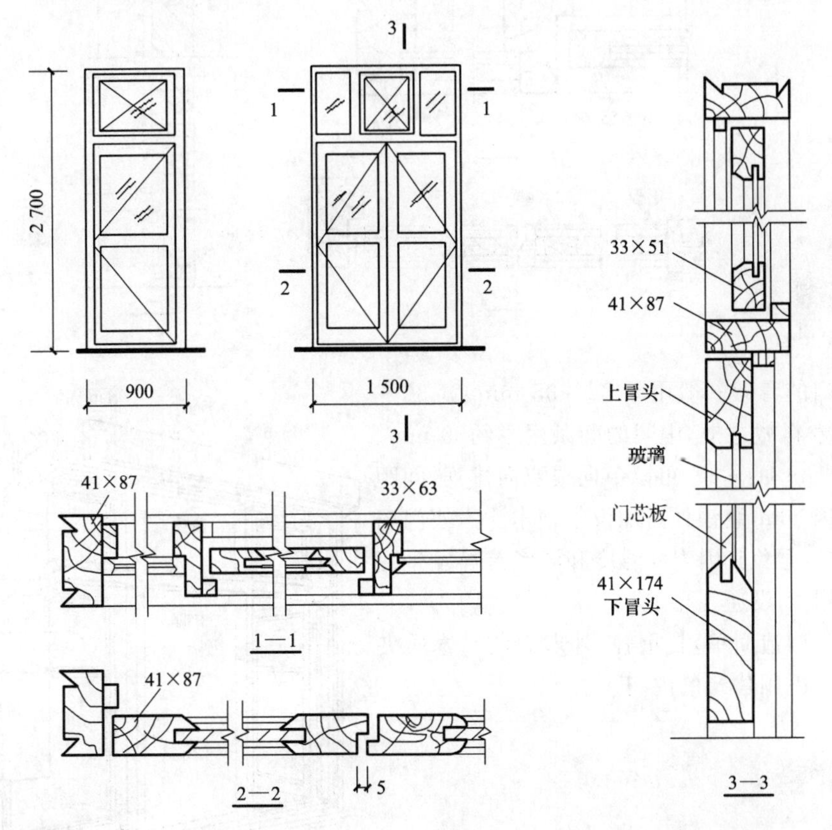

图 7-8　镶板门构造

门芯板常采用 10～12 mm 厚的木板，也可采用胶合板、硬质纤维板、塑料板、玻璃和塑料纱等。当采用玻璃时，可以是半玻璃门或全玻璃门；当采用塑料纱时，门扇骨架断面尺寸可取小些。

2. 夹板门

夹板门一般是用一定数量的木筋做成骨架，然后在骨架两面粘贴面板，如图 7-9 所示。门扇的面板可用胶合板、硬质纤维板或塑料板等。夹板门有全夹板门、带玻璃或带百叶夹板门等形式。

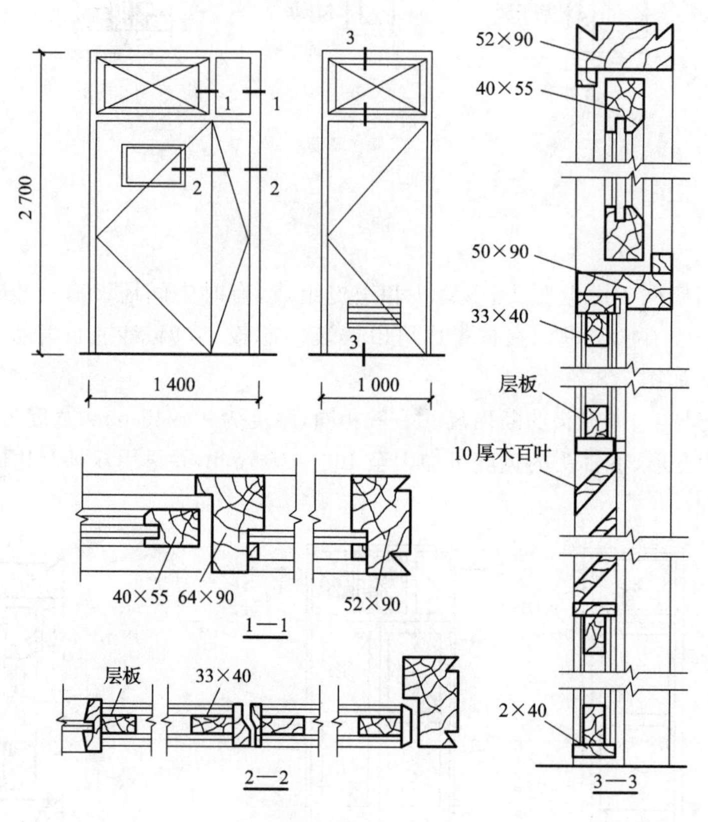

图 7-9 夹板门构造

夹板门的骨架一般用厚 32～35 mm、宽 30～60 mm 的木料做边框，中间的肋条用厚约30 mm、宽 10～25 mm 的木条，可以单向或双向排列，间距为 200～400 mm，装锁处需加设上锁木。为使门扇内通风干燥，避免其因内外温度和湿度差异发生变形，在骨架上需设通气孔。

夹板门构造简单，自重轻，外形简洁。木质夹板门适用于民用建筑的内门。

二、木窗

平开木窗一般由窗框、窗扇和五金零件等组成。在窗框与墙体的连接处，有时设置窗帘盒、窗台板和贴脸板等，如图 7-10 所示。

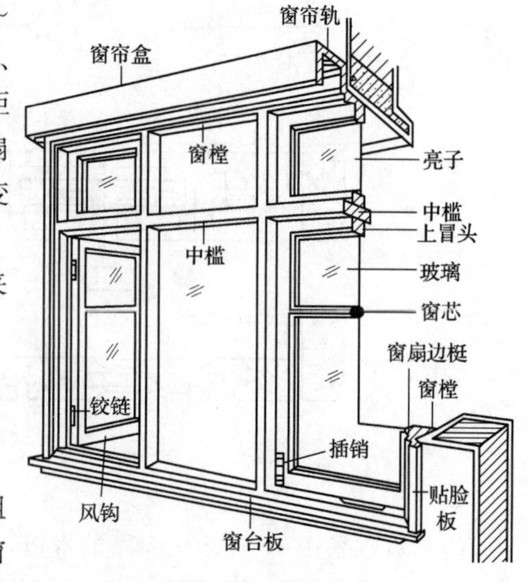

图 7-10 木窗的组成

带纱扇的平开单层木窗构造如图 7-11 所示。

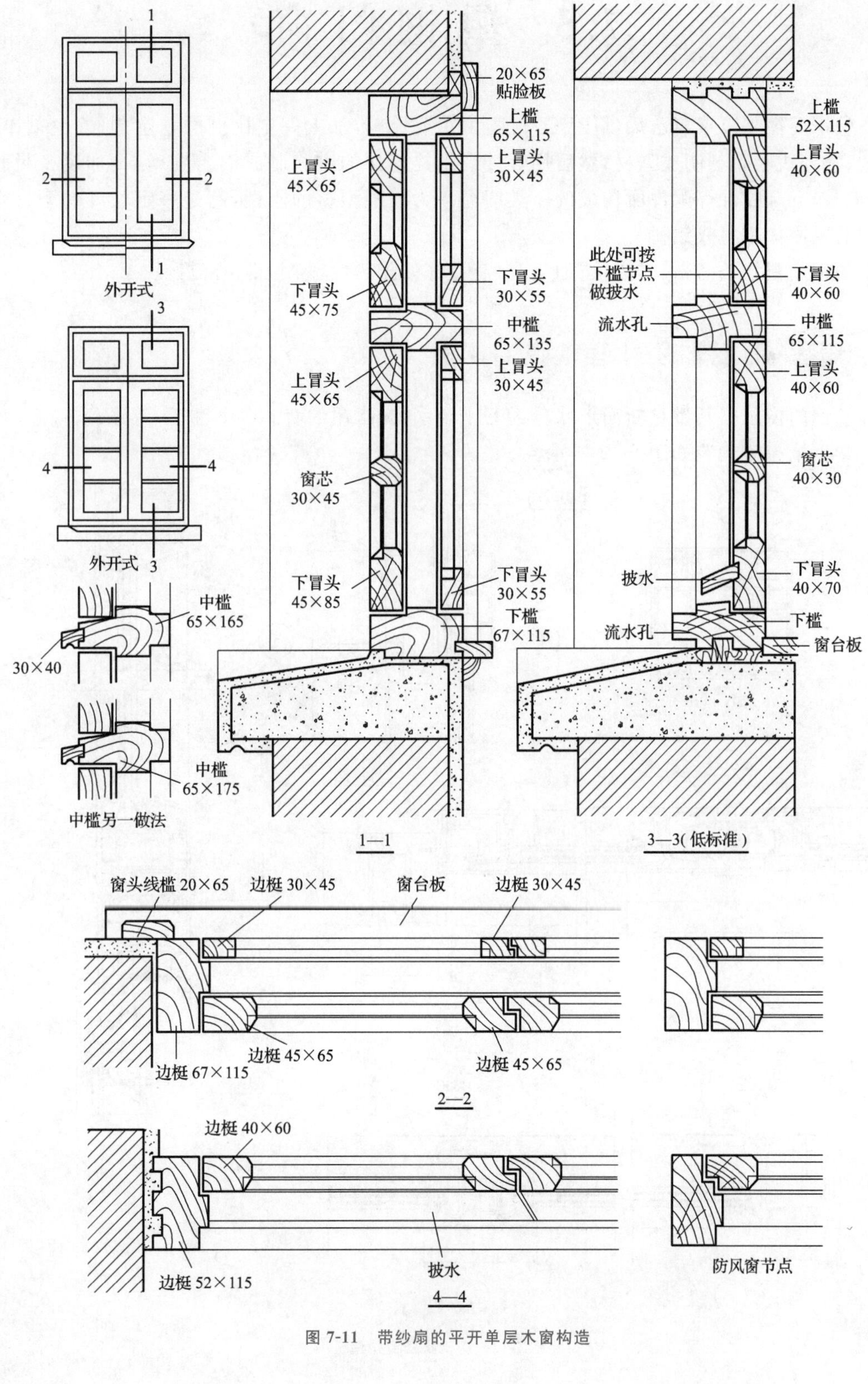

图 7-11 带纱扇的平开单层木窗构造

7.3 塑钢门窗

塑钢门窗是以聚氯乙烯(UPVC)树脂为主要原料,加上一定比例的稳定剂、着色剂、填充剂、紫外线吸收剂制成型材,然后用焊接或螺栓连接的方式制成门窗框扇,再加装密封胶条、毛条、五金零件等配件所构成的一类门窗。为增强型材的刚性,超过一定长度的型材空腔内需要添加钢衬或铝衬。

塑钢门窗线条清晰、挺拔,造型美观,有良好的隔热性、隔声性和密封性。

一、塑钢门窗的构造

塑钢门窗依据其型材断面形状分为若干个系列,常用的有 60、80 和 88 等系列。

塑钢推拉窗构造如图 7-12 所示。

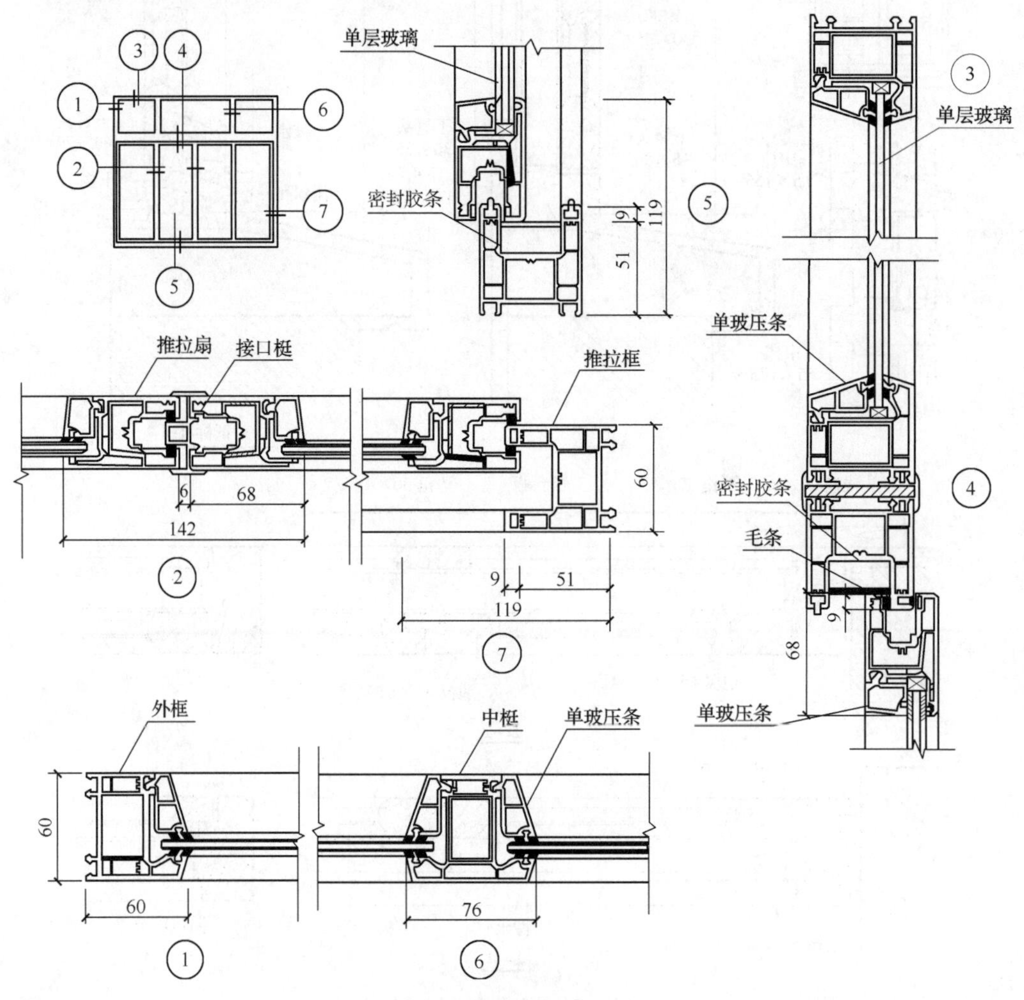

图 7-12 塑钢推拉窗构造

二、塑钢门窗的安装

塑钢门窗的安装应采用塞口的方法，即先预留洞口后安装门窗框。塑钢门窗的安装构造如图 7-13 所示。

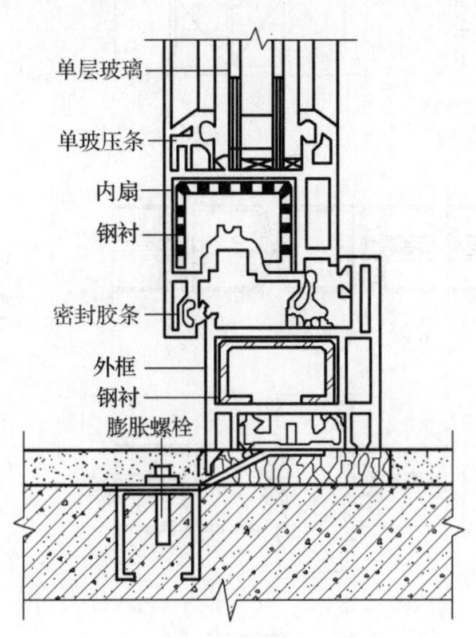

图 7-13 塑钢门窗的安装构造

先将门窗框在抹灰前立于门窗洞口中，与墙内预埋件对正，然后用木楔将三边固定。经检验确定门窗框位置准确后，用连接件将门窗框固定在墙(柱、梁)上，连接件可用焊接、膨胀螺栓、木螺丝钉或射钉等固定。

门窗框与洞口之间的缝隙应采用泡沫塑料条、发泡聚氯乙烯等弹性材料分层填充，但填塞不宜过紧，以免框架发生变形。

安装玻璃时，玻璃不得与玻璃槽直接接触，应在玻璃四边垫上垫块，边框上的垫块宜采用聚氯乙烯胶加以固定。

7.4 铝合金门窗

铝合金门窗质量轻，气密性、水密性、隔声性较好，耐腐蚀，坚固耐用，便于工业化生产，但传热系数较大。

一、铝合金门窗的构造

铝合金门窗型材主要有 40、55、70、90 系列，应根据各地区气候环境和建筑功能的要求，选用铝合金门窗型材的系列。

铝合金弹簧门的构造如图 7-14 所示。

隔热断桥铝合金门窗通过增强尼龙隔条将铝合金型材分为内外两部分，阻隔了铝的热传导。用这种型材做门窗，避免了铝合金传导散热快、不节能的问题。

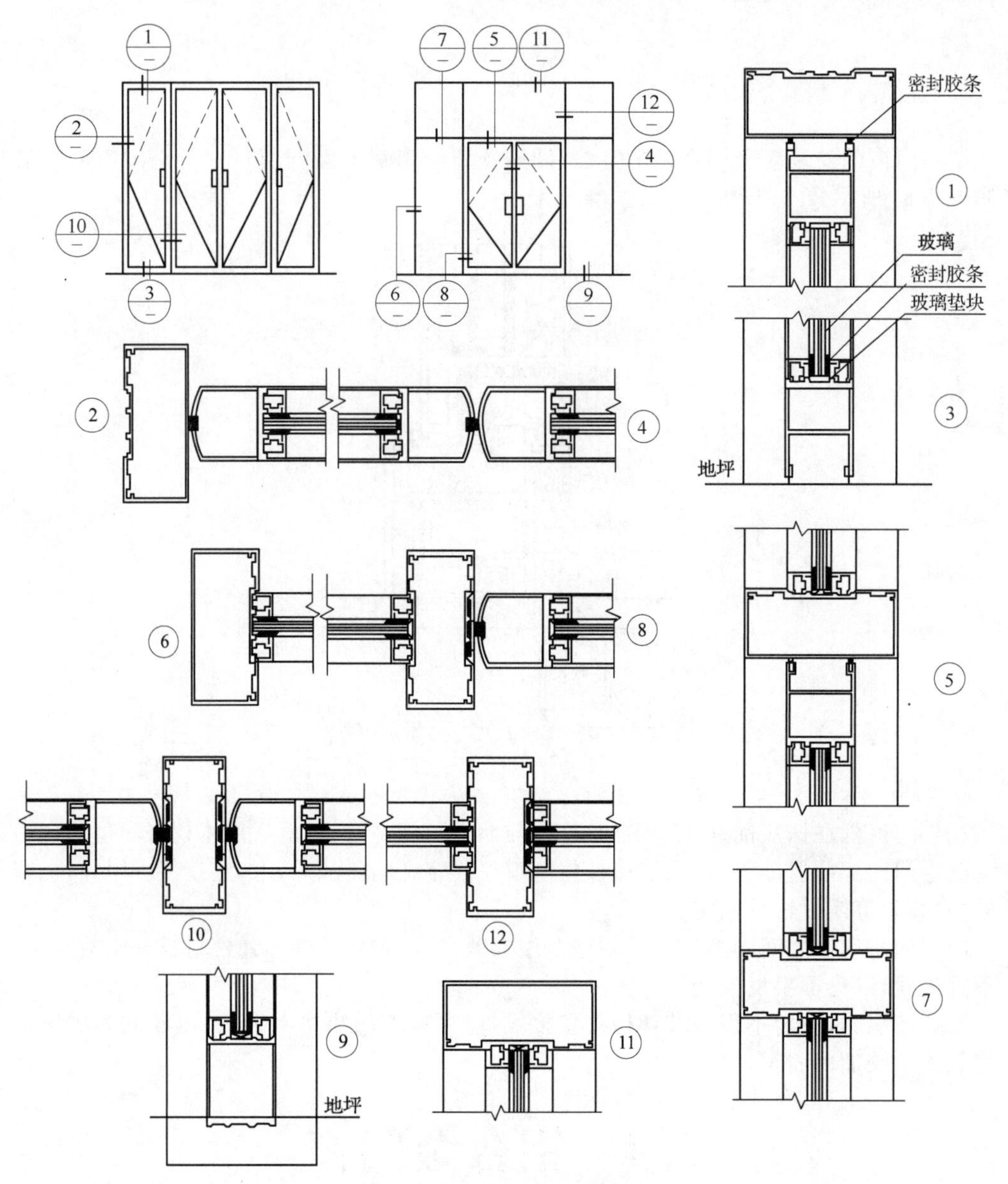

图 7-14　铝合金弹簧门的构造

隔热断桥铝合金平开窗具有良好的隔热、保温、隔声、水密、气密、抗风压等性能。

内开内倒窗是通过操作窗扇的执手手柄，带动五金件传动器的相应移动，使窗扇能向室内平开或向室内倾倒开启一定角度通风换气，如图 7-15 所示。

二、铝合金门窗的安装

铝合金门窗的安装与塑钢门窗类似，采用塞口法，如图 7-16 所示。

门窗框固定好后，框与门窗洞口四周的缝隙通常采用软质保温材料分层填实，如泡沫塑料条、泡沫聚氨酯条、矿棉毡条、玻璃丝毡条等，外表留 5～8 mm 深的槽口用密封膏密封。这种做法主要是为了避免门窗框四周产生结露，并提高门窗的隔声、保温等功能；还可避免因直接与混凝土、水泥砂浆接触而对门窗框产生腐蚀。

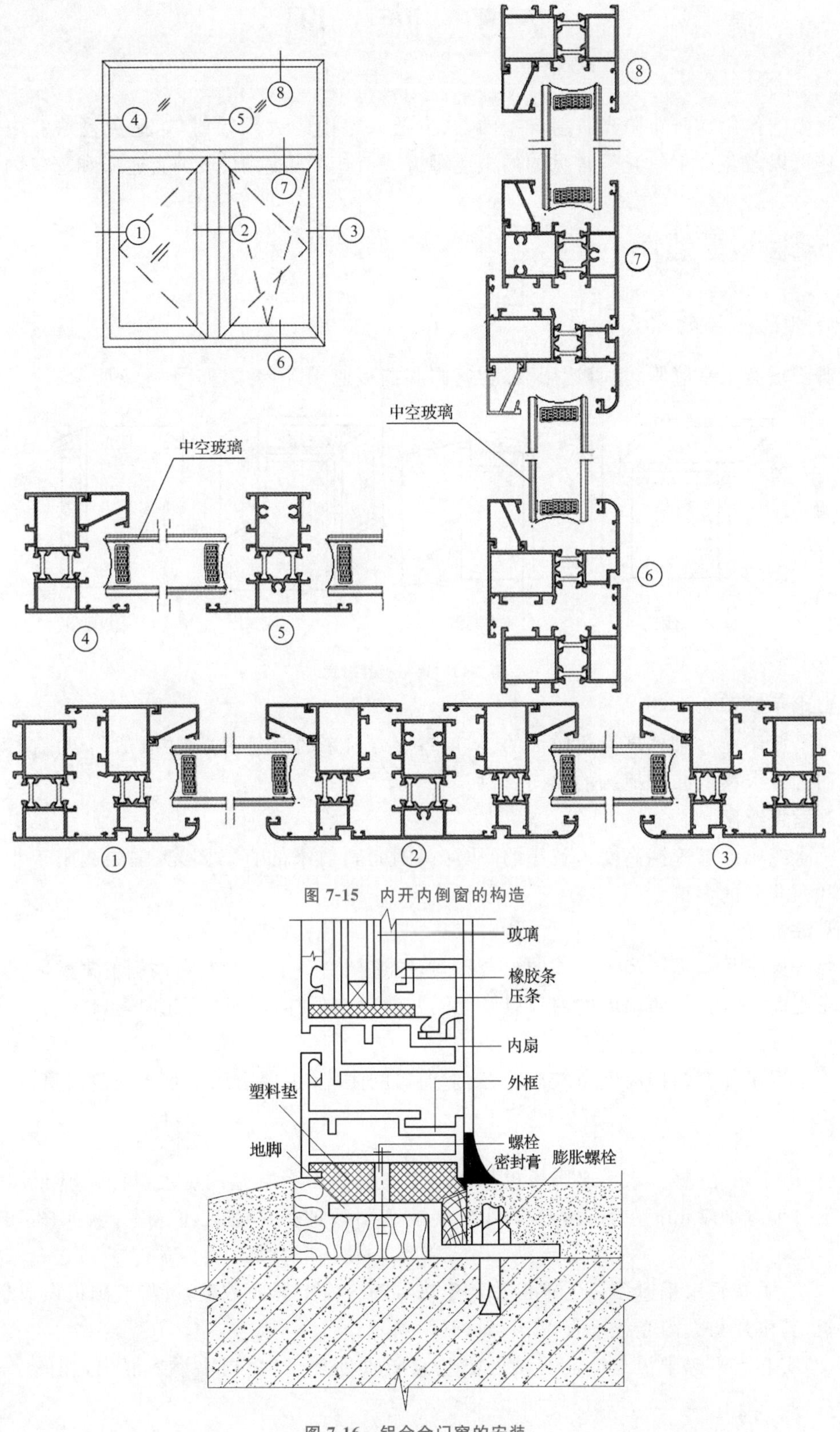

图 7-15 内开内倒窗的构造

图 7-16 铝合金门窗的安装

7.5 遮 阳

遮阳的作用是防止阳光直射入室内，减少透入室内的太阳辐射热，避免夏季室内过热，同时还可以避免产生眩光。常见的门窗遮阳方式有遮阳板遮阳、玻璃自遮阳和窗口内遮阳。

一、遮阳板遮阳

(一)遮阳板的形式

遮阳板有水平遮阳、垂直遮阳、综合遮阳和挡板遮阳等形式，如图7-17所示。

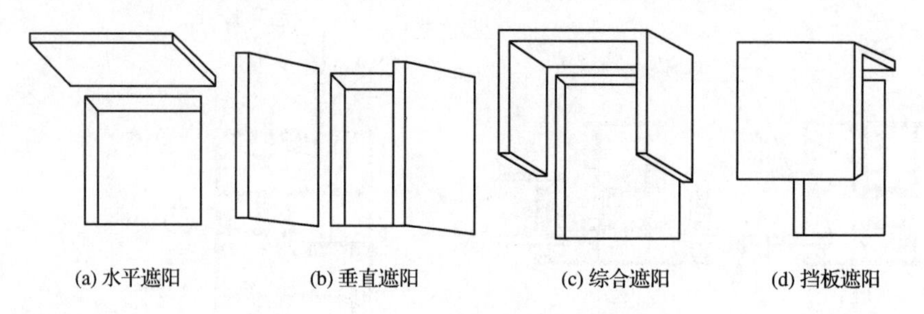

图 7-17 遮阳板的形式

1. 水平遮阳

水平遮阳能够遮挡高度角较大的、从窗口上方射来的直射阳光，主要适用于南向窗口以及北回归线以南低纬度地区的北向窗口。

2. 垂直遮阳

垂直遮阳能够遮挡高度角较小的、从窗口侧向斜射来的直射阳光，主要适用于北向、东北向和西北向的窗口。

3. 综合遮阳

综合遮阳是水平式和垂直式的综合形式，能遮挡窗口上方和左右两侧射来的阳光，主要适用于南向、东南向、西南向的窗口以及北回归线以南低纬度地区的北向窗口。

4. 挡板遮阳

挡板遮阳能够遮挡高度角较小的、正射窗口的阳光，主要适用于东向和西向窗口。

(二)遮阳板的构造处理

(1)由于阳光照射，水平遮阳板板面会产生辐射热而影响室内温度，可将遮阳板底设置在窗上口上方200 mm左右处，这样可减少被遮阳板加热的空气进入室内，如图7-18(a)所示。

(2)为了减轻水平遮阳板的重量并避免热量随气流上升而散发，可将遮阳板做成空格式百叶板，其格片与太阳光线垂直，如图7-18(b)所示。

(3)实心水平遮阳板与墙面交接处需注意防水处理，以免雨水渗入墙内，如图7-18(c)所示。

(4)当设置多层挑出式水平遮阳板时,需注意留出窗扇开启时所占空间,以免影响窗扇的正常开启,如图 7-18(d)、图 7-18(e)所示。

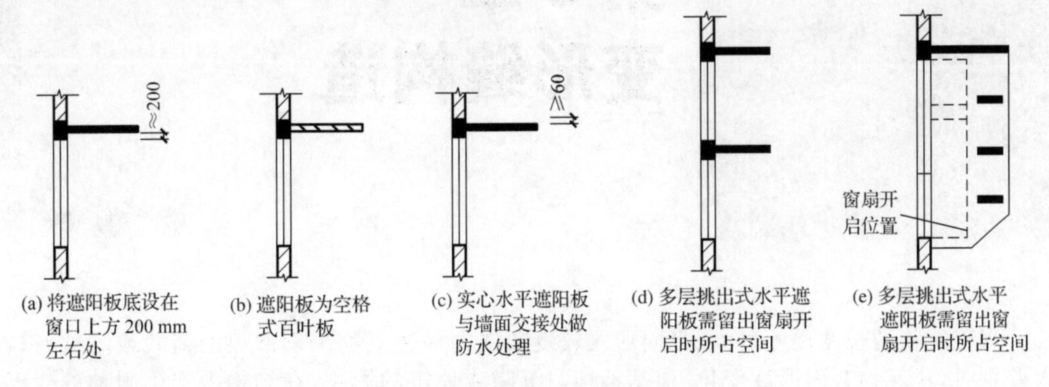

图 7-18　遮阳板的构造处理

二、玻璃自遮阳

玻璃自遮阳是利用门窗玻璃自身的遮阳性能,阻断部分阳光进入室内。常用的有吸热玻璃、热反射玻璃、低辐射玻璃,其中吸热玻璃和热反射玻璃对采光有不同程度的影响,而低辐射玻璃的透光性能良好。利用玻璃进行遮阳会影响房间的自然通风。

三、窗口内遮阳

窗口内遮阳主要是采用各种形式的内置窗帘来遮阳,如百叶窗帘、垂直窗帘、卷帘等。采用内遮阳时,太阳辐射热已经进入室内,使室内的温度升高,故其隔热效果较差。

复习思考题

1. 确定建筑门窗尺寸要考虑哪些因素?
2. 门按开启方式分为哪些类型? 各有什么特点?
3. 窗按开启方式分为哪些类型? 各有什么特点?
4. 木门由哪些主要构件组成?
5. 木窗由哪些主要构件组成?
6. 木门窗框的安装方法有哪些? 各有什么特点?
7. 简述塑钢门窗的安装方法。
8. 简述铝合金门窗的安装方法。
9. 遮阳板有哪几种形式? 各有什么特点?
10. 遮阳板的构造处理要点有哪些?

第 8 章 变形缝构造

当建筑物的长度尺寸过大、平面形式较复杂或同一建筑物个别部位的荷载或高度有较大差别时，建筑物会因温度变化、地基不均匀沉降或地震的影响，在结构内产生附加的变形和应力，可能导致建筑物产生裂缝，甚至倒塌，影响其正常使用，产生安全隐患。为了避免这种现象的发生，可在设计和施工中预先在这些变形敏感部位留出一定的缝隙，将建筑构件垂直断开成若干独立的部分，形成能自由变形而互不影响的单元，这种预先设置的宽度适当的缝隙称为变形缝。

建筑物变形缝按其作用的不同，分为伸缩缝、沉降缝和防震缝。

8.1 变形缝的设置

一、伸缩缝

伸缩缝是沿建筑物竖向设置，将基础以上部分全部断开的垂直缝。它可以避免长度或宽度较大的建筑物由于温度变化引起材料热胀冷缩而导致构件开裂，也称作温度缝。

伸缩缝要求把建筑物的墙体、楼板层、屋顶等基础以上的部分全部断开，基础部分因受温度变化影响较小，不必断开。伸缩缝的宽度一般为 20～40 mm。墙体的伸缩缝应与结构的其他变形缝相重合。

伸缩缝的最大间距与建筑物的材料、结构形式、使用情况、施工条件及当地温度变化情况有关，详见表 8-1、表 8-2。

表 8-1　　砌体房屋伸缩缝的最大间距　　mm

屋盖或楼盖类别		间　距
整体式或装配整体式钢筋混凝土结构	有保温层或隔热层的屋盖、楼盖	50
	无保温层或隔热层的屋盖	40
装配式无檩体系钢筋混凝土结构	有保温层或隔热层的屋盖、楼盖	60
	无保温层或隔热层的屋盖	50
装配式有檩体系钢筋混凝土结构	有保温层或隔热层的屋盖	75
	无保温层或隔热层的屋盖	60
瓦材屋盖、木屋盖或楼盖、轻钢屋盖		100

注：本表摘自《砌体结构设计规范》(GB 50003—2011)。

表 8-2　　钢筋混凝土结构伸缩缝的最大间距　　mm

结构类型		室内或土中	露天
排架结构	装配式	100	70
框架结构	装配式	75	50
	现浇式	55	35
剪力墙结构	装配式	65	40
	现浇式	45	30
挡土墙、地下室墙壁等类结构	装配式	40	30
	现浇式	30	20

注：本表摘自《混凝土结构设计规范》(GB 50010—2010)。

二、沉降缝

(一)沉降缝的设置

沉降缝是为避免建筑物各部分由于不均匀沉降引起构件破坏而设置的缝。为保证缝两侧单元的上下变形互不干扰，沉降缝要从基础底部到屋面全部断开。在下列情况，应考虑设置沉降缝，如图 8-1 所示。

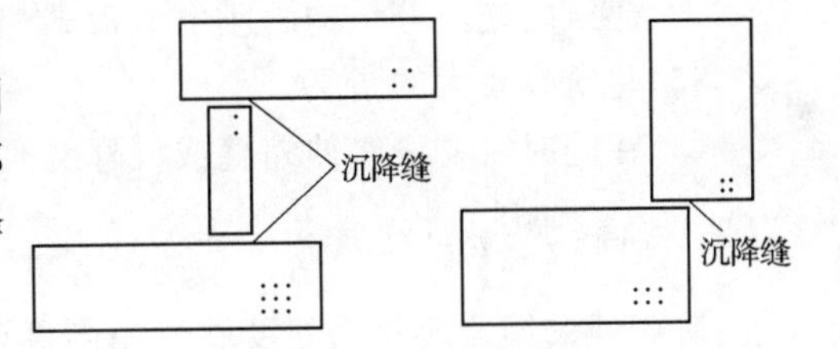

图 8-1　沉降缝的设置

(1)当建筑物建造在不同承载力的地基上，且难以保证均匀沉降时。

(2)建筑平面的转折部位。

(3)同一建筑物相邻部分的高度相差较大或荷载大小相差悬殊处。

(4)建筑结构或基础形式变化较大处。

(5)分期建造房屋的交接处。

(6)长高比过大的砌体承重结构或钢筋混凝土框架结构的适当部位。

(二)沉降缝的宽度

沉降缝的宽度与地基的性质、建筑物的高度有关。地基越软弱，建筑物高度越大，沉降缝的宽度也就越大，这里的建筑物高度是指相邻低侧建筑物的高度。沉降缝的宽度详见表 8-3。

表 8-3　　沉降缝的宽度

地基情况	建筑物高度	沉降缝宽度/mm
一般地基	<5 m	30
	5～10 m	50
	10～15 m	70
软弱地基	2～3 层	50～80
	4～5 层	80～120
	5 层以上	>120
湿陷性黄土地基		≥30～70

沉降缝可兼起伸缩缝的作用，而伸缩缝却不能代替沉降缝。沉降缝在构造设计时，应满足伸缩和沉降的双重要求。

三、防震缝

(一)防震缝的设置

在抗震地区按规定设置防震缝,把建筑划分成若干个形体简单,质量、刚度均匀的独立单元,能避免地震作用引起的破坏。

对多层砌体房屋,应优先采用横墙承重或纵横墙混合承重的结构体系,有下列情况之一时,宜设防震缝。

(1)建筑有错层且错层楼板高差大于层高的1/4。

(2)建筑立面高差在6 m以上。

(3)建筑相邻各部分的结构刚度、质量相差较大。

对多层和高层钢筋混凝土结构房屋,遇到下列情况宜设防震缝。

(1)建筑平面形体复杂且无加强措施。

(2)建筑毗连部分结构的刚度或荷载相差悬殊且未采取有效措施。

(3)建筑有较大的错层。

(4)在同时需要设置伸缩缝或沉降缝时,防震缝应与伸缩缝、沉降缝协调布置。

(二)防震缝的宽度

防震缝的缝宽应根据烈度和房屋高度确定。多层砌体房屋的防震缝宽度一般为70～100 mm,缝两侧均需设置墙体,以加强防震缝两侧房屋刚度。

多层和高层钢筋混凝土房屋宜选用合理的建筑结构方案,尽量不设防震缝,当必须设置防震缝时,应满足建筑抗震设计规范的要求。框架结构房屋的防震缝宽度应符合下列规定。

(1)当高度不超过15 m时,不应小于100 mm。

(2)当高度超过15 m时,按不同设防烈度,在100 mm的基础上增加缝宽:

6度地区,建筑每增高5 m,缝宽增加20 mm。

7度地区,建筑每增高4 m,缝宽增加20 mm。

8度地区,建筑每增高3 m,缝宽增加20 mm。

9度地区,建筑每增高2 m,缝宽增加20 mm。

剪力墙结构的防震缝宽度可适当降低。当防震缝两侧房屋结构类型不同时,宜按需要较宽防震缝的结构类型和较低房屋的高度确定缝宽。

8.2 变形缝的构造

为防止风、雨、冷热空气、灰砂等侵入室内,影响建筑物的使用和耐久性,应对变形缝进行覆盖和装修。这些覆盖和装修必须保证变形缝能充分发挥其功能,使缝隙两侧结构单元的水平或竖向相对位移不受影响。

一、墙体变形缝

（一）伸缩缝

墙体伸缩缝根据墙体材料、厚度和施工条件不同，可做成平缝、错口缝、凹凸缝等截面形式，如图 8-2 所示。

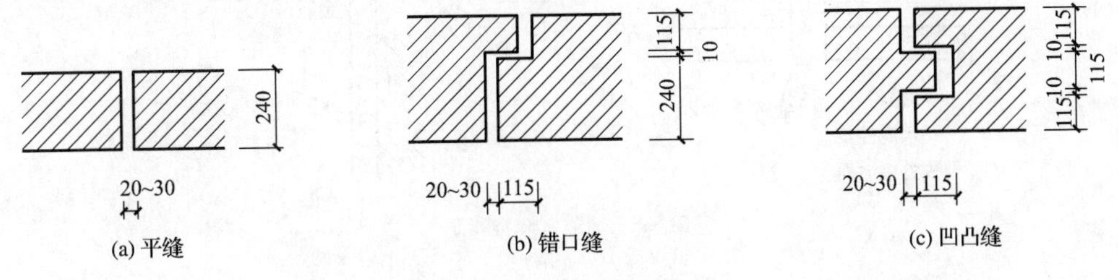

图 8-2 墙体伸缩缝的截面形式

外墙伸缩缝内应填塞具有防水、保温和防腐性能的弹性材料，如沥青纤维、橡胶条、油膏、金属皮等，如图 8-3 所示。

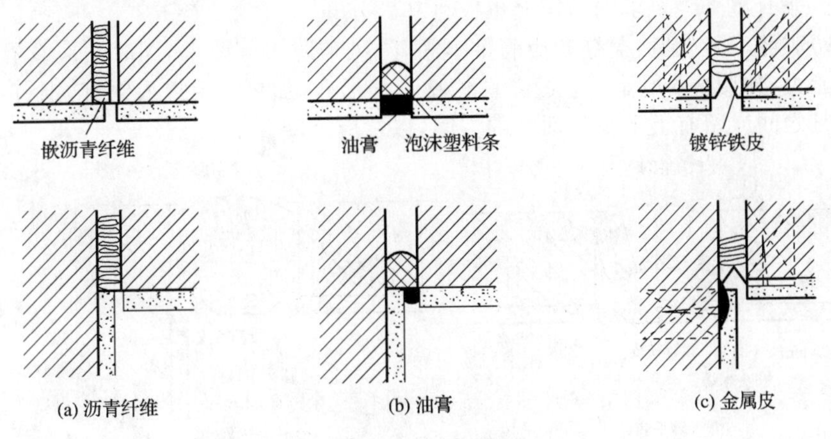

图 8-3 外墙伸缩缝构造

内墙伸缩缝通常用具有一定装饰效果的木质盖缝条、金属片或塑料片等遮盖。为保证盖缝材料在结构发生水平方向自由变形时不被破坏，通常仅将其一边固定在墙上，如图 8-4 所示。

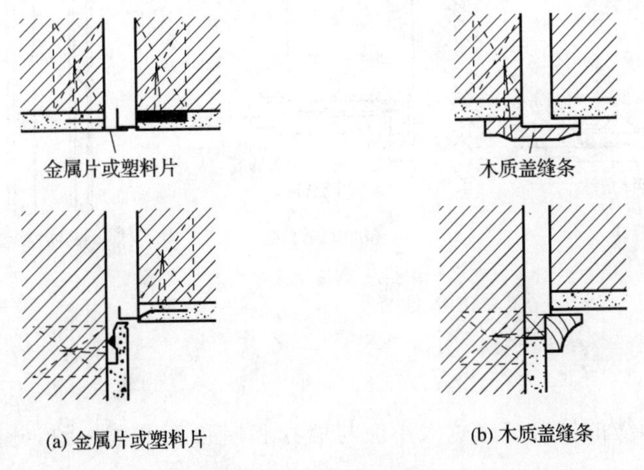

图 8-4 内墙伸缩缝构造

(二)沉降缝

由于沉降缝可能要兼起伸缩缝的作用,所以墙体的沉降缝盖缝条应满足水平伸缩和竖直沉降变形的要求,如图 8-5 所示。

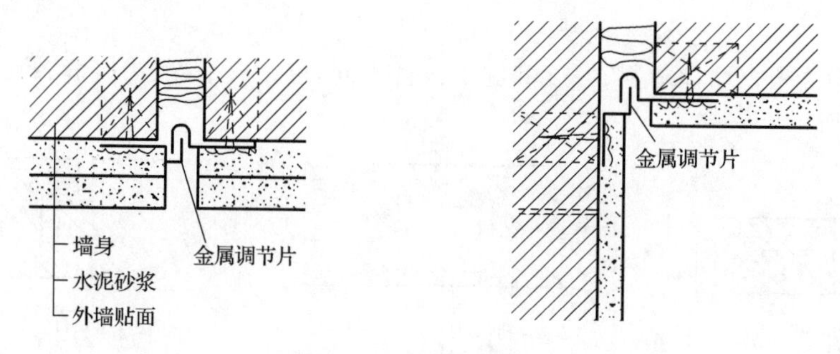

图 8-5 墙体沉降缝构造

(三)防震缝

防震缝应与伸缩缝、沉降缝统一布置,并应满足防震缝的设计要求。一般情况下,设置防震缝时,基础可不分开,但在平面复杂的建筑中,或建筑相邻部分刚度差别很大时,则需将基础分开。兼有沉降缝要求的防震缝也应将基础分开。

由于防震缝一般较宽,盖缝条应满足牢固、防风和防水等要求,同时还应具有一定的适应变形的能力,如图 8-6 所示。盖缝条两侧钻有长形孔,加垫圈后打入钢钉,钢钉不能钉实,盖板和钢钉之间应留有上下少量活动的空间,以适应沉降要求。

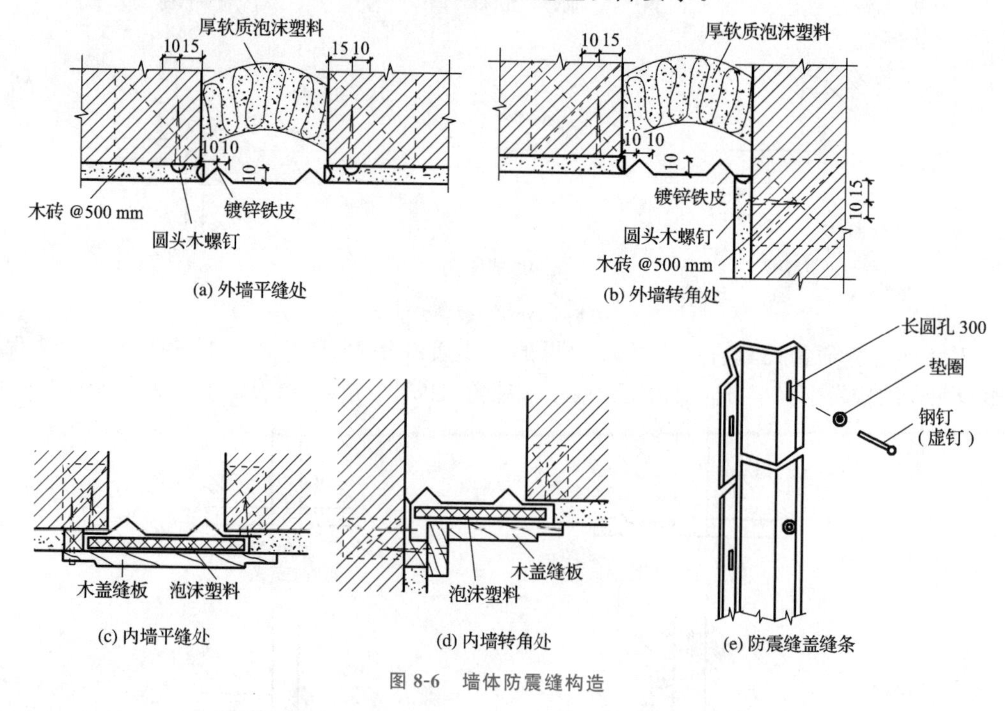

图 8-6 墙体防震缝构造

二、楼地板层变形缝

楼地板层变形缝的位置与缝宽大小应与墙身和屋顶变形缝一致,缝内常用可压缩变形的材料，如油膏、沥青麻丝、橡胶、金属或塑料调节片等封缝，上铺活动盖板或橡塑地板，以满足地面平整、光洁、防滑、防水及防尘等要求。顶棚的盖缝条一般也只单边固定，以保证构件两端能自由变形，如图 8-7 所示。

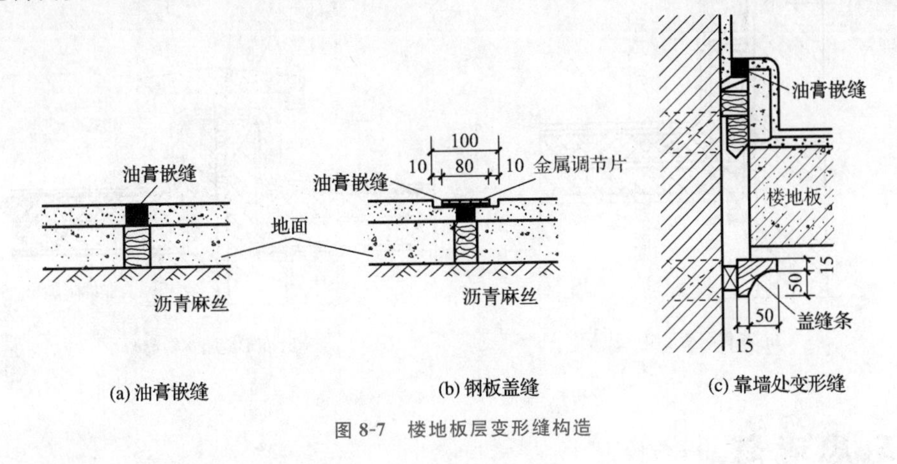

图 8-7　楼地板层变形缝构造

三、屋面变形缝

屋面变形缝的位置与缝宽宜与墙身、楼地板层的变形缝一致，一般设在同一标高屋顶或建筑物的高低错落处。不上人屋面一般可在变形缝处加砌矮墙并做好防水和泛水，盖缝处应能允许自由变形且不造成渗漏。上人屋面则采用油膏等密封材料嵌缝并做好泛水处理。

常见屋面变形缝构造，如图 8-8、图 8-9 所示。

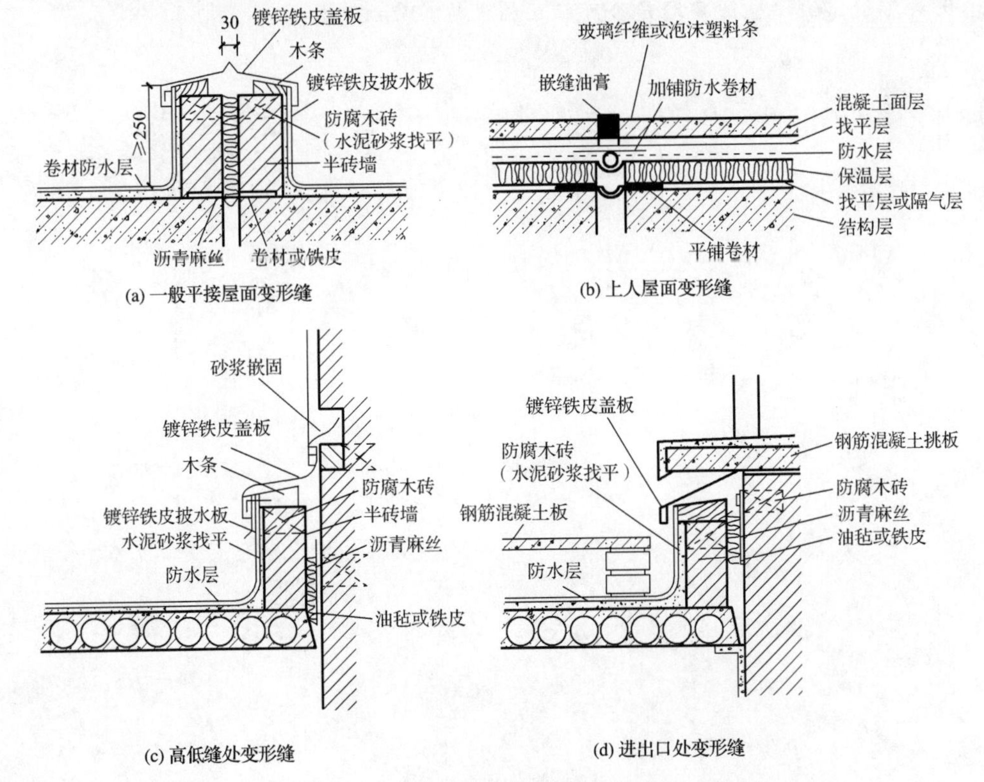

图 8-8　卷材防水屋面变形缝构造

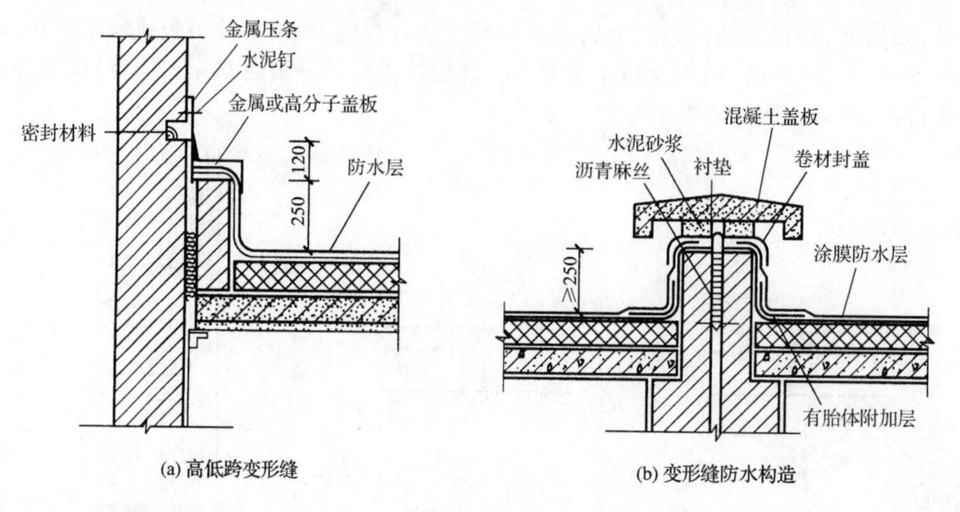

图 8-9　涂膜防水屋面变形缝构造

复习思考题

1. 什么是变形缝？它有哪几种类型？
2. 伸缩缝、沉降缝、防震缝各有什么特点？在构造上有何不同？
3. 什么情况下需设伸缩缝？宽度一般是多少？
4. 什么情况下需设沉降缝？宽度由什么因素决定？
5. 什么情况下需设防震缝？确定防震缝宽度的主要依据是什么？
6. 伸缩缝、沉降缝、防震缝是否可以互相代替？应注意什么？

第9章 饰面装修构造

9.1 墙面装修

墙面装修是指墙体工程完工后，在墙面做修饰层，是建筑装饰设计的重要环节。墙面装修可以保护墙体，增强墙体的坚固性、耐久性，延长墙体的使用年限；改善墙体的使用功能，提高墙体的保温、隔热和隔声能力；提高建筑的艺术效果，美化环境。

墙面

墙面装修有室外装修和室内装修两类，常见的墙体饰面可分为抹灰类、贴面类、涂料类、裱糊类、镶板类和清水墙等。

一、抹灰类

（一）抹灰的组成

抹灰工程是将水泥、砂子、石灰膏、水等材料拌和后，连续、均匀地直接涂抹在建筑物表面的做法。抹灰分为一般抹灰和装饰抹灰两类。

般抹灰所用材料为石灰砂浆、水泥砂浆、水泥石灰混合砂浆、聚合物水泥砂浆、膨胀珍珠岩水泥砂浆，以及麻刀灰、纸筋灰、石膏灰等。为保证墙面抹灰牢固、平整，避免开裂和脱落，抹灰应分层施工，如图9-1所示。

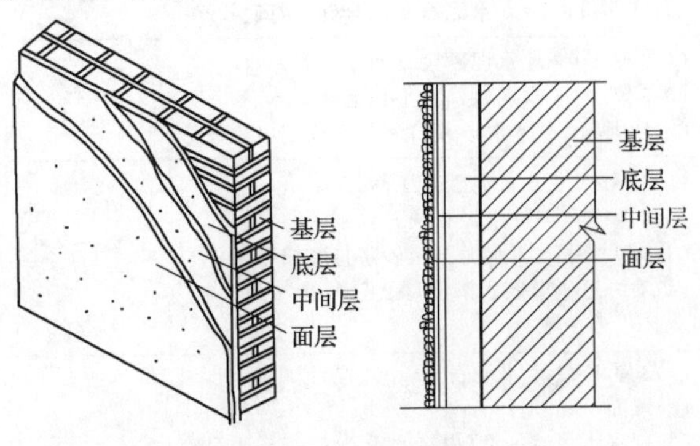

图9-1　抹灰的层次构造

底层抹灰的作用是与基层黏结和初步找平，厚度为5～15 mm。一般室内砖墙多采用石灰砂浆和混合砂浆；室外或室内有防水、防潮要求时，应采用水泥砂浆；混凝土墙体一般应采用混合砂浆或水泥砂浆；加气混凝土墙体内墙可采用石灰砂浆或混合砂浆。

中间层抹灰在于进一步找平以减少打底砂浆层干缩后可能出现的裂纹，一般中间层抹灰所用的材料与底层基本相同。中间层抹灰厚度一般为7～8 mm，层数要根据墙面装饰等级确定。

面层抹灰主要起装饰作用，因此要求面层表面平整、无裂痕、颜色均匀。

抹灰层总厚度根据位置不同而变化，一般室内抹灰为15～20 mm，室外抹灰为15～25 mm。

普通抹灰一般由底层和面层组成；装修标准较高的中级、高级抹灰，在底层和面层之间还要增加一层或数层中间层，详见表9-1。

表9-1 抹灰的三级标准

分　类	底层/层	中间层/层	面层/层	总厚度/mm	适用范围
普通抹灰	1		1	≤18	简易宿舍、仓库等
中级抹灰	1	1	1	≤20	住宅、办公楼、学校、旅馆等
高级抹灰	1	若干	1	≤25	公共建筑、纪念性建筑，如剧院、展览馆等

装饰抹灰是指采用不同的面层材料和施工方法形成不同装饰效果的抹灰，如拉毛灰、搓毛灰、拉条灰、水刷石、干粘石、斩假石、机喷石等。

(二)常用抹灰做法

根据饰面面层采用的材料不同，有多种抹灰做法，见表9-2。

表9-2 常用抹灰做法说明

抹灰名称	做法说明	适用范围
纸筋灰墙面（一）	(1)喷内墙涂料 (2)2厚纸筋灰罩面 (3)8厚1∶3石灰砂浆 (4)13厚1∶3石灰砂浆打底	砖基层的内墙
纸筋灰墙面（二）	(1)喷内墙涂料 (2)2厚纸筋灰罩面 (3)8厚1∶3石灰砂浆 (4)6厚TG砂浆打底扫毛，配比： 水泥∶砂∶TG胶∶水＝1∶6∶0.2∶适量 (5)刷加气混凝土界面处理剂一道	加气混凝土基层的内墙
混合砂浆墙面	(1)喷内墙涂料 (2)5厚1∶0.3∶3水泥石灰混合砂浆面层 (3)15厚1∶1∶6水泥石灰混合砂浆打底找平	内墙
水泥砂浆墙面（一）	(1)6厚1∶2.5水泥砂浆罩面 (2)9厚1∶3水泥砂浆刮平扫毛 (3)10厚1∶3水泥砂浆打底扫毛或划出纹道	砖基层的外墙或有防水要求的内墙
水泥砂浆墙面（二）	(1)6厚1∶2.5水泥砂浆罩面 (2)6厚1∶1∶6水泥石灰砂浆刮平扫毛 (3)6厚2∶1∶8水泥石灰砂浆打底扫毛 (4)喷一道107胶水溶液，配比： 107胶∶水＝1∶4	加气混凝土基层的外墙
水刷石墙面	(1)8厚1∶1.5水泥石子（小八厘）或10厚1∶1.25水泥石子（中八厘）罩面 (2)刷素水泥浆一道（内掺水重3%～5% 107胶） (3)12厚1∶3水泥砂浆打底扫毛	砖基层外墙

（三）细部处理

1. 护角

为增加墙面转角处的强度，对室内墙面、柱面和门窗洞口的阳角，需做1∶2水泥砂浆护角，如图9-2所示。水泥砂浆护角的高度应不小于2 m，两侧宽度应不小于50 mm。

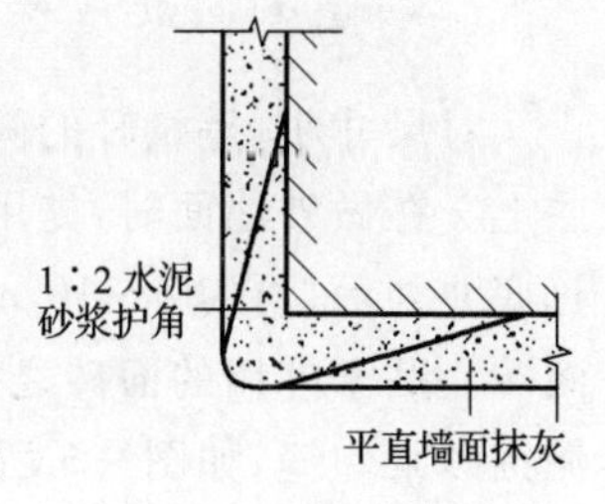

图9-2　水泥砂浆护角构造

2. 墙裙

对有防水要求的内墙下段，应做墙裙对墙身进行保护。一般的墙裙高度约1.5 m。常用的做法有水泥砂浆抹灰、贴瓷砖和水磨石等，如图9-3所示。

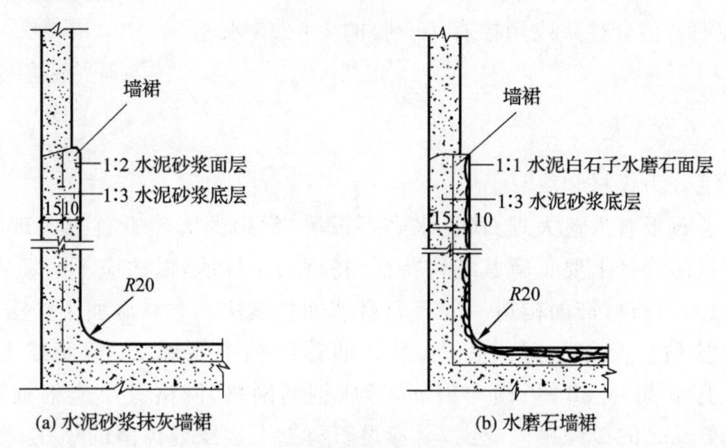

图9-3　墙裙构造

3. 引条线

由于外墙抹灰面积较大，为防止由于材料干缩或温度变化引起裂缝，常将抹灰面层做分格，称为引条线。引条线的具体做法是在面层抹灰施工前的底灰上埋放不同形式的木引条，面层抹灰后取出木引条，再用水泥砂浆勾缝。外墙抹灰面层引条线类型如图9-4所示。

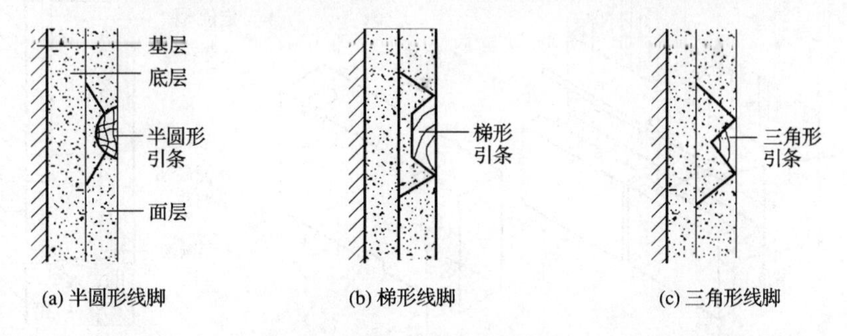

图9-4　外墙抹灰面层引条线类型

二、贴面类

贴面类饰面是指将各种天然石材或人造板、块，绑、挂或直接将其粘贴于基层表面的装修做法。这类装修具有耐久性好、施工方便、装饰性强、易于清洗等优点。常用的贴面类饰面材料有面砖、瓷砖、陶瓷锦砖、玻璃锦砖、人造石材和天然大理石、花岗岩石材等。

(一)陶瓷面砖类饰面

对尺寸小、重量轻的陶瓷面砖,可用砂浆直接粘贴在基层上。在做外墙面时,先用10～15 mm厚的1∶3水泥砂浆打底并划毛,再用8～10 mm厚1∶1水泥细砂浆粘贴各种面砖。贴于外墙的面砖之间常留出一定缝隙,并用1∶1水泥细砂浆勾缝,如图9-5所示。

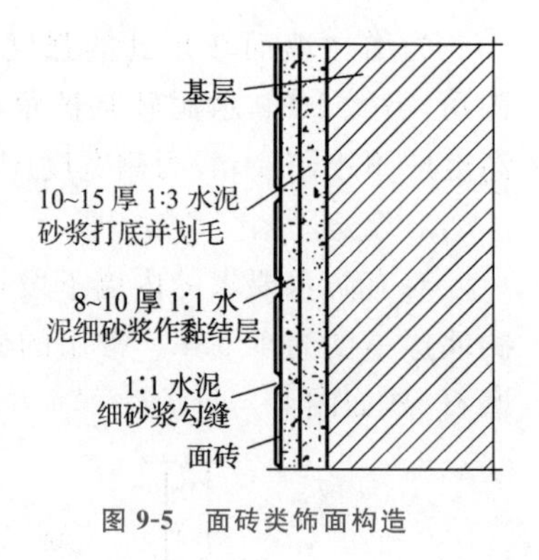

图9-5 面砖类饰面构造

在做内墙面时,多用10～15 mm厚1∶3水泥砂浆或1∶1∶6水泥石灰混合砂浆打底并划毛,再用8～10 mm厚1∶0.3∶3水泥石灰混合砂浆或用掺有107胶的1∶2.5水泥砂浆粘贴面砖。

(二)人造石材、天然石材饰面

石材按厚度分为板材和块材。

常用的人造石板有人造大理石板、水磨石板等,常用的天然石材有大理石、花岗岩板材或块材。在石材的选择上要了解其结构特征、物理力学性能,以适应不同场合的需要。

人造石材、天然石材饰面构造一般有石材墙面挂贴法和石材墙面干挂法。

石材墙面挂贴法又称为湿式托法,是在墙体结构中预埋$\phi 6$钢筋或U形构件,中距500 mm左右,上绑$\phi 6$或$\phi 8$纵、横向钢筋,形成钢筋网格,网格大小应根据石材规格确定。用直径不小于2 mm的镀锌铅丝或铜丝,穿过石材上下边缘处预凿的小孔,将石材固定在钢筋网格上。石材与墙体之间留有约30 mm的缝隙,中间灌以1∶3水泥砂浆,使石材与基层紧密连接,如图9-6所示。

石材墙面干挂法与石材幕墙的做法相同。

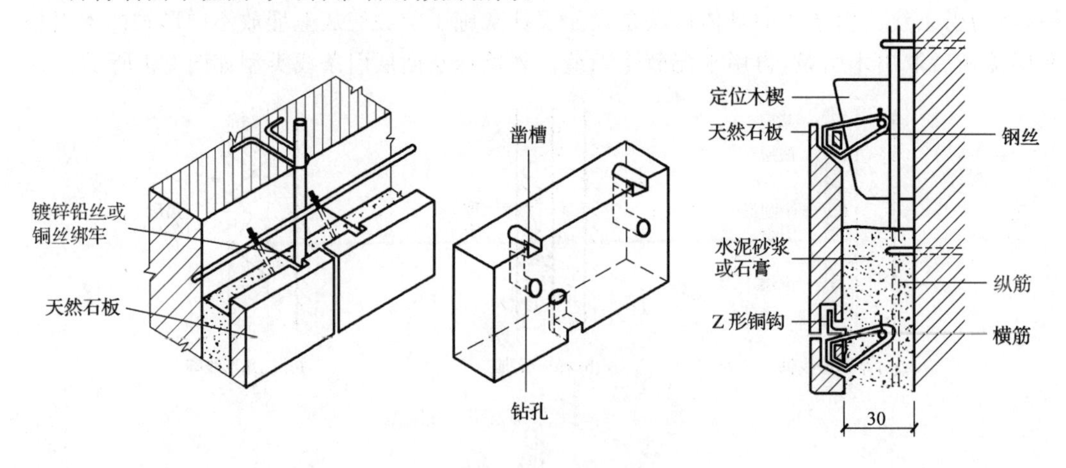

图9-6 石材墙面挂贴法

三、涂料类

涂料类饰面是指利用各种涂料敷于已经做好的墙面基层上,形成完整牢固的膜层,起到保护墙面和装饰墙面的作用。这种方法具有造价低、装饰性好、工期短、自重轻,以及施工操作、维修、更新都比较方便等特点。

(一)涂料类饰面的组成

涂料类饰面的涂层一般由底层、中间层和面层构成。

底层的主要作用是增加涂层与基层之间的黏结力,还可以进一步清理基层表面灰尘,使一部分悬浮的灰尘颗粒固定于基层。

中间层是涂层构造的成型层,通过特定的工艺可以形成一定的厚度,达到保护基层和形成装饰效果的作用。

面层的作用是体现涂层的色彩和光感,应保证色彩均匀,并满足耐久性、耐磨性等要求,面层最少应涂刷两遍。

涂料类饰面按施工方式有刷涂、弹涂、滚涂等,不同的施工方式会产生不同的质感效果。涂料施工时,后一遍涂料必须在前一遍涂料干燥后进行,否则易产生皱皮、开裂等问题。

(二)涂料的类型

涂料的品种较多,选用时应根据建筑物的使用功能、墙体周围环境、墙身部位,以及施工和经济条件等,选择附着力强、耐久、无毒、耐污染、装饰效果好的涂料。例如,用于外墙面的涂料,应具有良好的耐久、耐冻、耐污染性能,内墙涂料除应满足装饰要求外,还应有一定的强度和耐擦洗性能。炎热多雨地区选用的涂料,应有较好的耐水、耐高温和防霉性能,寒冷地区则对涂料的抗冻性要求较高。

涂料按成膜物质的不同,分为无机涂料和有机涂料两类。

1. 无机涂料

无机涂料有普通无机涂料和高分子无机涂料两类。常用的普通无机涂料有石灰浆、大白浆、水泥浆等,多用于一般标准的室内装饰。无机高分子涂料具有耐水、耐酸碱、抗冻融和装饰效果好等特点,如JH80-1型、JHN84-1和F832型等,多用于外墙面装饰和有耐擦洗要求的内墙面装修。

2. 有机涂料

有机涂料按其主要成膜物质与稀释剂的不同,分为溶剂型涂料、水溶性涂料和乳胶涂料三类。

溶剂型涂料是以高分子合成树脂为主要成膜物质,以有机溶剂为稀释剂,加入一定量的颜料、配料和辅料配置成的挥发性涂料。溶剂型涂料包括传统的油漆涂料、聚苯乙烯内墙涂料等。

水溶性涂料无毒无味,具有一定的透气性,但耐久性较差。目前常用的有聚乙烯醇水玻璃内墙涂料、聚合物水泥砂浆饰面涂料、改性水玻璃内墙涂料等。

乳胶涂料又称乳胶漆,具有无毒无味、不易燃烧和环保等特点,常见的有乙丙乳胶涂料、苯丙乳胶涂料等。

四、裱糊类

裱糊类饰面是将壁纸、壁布和织锦等卷材类装饰材料裱糊在墙面上的一种装修饰面。

壁纸的基层材料有塑料、纸基、布基、石棉纤维等，面层材料多为聚乙烯和聚氯乙烯，特种壁纸有耐水壁纸、防火壁纸、木屑壁纸、金属箔壁纸等。墙布是指可以直接用作墙面装饰材料的各种纤维织物的总称，包括印花玻璃纤维墙面布和锦缎等材料。

裱糊类饰面基层涂抹的泥子应坚固，不得粉化、起皮和开裂，为了避免基层吸水过快，还应在基层表面满刷一遍按 1∶0.5～1∶1 稀释的 107 胶水，对基层进行封闭处理。黏结剂应具有耐老化、耐潮湿、耐酸碱和防霉变的性能。

在裱糊施工中，应先贴长墙面，后贴短墙面，粘贴每条壁纸均由上向下进行，上端不留余量，先在一侧对缝、对花形、拼缝到底压实后再抹平大面，阳角转角处不留拼缝。裱糊面不得有气泡、空鼓、翘边、皱褶或污渍。

五、镶板类

镶板类装修是指采用天然木板或各种人造薄板借助钉、胶粘等固定方式对墙面进行的装饰处理。选用不同材质的面板和恰当的构造方式，可以使墙面具有质感，同时还可以改善室内声学等环境效果，满足不同的功能要求。

镶板类墙面由骨架和面板组成，骨架有木骨架和金属骨架两类，金属骨架多用槽形截面的薄钢立柱和横撑组成。常用的镶板类饰面板有竹、木及其制品，石膏板、塑料板、玻璃板和金属薄板等。

木质板材饰面的构造如图 9-7 所示。为防止由于墙面受潮损坏骨架和面板，应对骨架固定前的墙面做防潮处理，如抹一层 10 mm 厚的混合砂浆，并涂刷热沥青两道等。

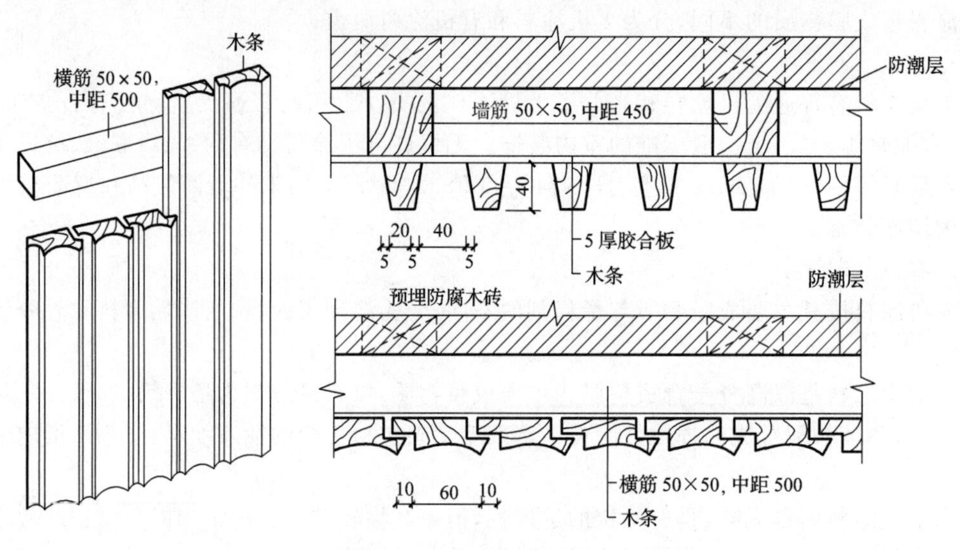

图 9-7 木质板材饰面的构造

六、清水墙

清水墙是一种不在砖墙外表面做任何装饰的墙体。砌墙用砖的选择和砌筑质量是保证墙面效果的重要因素。为防止空气和雨水渗入墙体，保证墙面整齐美观，应对墙面进行勾缝处理。勾缝一般用专用的工具将 1∶1 或 1∶2 的水泥砂浆抹入缝中。

勾缝有平缝、平凹缝、斜缝和弧形缝等形式，如图 9-8 所示。

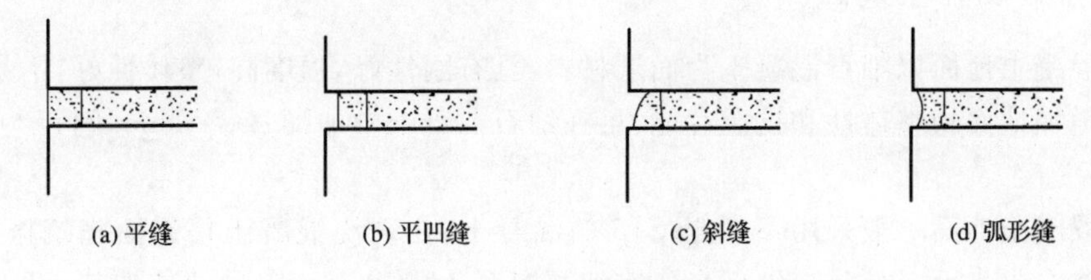

图 9-8 清水墙勾缝形式

9.2 楼地面装修

楼地面是楼板层和地坪的面层，它们的构造要求和做法基本相同，又统称为地面。楼地面是人们生活、生产等活动中直接接触的构造层次，也是承受各种物理化学作用的表面层。

楼地面

楼地面不仅要有足够的强度，保证在各种外力作用下不易磨损，还应表面平整光洁、易清扫、不起灰，并具有良好的吸声、消声和隔声能力，能有效减小室内噪声，以及具有良好的热工性能，使人行走时感到温暖舒适。对有水作用的房间，楼地面应做好防水、防潮处理；对实验室等有酸碱作用的房间，楼地面要具有耐腐蚀能力；在某些遇火的房间，楼地面还要有较高的耐火性能。此外，楼地面是建筑物空间的重要组成部分，应满足室内装饰的美观要求。

楼地面按材料和构造做法可分为整体类地面和铺贴类地面等形式。

一、整体类地面

（一）水泥砂浆地面

水泥砂浆地面又称水泥地面，用水泥砂浆抹压而成，其构造简单、防水性能好、造价低，但易结露、易起灰、热传导性高、无弹性。常用的有普通水泥地面、干硬性水泥地面、防滑水泥地面、磨光水泥地面和彩色水泥地面等。

水泥砂浆地面有单层做法和双层做法。单层做法是在基层上刷素水泥砂浆结合层一道后，直接用 15～20 mm 厚 1∶2～1∶2.5 水泥砂浆抹光压平。双层做法是在基层上用 10～15 mm 厚 1∶3 水泥砂浆打底找平，再用 5～10 mm 厚 1∶1.5～1∶2 水泥砂浆抹面，如图 9-9 所示。

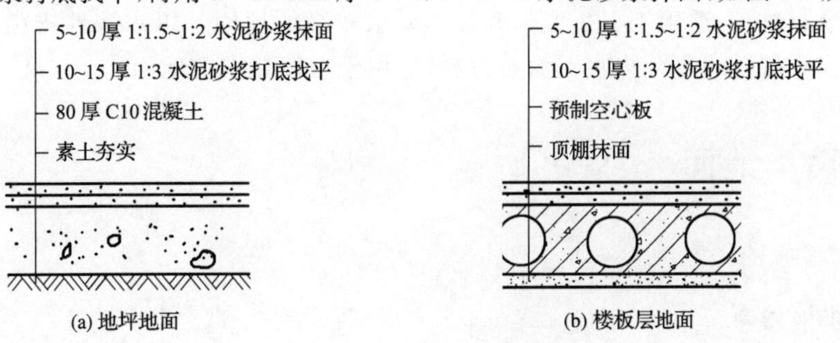

图 9-9 水泥砂浆地面双层做法

（二）细石混凝土地面

细石混凝土地面以细石混凝土为面层材料，具有刚性好，强度高，整体性好，不易起灰等特点。为增加地面的整体性和抗震性能，可在细石混凝土中加配直径 4 mm 间距200 mm的钢筋网片。

细石混凝土地面一般采用不低于 C15 的混凝土，在现浇混凝土楼地面浇筑振捣完毕，待其表面略有收水后，提浆抹平、压光。在细石混凝土内掺入一定量的外加剂，可以提高其抗渗性，成为耐油混凝土地面。

（三）水磨石地面

水磨石地面是将天然石料的石屑用水泥拌和在一起浇筑、抹平，结硬后再磨光而成的地面。水磨石地面坚硬、耐磨、光洁美观，一般应在完成顶棚和墙面抹灰后再施工。

水磨石地面的做法是先在结构层上用 15～20 mm 厚 1∶3 水泥砂浆打底找平，再铺 10～15 mm 厚 1∶1.5～1∶2.5 的水泥石屑浆，待其强度达 70%时用磨光机打磨，再用草酸清洗，打蜡保护。找平层和面层之间刷素水泥浆结合层。

为防止地面变形引起面层开裂，以及便于施工、维修和达到装饰效果，水磨石地面应设分隔条。分隔条有玻璃条、铝条和铜条等，高度与水磨石面层的厚度相同，在浇筑面层之前用1∶1水泥砂浆固定。水泥砂浆应形成八字角，高度应比分隔条低 3 mm，如图 9-10 所示。

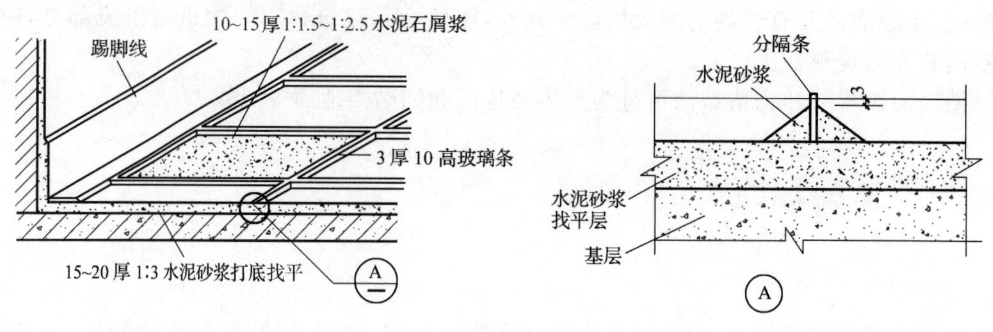

图 9-10 水磨石地面

（四）涂料地面

涂料地面是用合成树脂代替水泥或部分水泥，并加入填料、颜料等混合调制而成的材料，在现场涂刷或涂刮形成的整体地面，具有无接缝、整体性好，易于施工和清洁的特点。

根据选用的合成树脂不同，涂料有溶剂型和水溶型两种。以单纯的合成树脂为胶凝材料的溶剂型涂布材料，适用于卫生或耐腐蚀性要求较高的地面。以水溶性树脂或乳液与水泥复合组成胶凝材料的聚合物水泥涂布材料，适用于一般要求的地面。

二、铺贴类地面

（一）地砖地面

1. 陶瓷地砖地面

用于地面的陶瓷地砖有普通陶瓷地砖、全瓷地砖、玻化地砖等类型。这类地面具有表面光洁、质地坚硬、耐压耐磨、抗风化、耐酸碱等特点。

陶瓷地砖的铺贴是在结构层上用 20 mm 厚 1：3 水泥砂浆找平，然后用 5～10 mm 厚 1：1水泥砂浆粘贴，待校正找平后用素水泥砂浆擦缝，如图 9-11 所示。

2. 陶瓷锦砖地面

陶瓷锦砖又称马赛克，有不同的大小、形状和颜色，可以组合成各种图案，能使饰面达到一定艺术效果。陶瓷锦砖主要用于防滑、卫生要求较高的卫生间、浴室等房间的地面，也可用于外墙面。

陶瓷锦砖出厂前已按各种图案反贴在牛皮纸上，以便于施工。一般先在基层上铺 15～20 mm 厚1：2～1：4 水泥砂浆，用滚筒压平，使水泥砂浆挤入缝隙，然后用水洗去牛皮纸，再用白水泥砂浆或素水泥砂浆擦缝，如图 9-12 所示。

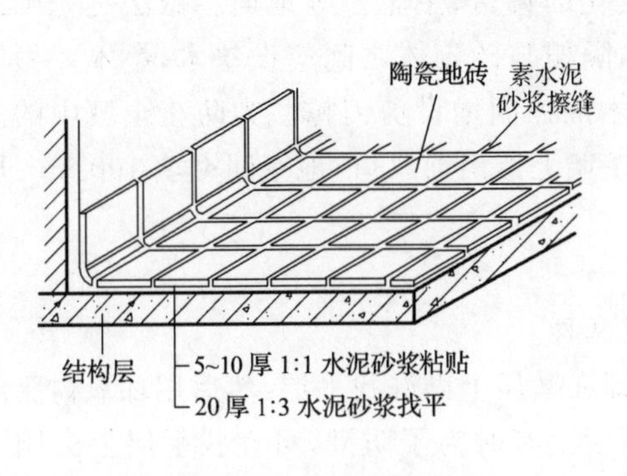

图 9-11　陶瓷地砖地面

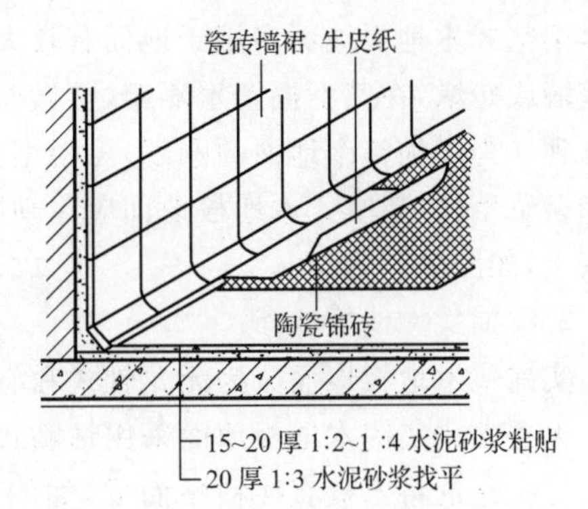

图 9-12　陶瓷锦砖地面

（二）石材地面

石材地面包括天然石板地面和人造石板地面。

天然石板地面包括花岗岩地面和大理石地面，它们具有很高的抗压性能，耐磨，色彩艳丽，属高档地面装饰材料。天然石板地面的尺寸较大，粘贴表面的平整度要求较高，铺设时需预先试铺，合适后再正式粘贴。一般先在混凝土基层表面刷素水泥砂浆一道，随即铺 20～30 mm 厚1：3～1：4干硬性水泥砂浆找平层并粘贴石材，待干硬后再用稀水泥砂浆擦缝，如图 9-13 所示。

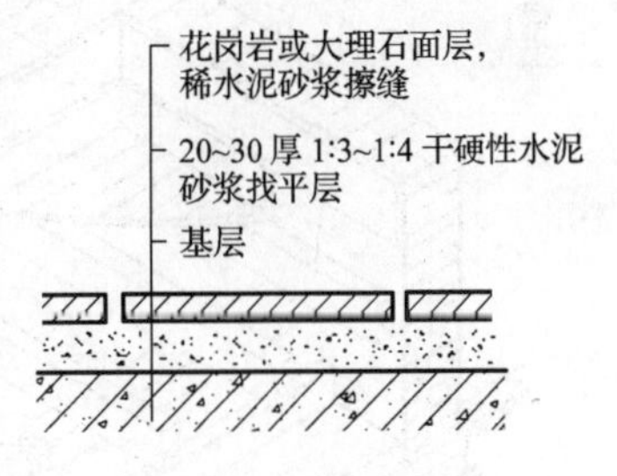

图 9-13　天然石板地面

人造石板包括人造大理石板、预制水磨石板等，其构造做法与天然石板地面基本相同。

（三）木地板地面

木地板地面由木板粘贴或铺钉而成，具有弹性良好、耐磨、不起尘、易清扫等特点。木地板地面按面层的形式分为实木地板、强化复合地板、软木地板和竹地板等。按木地板地面构造方式，又可分为架空式和实铺式两种形式。

为增加木地板的整体性，并避免木材变形引起的裂缝，木地板块之间需做拼缝处理。常用的拼缝形式，如图 9-14 所示。

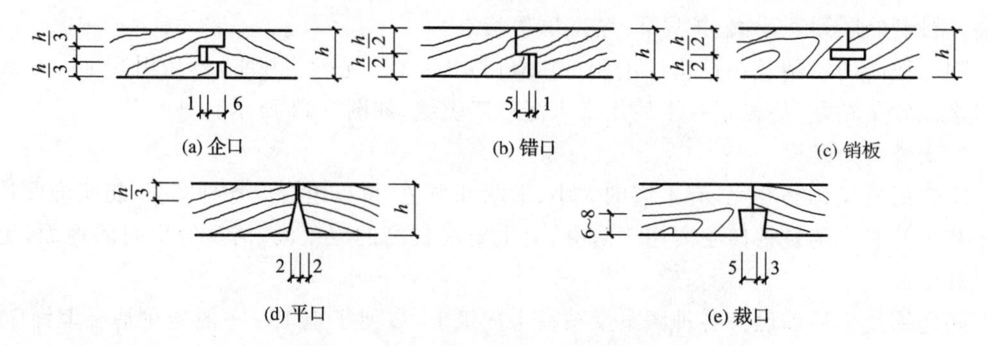

图 9-14　木地板块之间常用的拼缝形式

1. 架空式木地板地面

架空式木地板地面多用于地面有较大标高变化的舞台、主席台等地面。做法是先砌筑地垄墙或砖墩，在其上搁置木隔栅，再做面层。木隔栅与砖砌体之间应设垫木，垫木要做防腐处理。为增加整个地面的刚度，可根据需要在木隔栅间增设剪刀撑。为防止土壤中的潮气和杂草生长，架空式木地板地面应在勒脚和地垄墙上留出通风口，地垄间夯填 100 mm 厚的灰土，如图 9-15 所示。

2. 实铺式木地板地面

实铺式木地板地面分为无龙骨式和有龙骨式两种。

无龙骨式实铺木地板地面采用粘贴式做法，即在基层上做好找平层，然后用环氧树脂或乳胶等胶黏剂将木板直接粘贴而成，如图 9-16 所示。有时为了防潮，可在找平层上涂刷一道防潮剂或 20～30 mm 厚沥青砂浆层。

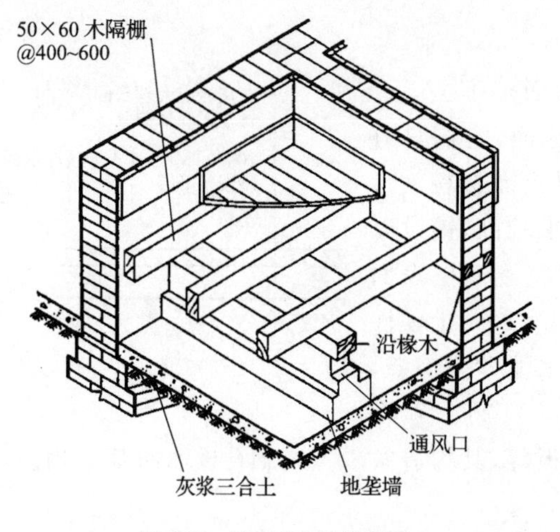

图 9-15　架空式木地板地面

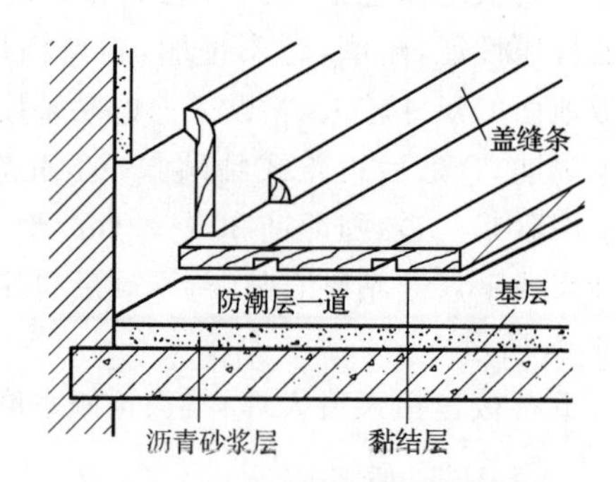

图 9-16　无龙骨式实铺木地板地面

复合木地板多采用浮铺，即在楼地面先铺设一层衬垫材料，如聚乙烯泡沫薄膜、波纹纸等，可以防潮、减震、隔声，并增加弹性。复合木地板铺放在衬垫层上，地板不与底垫粘贴，只是将地板块之间用胶黏剂结成整体，地板与墙面相接处应留出 8～10 mm 缝隙，并用踢脚板盖缝。

有龙骨式实铺木地板地面是在混凝土垫层或钢筋混凝土结构层上每隔 400 mm 铺设 50 mm×60 mm 的木隔栅，将木地板铺钉在木隔栅上。为保证潮气散发，还应在踢脚板上设置通风口，使地板下的空气流通。有龙骨式实铺式木地板地面分为单层实铺式木地板地面和双层实铺式木地板地面，如图 9-17 所示。

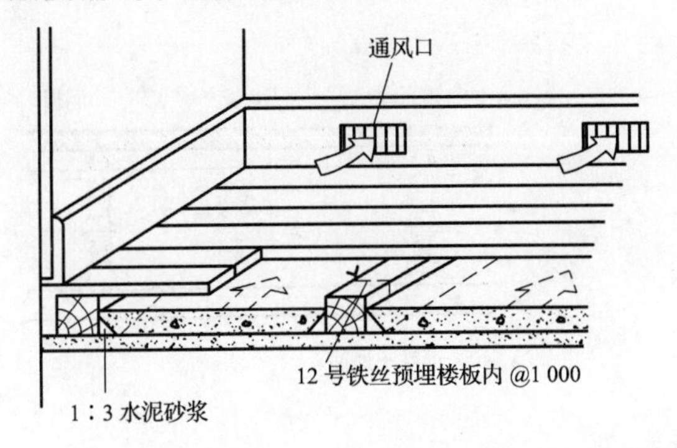

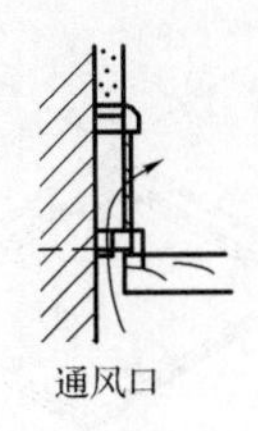

(a) 单层实铺式木地板地面

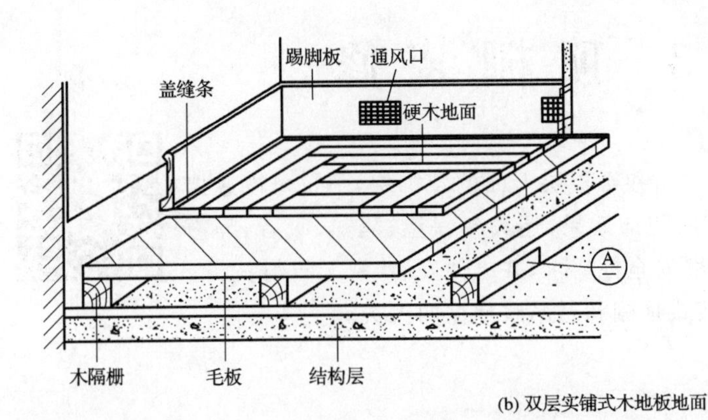

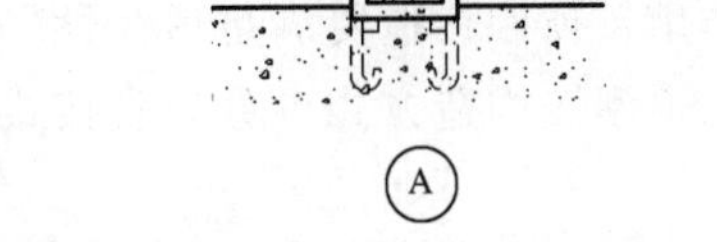

(b) 双层实铺式木地板地面

图 9-17　有龙骨式实铺木地板地面

三、其他类型楼地面

(一)橡胶地毡地面

橡胶地毡是以橡胶粉为基料，掺入软化剂经高温高压解聚后，加入着色剂、补强剂，经混炼塑化、压制成卷的地面材料。这种材料具有弹性好、耐磨、消声、价格低廉等特点。

橡胶地毡地面施工时首先进行基层处理，要求水泥砂浆找平层平整、光洁、无灰尘和砂粒等。橡胶地毡地面可以干铺或用胶黏剂粘贴在找平层上。

(二)地毯地面

地毯的种类较多，按材料不同分为化纤地毯、人造纤维地毯、纯羊毛地毯等。地毯地面平整美观、柔软舒适，具有很强的吸音和室内装饰效果。

地毯可以满铺，也可局部铺，有不固定铺法和固定铺法两种方法。不固定铺法是将地毯直接摊铺在地面上；固定铺法是将地毯用胶黏剂粘贴，四周用倒刺条或带钉板条和金属条固定。

(三)装配式地板地面

装配式地板又称活动地板，是由各种不同规格、型号和材质的面板配以龙骨和可调节高度的金属支架等组装而成的架空地板，如图 9-18 所示。广泛应用于计算机房、控制室、程控交换机房、通信中心、电化教室、剧场舞台等要求防尘、防静电、防火的房间。

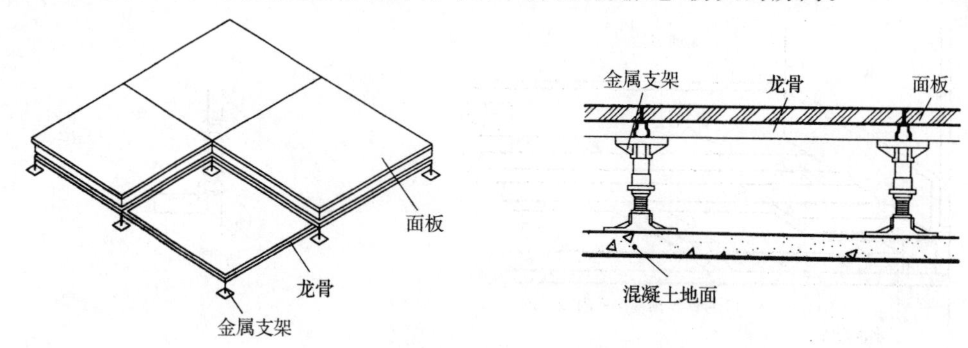

图 9-18 装配式地板地面

9.3 顶棚装修

顶棚又称天棚或天花板,是屋面和楼板层下面的装饰层,不仅可以遮挡不宜暴露的结构或设备、增强室内装饰效果,还具有保温、隔热、吸音、隔声等作用。顶棚构造要满足耐久性、安全性要求,并方便安装,省工省料。

顶棚按构造方式可分为直接式顶棚和悬吊式顶棚两大类。

一、直接式顶棚

直接式顶棚是指在屋面板、楼板等的底面直接进行喷刷、抹灰或粘贴壁纸等面层而形成的顶棚。

(一)直接喷刷顶棚

当室内对装饰要求不高时,可在屋面板或楼板的底面直接喷刷涂料,形成直接喷刷顶棚。

(二)直接抹灰顶棚

直接抹灰顶棚是在屋面板或楼板的底面上抹灰后再喷刷涂料的顶棚,适用于一般装修标准的房间。

水泥砂浆抹灰顶棚的做法是先将板底清扫干净,打毛或刷素水泥砂浆一道,用 5 mm 厚 1∶3水泥砂浆打底,再用 5 mm 厚 1∶2.5 水泥砂浆粉面,最后喷刷涂料。抹灰的遍数按抹灰的质量等级确定,对质量要求较高的房间,可在底板下增加一层钢丝网,再在钢丝网上抹灰,这样能使抹灰层结合牢固,不易开裂脱落。

(三)贴面顶棚

贴面顶棚是在屋面板或楼板的底面上用水泥砂浆打底找平,然后用胶黏剂粘贴壁纸、泡沫塑料板、铝塑板或装饰吸音板等形成的顶棚。贴面顶棚一般用于楼板底部平整、不需要在顶棚敷设管线而装修要求又较高的房间,或有吸声、保温、隔热等要求的房间。

在特殊情况下，可以利用楼板层或屋顶的结构构件作为顶棚装饰，如网架结构、拱结构、悬索结构、井格式梁板结构等。

二、悬吊式顶棚

悬吊式顶棚又称吊顶棚或吊顶，是将饰面层悬挂在屋面板或楼板下而形成的顶棚，一般用于装修标准较高而楼板底部不平或需在楼板下敷设管线的房间，以及有特殊要求的房间。顶棚内部的空间高度根据结构构件高度以及是否上人确定，必要时要铺设检修走道。

(一)悬吊式顶棚的组成

悬吊式顶棚由吊杆、龙骨和面层三部分组成。

1. 吊杆

吊杆是连接龙骨与楼板的承重传力构件。其作用是承受吊顶面层和龙骨的荷载，并将这一荷载传递给屋面板、楼板或屋架等构件，利用吊杆还能调节吊顶的悬挂高度。

吊杆所采用的材料和形式与吊顶的荷载及吊顶龙骨的形式有关，一般采用直径 4～6 mm 的圆钢，也可采用 40 mm×40 mm 或 50 mm×50 mm 的方木。

吊杆与屋面板或楼板的连接固定方式有预埋钢筋锚固、预埋锚件锚固、膨胀螺栓锚固和射钉锚固等。图 9-19 所示为吊杆与预制钢筋混凝土板及吊杆与现浇钢筋混凝土板的连接示意。

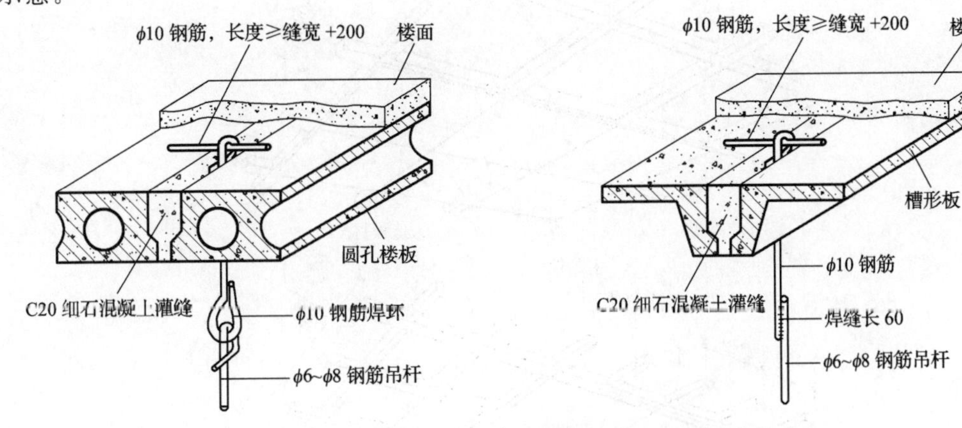

(a) 吊杆与预制钢筋混凝土板的连接

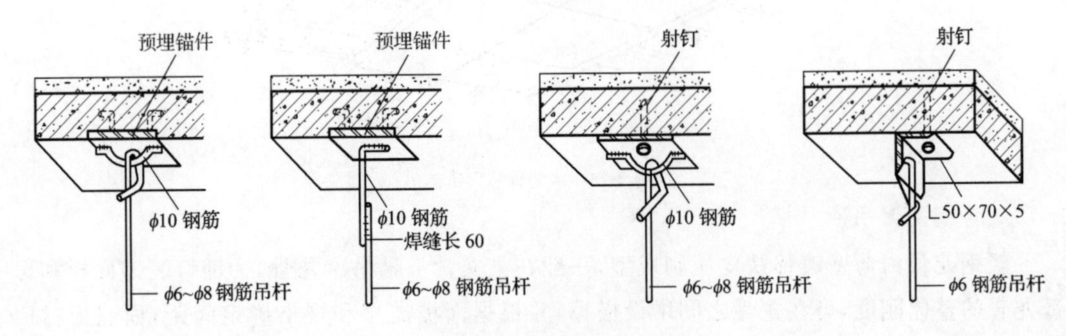

(b) 吊杆与现浇钢筋混凝土板的连接

图 9-19　吊杆的连接固定

2. 龙骨

龙骨又称隔栅，它与吊筋连接并承担吊顶的面层荷载，为面层装饰板提供安装节点。龙骨按材料分为木龙骨和金属龙骨，其断面尺寸应根据结构计算确定。

龙骨吊顶一般由主龙骨、次龙骨和小龙骨组成，主龙骨由吊筋固定在屋面板或楼板等构件上，次龙骨固定在主龙骨上，小龙骨固定在次龙骨上并起支撑和固定面板的作用。

3. 面层

吊顶的面层分为抹灰类、板材类和隔栅类。抹灰类面层为湿作业，有板条抹灰、板条钢丝网抹灰等。板材类面层有木质板、胶合板、防火石膏板、矿棉吸声板、铝合金板、铝塑复合板等。隔栅类面层吊顶也称为开敞式吊顶，有木隔栅、金属隔栅和灯饰隔栅等。

（二）悬吊顶棚的构造

1. 木龙骨吊顶

木龙骨吊顶通常由主龙骨和次龙骨组成。主龙骨钉接或拴接于吊筋上，底部钉装次龙骨，次龙骨一般沿纵横双向布置，间距应根据材料规格确定，面层板材一般用木螺丝或圆钢钉固定在次龙骨上，如图 9-20 所示。

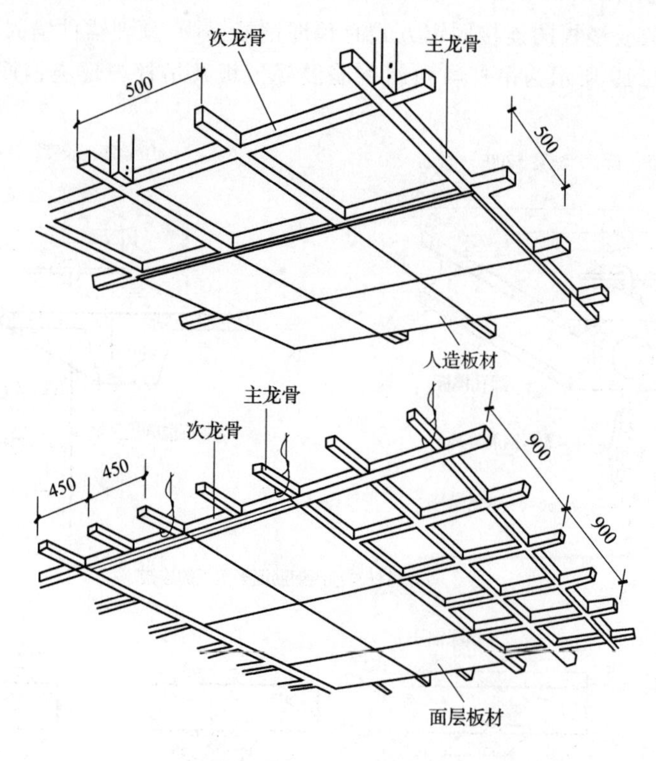

图 9-20　木龙骨吊顶构造

2. 轻钢龙骨吊顶

轻钢龙骨由薄壁镀锌铁皮压制成型，一般在主龙骨下悬吊次龙骨，为铺钉装饰面板和保证龙骨的整体刚度，可在龙骨之间增设横撑，并根据面板类型和规格确定间距，面层板材用自攻螺丝固定或直接搁置在龙骨上。

将吊顶龙骨骨架及其装配件组合，可构成 U 型、T 型、H 型和 V 型四种类型。U 型轻钢龙骨吊顶构造如图 9-21 所示。

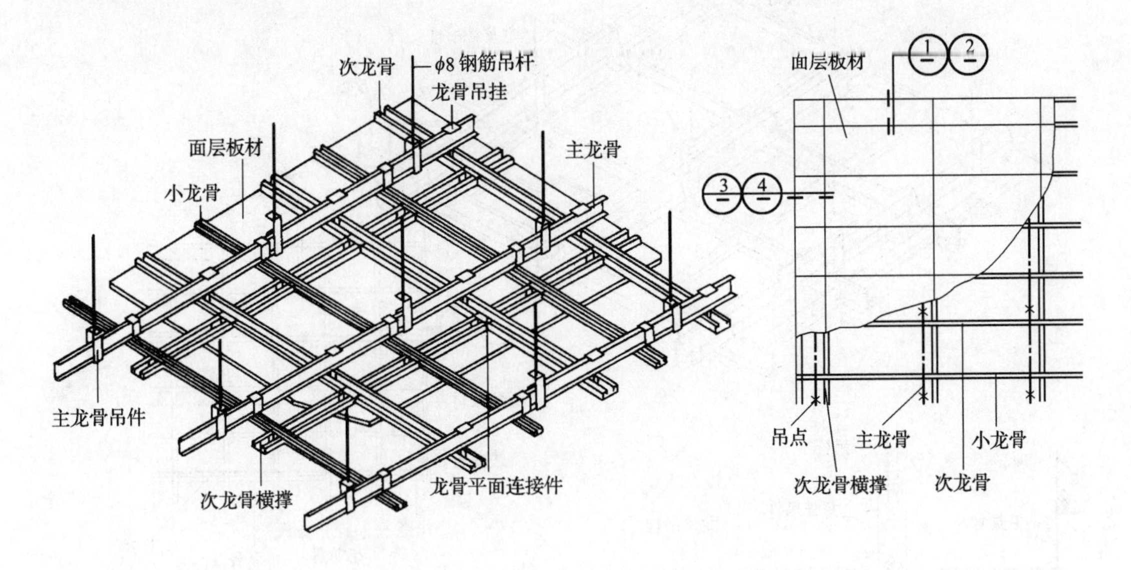

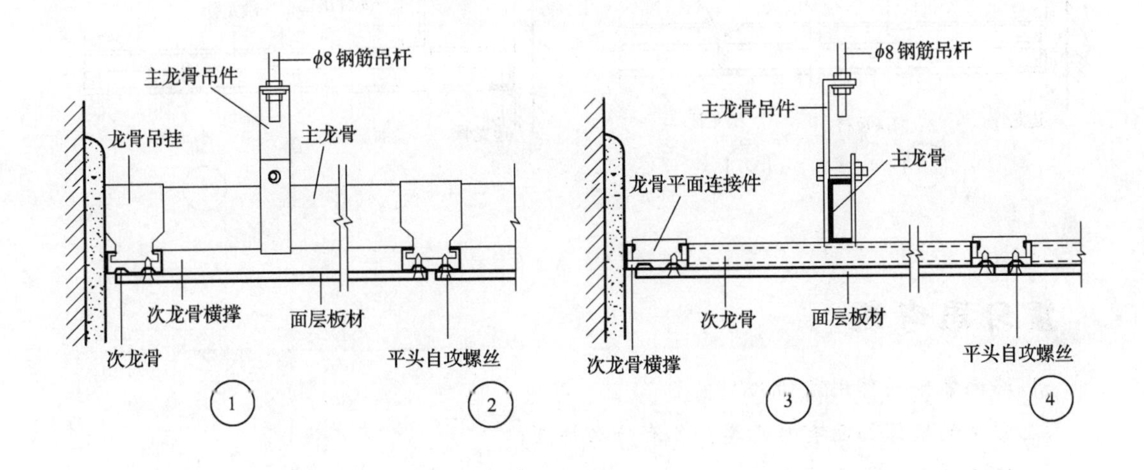

图 9-21　U 型轻钢龙骨吊顶构造

3. 铝合金龙骨吊顶

铝合金龙骨吊顶根据面层与骨架的关系，分为暗装系统和明装系统。暗装系统铝合金龙骨吊顶是将面板固定在龙骨外侧，龙骨隐蔽在面层内；明装系统铝合金龙骨吊顶是将面板直接搁置在龙骨内，龙骨部分外露。

明装 T 型铝合金龙骨吊顶构造如图 9-22 所示。

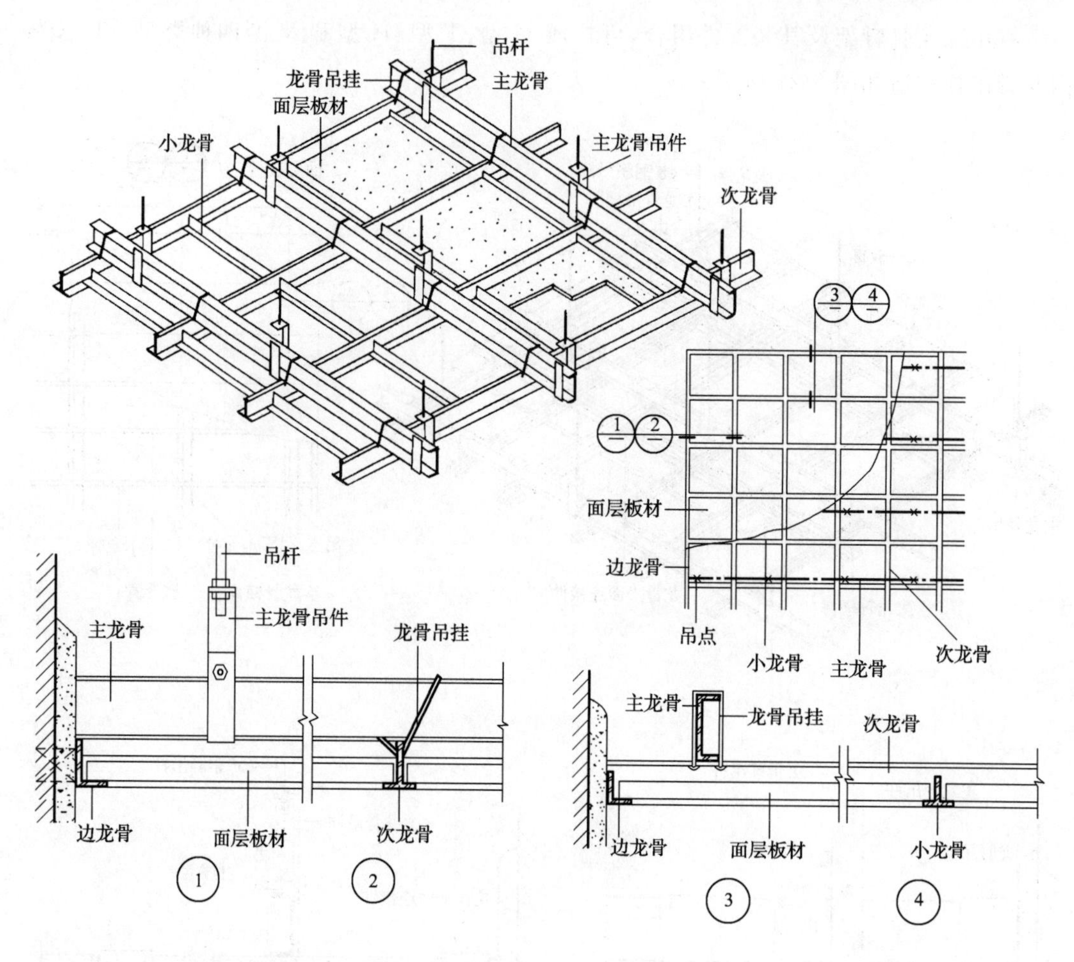

图 9-22 明装 T 型铝合金龙骨吊顶构造

复习思考题

1. 墙面装修的作用是什么？
2. 常见的墙体饰面有哪几类？各有什么特点？
3. 墙面抹灰通常由哪几层组成？各层的作用是什么？
4. 楼地面的构造要求是什么？
5. 简述水磨石地面的构造要点。
6. 简述木地板地面的构造要点。
7. 悬吊式顶棚由哪几部分组成？各部分的作用是什么？
8. 简述木龙骨吊顶、轻钢龙骨吊顶和铝合金龙骨吊顶的构造做法。

第 10 章 民用建筑工业化概述

10.1 民用建筑工业化简介

建筑工业化是用现代工业的生产方式和管理手段来建造房屋，是把建筑构件乃至整个建筑物作为生产产品，对其进行机械化、工厂化的生产、加工、运输、安装或浇筑的一种生产方式，充分体现了现代工业的生产和管理特征。

建筑工业化是社会生产力发展的必然，可以改变人们在建造房屋过程中的手工业生产方式，将分散落后的手工业生产改变为集中、先进的现代化工业生产，降低人工消耗量，提高劳动效率，缩短施工周期，节约施工场地，提高建筑质量。建筑工业化从根本上改变了建筑业的生产方式。

我国建筑工业化的起步较晚。20 世纪 50 年代开始采用了砌块建筑、大板建筑；20 世纪 60 年代采用了升板建筑、滑板建筑；20 世纪 70 年代下半期至 80 年代中期，一些新型建筑体系成套施工技术，如大模板施工技术、滑升模板施工技术、隧道模板施工技术等不断完善。由于钢结构自重轻、施工速度快、抗震性能好，又具有减轻工人劳动强度等特点，轻钢结构、钢结构已成为建筑工业化的重要发展方向。

一、建筑工业化的内容

建筑工业化包括设计标准化、生产工厂化、施工机械化和管理科学化等内容。

（一）设计标准化

设计标准化是建筑工业化的基础，只有使建筑及其构件标准化、定型化，减少规格类型，才能实现建筑产品的工厂化、机械化和批量生产。

（二）生产工厂化

生产工厂化是将用量大、容易标准化的建筑构件由工厂集中生产，可以促进建筑产品质量的提高，降低生产成本。

（三）施工机械化

施工机械化是建筑工业化的关键，只有实行建筑产品生产、施工机械化才能降低劳动强度、提高工程质量、加快施工速度。

(四)管理科学化

管理科学化是建筑工业化的保证,只有实行针对规划、设计、生产、施工各环节的科学管理,才能使建筑工业化健康发展。

二、工业化建筑体系

工业化建筑体系是指某类或某几类建筑,从设计、生产、施工到组织管理等各环节相互配套,形成的工业化生产的完整过程。工业化建筑体系可分为专用体系和通用体系。

专用体系是采用标准化设计,适用于某类定型化建筑的一种成套建筑体系。其构件和连接方法的规格、类型较少,便于批量生产。专用体系在与其他体系配合上通用性和互换性较差,通常不能满足多方面的要求。

通用体系建筑以通用构件为基础,构件和连接技术均标准化、定型化,可在各类建筑中互换使用,有较大的灵活性,设计易于做到多样化。通用体系是指使某些建筑体系的构件和节点构造成为通用的、商品化的建筑体系。

建筑工业化主要指预制装配式建筑和现场作业工业化。

预制装配式建筑是指用工业化的方法加工、生产建造房屋所需的构件制品,然后在施工现场进行装配的建筑。这类建筑具有生产效率高,施工速度快,受季节性因素影响小,质量稳定等优点。

现场作业工业化包括全现浇及现浇与预制相结合的工业化施工方法。这种施工方法具有结构整体性好,节约运输费用,可采用大面积流水作业施工等优点。

工业化建筑体系主要包括砌块建筑、大板建筑、框架建筑、大模板建筑、滑升模板建筑、升板建筑、盒子建筑,以及大跨度网架、木结构和轻钢结构等建筑体系。

10.2 预制装配式建筑

本节主要介绍装配式板材建筑、装配式框架建筑和盒子建筑。

一、装配式板材建筑

装配式板材建筑又称装配式大板建筑,是一种全装配式的工业化建筑,由预制的外墙板、内墙板、楼板、楼梯、屋面板等构件组合装配而成。根据预制板材规格,装配式板材建筑分为装配式中型板材建筑和装配式大型板材建筑,如图 10-1 所示。

(一)结构体系

装配式板材建筑的结构体系主要有横向墙板承重体系、纵向墙板承重体系、双向墙板承重体系和部分梁柱承重体系等几种形式,如图 10-2 所示。

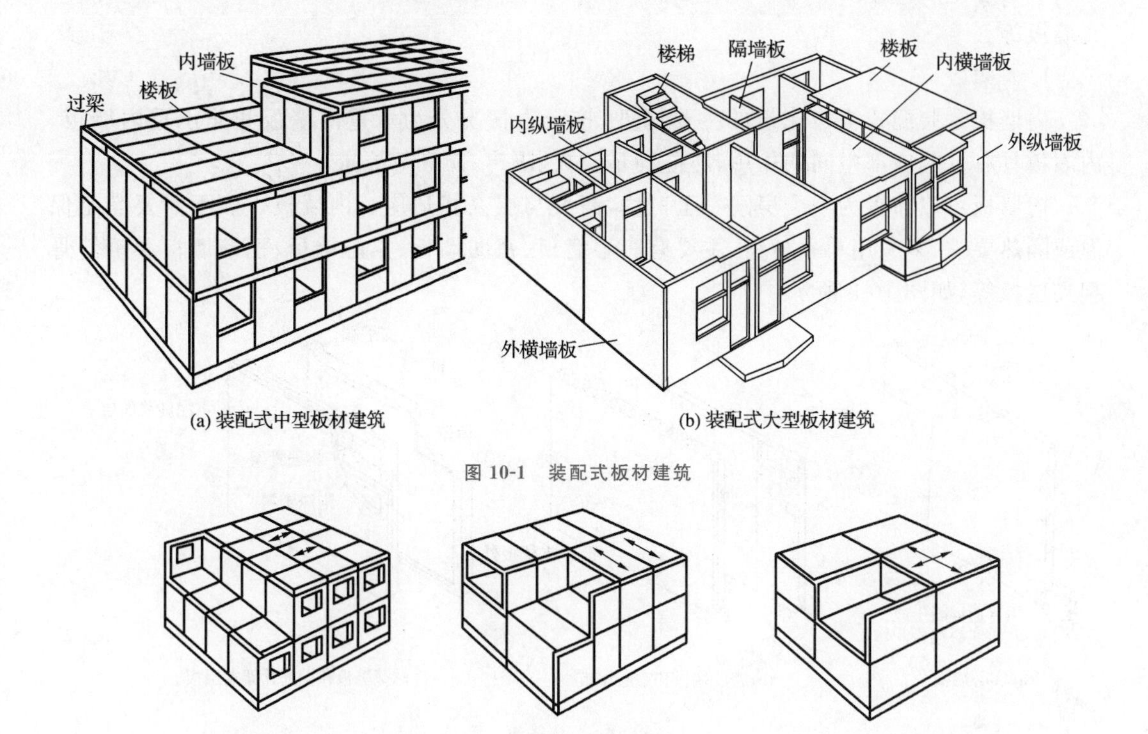

(a) 装配式中型板材建筑　　(b) 装配式大型板材建筑

图 10-1　装配式板材建筑

(a) 横向墙板承重体系　　(b) 纵向墙板承重体系　　(c) 双向墙板承重体系

图 10-2　装配式板材建筑的结构体系

1. 横向墙板承重体系

横向墙板承重是指将楼板搁置在横向墙板上，如图 10-2(a)所示。

这种体系的结构刚度大、整体性好，但承重墙较密，对建筑平面限制较大。横向墙板承重体系主要适用于住宅、宿舍等小开间建筑。该体系有时也可采用大跨度楼板，形成大开间横向墙板承重体系。

2. 纵向墙板承重体系

纵向墙板承重是指将楼板搁置在纵向墙板上，如图 10-2(b)所示。

这种体系的结构刚度和整体性较横向墙板承重体系差，需间隔一定距离设横向剪力墙拉结。纵向墙板承重体系对建筑平面限制较小，内部分隔较灵活。

3. 双向墙板承重体系

双向墙板承重是指将楼板的四边搁置在纵、横两个方向的墙板上，如图 10-2(c)所示。

这种结构体系使承重墙板形成井字格，房间的平面尺寸受到限制，房间布置不灵活。

4. 部分梁柱承重体系

装配式板材建筑也可根据需要在内部用梁柱代替墙板，形成部分梁柱承重体系。部分梁柱承重体系有利于较大尺寸房间的设计，隔断灵活，但结构刚度和整体性较差，需设置横向剪力墙，增加横向刚度，提高结构整体性。

（二）主要构件

装配式板材建筑的主要构件有内墙板、外墙板、楼板、屋面板、楼梯、阳台板、挑檐板和女儿墙板等。

1. 内墙板

内墙板是装配式板材建筑的主要构件，按受力情况分为承重内墙板和非承重内墙板。内墙板具有分隔内部空间的作用，还应满足防火、隔声、防潮等要求。

内墙板可以布置为一个房间一至三块，高度与层高相适应。内墙板一般不需要满足保温或隔热要求，多采用单一材料，主要有实心墙板、密肋墙板、空心墙板、框壁墙板和钢筋骨架夹层板等，如图 10-3 所示。

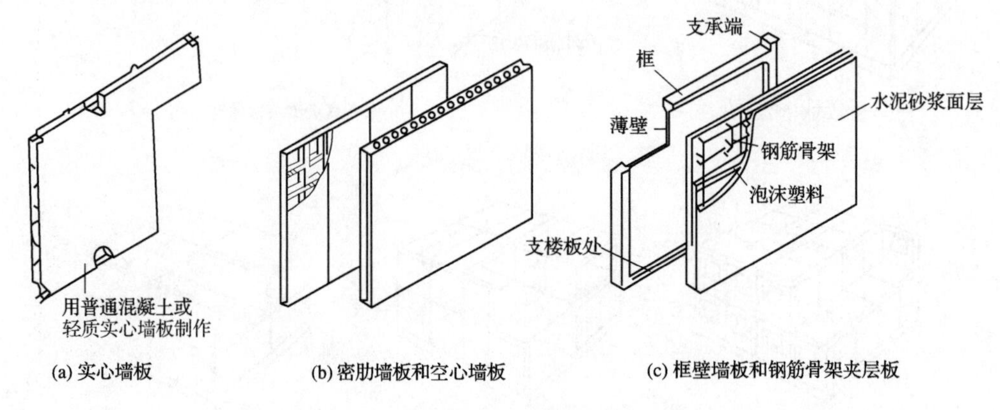

图 10-3　内墙板

实心墙板一般有普通混凝土墙板和粉煤灰矿渣混凝土、陶粒混凝土等轻质实心平板。

空心墙板多为钢筋混凝土抽孔式墙板，孔洞形状有圆形、椭圆形、去角长方形等。

2. 外墙板

外墙板按受力情况分为承重外墙板和非承重外墙板。外墙板除要具有一定的强度外，还应满足保温、隔热、抗风雨、隔声和立面装饰等要求。

外墙板可制成一间一块板，也可制成高度为两三个层高，或宽度为两三个开间一块等多种规格。按外墙板所用材料，可分为单一材料外墙板和复合材料外墙板。

单一材料外墙板有实心、带肋、空心和轻骨料混凝土等多种形式，如图 10-4 所示。

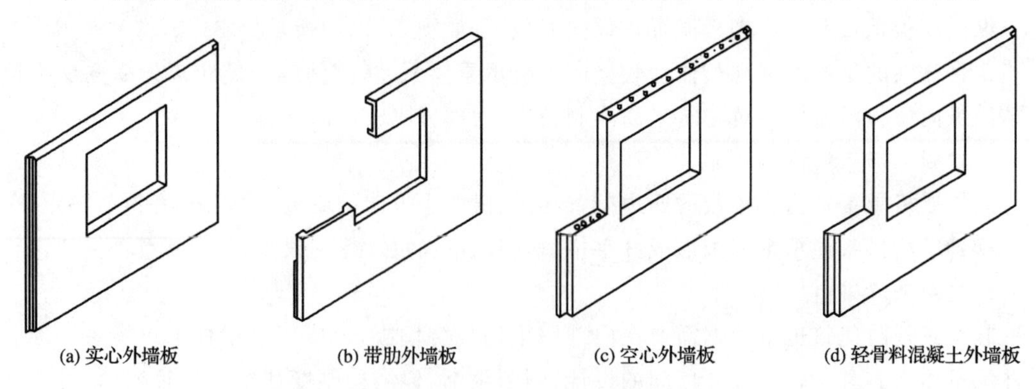

图 10-4　单一材料外墙板示例

复合材料外墙板是用两种或两种以上材料组合构成的墙板，主要包括结构层、保温层、饰面层、防水层等，如图 10-5 所示。复合材料外墙板的保温层一般用高效能的无机或有机隔热保温材料做成，如泡沫混凝土、加气混凝土、聚苯乙烯泡沫塑料、蜂窝纸及静止的空气层等。

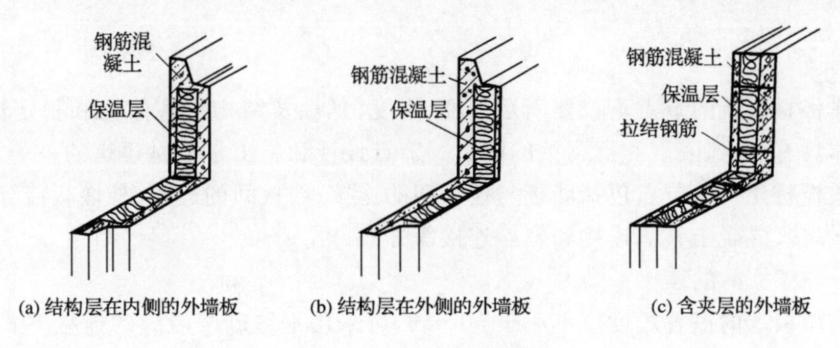

(a) 结构层在内侧的外墙板　(b) 结构层在外侧的外墙板　(c) 含夹层的外墙板

图 10-5　复合材料外墙板

外墙板可以一次成型，做成凸窗、凹窗、凸阳台等异型立体板面墙板，用于丰富建筑的立面，如图 10-6 所示。

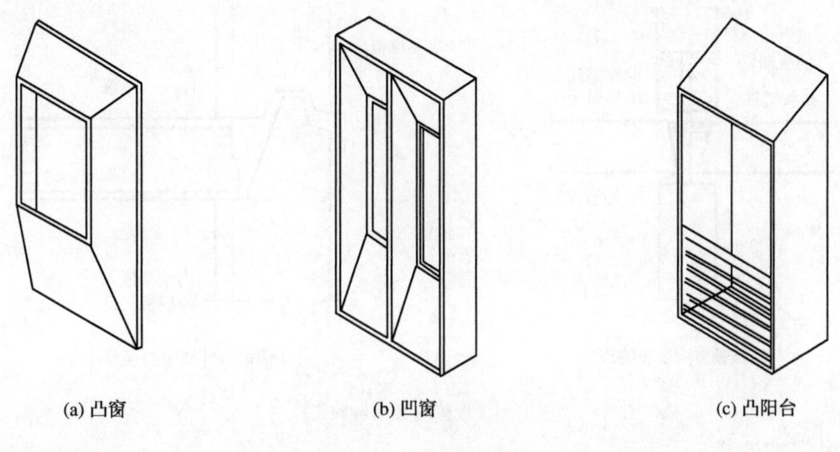

(a) 凸窗　(b) 凹窗　(c) 凸阳台

图 10-6　立体板面外墙板

3. 楼板与屋面板

板材建筑中的楼板和屋面板一般为钢筋混凝土板，包括小块楼板及半间一块或整间一块的大楼板，有实心、空心、肋形等不同的断面形式，如图 10-7 所示。

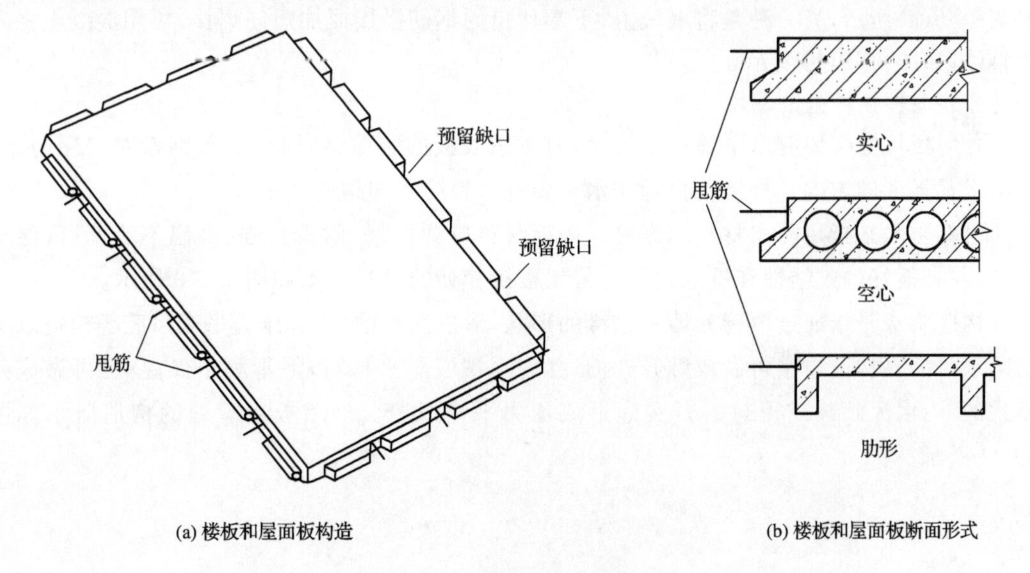

(a) 楼板和屋面板构造　(b) 楼板和屋面板断面形式

图 10-7　楼板和屋面板构造及断面形式

（三）节点

装配式板材建筑的节点不仅要满足强度、刚度、延性及结构的整体性和稳定性要求，还要保证墙体具有防水、隔声和抗腐蚀的能力。节点设计和施工是板材建筑的一个重要问题。

装配式板材建筑的节点包括墙板与楼板间的连接、墙板间的连接、外墙板接缝处的防水等，一般有焊接、混凝土整体连接和螺栓连接等方式。

1. 墙板与楼板间的连接

楼板在墙板上的搁置长度应不小于 60 mm，可采用平缝砂浆灌缝的连接方式。为了增强结构的整体性和稳定性，一般采用连接墙板中的预留钢筋并现浇混凝土的方法，如图10-8所示。

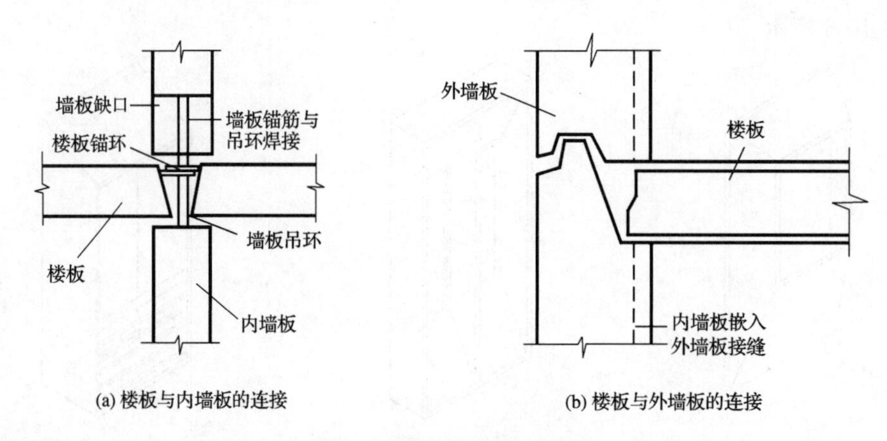

图 10-8 墙板与楼板间的连接

2. 墙板间的连接

墙板间的连接主要包括内外墙之间的连接和纵横内墙之间的连接。

墙板间既要对上下两个端部连接，还要考虑墙板间竖向接缝内的连接，常用的有两种方法：一种是用钢筋或钢板，将墙板端部的预埋铁件焊接在一起并浇灌细石混凝土使其连接，如图 10-9(a)所示；另一种是将墙板上、下端伸出的钢筋搭接或加短筋焊接，再用混凝土浇灌成整体，如图 10-9(b)所示。

3. 外墙板接缝处的防水

外墙板接缝主要有水平缝和垂直缝，需考虑墙板的胀缩、结构变形等因素对房屋防水、保温以及强度的影响。外墙板接缝防水主要有材料防水和构造防水。

材料防水是指用防水材料填嵌缝。嵌缝材料应弹性好、附着性强、高温不流淌、低温不脆裂，并有很好的黏结性和抗老化性。外墙板接缝处的材料防水如图 10-10 所示。

构造防水是指通过改善外墙板边缘的形状，形成滴水槽、内部压力平衡风腔等构造以达到防水目的。构造防水可做成敞开式的，缝内不镶嵌防水材料，但不利于保温；也可做成封闭式的，用水泥砂浆或密封材料嵌缝形成压力平衡风腔。外墙板接缝处的构造防水如图 10-11 所示。

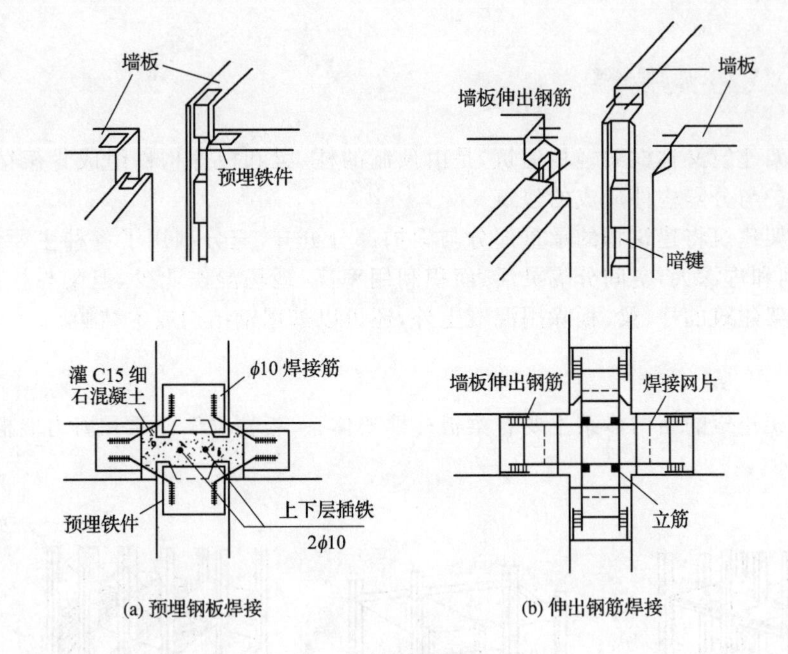

(a) 预埋钢板焊接　　(b) 伸出钢筋焊接

图 10-9　墙板间的连接

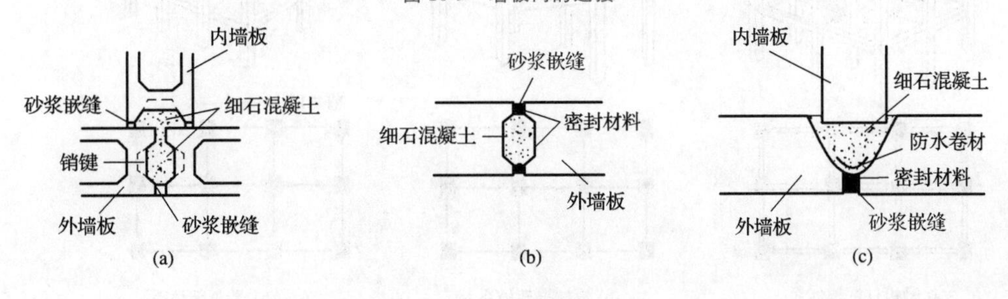

图 10-10　外墙板接缝处的材料防水

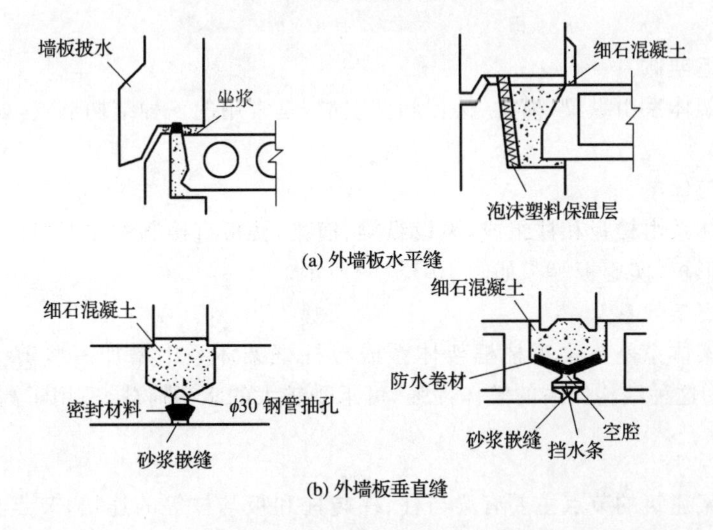

(a) 外墙板水平缝

(b) 外墙板垂直缝

图 10-11　外墙板接缝处的构造防水

二、装配式框架建筑

装配式框架建筑又称框架轻板建筑，是由预制的柱、梁和板等构件组成骨架结构，再以轻质墙板为围护与分隔构件形成的建筑。

装配式框架建筑将建筑物的承重部分与围护部分分开，充分利用了各种主要建筑材料的特性，它开间和进深大，空间分隔灵活，面积利用率高，现场湿作业少，但梁与柱的接头复杂。装配式框架建筑的柱、梁、板除用混凝土外，还可以采用钢结构或木结构。

（一）结构体系

装配式框架建筑的结构体系主要有梁板柱框架体系、板柱框架体系和剪力墙框架体系，如图 10-12 所示。

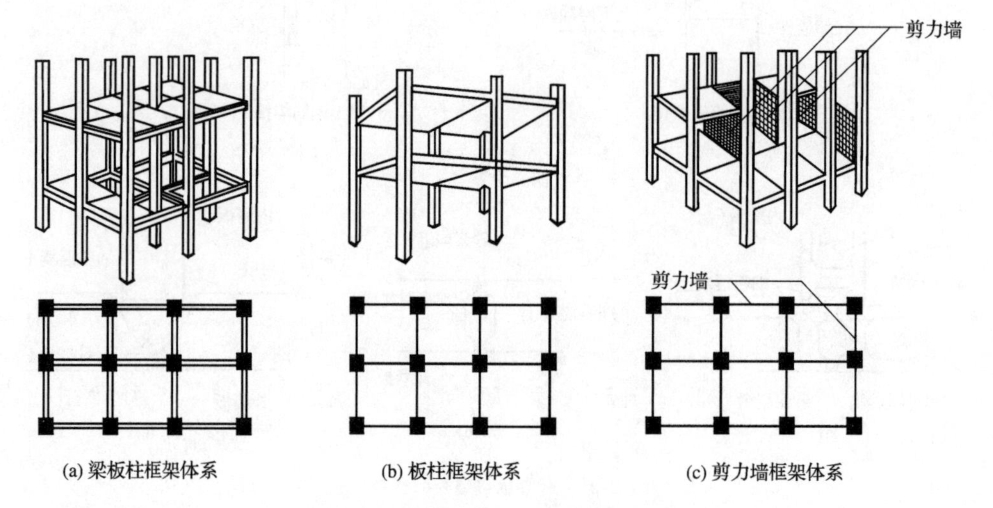

图 10-12　装配式框架建筑的结构体系

1. 梁板柱框架体系

梁板柱框架体系由纵梁、横梁、楼板和柱组成，是常用的一种结构形式，如图 10-12(a)所示。

2. 板柱框架体系

板柱框架体系由楼板和柱组成，不设纵梁、横梁，楼板直接搁置在框架柱上，形成四角支撑。楼板有肋形板、实心板等。如图 10-12(b)所示。

3. 剪力墙框架体系

剪力墙框架体系是在梁板柱框架体系或板柱框架体系中增加一些剪力墙构成，如图 10-12(c)所示。这种结构体系的整体性强，可承受较大的水平荷载，适用于高层建筑。

（二）节点

装配式框架建筑的节点主要有梁与柱、柱与柱和板与柱等的连接，节点处要受力合理、构造简单、用钢量少、施工方便，在抗震区还要具有良好的抗震性能。

1. 梁板柱框架节点

浆锚节点是梁板柱框架节点常用的构造方法，它是将上柱伸出的锚拉筋穿过梁和下柱的预留孔洞，再用水泥砂浆等浆锚材料将孔洞和缝隙填满，如图 10-13 所示。浆锚节点构造简单，施工方便，但对浆锚材料要求较高，如要有高强、微膨胀等特点。

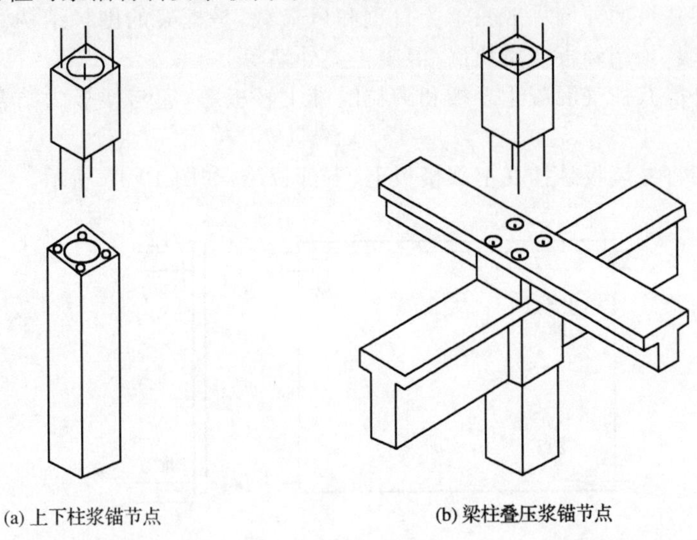

(a) 上下柱浆锚节点　　(b) 梁柱叠压浆锚节点

图 10-13　浆锚节点

整体式梁柱节点是梁板柱连接的另一种方法，即将上下柱、纵横梁的钢筋都伸入节点，加配箍筋，然后用混凝土浇筑成一个整体，其特点是节点刚度大、整体性好。

在柱与柱的连接中，还有榫式节点、焊接节点和叠压式节点等形式。

2. 板柱框架节点

板柱框架节点一般有短柱插筋浆锚节点、短柱承台节点、长柱双侧牛腿节点及后张预应力节点等形式，如图 10-14 所示。

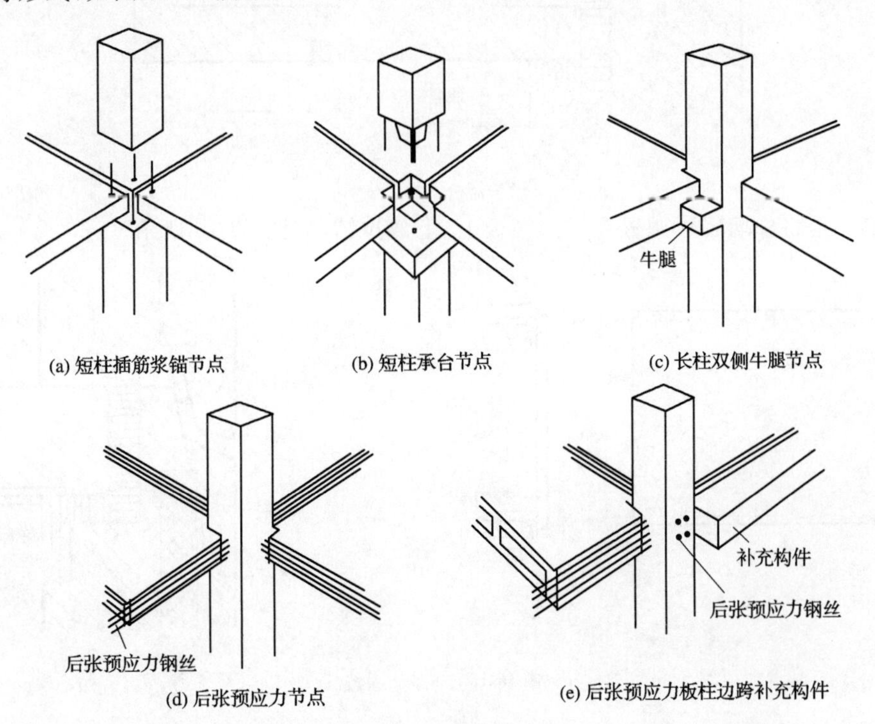

(a) 短柱插筋浆锚节点　　(b) 短柱承台节点　　(c) 长柱双侧牛腿节点

(d) 后张预应力节点　　(e) 后张预应力板柱边跨补充构件

图 10-14　板柱框架节点

(三)外墙

装配式框架建筑的外墙一般只承受自重和风荷载,是框架的围护结构。外墙可以是玻璃幕墙、金属幕墙、预制轻板或砌块墙、混凝土类外墙等。

混凝土类外墙有加气混凝土轻板和陶粒混凝土轻板等,它与楼板的结合有上承式和下承式两种方式。

上承式是指将外墙板悬挂在上部楼板上,下部拉结,如图 10-15 所示。

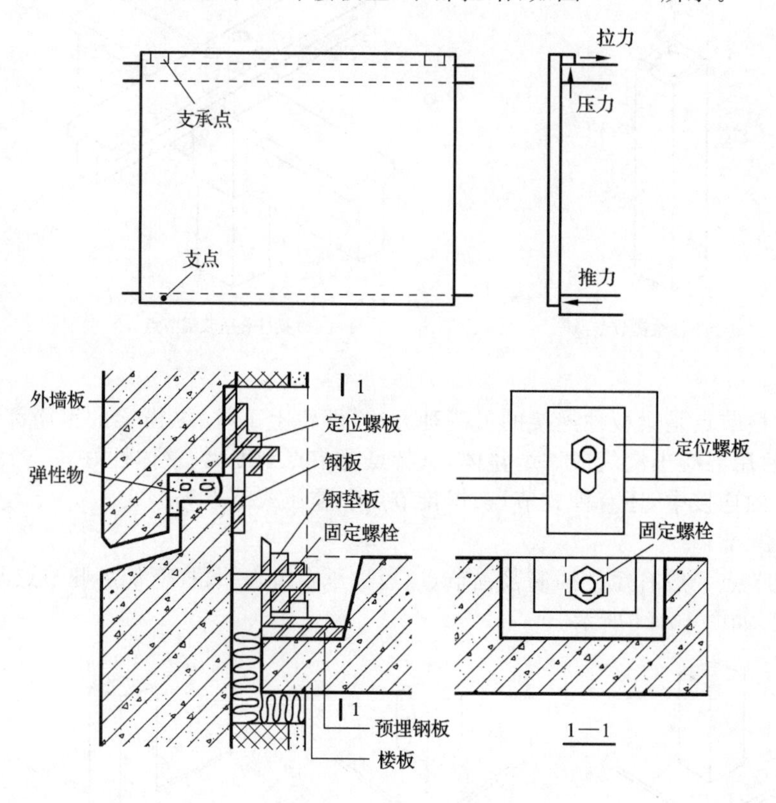

图 10-15 上承式构造

下承式是将外墙轻板搁置在下部楼板上,上部拉结,如图 10-16 所示。

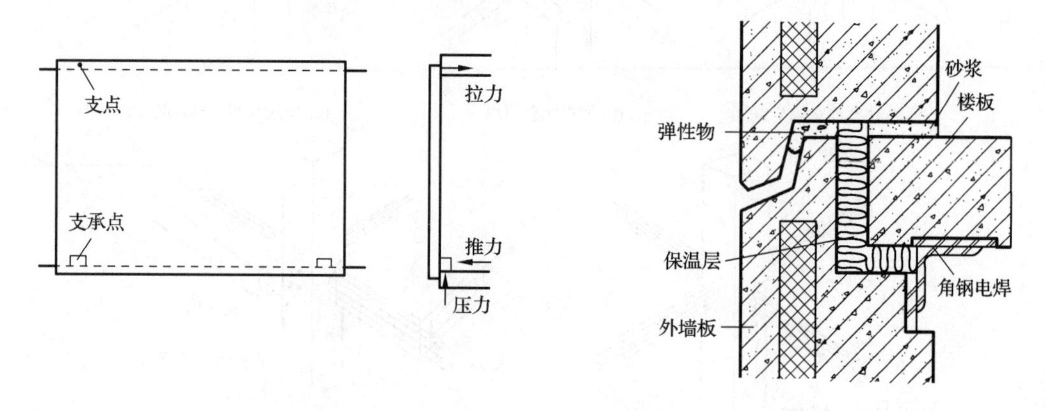

图 10-16 下承式构造

三、盒子建筑

盒子建筑是指将一个房间或几个房间组合成一个整体的空间构件，并在施工现场组装而成的建筑。完善的盒子构件不仅有结构部分和围护部分，而且其内部装饰、设备、管线、家具和外部装修等均可在工厂生产完成。

(一)空间构件

盒子建筑空间构件有整体现浇和组装两种形式，如图 10-17 所示。

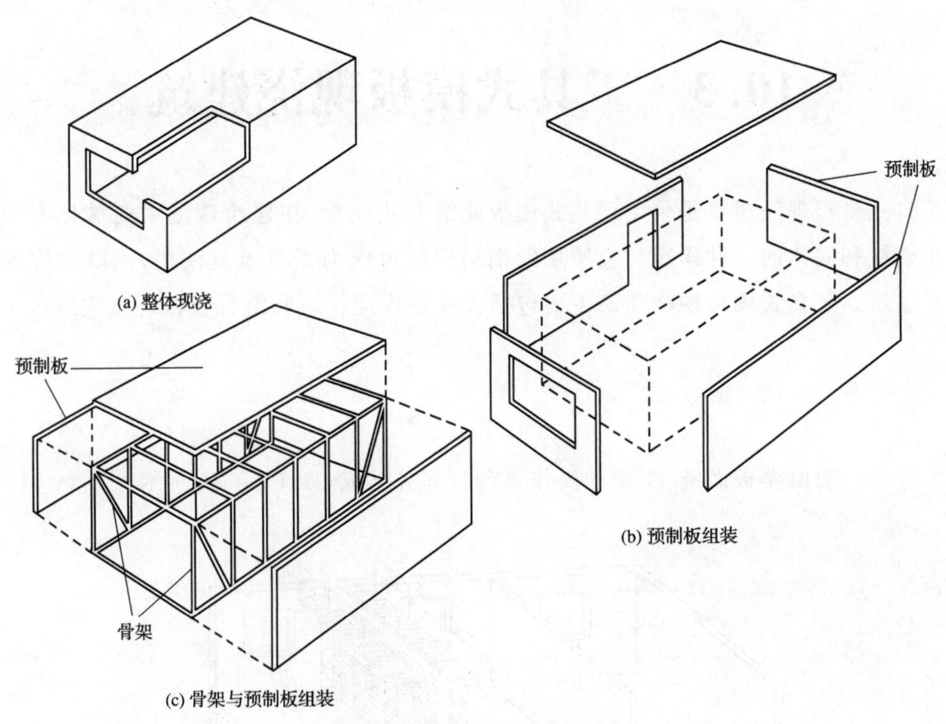

图 10-17　盒子建筑空间构件形式

(二)结构体系

盒子建筑的结构体系分为无骨架结构体系和骨架结构体系两类。

无骨架结构体系是指将有承重能力的单元盒子空间构件叠合放置而成的建筑体系，如图 10-18 所示。

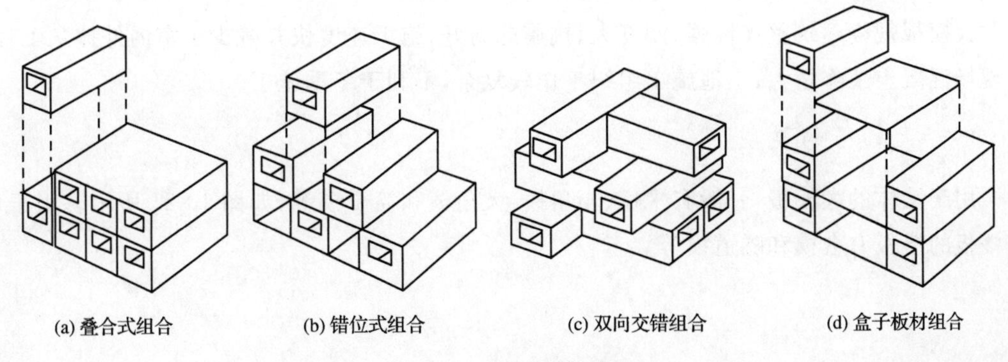

图 10-18　无骨架结构体系

骨架结构体系主要有框架体系和筒体体系等,如图 10-19 所示。

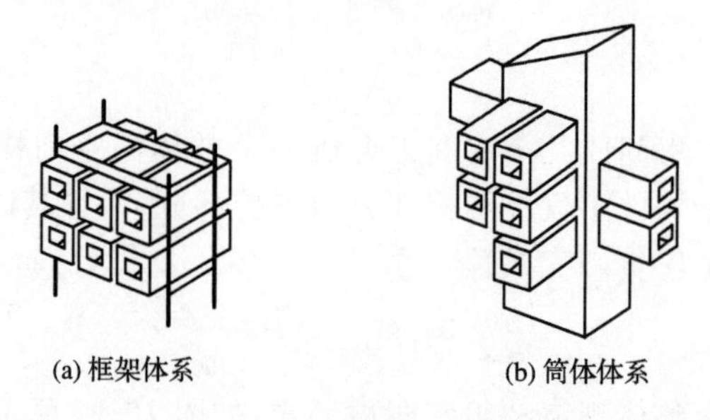

图 10-19 骨架结构体系

10.3 工具式模板现浇建筑

工具式模板现浇建筑是采用组装式模板或滑升式模板,在建筑现场用机械化方式浇筑混凝土楼板和墙体的一种建筑。它所用的钢制模板可作为工具重复使用,所以又称为工具式模板建筑。工具式模板现浇建筑主要包括大模板现浇建筑和滑升模板现浇建筑。

一、大模板现浇建筑

大模板一般由模板面板、支架和操作平台三部分组成,如图 10-20 所示。

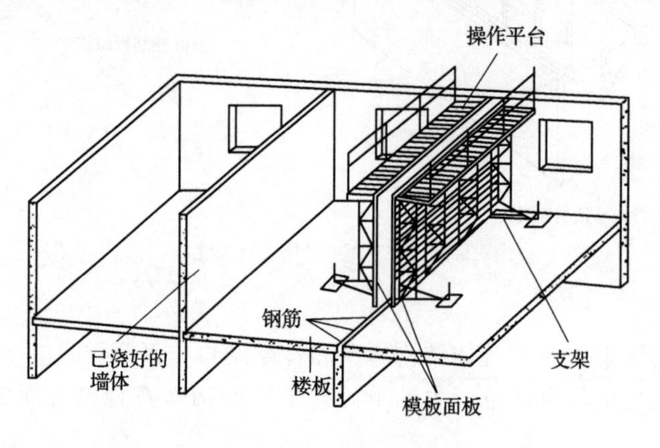

图 10-20 大模板现浇建筑

大模板现浇建筑整体性强、刚度大、抗震能力好、施工速度快并减少了室内外抹灰工程,但现场混凝土工作量大、工地施工组织工作较复杂,不利于冬季施工。

(一)大模板的类型

用于墙体的大模板,一般有平模、小角模、大角模和筒子模等,如图 10-21 所示。用于现浇楼板的模板有台模和隧道模等。

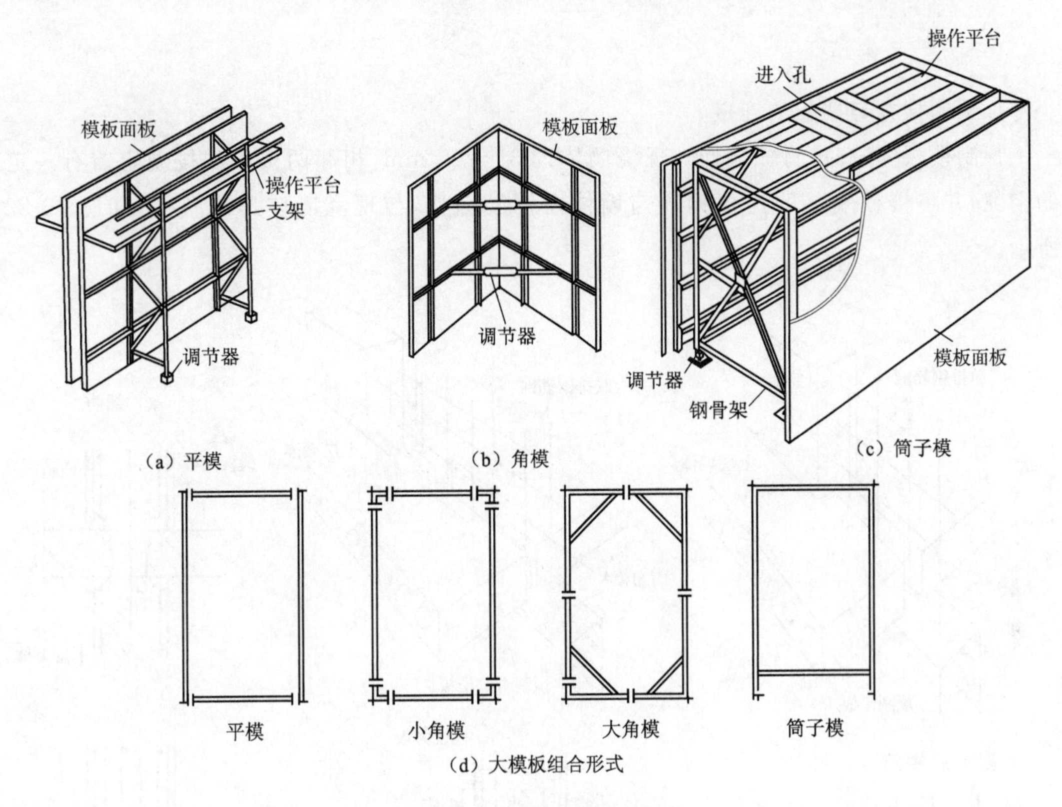

图10-21 大模板类型及组合形式

(二)大模板现浇建筑的类型

大模板现浇建筑的内墙一般采用大模板逐层浇筑的施工方法,楼板和外墙板可以采用现场浇筑或预制装配等不同的施工方法。

1. 全现浇式大模板建筑

这种建筑的墙体和楼板均采用现浇,整体性好,但对设备要求较高,一般用台模和隧道模进行施工,施工工期较长。

2. 现浇与预制相结合的大模板建筑

这种建筑可以是墙体全现浇,也可以是现浇内墙,而外墙采用预制墙板或块材砌筑。楼板一般为预制的大楼板。

内外墙全现浇的建筑,内外墙为整体连接,空间刚度大,但外墙支模较复杂,施工周期长。

内墙为大模板现浇钢筋混凝土墙体,外墙采用预制大墙板的建筑,其外墙的装饰和保温隔热处理可在预制厂完成,外墙板与内墙用插筋连接并现浇,这种方法能较好地保证房屋的空间刚度。

内墙为大模板现浇钢筋混凝土墙体,外墙为块材砌筑的建筑,其外墙可以降低造价,并具有较好的保温隔热性能,但现场工作量大,工期较长。

（三）节点构造

1. 预制楼板与墙板的连接

预制楼板安装时，将板端伸入现浇墙体内 35～45 mm，相邻两楼板间按规定留有一定的空隙，并将楼板端部的连接钢筋与墙体内钢筋绑扎，与现浇墙体形成整体，如图 10-22 所示。

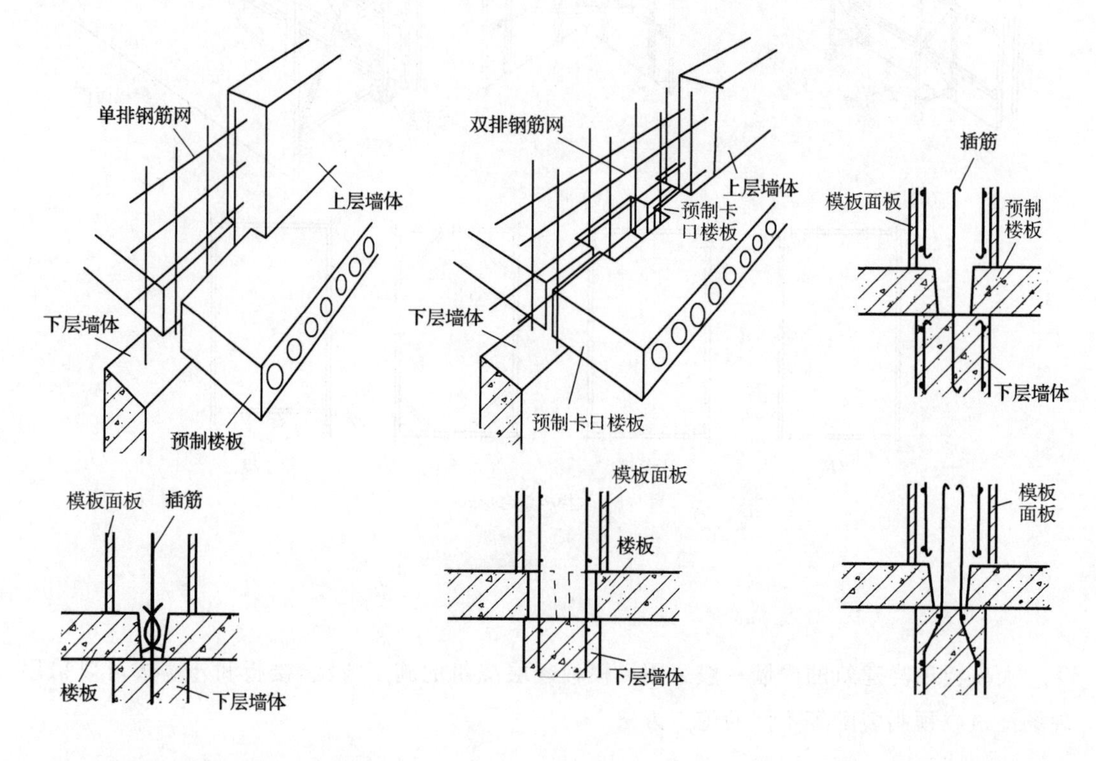

(a) 预制楼板现浇墙体上下层单排钢筋连接 (b) 卡口楼板双排钢筋连接 (c) 上下墙体采用过渡钢筋连接

图 10-22 预制楼板与墙板的连接

2. 现浇内墙与外墙板的连接

在预制外墙板的大模板建筑中，一般先装外墙板，后浇内墙，即把外墙板的甩筋与内墙钢筋绑扎在一起，在外墙板的板缝中插入竖向钢筋，上下墙板的甩筋相互搭接焊牢。利用对内墙的浇筑，将搭接的钢筋接头锚固成整体。图 10-23 所示为现浇内墙与外墙板的连接示意。

3. 现浇内墙与块材砌筑外墙的连接

在砌筑外墙的大模板建筑中，一般先砌外墙，后浇内墙。外墙与内墙交接处砌成凹槽，边砌边放入拉结筋和竖向钢筋，并与内墙钢筋绑扎在一起。现浇内墙后，可在凹槽中形成钢筋混凝土构造柱，如图 10-24 所示。

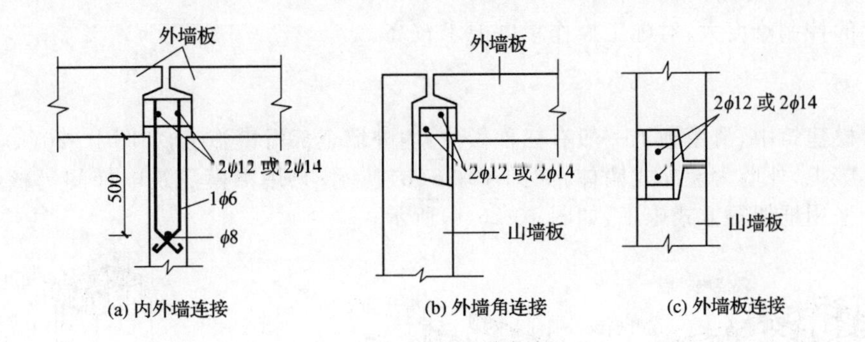

图 10-23　现浇内墙与外墙板的连接示意

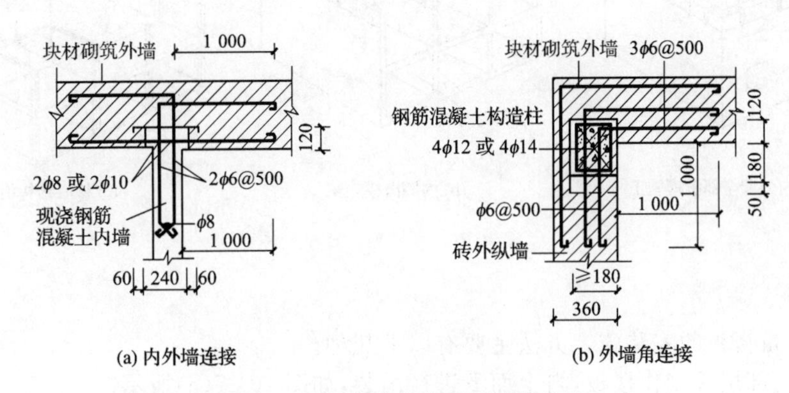

图 10-24　现浇内墙与块材砌筑外墙的连接

二、滑升模板现浇建筑

滑升模板也称滑模，是利用墙体内的钢筋作导杆，用油压千斤顶逐层提升模板，连续浇筑混凝土墙的施工方法，如图 10-25 所示。

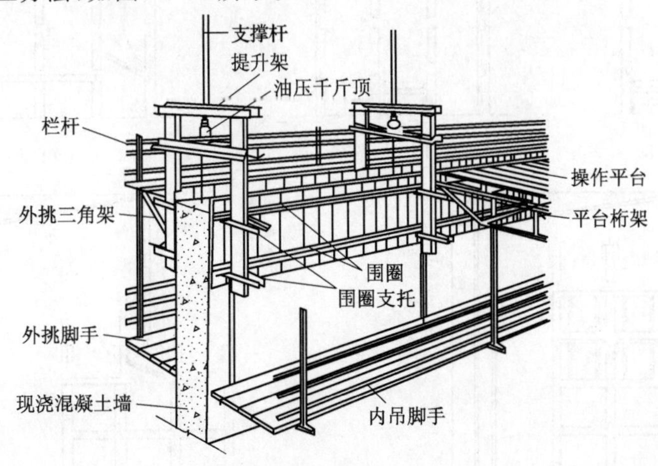

图 10-25　滑升模板施工方法示意

滑升模板适合于墙体上下有相同壁厚的建筑物和具有简单垂直形体的构筑物，如烟囱、筒仓和水塔等。滑升模板建筑的机械化程度高、结构整体性好、施工速度快、可节省模板，但对垂直度的控制难度大，对施工操作精度要求较高。

(一)滑模部位

在滑模建筑中，滑模施工一般有三种做法：内外墙全部滑模施工，如图 10-26(a)所示；内墙用滑模施工，外墙为装配式墙体，如图 10-26(b)所示；只用滑模浇筑电梯间等核心部分，其余部分采用框架等方式施工，如图 10-26(c)所示。

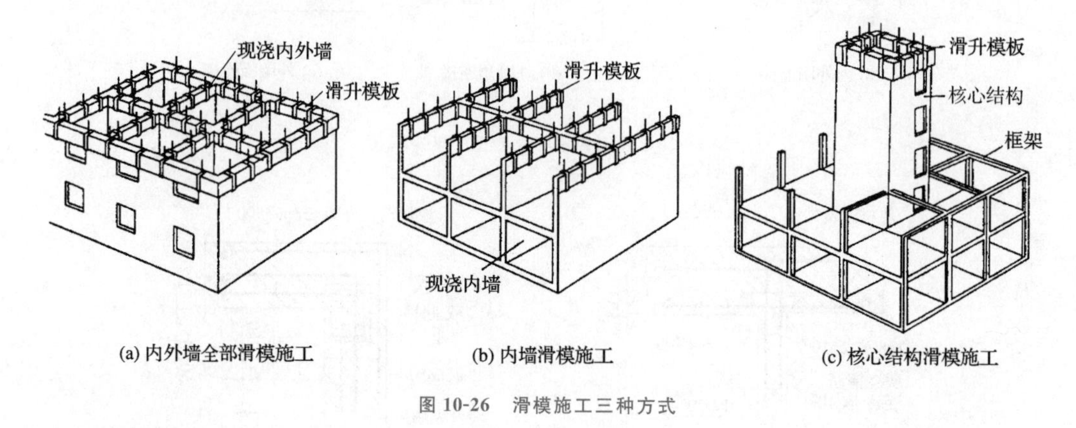

(a) 内外墙全部滑模施工　(b) 内墙滑模施工　(c) 核心结构滑模施工

图 10-26　滑模施工三种方式

(二)楼板的安装

滑模建筑楼板的安装施工方法主要有以下几种。

(1)在内部层叠制作楼板，自上而下进行吊装，如图 10-27(a)所示。

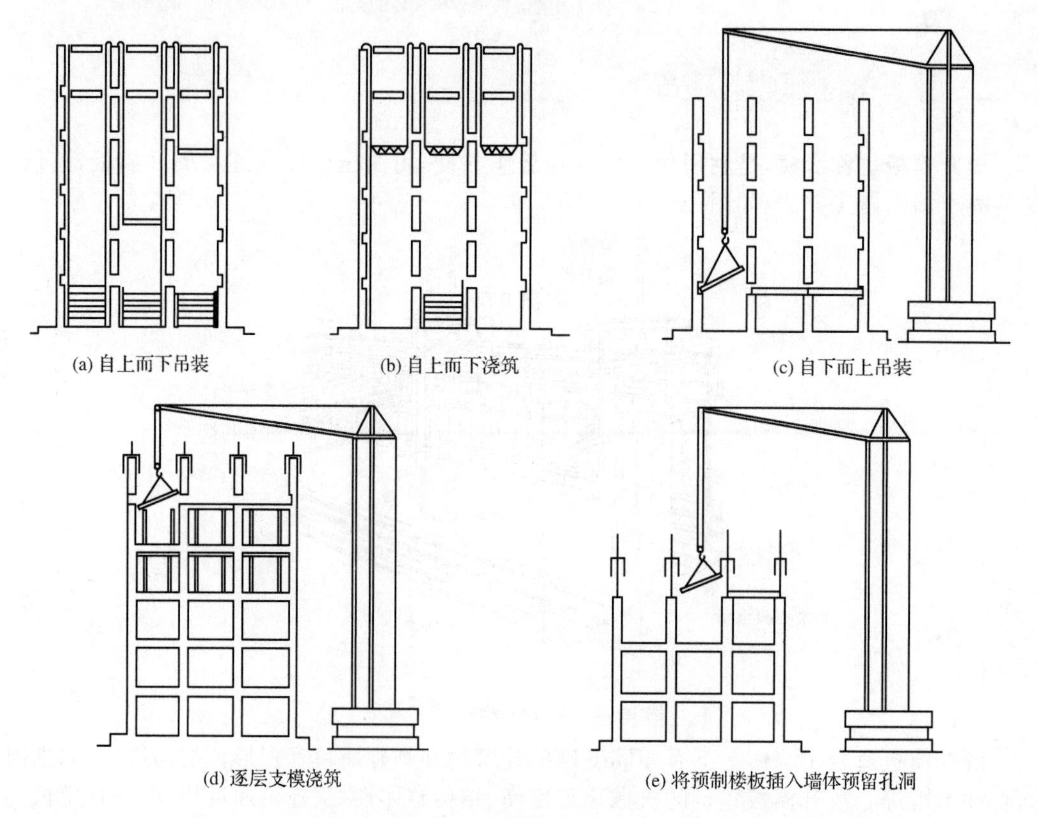
(a) 自上而下吊装　(b) 自上而下浇筑　(c) 自下而上吊装

(d) 逐层支模浇筑　(e) 将预制楼板插入墙体预留孔洞

图 10-27　滑模建筑楼板的安装

(2)用悬挂模板自上而下浇筑楼板,如图 10-27(b)所示。

(3)在墙体施工完成后,自下而上吊装预制楼板,如图 10-27(c)所示。

(4)在墙体施工高出楼板几层后,逐层支模浇筑楼板,如图 10-27(d)所示。

(5)将模板向上空滑一定高度后,将预制楼板插入墙体上预留的孔洞中,如图 10-27(e)所示。

复习思考题

1. 建筑工业化的意义是什么?
2. 建筑工业化体系包括哪些类型?
3. 实现建筑工业化的途径是什么?
4. 装配式板材建筑的结构体系有哪些类型?
5. 装配式框架建筑的结构体系有哪些类型?
6. 什么是工具式模板现浇建筑?
7. 滑升模板建筑楼板的安装施工方法有哪些?
8. 盒子建筑的结构体系有哪些类型?

第 11 章 工业建筑构造概述

11.1 工业建筑的特点和分类

工业建筑是指人们用于从事工业生产活动的各种房屋，也称为厂房或车间。工业建筑应满足生产要求，同时还需创造良好的劳动保护条件和生产环境。

一、工业建筑的特点

工业建筑在设计原则、建筑技术和建筑材料等方面与民用建筑是相同的，但由于其生产工艺复杂、生产环境要求多样，与民用建筑相比，在设计配合、使用要求、采光、通风及构造等方面具有明显的特点。

工业建筑的建筑设计，要满足生产工艺要求，为生产创造良好的生产工作环境，如生物、制药和精密机构等的生产厂房，要满足洁净度、恒温、恒湿等方面的特殊要求，要进行空气调节、防尘等处理，而热加工车间必须加强厂房的通风。

多数工业建筑特别是单层厂房的大型设备多，一般设有多种起吊运输设备。厂房结构的荷载、跨度和高度大，构件所受的内力大，构件截面尺寸大、用料多，而且厂房还常受动力荷载作用，在设计中要考虑动力荷载的影响。

工业建筑一般有较大的内部空间，从而形成了大面积的屋顶，为屋顶的防水、排水带来了困难。为满足采光、通风等方面的要求，常需在屋顶上设置天窗，因而增大了屋顶构造的复杂程度。

二、工业建筑的分类

工业建筑可按厂房用途、内部生产环境和层数进行分类。

（一）按厂房用途分类

1. 主要生产厂房

用于完成由原料到成品的主要生产工序的厂房，一般在全厂生产中占有重要地位，如机械制造厂中的机械加工车间、装配车间、铸造车间等。

2. 辅助生产厂房

为主要生产厂房服务的各类厂房，如机械制造厂中的机修车间、工具车间等。

3. 动力类厂房

为全厂提供能源和动力供应的厂房，如机械制造厂中的变电站、发电站、锅炉房、压缩空气站等。

4. 储藏类建筑

用来储存生产原料、半成品或成品的仓库，如油料库、金属材料库、成品库等。

5. 运输工具用房

用于停放、检修各种运输工具的库房，如汽车库、电瓶车库等。

(二)按厂房内部生产环境分类

1. 冷加工车间

在正常温度、湿度条件下进行生产的车间，如机械加工车间、装配车间等。

2. 热加工车间

在生产过程中散发大量热量、烟尘的车间，如炼钢、轧钢、铸造车间等。

3. 恒温、恒湿车间

在温度、湿度波动很小的范围内进行生产的车间，如精密仪器车间、纺织车间等。这类车间一般需安装必要的空调设备，并采取相应的构造措施以减少室外环境对室内的影响。

4. 洁净车间

产品的生产对空气的洁净度要求很高的车间，如制药车间、集成电路生产车间等。这类车间除依靠专业设备对室内空气进行净化处理外，还要提高厂房围护结构的严密性，以降低空气中灰尘的侵入。

5. 有腐蚀性介质作用的车间

在生产过程中会受到酸、碱、盐等腐蚀性介质作用，对厂房耐久性有较高要求的车间，如酸洗车间等。这类厂房在材料选择和构造处理上均有较高的防腐蚀要求。

(三)按厂房层数分类

厂房按其层数可分为单层厂房、多层厂房和混合层次厂房，如图 11-1 所示。

1. 单层厂房

单层厂房广泛用于机械制造、冶金、纺织等工业企业，它能满足大型生产设备或重型起重运输设备等对空间和结构的要求。但其占地面积大，围护结构较多，维护费用较高。

单层厂房按其跨数有单跨和多跨之分。飞机库和飞机装配车间常采用跨度很大的单跨厂房。但多跨大面积厂房在工程中应用得较多，其占地面积可达数万平方米。

2. 多层厂房

多层厂房能满足垂直方向组织生产和工艺流程的生产要求，同时对生产设备或产品较轻的企业有很好的适用性，如面粉加工厂，电子、食品加工和精密仪器加工等车间。

3. 混合层次厂房

混合层次厂房内既有单层，又有多层，多用于化学和电力等行业。

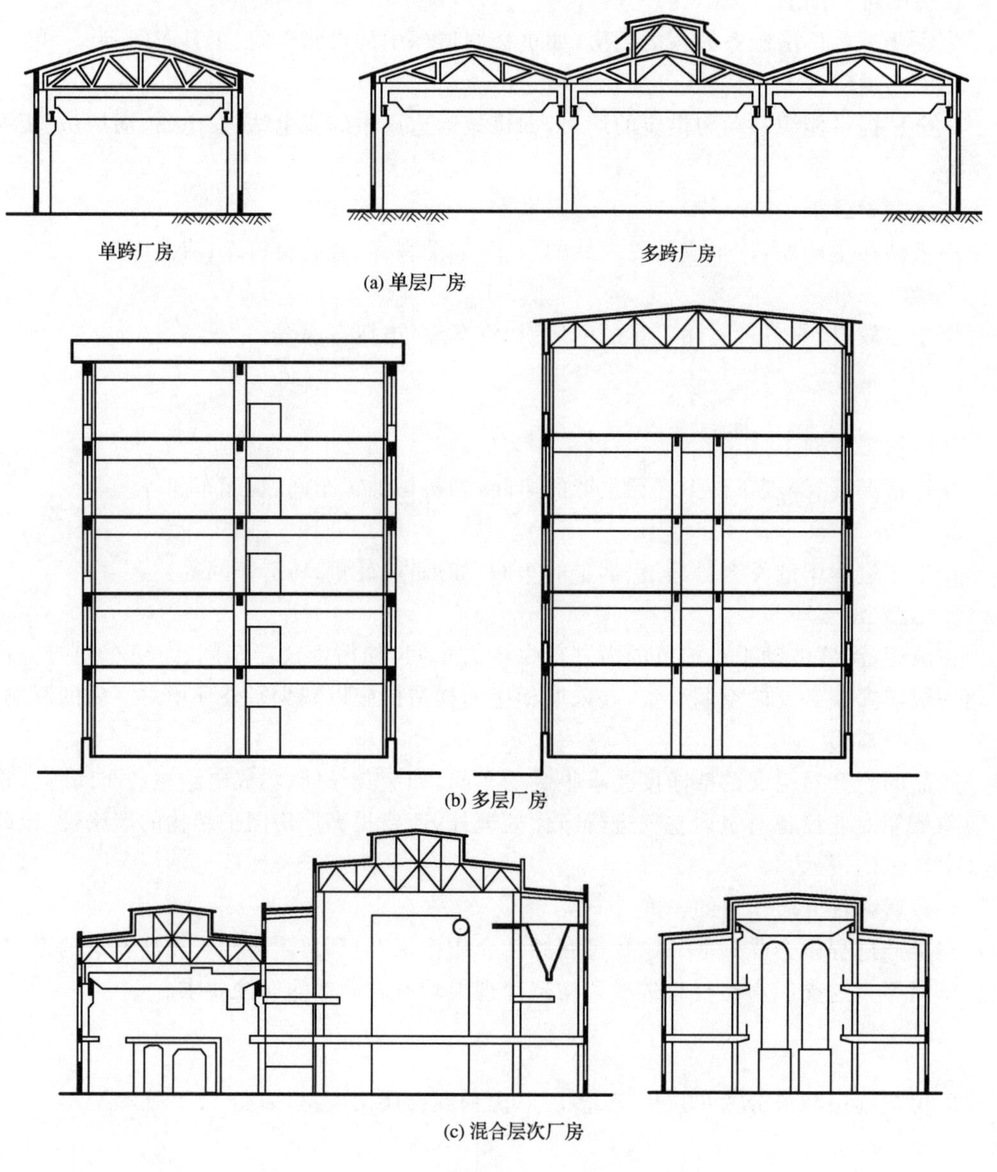

图 11-1 按层数分类的厂房类型

11.2 起重运输设备

起重吊车是厂房起重运输的主要设备，常用的有单轨悬挂式吊车、梁式吊车和桥式吊车。吊车的形式与规格直接影响到厂房的设计选型。

一、单轨悬挂式吊车

单轨悬挂式吊车由电动葫芦和型钢轨道组成，型钢轨道一般悬挂在厂房屋架下弦，故要求厂房屋顶有一定的刚度，如图 11-2 所示。

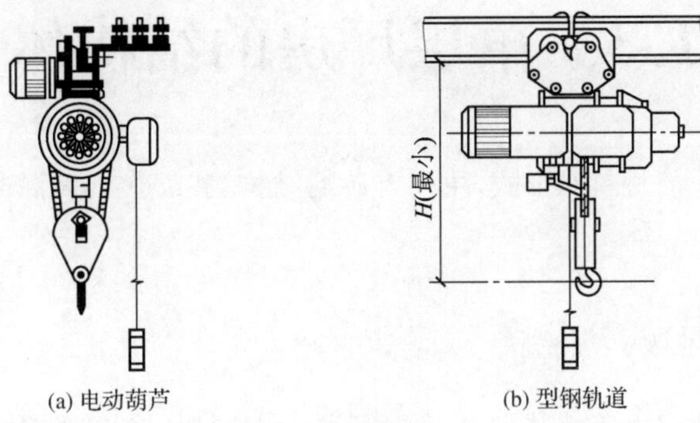

(a) 电动葫芦　　(b) 型钢轨道

图 11-2　单轨悬挂式吊车

单轨悬挂式吊车的型钢轨道可以布置成直线或曲线，其起重量一般不超过 2 t。

二、梁式吊车

梁式吊车由梁架和电动葫芦组成，梁架可以悬挂在屋架下弦或支承在吊车梁上，电动葫芦安装在梁架上。梁架悬挂于屋架下弦的为悬挂式梁式吊车，支承在吊车梁上的为支承式梁式吊车，如图 11-3 所示。

梁式吊车的起重量一般不超过 5 t。

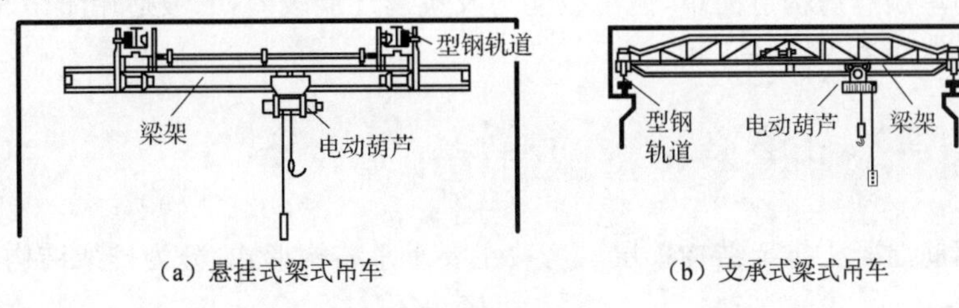

(a) 悬挂式梁式吊车　　(b) 支承式梁式吊车

图 11-3　梁式吊车

三、桥式吊车

桥式吊车由桥架和起重小车组成，桥架支承在吊车梁的型钢轨道上，沿吊车梁纵向运行；起重小车安装在桥架上面的轨道上，沿桥架长度方向运行，如图 11-4 所示。

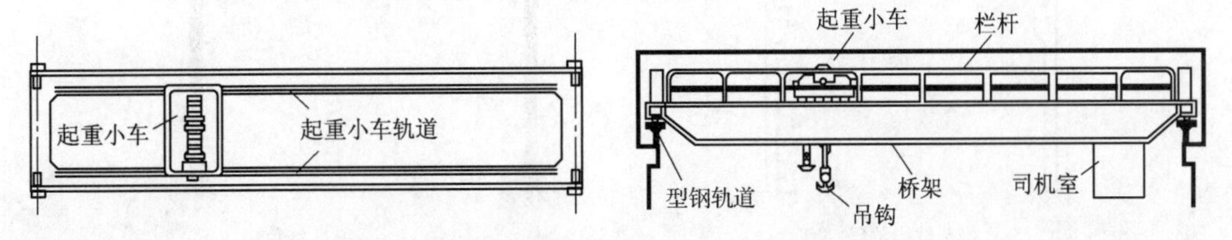

图 11-4　桥式吊车

桥式吊车的吊钩有单钩和主副钩两种形式。主副钩也称大小钩，起重量的大小用分数表示，分子为主钩的起重量，分母为副钩的起重量，如 100/25 t、50/20 t 等。

桥式吊车的起重量为 5～350 t，重型桥式吊车的起重量更大。

11.3 单层厂房的结构体系

单层厂房按承重的材料和形式，主要有砖混结构、装配式钢筋混凝土排架结构、钢结构和其他的结构类型。

一、砖混结构单层厂房

砖混结构单层厂房由砖墙或砖柱与钢筋混凝土屋架、屋面梁或轻钢屋架等组成，如图11-5所示。

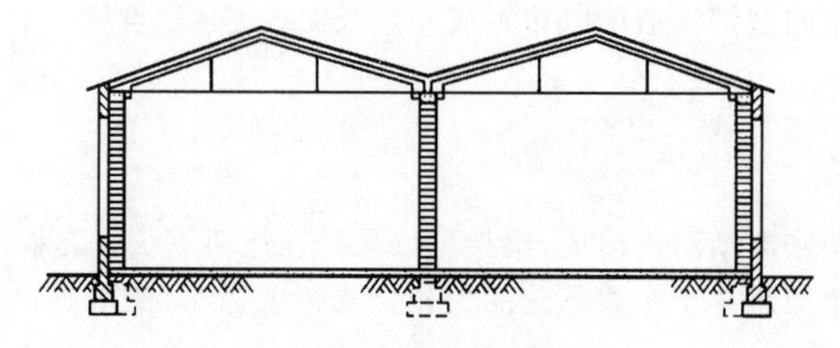

图 11-5 砖混结构单层厂房

砖混结构单层厂房构造简单，但承载能力及抗震性能较差，一般适用于吊车吨位不超过5 t，跨度不超过15 m的小型厂房。

二、装配式钢筋混凝土排架结构单层厂房

装配式钢筋混凝土排架结构单层厂房按主要承重结构形式，分为排架结构和刚架结构。

(一)排架结构单层厂房

排架结构单层厂房由屋架(或屋面梁)、柱、基础组成，其中柱与基础刚接，屋架(或屋面梁)与柱铰接，如图11-6所示。

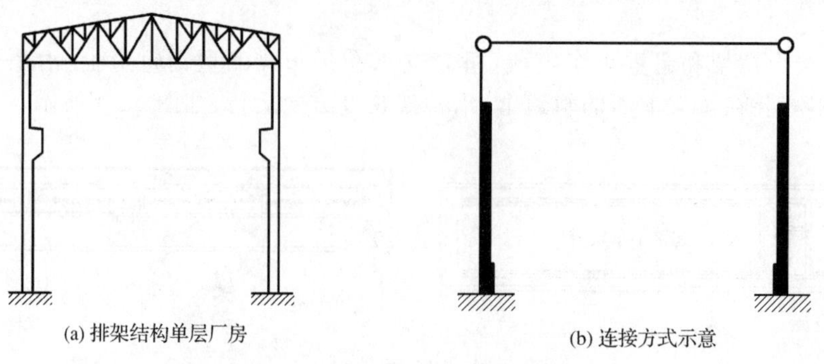

图 11-6 排架结构单层厂房及其连接方式示意

排架结构单层厂房可以采用钢屋架或钢筋混凝土屋架。

(二)刚架结构单层厂房

刚架结构单层厂房的梁或屋架与柱刚性连接。常用的刚架结构有钢筋混凝土门式刚架

和钢筋混凝土框架结构。钢筋混凝土门式刚架结构如图 11-7 所示。

钢筋混凝土框架结构厂房可用作单层或多层工业厂房。

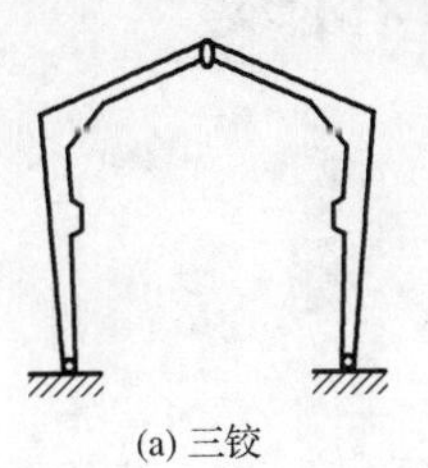
(a) 三铰

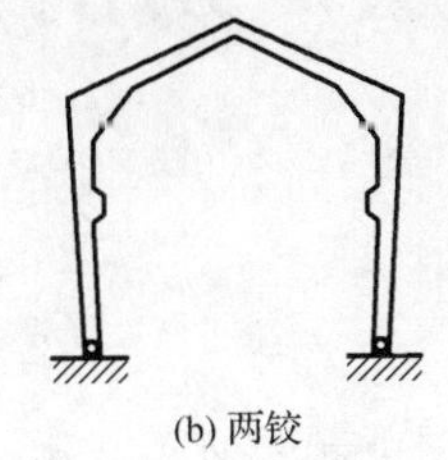
(b) 两铰

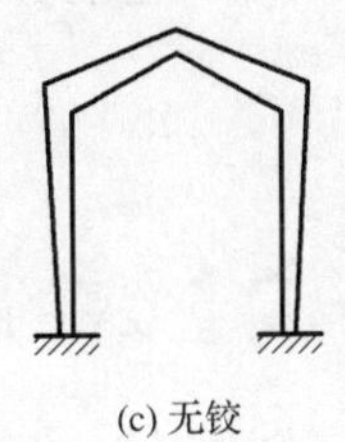
(c) 无铰

图 11-7 钢筋混凝土门式刚架结构

三、钢结构单层厂房

钢结构单层厂房的主要承重构件全部由钢材制成，如图 11-8 所示。这种结构自重轻、抗震性能好、施工速度快，但钢构件易锈蚀、耐火性能较差。

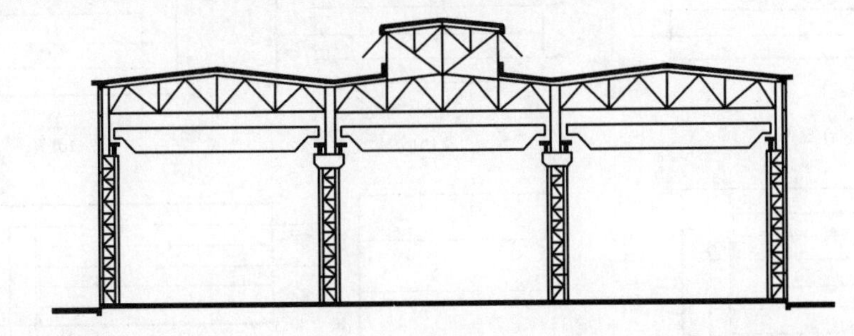

图 11-8 钢结构单层厂房

四、其他结构类型的厂房

在实际工程中，还有门架、网架、折板、双曲板和壳体等结构类型的厂房，如图 11-9 所示。

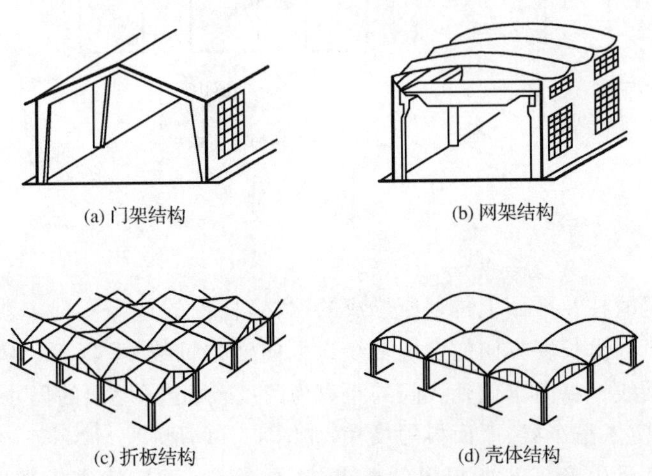
(a) 门架结构 (b) 网架结构

(c) 折板结构 (d) 壳体结构

图 11-9 其他结构类型的厂房

11.4 单层厂房的定位轴线

一、单层厂房的平面形式

单层厂房的平面形式是以生产工艺平面图为基础的，但是厂房生产工艺流程、生产特征、生产规模、内部的交通运输方式、厂房的位置、与其他厂房间的关系、基地地形、所在地区气象条件、厂房的结构形式、经济技术条件等，都对厂房的平面形式有直接的影响。在厂房的设计中，还要注意建筑的美观。

单层厂房常用的平面形式有矩形、方形、L 形、ㄇ形和山形等，如图 11-10 所示。

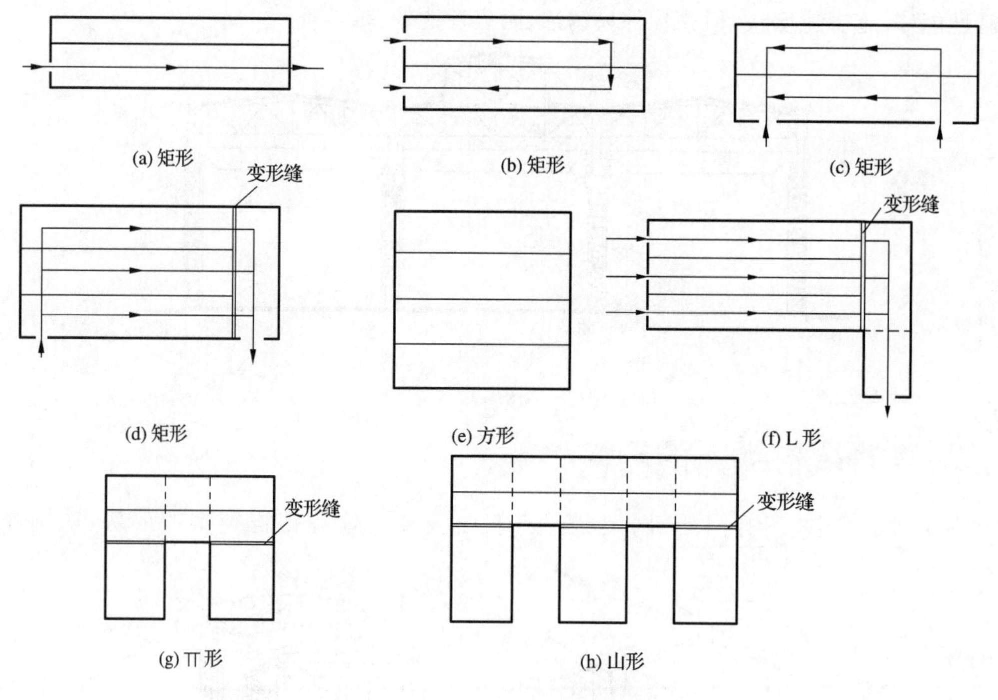

图 11-10 单层厂房常用的平面形式

二、柱网的选择

柱网是指厂房的柱在平面上排列所形成的网格，柱网的选择实际上就是选择厂房的跨度和柱距。平行于厂房长度方向的定位轴线为纵向定位轴线；垂直于厂房长度方向的定位轴线为横向定位轴线。纵向定位轴线间的距离为跨度，决定了屋架的尺寸；横向定位轴线间的距离为柱距，决定了吊车梁、屋面板的尺寸，如图 11-11 所示。

厂房柱网要满足生产工艺所提出的要求，还要符合《厂房建筑模数协调标准》(GB/T 50006—2010)的规定，尽量协调统一柱网，使建筑平面合理。

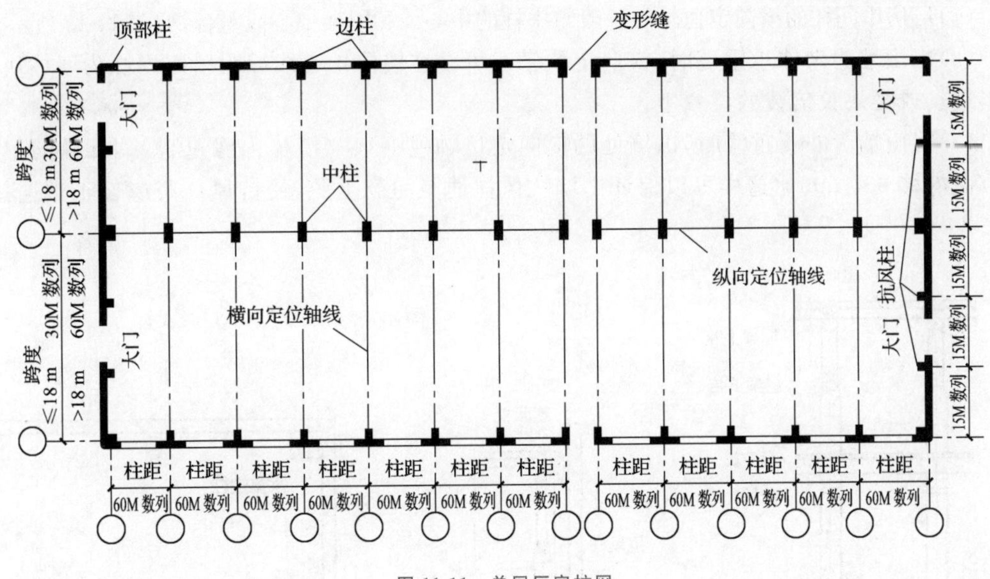

图 11-11 单层厂房柱网

(一)跨度

厂房内生产工艺、设备规格、设备布置方式及交通运输和生产操作所需的空间，是确定跨度的基本参数。

单层厂房跨度在 18 m 及 18 m 以下时，取 30M 数列；18 m 以上时，取 60M 数列。常用的跨度有 9 m、12 m、15 m、18 m、24 m、30 m、36 m 等。如果有特殊的工艺要求，也可采用 21 m、27 m、33 m 等跨度。

(二)柱距

6 m 柱距是单层厂房采用的基本柱距，但 6 m 柱距不便布置设备，厂房的通用性也较差。当厂房内布置有大型生产设备需跨越柱距布置，或运输设备与柱、设备基础与柱基础发生冲突时，应考虑进行柱距调整，扩大柱距，如图 11-12 所示。

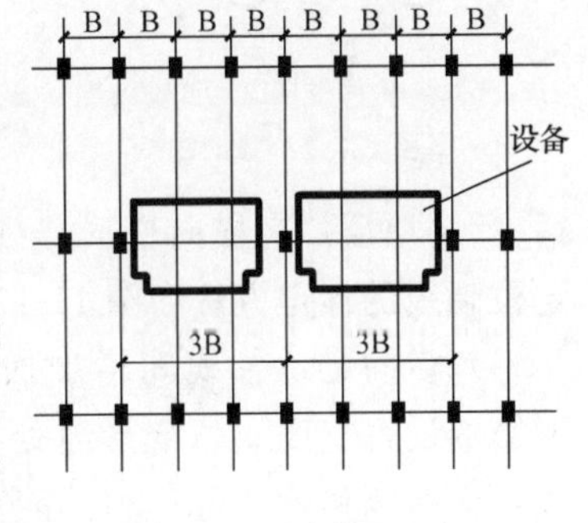

图 11-12 扩大柱距示意

方形或近方形柱网是扩大柱距、提高厂房通用性的一种方案，它可以在纵横两个方向布置生产线，并能满足生产工艺技术改造的要求。

三、定位轴线的标定

单层厂房定位轴线是确定厂房主要承重构件位置的基准线，同时也是施工放线、设备安装定位的依据。

(一)横向定位轴线

横向定位轴线主要用来标定屋面板、吊车梁、外墙板、纵向支撑等纵向构件的标准尺寸。

(1)厂房中间柱的横向定位轴线一般与中柱的中心线和屋架中心线重合,如图 11-13 所示。

(2)当山墙为砌体承重墙时,横向定位轴线可设在墙体中心线或距墙体内缘为墙体块材的半块长或半块长倍数的位置上。

(3)当山墙为非承重墙时,山墙处的横向定位轴线一般与墙体内缘重合,端部柱的中心线应向内移 600 mm。这样可以保证山墙抗风柱通至屋架上弦,使抗风柱与屋架正常连接,如图 11-14 所示。

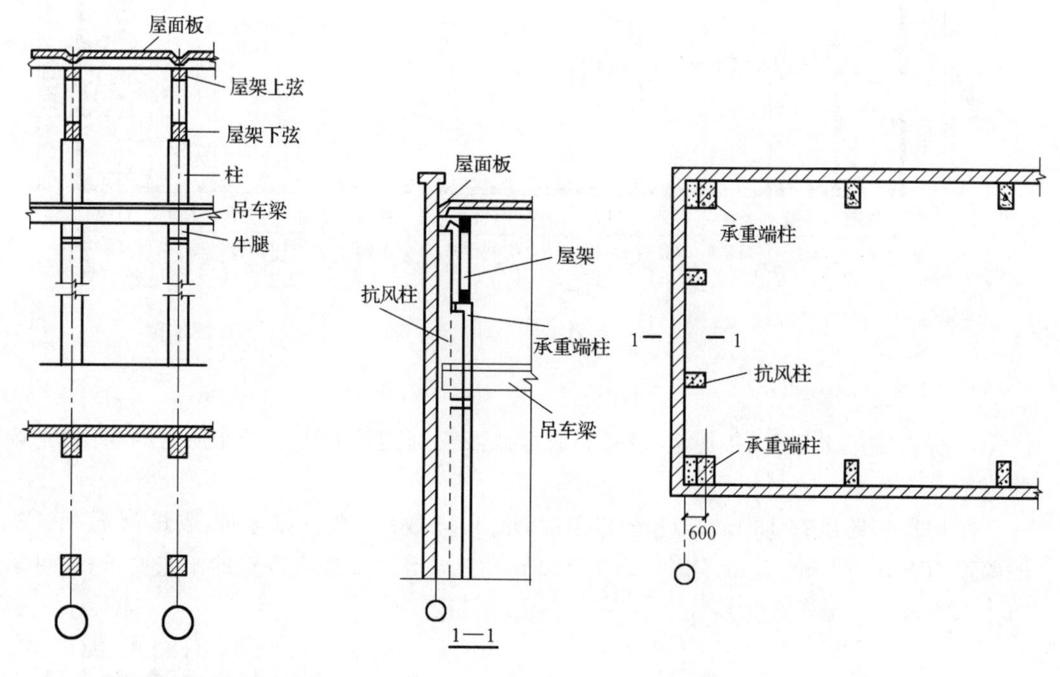

图 11-13 中间柱横向定位轴线与中柱及屋架中心线的联系

图 11-14 非承重山墙与横向定位轴线的联系

(4)单层厂房横向变形缝处一般设置双柱,其定位轴线的标定方法如图 11-15 所示。

双横向定位轴线间增加插入距 a_i,a_i 等于变形缝的设置宽度 a_e。变形缝处柱中心线自定位轴线各向两侧移 600 mm。伸缩缝处柱之所以内移,是考虑双柱间应有一定的间距以便安装柱,并为双柱的基础设置留出空间。这种定位轴线的标定方法可以保证屋面板、吊车梁等纵向联系构件的标志尺寸规格不变,有利于构件尺寸规格的统一,以及简化接缝处的构造,但屋面板、吊车梁、墙板等构件在横向变形缝处会出现局部悬挑的情况。

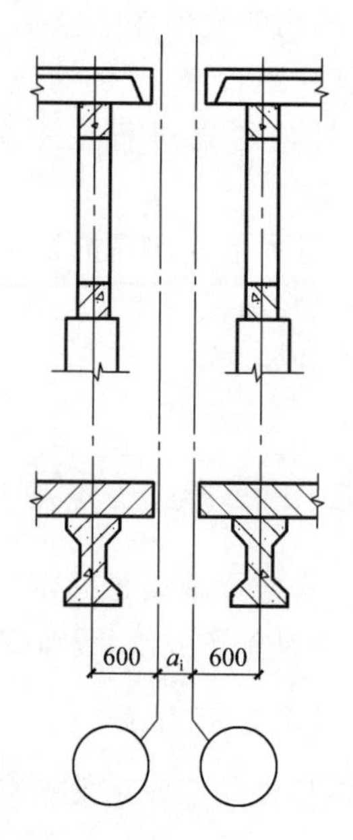

图 11-15 横向变形缝处定位轴线的标定方法

(二)纵向定位轴线

单层厂房两纵向定位轴线间的距离为厂房的跨度,是屋架的标志长度。

1. 边柱与纵向定位轴线的联系

在有吊车的厂房中，为使吊车与结构规格相协调，应满足：

$$L_K = L - 2e$$

式中　L——纵向定位轴线间的距离，即厂房跨度；

L_K——吊车跨度，即吊车轮距；

e——纵向定位轴线至吊车轨道中心线的距离，一般取 750 mm；当吊车起重质量大于 50 t 或有构造要求时，取 1 000 mm。

图 11-16 所示为厂房跨度与吊车跨度两者关系。

对普通起重吊车，为保证吊车的安全运行，应有

$$e-(B+h) \geqslant K$$

式中　B——吊车的端部尺寸；

h——厂房柱上柱截面高度；

K——为保证吊车安全运行的安全空隙，其大小根据吊车起重量和安全要求确定。

在实际工程中，由于吊车型号起重量不同，厂房跨度、高度和柱距也不同，外墙、边柱与纵向定位轴线的联系有封闭结合和非封闭结合两种形式，如图 11-17 所示。

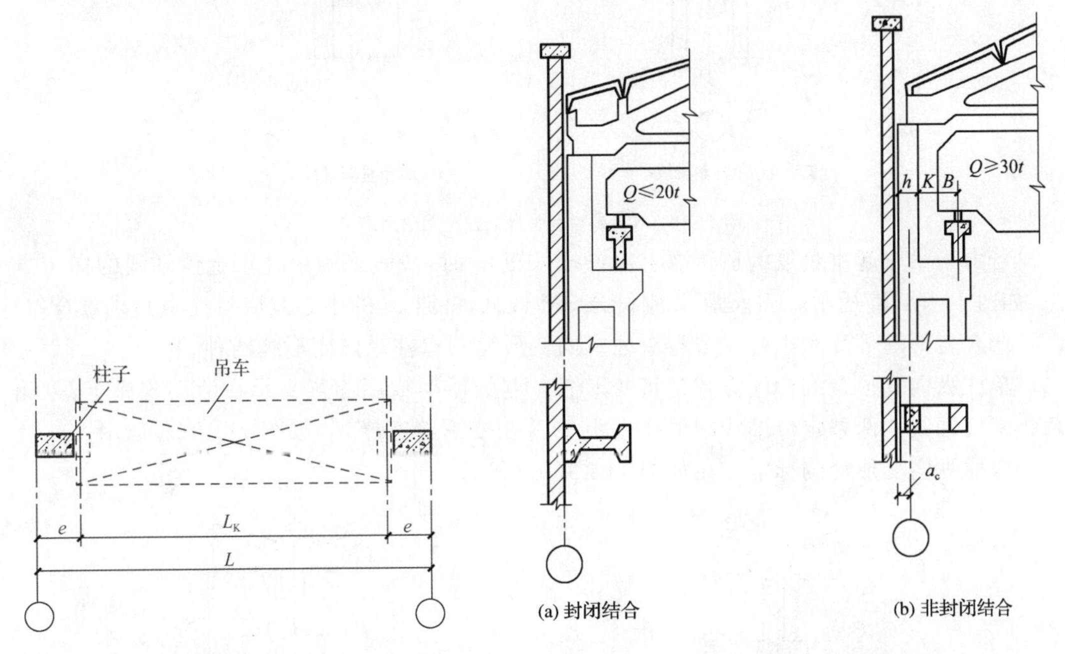

图 11-16　厂房跨度与吊车跨度两者关系

图 11-17　封闭结合与非封闭结合

(1)封闭结合的纵向定位轴线与柱外缘和外墙内缘重合，屋架和屋面板紧靠外墙内缘，如图 11-17(a)所示。

封闭结合适用于无吊车或只有悬挂式吊车及吊车起重量小于 20 t、柱距为 6 m 的厂房。这种结合方式的屋面板与外墙没有空隙，不需要设置填补空隙的补充构件，构造简单，施工方便，吊车荷载对柱的偏心距较小。

(2)非封闭结合的纵向定位轴线与柱外缘有一个距离 a_c，并使屋面板与外墙内缘也有一定的空隙，如图 11-17(b)所示。距离 a_c 称为联系尺寸，可以用来调整吊车的安全空隙，保

证吊车的安全运行。联系尺寸 a_c 应符合 3M 数列。

在非封闭结合中,需注意保证屋架等在柱上应有的支承长度。如支承长度不能保证,应在柱头伸出牛腿以保证屋架的支承。

2. 中柱与纵向定位轴线的联系

中柱处的纵向定位轴线的标定与相邻两跨厂房高度关系、纵向变形缝的设置及吊车起重量等因素有关。

(1)等高跨中柱

①无变形缝等高跨中柱的上柱中心线应与纵向定位轴线相重合,即等高跨两侧屋架或屋面梁等的标志跨度皆以上柱中心线为准,如图 11-18(a)所示。

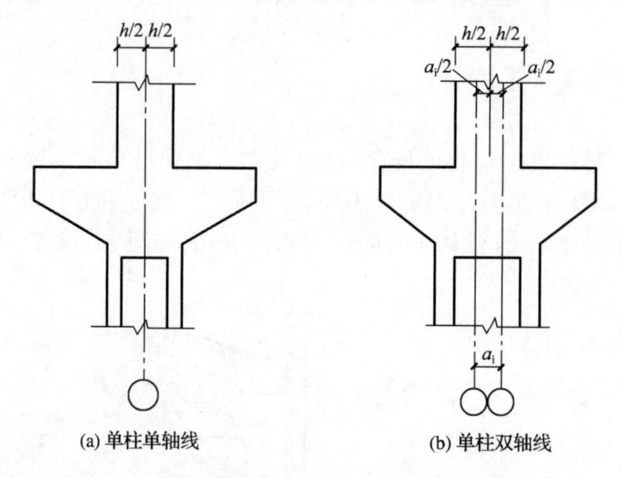

(a) 单柱单轴线　　(b) 单柱双轴线

图 11-18　等高跨中柱与纵向定位轴线的联系

若由于吊车起重量或构造等要求需设插入距 a_i 时,一般采用单柱双定位轴线的标定方法,如图 11-18(b)所示。插入距 a_i 应符合 3M 数列,并且 a_i 的中心线应与柱中心线重合。

②有变形缝等高跨中柱一般有单柱纵向变形缝和双柱纵向变形缝两种。

单柱纵向变形缝的标注方式是将变形缝一侧的屋架或屋面梁支承在活动支座上,采用两条定位轴线。两条定位轴线间的插入距 a_i 等于变形缝宽度 a_e,如图 11-19(a)所示。

双柱纵向变形缝的标定方法如图 11-19(b)所示。

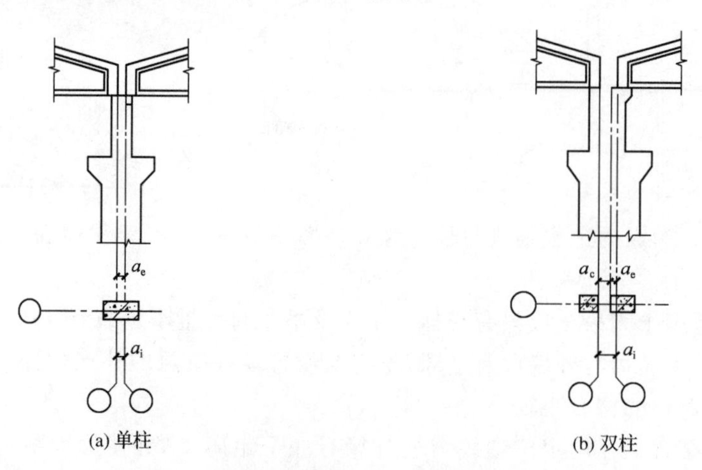

(a) 单柱　　(b) 双柱

图 11-19　等高跨中柱纵向变形缝处定位轴线的标定

(2)不等高跨中柱

两不等高跨中柱与纵向定位轴线的联系,一般以高跨为主,应结合吊车起重量、结构类型等选择标定方法。

①无变形缝不等高跨中柱一般为单柱,其定位轴线的标定有以下几种方法。

当吊车起重质量小于 20 t 时,高跨上柱外缘和封墙内缘应与纵向定位轴线相重合,如图 11-20(a)所示。

当吊车起重质量较大时,为保证吊车的安全运行,需增加联系尺寸。两纵向定位轴线分别属于高跨和低跨,有 $a_i = a_c$,如图 11-20(b)所示。

当高低跨两屋架端部之间设置有厚度为 t 的封墙或既有封墙又有联系尺寸 a_c 时,定位轴线的标定如图 11-20(c)、图 11-20(d)所示。

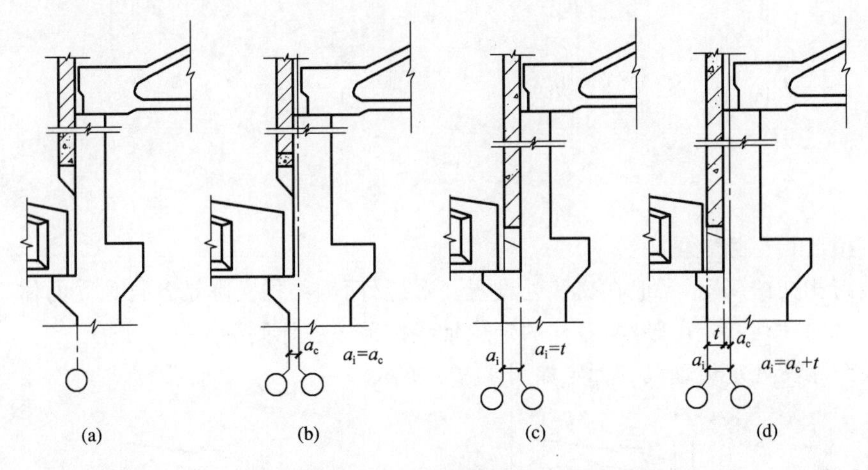

图 11-20　无变形缝不等高跨中柱纵向定位轴线的标定

②有变形缝不等高跨中柱可用单柱处理,采用两条纵向定位轴线。若变形缝宽度为 a_e,则两纵向定位轴线间的插入距 $a_i = a_e$;若需设置联系尺寸 a_c,则有 $a_i = a_e + a_c$,如图 11-21(a)、图 11-21(b)所示。

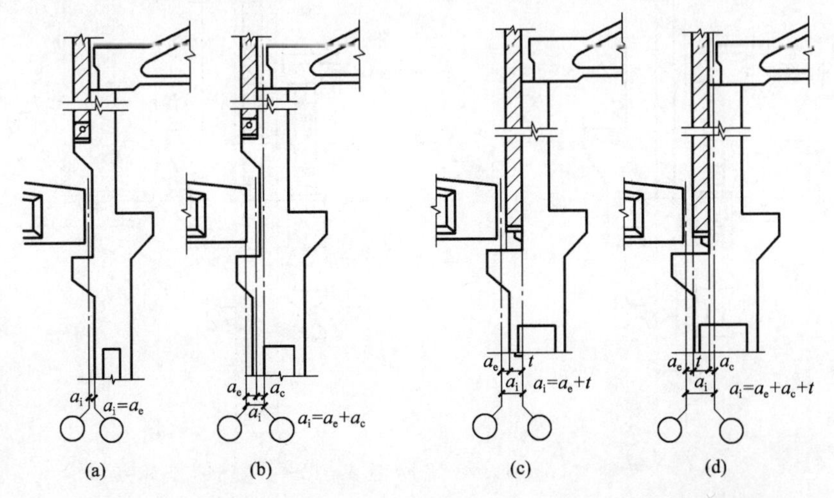

图 11-21　有变形缝不等高跨中柱纵向定位轴线的标定

当高低跨两屋架端部之间设有厚度为 t 的封墙时,纵向定位轴线的标定如图 11-21(c)、

图 11-21(d)所示。

当两跨厂房内吊车起重量相差较大、不等高跨高差较大或变形缝宽度较大时，应考虑在不等高跨处采用双柱方案，定位轴线标定如图 11-22 所示。

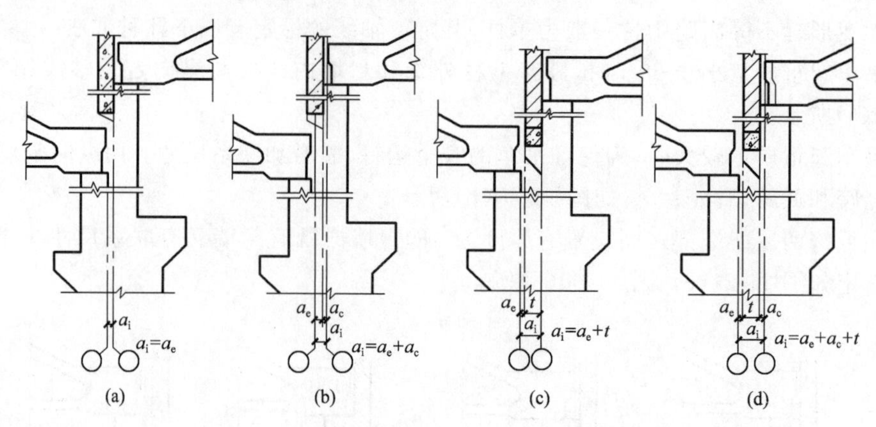

图 11-22 有变形缝不等高跨双柱与定位轴线的标定

3. 纵横跨相交处定位轴线

纵横跨相交的厂房，一般在交接处设置变形缝，两侧结构实际是各自独立的体系。纵横跨应有各自的柱列和定位轴线，各柱的定位轴线按前述各原则标定。

纵横跨相交处定位轴线的标定如图 11-23 所示。

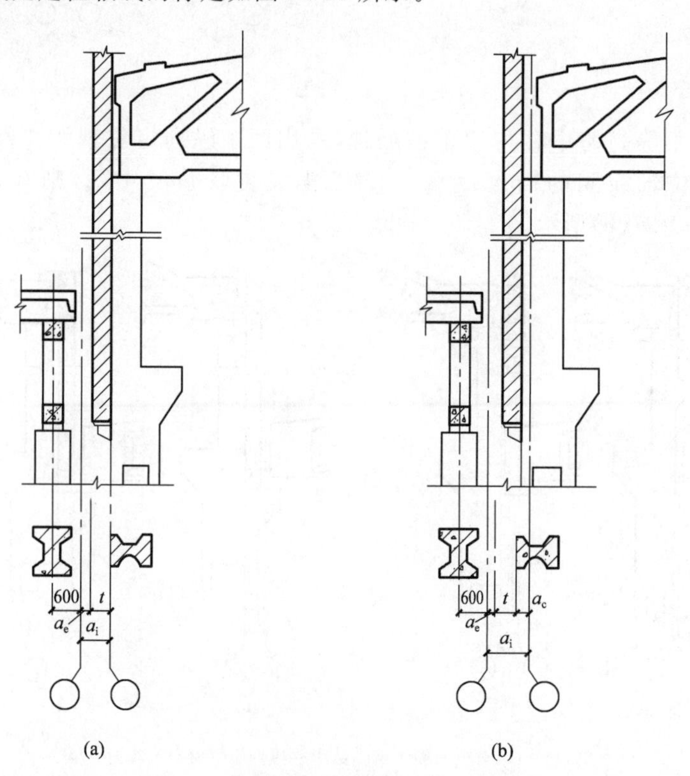

图 11-23 纵横跨相交处定位轴线的标定

复习思考题

1. 工业建筑的特点是什么？
2. 厂房内部起重运输设备的种类有哪些？
3. 单层厂房的结构体系有哪些？
4. 单层厂房有哪几种平面形式？
5. 单层厂房常用的跨度和柱距有哪些？
6. 什么是封闭结合？什么是非封闭结合？
7. 简述单层厂房不同位置柱定位轴线的标定方法。

第 12 章 装配式钢筋混凝土排架结构单层厂房构造

装配式钢筋混凝土排架结构单层厂房的承载能力强、耐久性好、施工速度快，适用于跨度、高度及吊车荷载较大的单层工业建筑及抗震等级较高地区的建筑。

12.1 结构组成

装配式钢筋混凝土排架结构单层厂房的结构组成如图 12-1 所示。

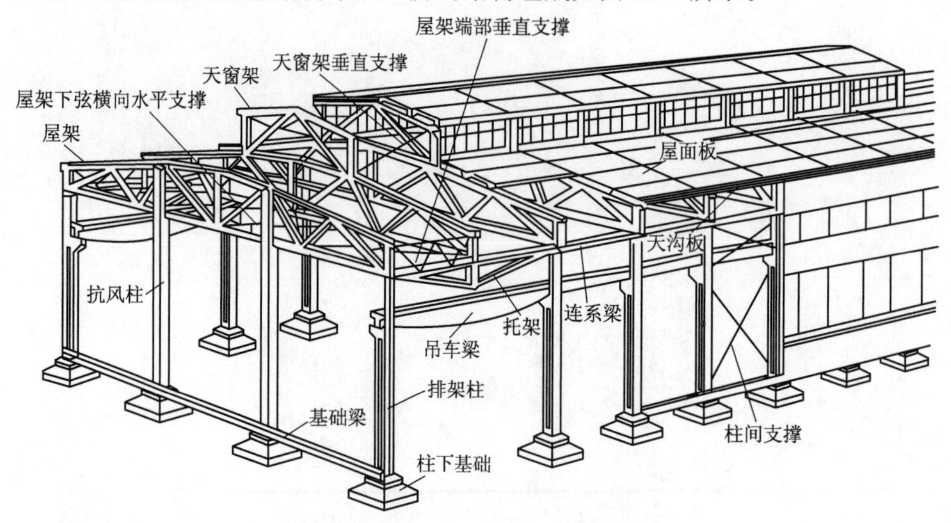

图 12-1 装配式钢筋混凝土排架结构单层厂房的结构组成

1. 柱下基础

柱下基础一般采用预制或现浇的杯口基础，以便插入预制柱，如图 12-2 所示。

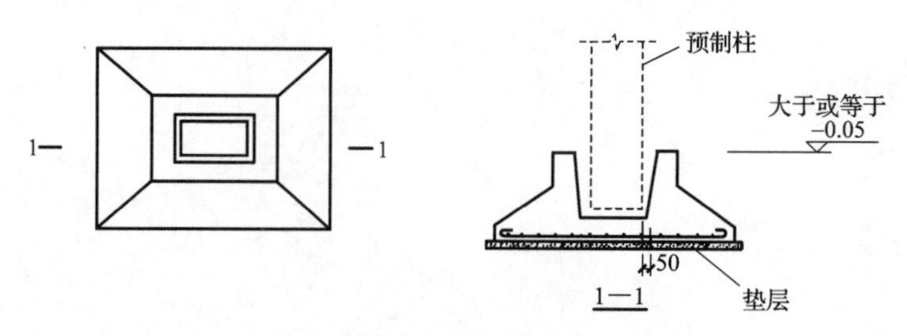

图 12-2 杯口基础

2. 基础梁

装配式钢筋混凝土排架结构单层厂房的外墙一般为自承重墙，墙下不设专用基础，直接支撑在基础梁上，如图 12-3 所示。基础梁构造简单，能避免墙与柱的不均匀沉降，有预制和现浇两种形式。

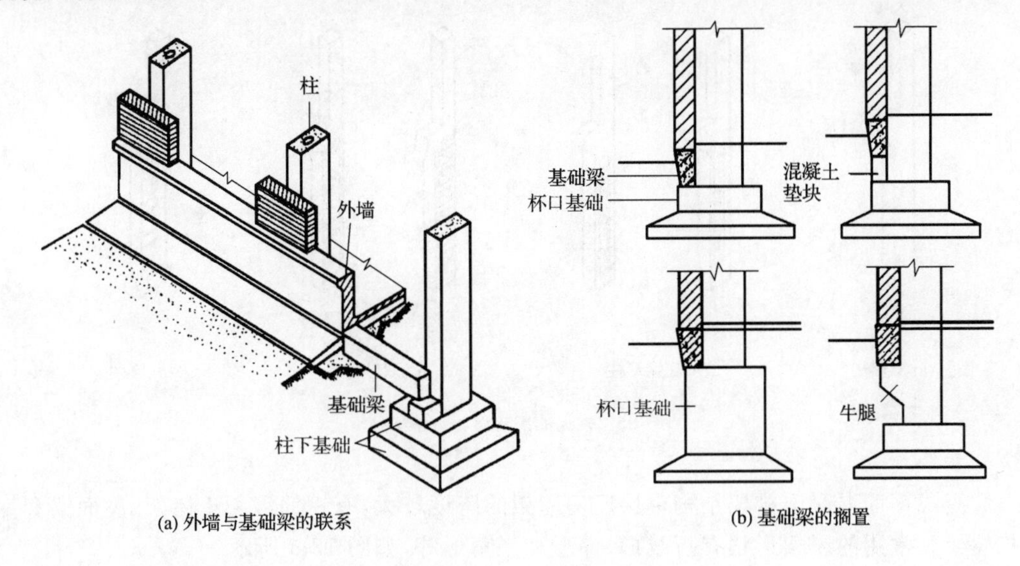

(a) 外墙与基础梁的联系　　(b) 基础梁的搁置

图 12-3　基础梁

当基础埋置较浅时，基础梁可直接或通过混凝土垫块搁置在柱下基础顶面；当基础埋置较深时，可用牛腿支托，将基础梁的埋深减小，以降低墙体高度。基础梁的上表面一般低于室内地坪 50 mm，高于室外地坪 100 mm。

为保证基础梁与柱下基础有共同的沉降，基础梁下的回填土要虚铺或留有 50～100 mm的空隙，给基础梁的沉降预留空间。

在寒冷地区，基础梁下部应采取措施，防止土层冻胀对基础梁的挤压破坏。一般做法是将基础梁下的可冻胀土挖除，再填铺炉渣等松散材料，也可在基础梁下预留空隙，如图 12-4 所示。这种做法同样适用于湿陷性土壤或湿胀性土壤。

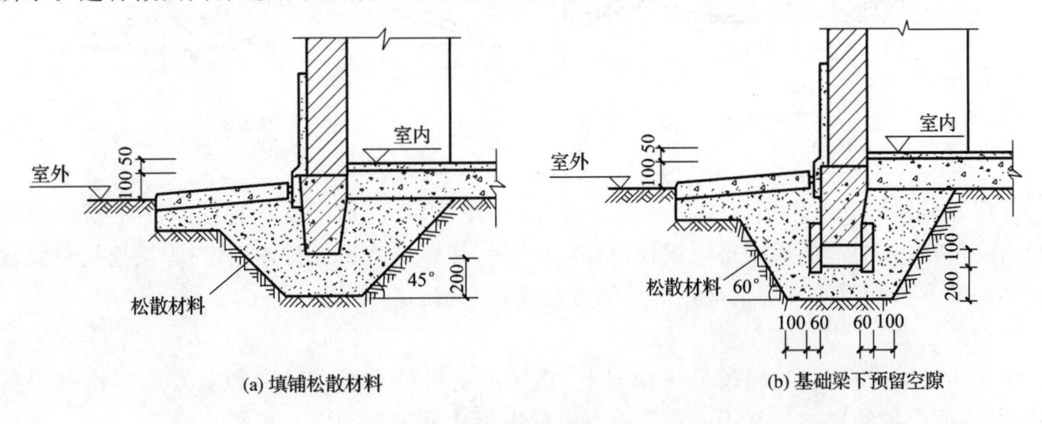

(a) 填铺松散材料　　(b) 基础梁下预留空隙

图 12-4　基础梁防冻措施

3. 柱

装配式钢筋混凝土排架结构单层厂房的柱也称为排架柱或列柱，是厂房的主要承重构件，按所处的位置分为边柱和中柱。常见的排架柱有矩形柱、工字形柱、双肢柱和管柱等形式，如图 12-5 所示。

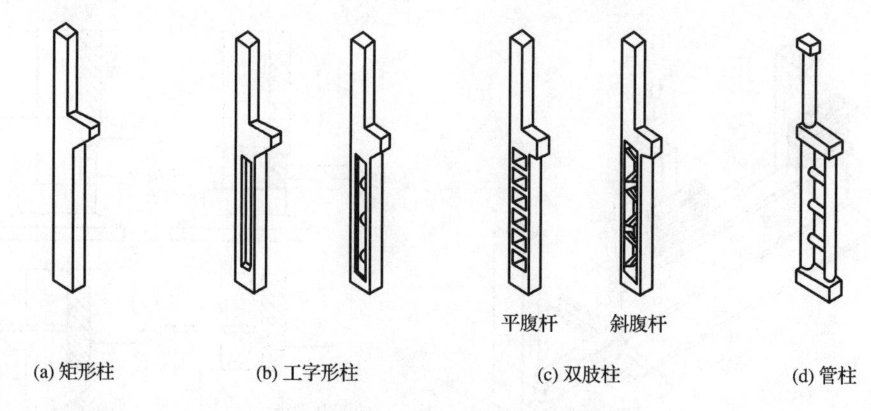

图 12-5 常见的钢筋混凝土排架柱

4. 屋架

装配式钢筋混凝土排架结构单层厂房屋架的跨度较大，有钢筋混凝土屋架、屋面梁和钢结构屋架。常用的屋架形状有折线形、梯形和三角形等，如图 12-6 所示。

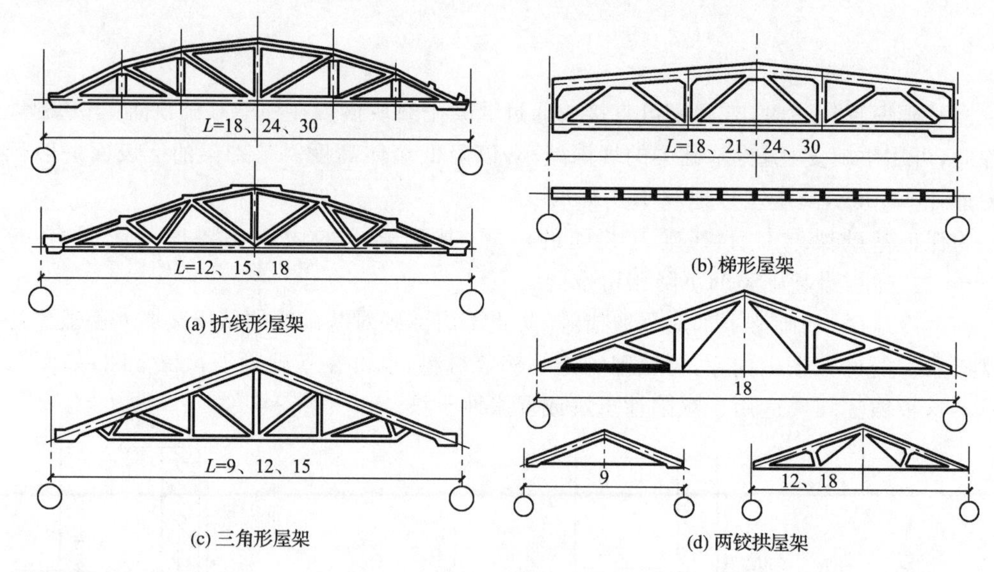

图 12-6 常用屋架形状(单位：m)

屋架与柱可以采用螺栓连接或焊接连接，如图 12-7 所示。螺栓连接是在柱顶预埋螺栓，在屋架下弦的端部连接预埋钢板，吊装就位后，用螺母将屋架拧紧固定；焊接连接是将柱顶和屋架下弦端部的预埋钢板用焊接的方法连在一起。

5. 屋面板

屋面板铺设在屋架、檩条或天窗架上，直接承受板的自重，及雪、积灰及施工检修等荷载，并将荷载传给屋架。常用的屋面板有钢筋混凝土槽形板和空心板等。

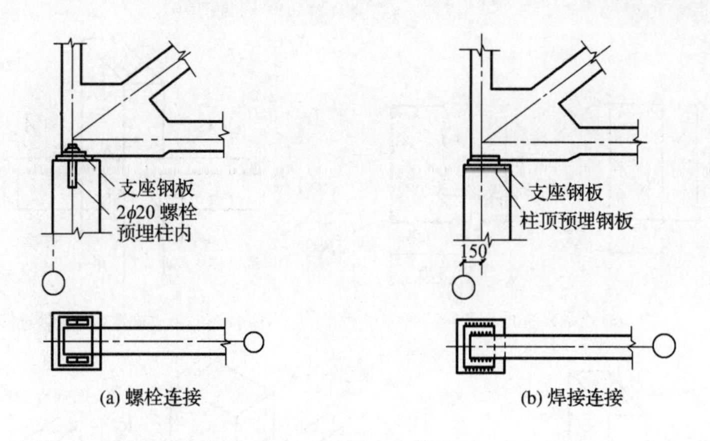

图 12-7　屋架与柱的连接

6. 圈梁

圈梁可以加强墙体与柱之间的联系,保证墙体的稳定,提高厂房结构的整体刚度。圈梁一般布置在厂房的吊车梁附近和柱顶,对有抗震要求的结构,沿墙高每隔 4 m 左右设置圈梁一道。当厂房高度较大时,应按要求增加圈梁数量。

圈梁设置在墙体内,一般配有 4ϕ12 主筋和 ϕ6@250 mm 的箍筋,并与柱伸出的预埋筋连接。

7. 连系梁

连系梁作为水平构件起水平连系和支撑作用,可以提高厂房结构的刚度和稳定性。小型厂房一般在吊车梁附近设置一道连系梁,当厂房高度较大时,每隔 4～6 m 高设置一道连系梁。

连系梁分为承重连系梁和非承重连系梁。承重连系梁主要承担墙体的重量,可以减小基础梁的荷载。连系梁若能水平交圈,可视同为圈梁。连系梁有预制和现浇两种形式,横断面一般为矩形和 L 形,如图 12-8(a)所示。

预制非承重连系梁与柱可用螺栓连接,如图 12-8(b)所示;现浇非承重连系梁是将柱中的预留钢筋与连系梁整浇连接的,如图 12-8(c)所示。

承重连系梁一般搁置在支托连系梁的牛腿上,用螺栓或焊接的方法连接,如图 12-8(d)所示。

8. 吊车梁

吊车梁分为钢筋混凝土吊车梁和钢结构吊车梁,一般搁置在排架柱的牛腿上,并沿吊车的运行方向设置。

钢筋混凝土吊车梁有 T 形、工字形和鱼腹式等类型,如图 12-9 所示。

吊车梁与柱多采用焊接的方法连接,其下部通过钢垫板与柱牛腿上面的预埋钢板焊牢,上翼缘与柱用角钢或钢板连接,如图 12-10 所示。

吊车轨道一般采用铁路钢轨,轨道的安装如图 12-11 所示。

为防止吊车在运行时刹车不及时而造成对结构的冲撞,应在吊车梁端部设置止冲装置,即车挡,如图 12-12 所示。

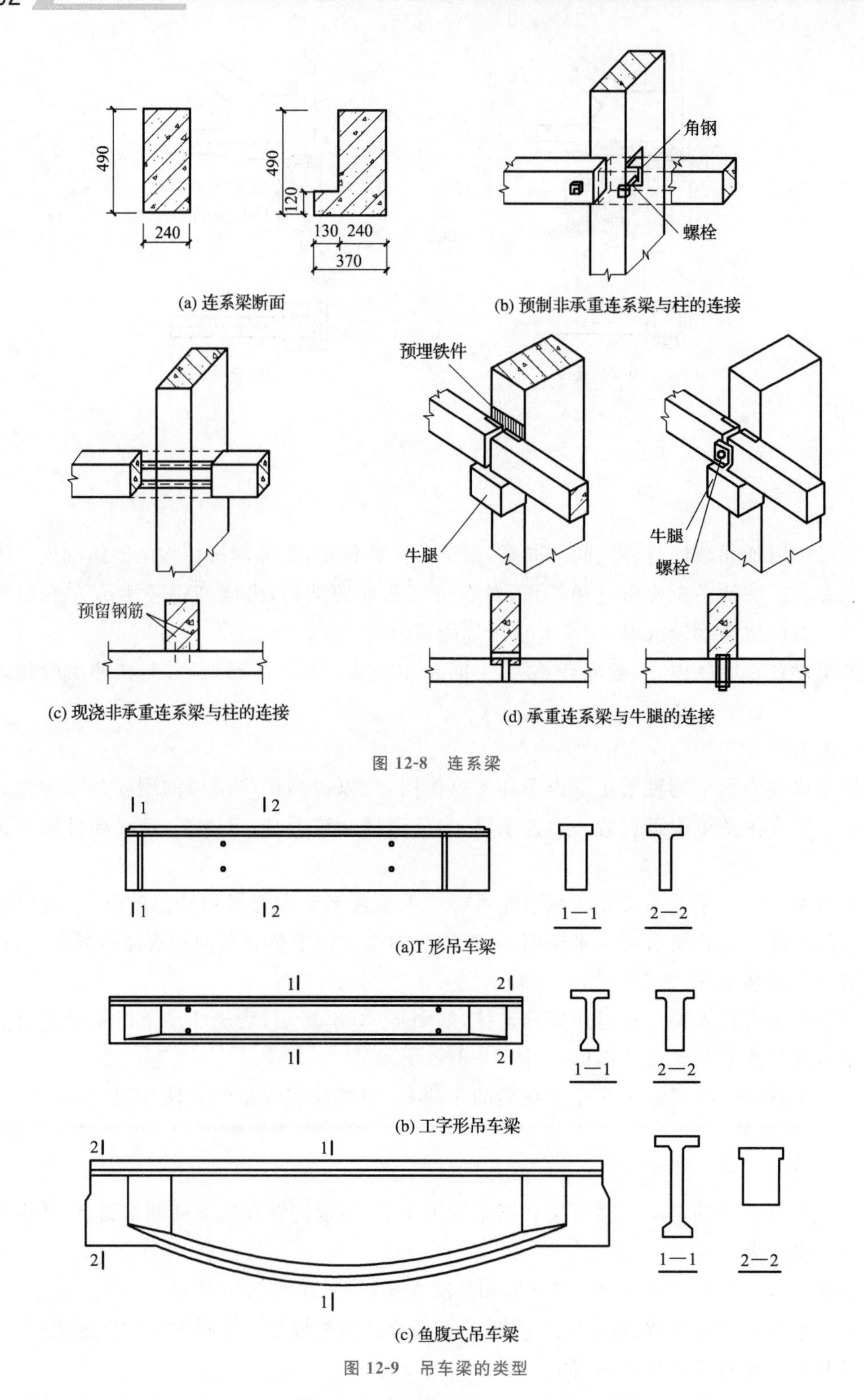

图 12-8 连系梁

图 12-9 吊车梁的类型

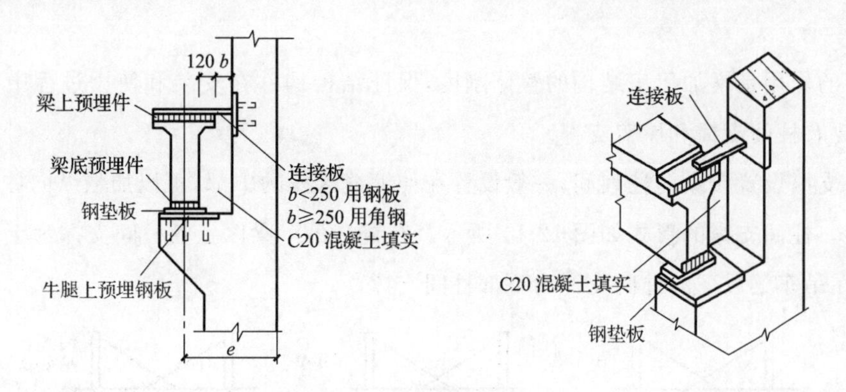

图 12-10　吊车梁与柱连接

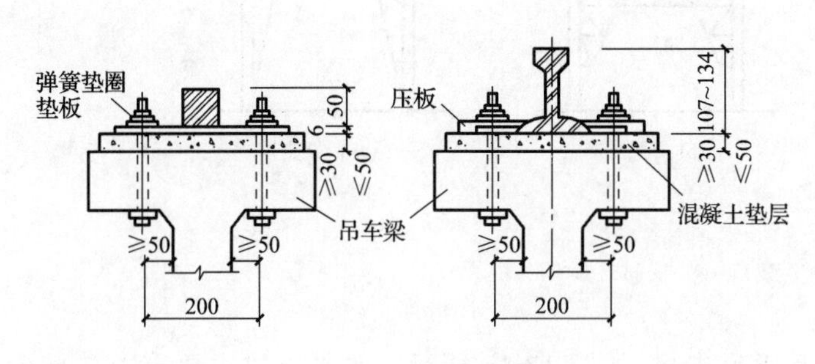

图 12-11　吊车轨道的安装

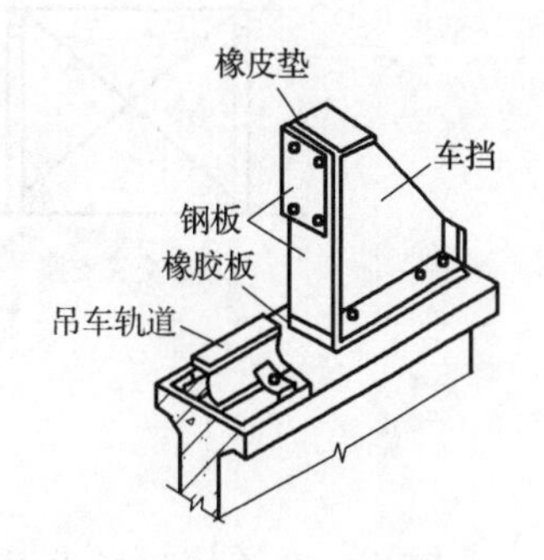

图 12-12　止冲装置

9. 抗风柱

由于单层厂房的山墙面积大，所受的风荷载作用也较大，故在山墙处设置抗风柱，以增加墙体的稳定性。抗风柱下端插入杯口基础内，上部应达到屋架上弦的高度，以保证抗风柱与屋架间的连接。抗风柱的上部一般用弹簧板分别与屋架上弦、下弦做成柔性连接，这样既可有效地传递水平风荷载，又能允许屋架与抗风柱间存在因不均匀沉降引起的竖向相对位移，如图 12-13 所示。

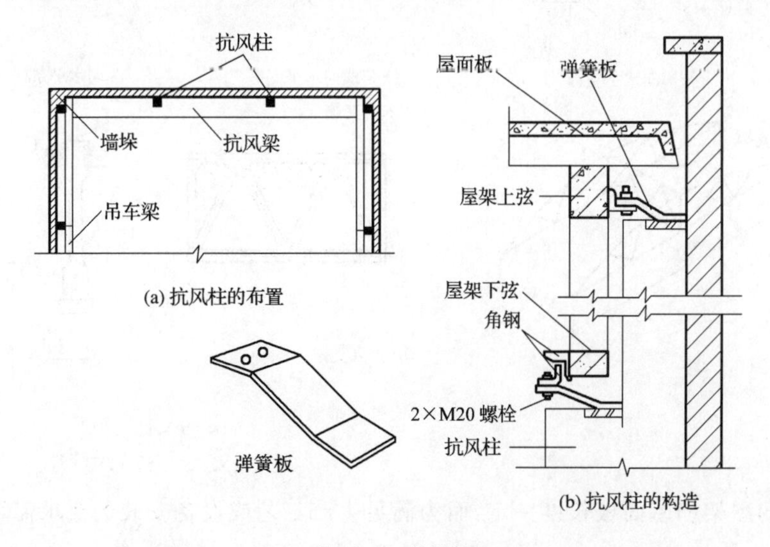

图 12-13　抗风柱

10. 支撑

支撑的作用是增加厂房结构的整体刚度，保证结构构件在安装和使用过程中的稳定和安全，主要有柱间支撑和屋盖支撑。

柱间支撑设置在纵向柱列间，一般设置在伸缩缝区段的中部，可以加强纵向柱列的刚度和稳定性。柱间支撑的形式如图 12-14 所示。布置在吊车梁以上的柱间支撑为上部柱间支撑；布置在吊车梁以下的柱间支撑为下部柱间支撑。

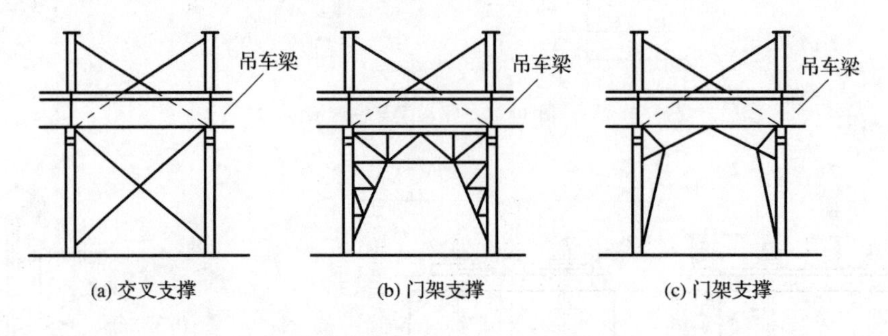

图 12-14 柱间支撑的形式

屋盖支撑系统包括水平支撑和垂直支撑，如图 12-15 所示。水平支撑主要有上弦横向水平支撑、下弦横向水平支撑、纵向水平支撑和纵向水平系杆等。

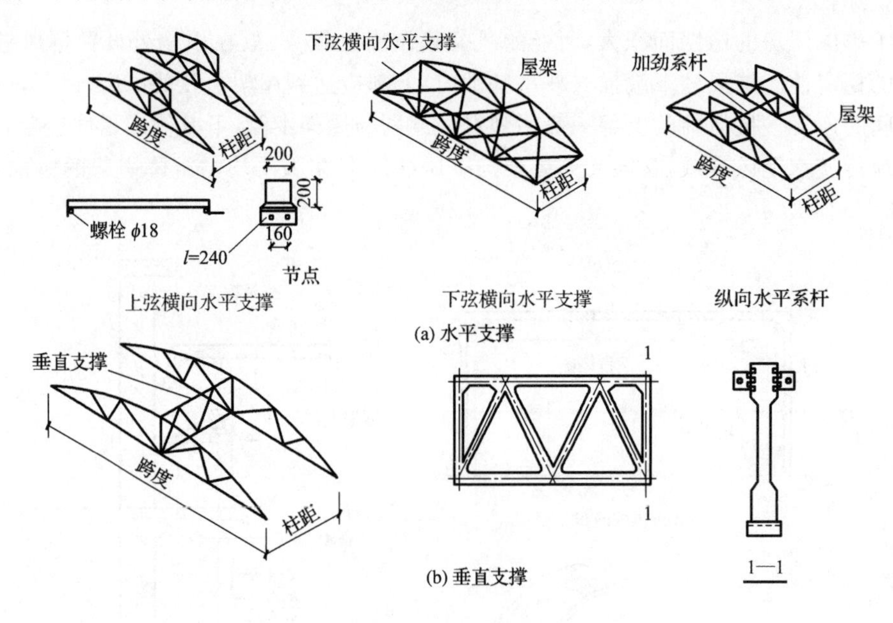

图 12-15 屋盖支撑系统

11. 托架

当选用的屋架和屋面板长度一定，而为满足生产工艺或设备安装的要求需增大柱距时，可设置承托屋架的托架代替柱，通过托架传递屋面荷载，如图 12-16 所示。

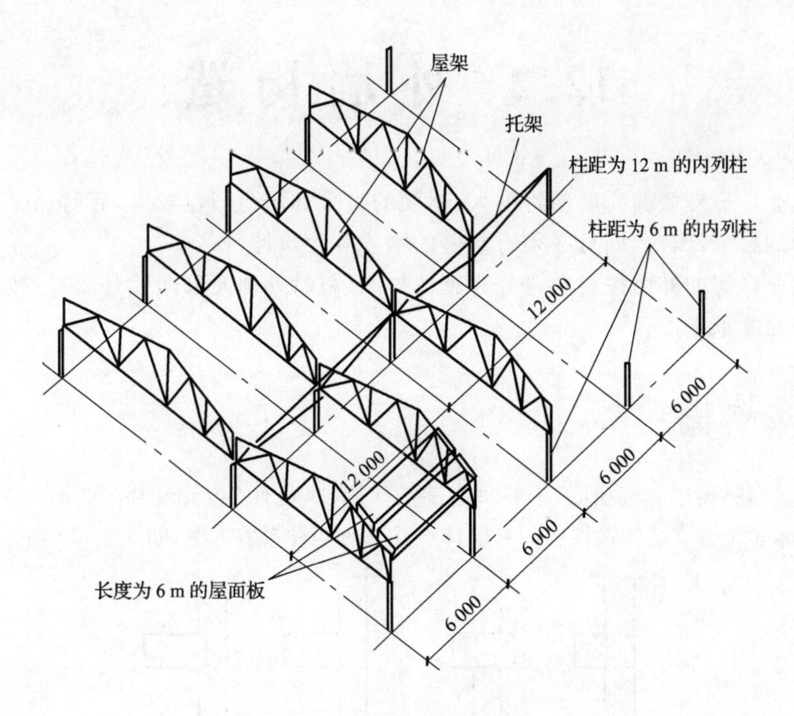

(a) 有托架屋顶结构

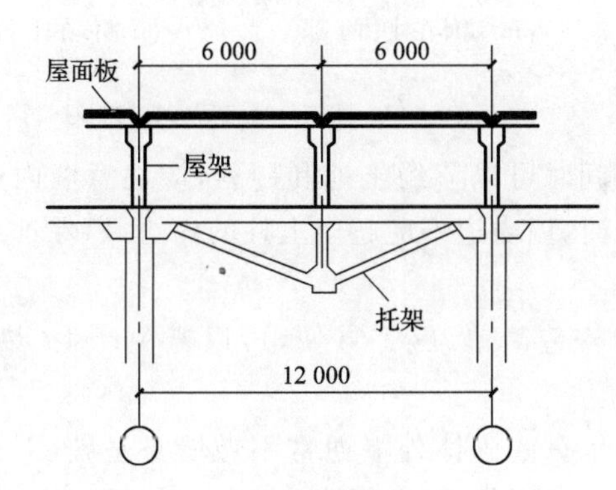

(b) 托架布置

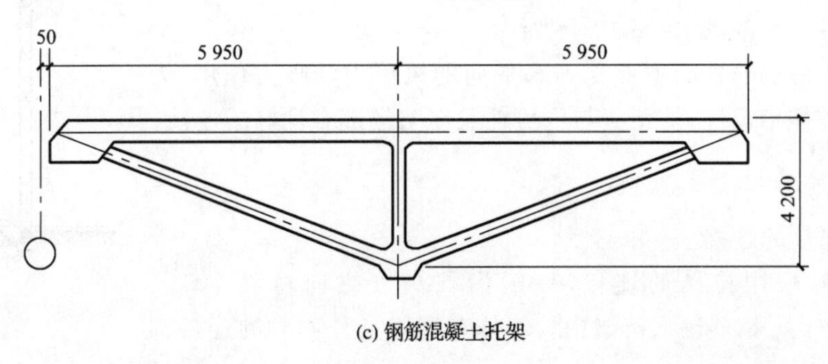

(c) 钢筋混凝土托架

图 12-16　托架

12.2 外墙构造

单层工业厂房外墙的高度与跨度大，承受的自重和风荷载也较大，有时还受到厂房内生产设备振动的影响，因此，墙身必须有足够的刚度和稳定性。

单层工业厂房的外墙按材料可分为砌体外墙、板材外墙及开敞式外墙等；按承重方式可分为承重墙和非承重墙。

一、砌体外墙

砌体外墙包括砖墙和砌块墙，一般只起围护作用，厚度有 240 mm 和 360 mm 等。砌体外墙与厂房柱的相对位置有墙体在柱中间和墙体在柱外侧两种布置方案，如图 12-17 所示。

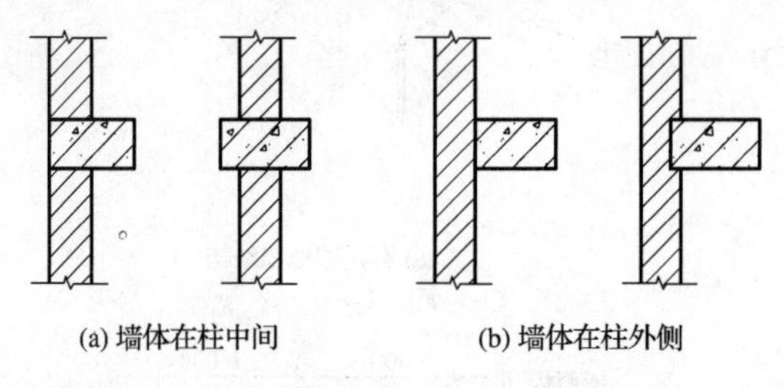

图 12-17 砌体外墙与厂房柱的相对位置

墙体设置在柱中间时可以节约土地和砖料，应注意墙内边与吊车梁的关系。有吊车时，墙内边不应超出上柱的内边，以保证吊车梁的安装。

墙体在柱外侧的构造简单、施工方便，可以避免产生"热桥"现象，有较好的热工性能。

单层工业厂房非承重的砌体外墙通常不做墙身基础，下部墙身通过基础梁将荷载传至柱下基础；上部墙身支撑在连系梁上，连系梁将荷载通过柱传至基础，如图 12-18 所示。

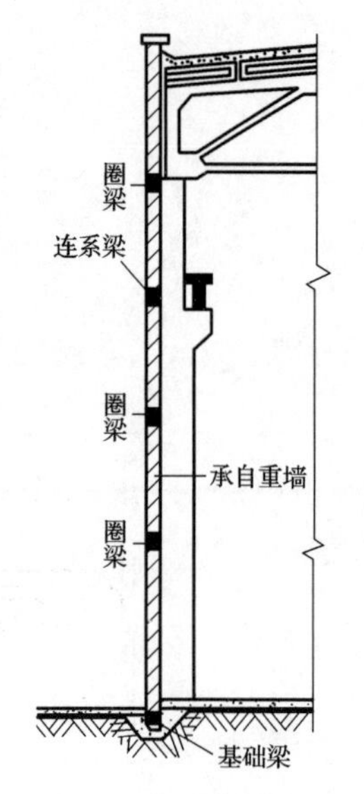

图 12-18 砌体外墙构造

单层工业厂房的外墙主要受到水平向的风压力和吸力作用，为保证墙体的整体稳定性，外墙应与厂房柱及屋架端部有良好的连接。

（一）墙体的连接

1. 墙体与柱的连接

墙体与柱采用拉结筋连接，一般沿柱高度方向每隔 500～600 mm 伸出 2ϕ6 钢筋砌入砖缝内。墙体布置在柱外侧时的连接构造如图 12-19 所示。

单层工业厂房的山墙与柱间有一定的距离，常用的做法是将山墙局部厚度增大，使山墙与柱挤紧，并沿柱高度方向每隔 500～600 mm 伸出 2ϕ6 钢筋砌入砖缝内，如图12-20所示。

墙体布置在柱中间时，将柱两侧伸出的拉结筋砌入砖缝内进行锚拉，如图 12-21 所示。

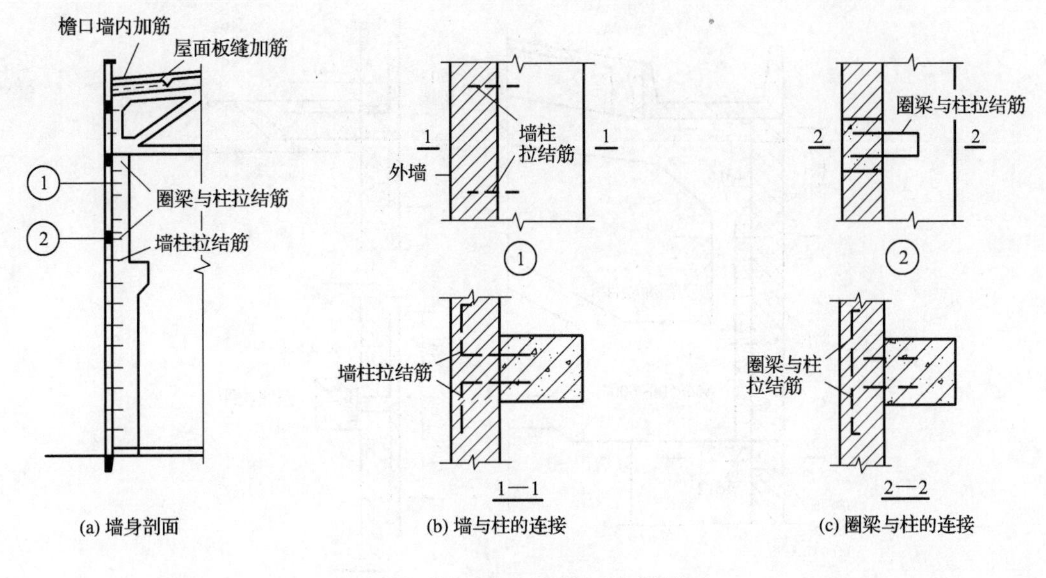

图 12-19　墙体布置在柱外侧时的连接构造

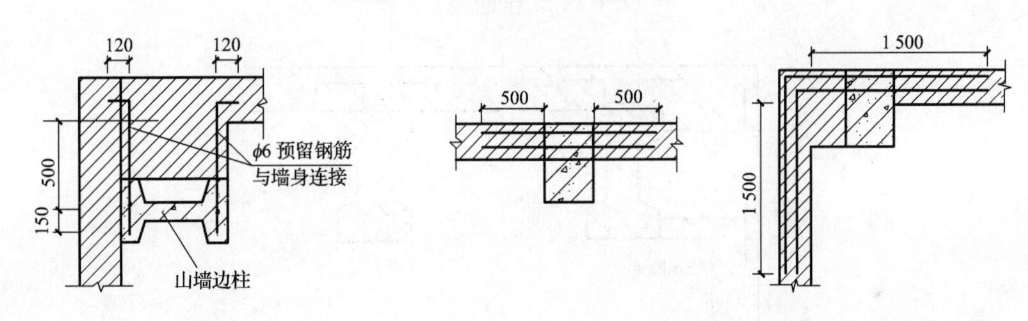

图 12-20　山墙边柱和外墙的连接构造

图 12-21　墙体布置在柱中间时的连接构造

2. 墙体与屋架端部的连接

墙体与屋架端部采用拉结筋锚结，当屋架端头高度较大时，应在檐口与柱顶处各设现浇闭合圈梁一道，墙体与屋架的连接如图 12-22 所示。

(二)墙身变形缝

单层工业厂房墙身变形缝包括温度伸缩缝、防震缝和沉降缝。

1. 温度伸缩缝

墙体的温度伸缩缝缝宽一般为 20～30 mm。通常一砖厚墙可做成平缝；当墙身厚度较大、厂房内对保温要求较高时，可做成企口缝或错缝的形式。温度伸缩缝内用嵌填材料填实，如图 12-23 所示。

温度伸缩缝处边柱与外墙的连接如图 12-24 所示。

2. 防震缝

防震缝一般设置在纵向高低跨厂房交接处、纵横厂房交接处以及与厂房毗邻贴建的生活间和变电所等附属房屋连接处等的抗震薄弱位置。防震缝的缝宽为 50～150 mm，砖砌外墙防震缝构造如图 12-25 所示。

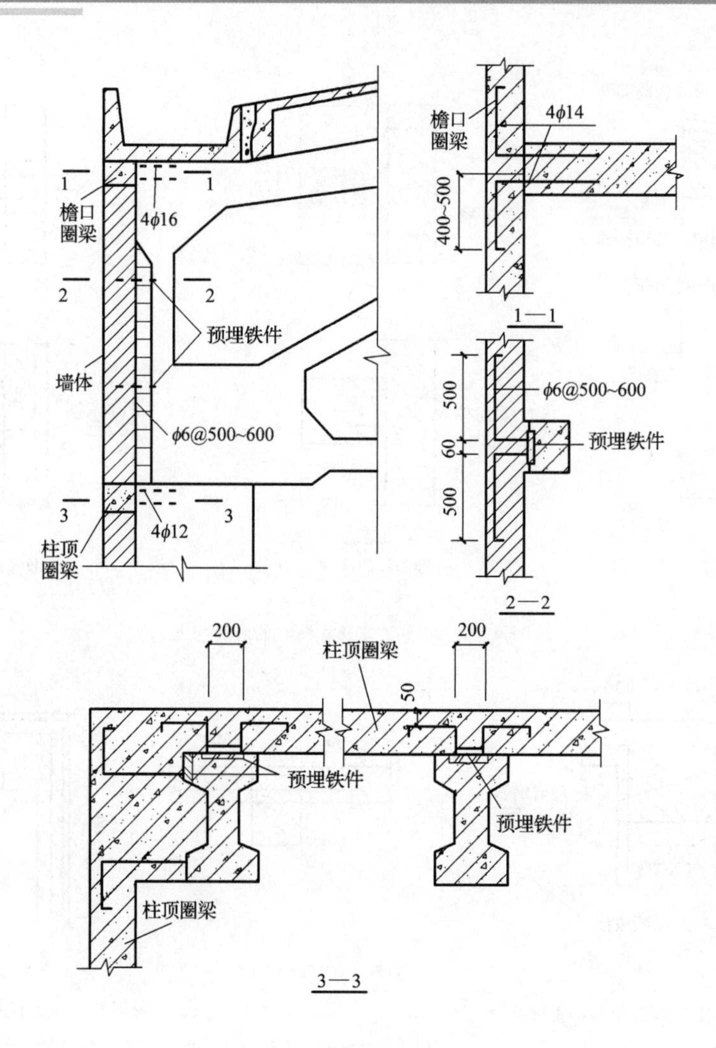

图 12-22 墙体与屋架的连接

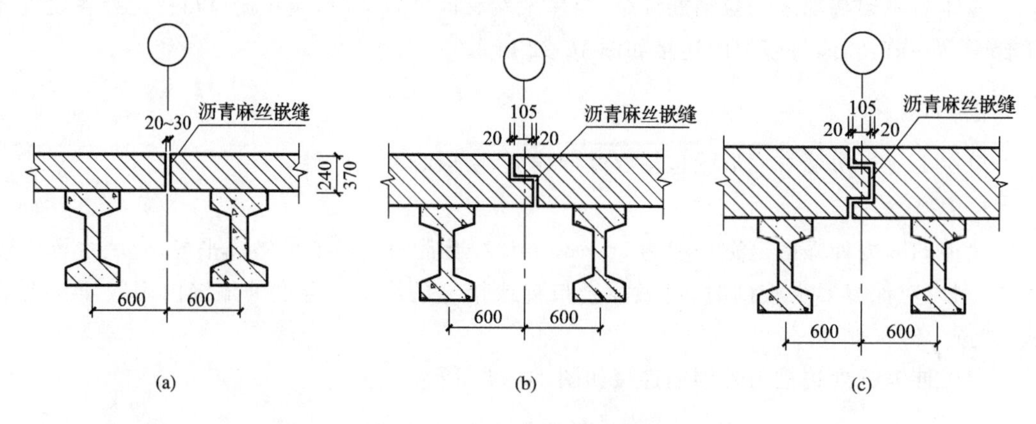

图 12-23 墙体的温度伸缩缝构造

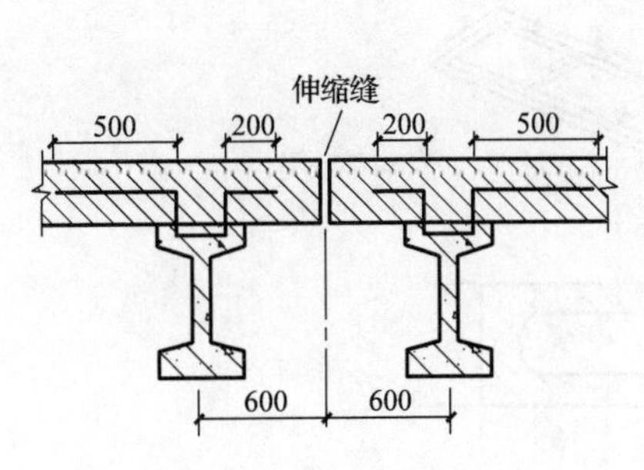

图 12-24 温度伸缩缝处边柱和外墙的连接

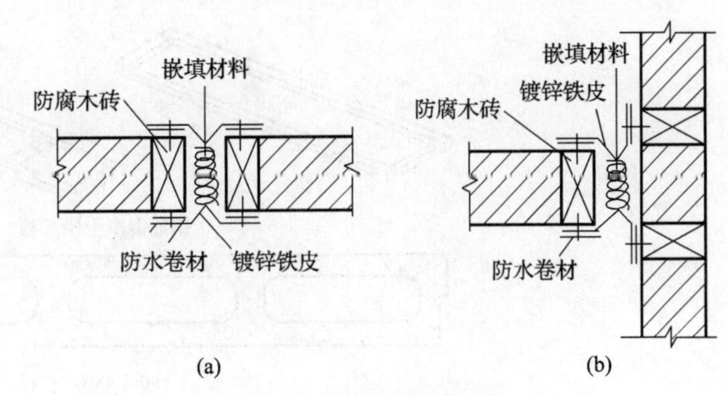

图 12-25 砖砌外墙防震缝构造

3. 沉降缝

单层工业厂房沉降缝可参照民用建筑沉降缝的设置要求和构造做法。

当温度伸缩缝、防震缝和沉降缝同时需要时，应统一考虑，温度伸缩缝或沉降缝必须满足防震缝的要求。

(三)墙体的维护

内墙面一般只做简单的喷白，但对清洁要求较高的车间，可对内墙面做内粉刷。当车间内有腐蚀性气、雾或粉尘等介质产生时，应考虑采用混合砂浆、石灰砂浆或水泥砂浆抹面；当有大量的酸性介质侵蚀时，需在水泥砂浆抹灰层表面加罩一层耐酸涂料。在内墙面与地坪交接处，做 200 mm 高的 1∶2 水泥砂浆踢脚。

单层工业厂房砌筑墙体的外墙面可根据厂房的用途、厂房所处的环境及投资大小选择墙面装饰类型。厂房四周的室外地面要做散水或明沟；外墙面与室外地面接近部分应设置勒脚等，做法同民用建筑。

二、板材外墙

单层工业厂房的板材外墙有大型板材墙和轻质板材墙。板材外墙可以加快施工速度、减轻劳动强度，还能充分利用工业废料、减小占地面积等。板材外墙体自重轻，具有良好的抗震性能，但力学性能、保温、隔热、防渗漏等方面存在不足。

(一)大型板材墙

1. 墙板的类型

大型板材多为钢筋混凝土板，常用的长度为 4 500 mm、6 000 mm、7 500 mm、12 000 mm，宽度为 900 mm、1 200 mm、1 500 mm、1 800 mm，板厚为 160～240 mm。

按板材的材料和构造方式，分为单一材料墙板和复合材料墙板。

按墙板在围护墙中的位置，分为一般墙板、山尖板、勒脚板、女儿墙板、窗框板、窗下板、窗上板、檐下板等。

单一材料墙板主要有钢筋混凝土槽形板、钢筋混凝土空心板、配筋轻混凝土墙板和轻骨料混凝土板等，如图 12-26(a)所示。

复合材料墙板是由承重骨架、外壳和各种轻质夹芯材料构成的墙板，如图 12-26(b)所示。常用的轻质夹芯材料有膨胀珍珠岩、蛭石、矿物棉和泡沫塑料等。

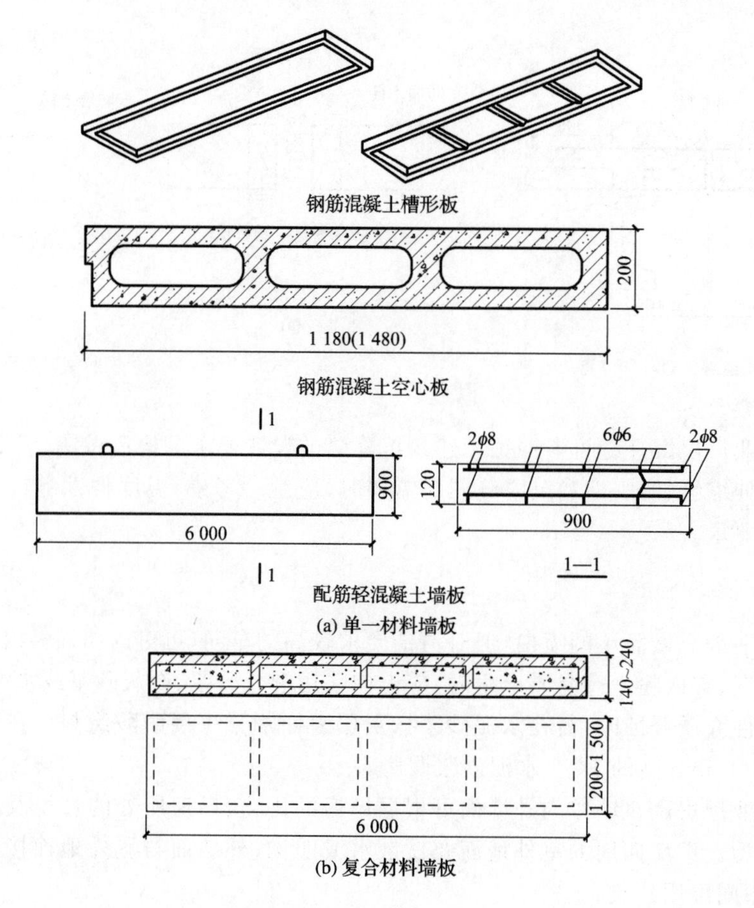

图 12-26　墙板板材的类型

2. 墙板与柱的连接

墙板与柱应有可靠的连接，一般有柔性连接和刚性连接。

①柔性连接

柔性连接是通过墙板与柱内的专用预埋件、连接件将板柱连接在一起。柔性连接能允许墙板与柱在一定范围内相对移动，以适应各种变形。

常用的柔性连接有螺栓柔性连接、角钢柔性连接和压条柔性连接，如图 12-27 所示。

螺栓柔性连接指在水平方向用螺栓挂钩将板柱拉结固定，墙板的竖向荷载由柱上的钢托支撑，钢托沿垂直方向每隔 3～4 块板设置一个。这种方法维修方便、无焊接作业，但连接件易受腐蚀。

角钢柔性连接是利用焊接在墙板和柱上的角钢相互搭接固定的。这种方法施工速度快、用钢量较少，但对连接构件位置的精度要求较高。角钢柔性连接适应板柱相对位移的程度较螺栓柔性连接差。

压条柔性连接指在柱上预埋或焊接螺栓，然后利用压条和螺母将墙板压紧固定在柱上，每一根压条同时压紧两块墙板的侧边。这种方法有较好的密封性能和美观的立面线条，但施工较复杂，适用于轻质墙板。

②刚性连接

刚性连接利用短型钢将墙板和柱内的预埋铁件焊接在一起，使板柱固定，如图 12-28 所示。

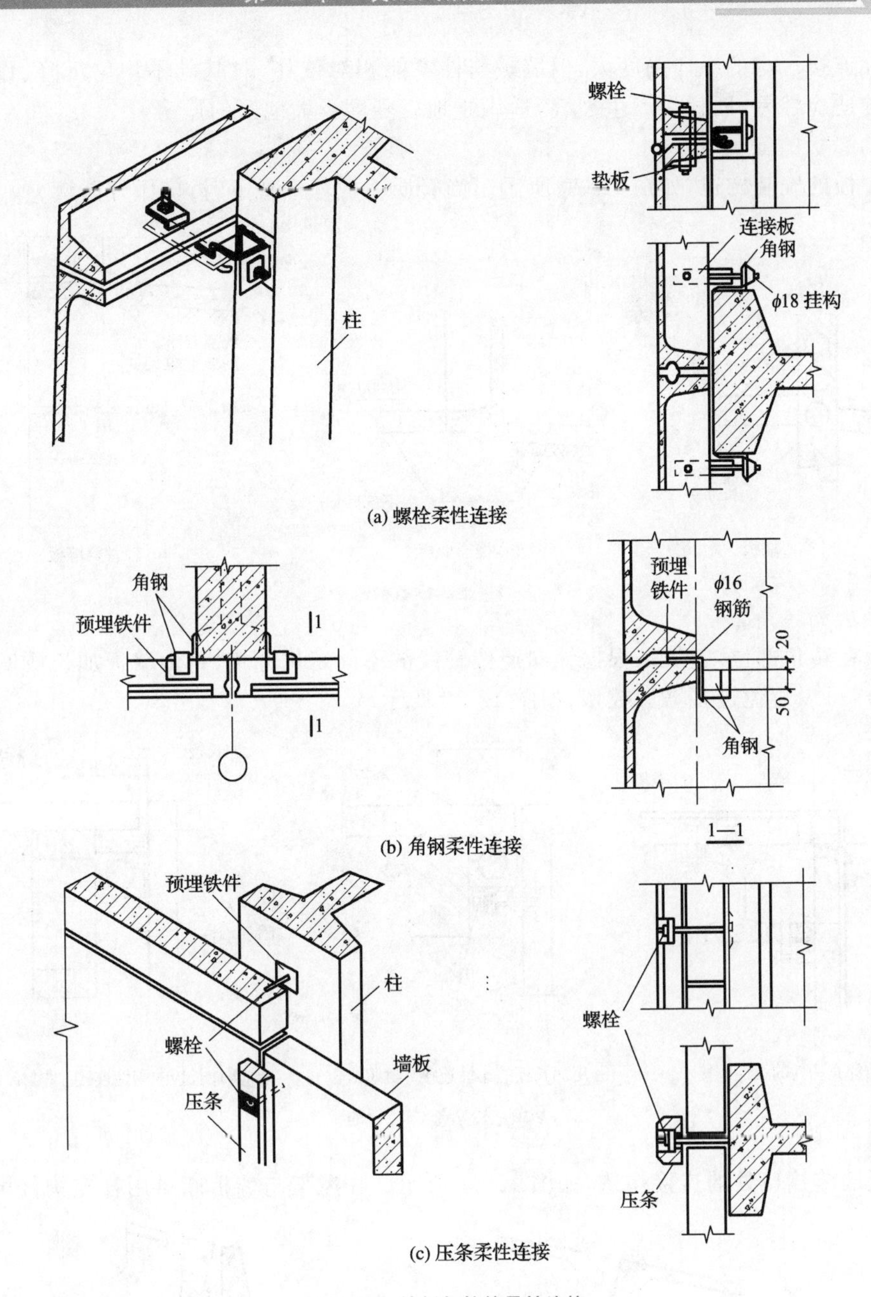

(a) 螺栓柔性连接

(b) 角钢柔性连接

(c) 压条柔性连接

图 12-27　墙板与柱的柔性连接

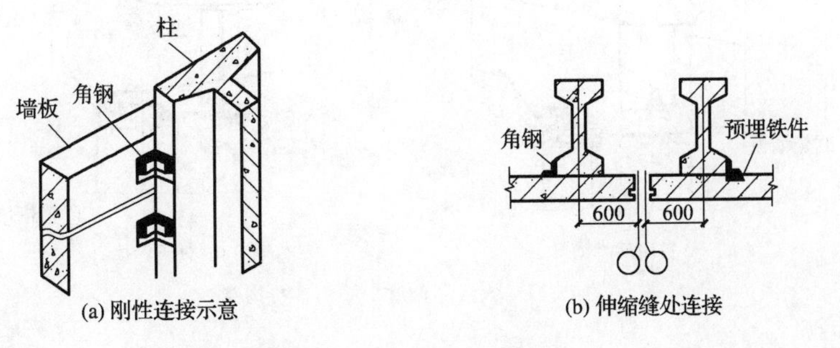

(a) 刚性连接示意

(b) 伸缩缝处连接

图 12-28　墙板与柱的刚性连接

刚性连接厂房的纵向刚度大，但墙板与柱不能相对位移，对基础不均匀沉降、设备振动和地震的适应性差，墙板易产生裂缝，适用于地震烈度不大地区的厂房。

3. 勒脚板的安装

勒脚板的安装构造，如图 12-29 所示。当轻质墙板埋入地下时，应做好防潮。

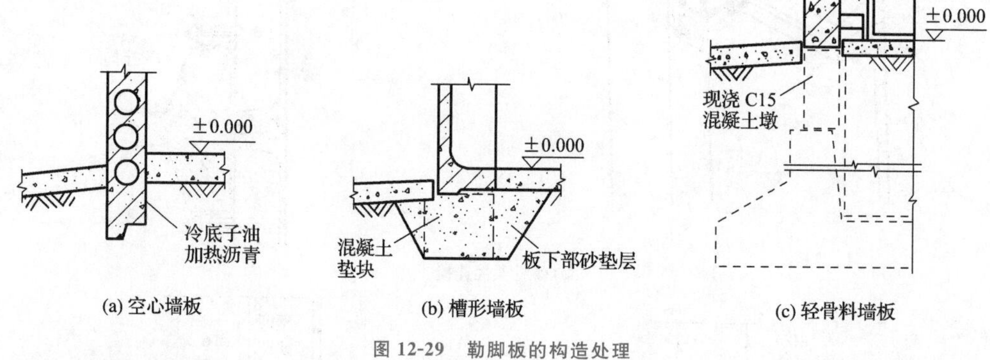

图 12-29　勒脚板的构造处理

4. 墙板的转角

墙板在转角部位，一般是根据纵向定位轴线的不同定位方式，将山墙板加长或增补其他构件，这样可以避免过多增加板型，如图 12-30 所示。

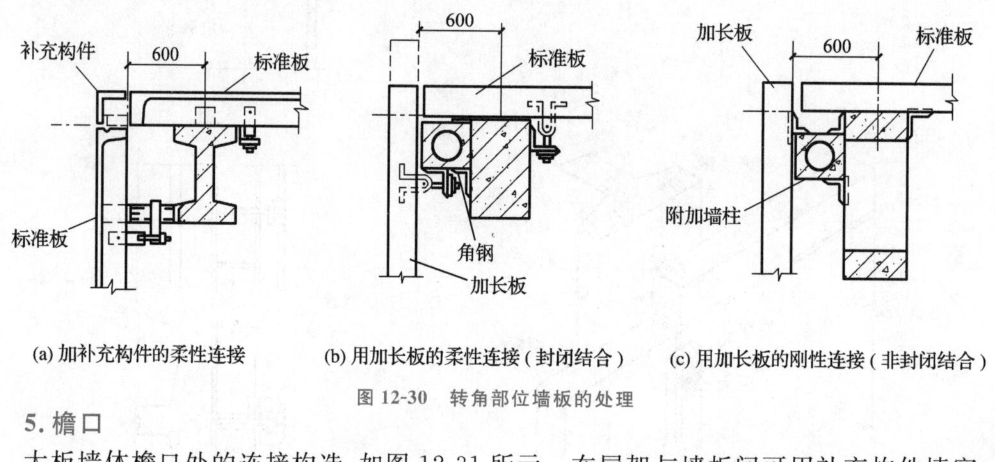

图 12-30　转角部位墙板的处理

5. 檐口

大板墙体檐口处的连接构造，如图 12-31 所示。在屋架与墙板间可用补充构件填塞。

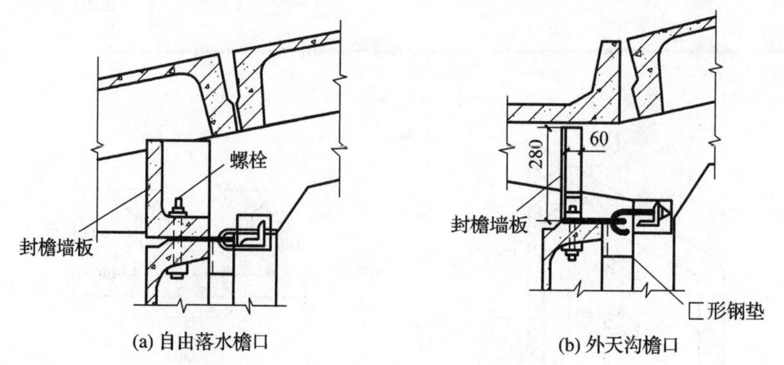

图 12-31　大板墙体檐口处的连接构造

6. 板缝防水

大型墙板接缝不仅要满足防水要求，还要有安装方便、保温、防风、美观和耐久性好等性能。墙板缝隙的防水有材料防水和构造防水，如图 12-32 所示。

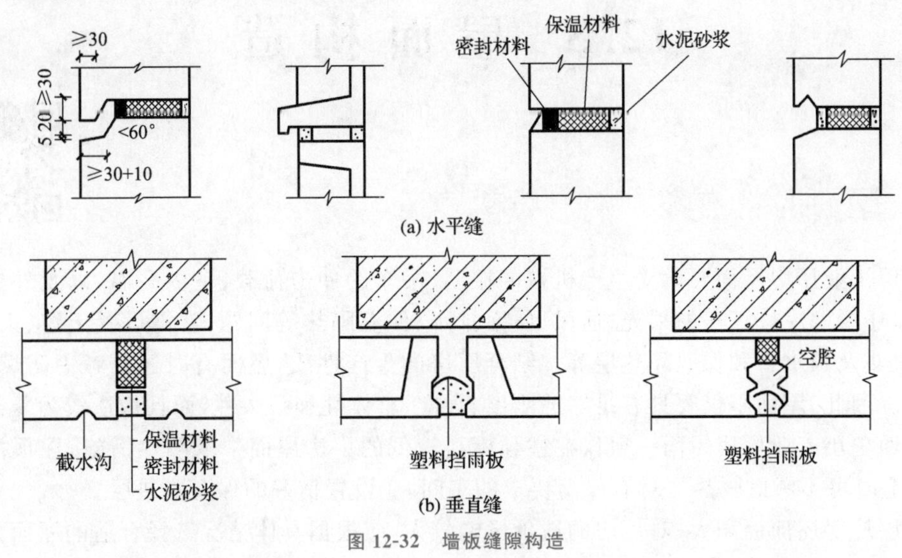

图 12-32　墙板缝隙构造

（二）轻质板材墙

单层工业厂房轻质板材墙的墙板主要有压型钢板、铝合金板、镀锌铁皮波瓦、石棉水泥波瓦、塑料或玻璃钢瓦等，适用于热工车间及无保温、隔热要求的车间和仓库等。

压型钢板和压型钢板复合板外墙构造，详见第 13 章。

三、开敞式外墙

开敞式外墙是在厂房柱上安装一系列挡雨板形成的围护结构，这种结构能迅速排出烟、尘和热量，有利于通风、换气和避雨，有全开敞式和部分开敞式，适用于炎热地区的热工车间及某些化工车间。

开敞式外墙常用的挡雨板有钢筋混凝土挡雨板和石棉水泥波瓦。挡雨板之间的竖向距离应根据车间的挡雨要求和当地的挡雨角来确定。挡雨板构造示例如图 12-33 所示。

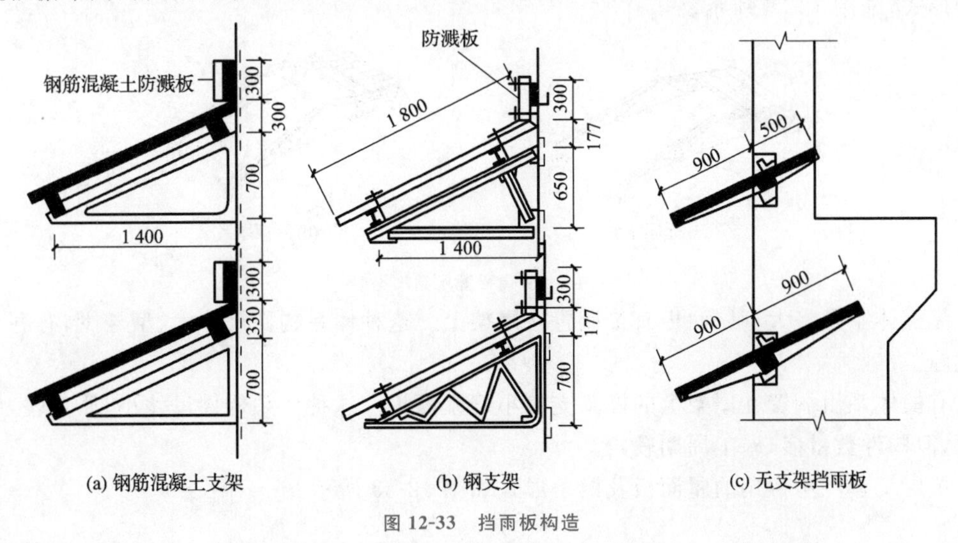

图 12-33　挡雨板构造

12.3 屋面构造

一、屋面的特点

单层工业厂房屋面要承受生产机械的振动、吊车的冲击荷载、室内高温，以及外界气候的影响，还要解决好厂房的采光、通风、屋面排水、保温隔热等问题，常需设置天窗、天沟、檐沟、雨水斗及雨水管和保温隔热层等。结合厂房的生产性质，屋面有时还要考虑防爆、防腐蚀问题。因此，屋面不仅要具有足够的刚度、强度、整体性和耐久性，而且构造较为复杂。

普通单层工业厂房屋面一般仅在柱顶标高较低的厂房屋面采取隔热措施，柱顶标高在 8 m 以上时可不考虑隔热。对有保温要求的车间，应设置良好的保温隔热层。

单层厂房屋面面积大，对厂房的造价影响较大，应根据具体情况选择合适的屋面方案来降低投资。

二、屋面的组成

（一）屋面的类型

屋面按防水材料和构造做法，可分为卷材防水屋面和非卷材防水屋面。非卷材防水屋面包括各种波形瓦和钢筋混凝土等构件自防水屋面。

屋面按保温要求，可分为保温屋面和非保温屋面。

（二）屋面的基层

屋面基层是屋面的结构部分，一般单层工业厂房屋面的基层包括无檩体系和有檩体系两种形式，如图 12-34 所示。

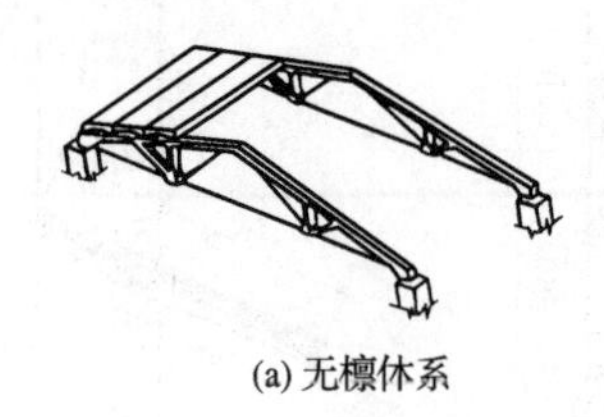
(a) 无檩体系

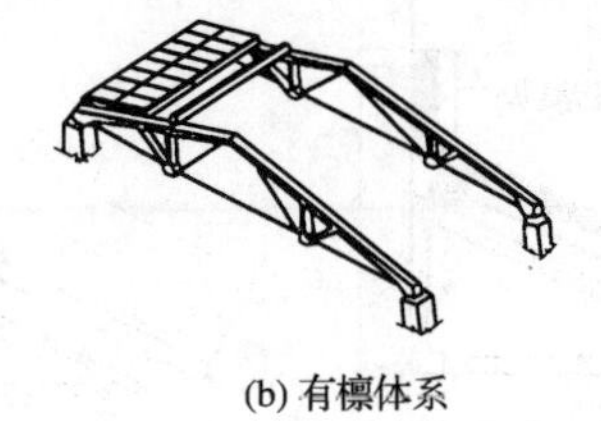
(b) 有檩体系

图 12-34 屋面基层结构类型

无檩体系是将大型屋面板直接搁置在屋架上。这种体系构件尺寸大、型号少，有利于工业化施工。

有檩体系由搁置在屋架上的檩条支撑小型屋面板。这种体系构件尺寸小、质量轻，施工方便，但构件数量多，施工周期较长。

单层工业厂房常用的屋面板及檩条形式如图 12-35 所示。

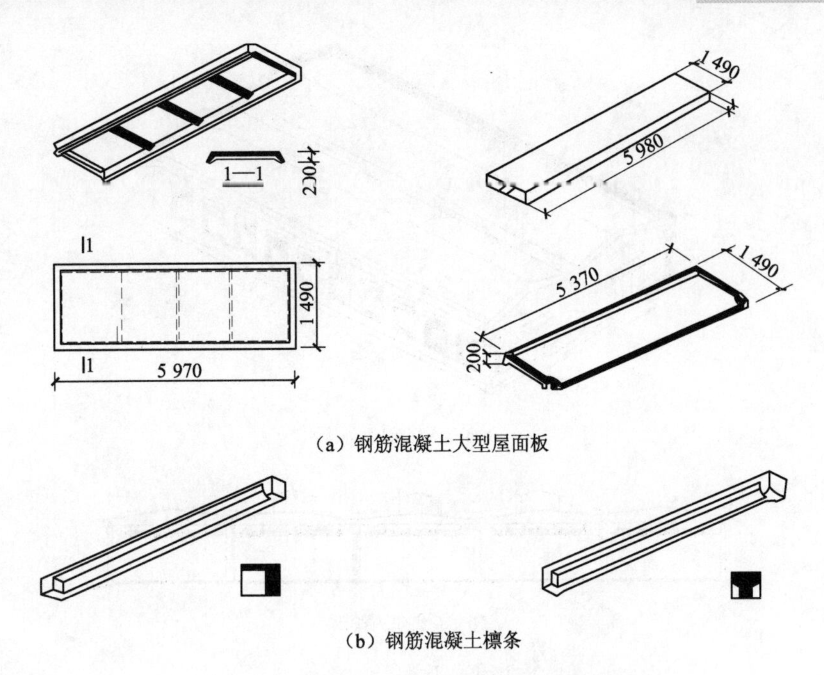

（a）钢筋混凝土大型屋面板

（b）钢筋混凝土檩条

图 12-35 单层工业厂房常用的屋面板及檩条

三、屋面的排水组织

单层厂房屋面排水坡度应根据不同的屋面类型确定。卷材防水屋面为防止卷材下滑，要求坡度平缓，一般为1∶50～1∶20。构件自防水屋面要求排水快，避免残余雨水由板缝渗入室内，常采用1∶4～1∶3的较大坡度。

单层工业厂房屋面的排水方式可分为有组织排水和无组织排水。

(一)有组织排水

多跨单层工业厂房一般采用有组织排水方式，包括有组织外排水和有组织内排水。

有组织外排水是将雨水通过设置在室外的雨水管排出，这种排水方式常需较长的天沟，如图12-36(a)所示。在结构和气候条件允许的条件下，一般宜采用有组织外排水。

有组织内排水是将雨水通过设置在室内的雨水管排出，如图12-36(b)所示。这种排水方式的雨水管较长、易堵塞，但有良好的防冻性能。

(二)无组织排水

无组织排水不设檐沟和雨水管，雨水自由落下。为防止下落的雨水侵蚀窗口和墙面，无组织排水屋面一般需设不小于500 mm的挑檐，还应设置宽度大于挑檐的散水。

对大量堆积粉尘或散发腐蚀性介质的车间屋面，宜采用无组织排水方式，以防止雨水管堵塞或锈蚀。

内、外檐沟或天沟的截面，要根据降雨量和屋面排水面积的大小来确定。

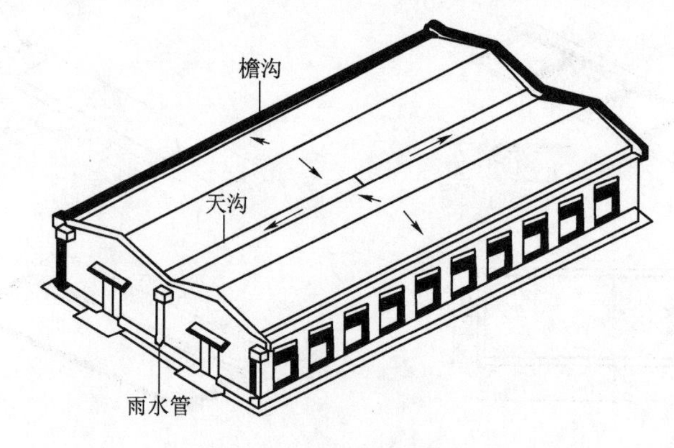

（a）长天沟有组织外排水

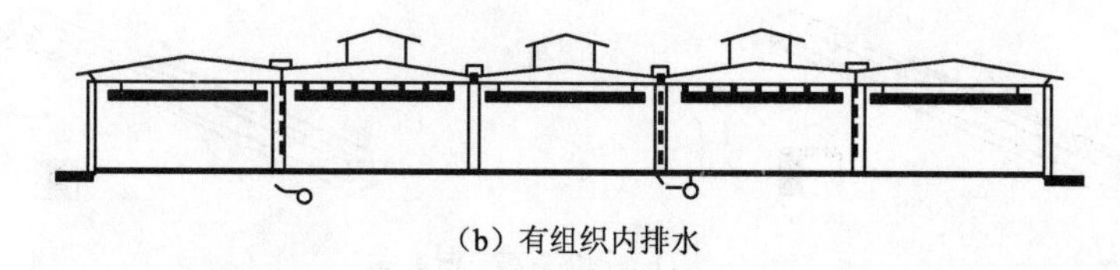

（b）有组织内排水

图 12-36 有组织排水方式

四、卷材防水屋面

单层厂房卷材防水屋面的构造做法与民用建筑卷材防水屋面基本相同，防水卷材主要有高分子合成材料、合成橡胶等。

采用大型钢筋混凝土板做基层的卷材防水屋面，容易在板缝处严重开裂，引起这种现象的原因主要有以下几个方面：①由于室内外温差较大，屋面板上下两侧的变形量不同，板端翘起，造成板缝开裂；②屋面板发生挠曲变形，板端产生转角位移，造成板缝开裂；③地基的不均匀沉降、吊车制动荷载和生产设备的振动等使结构变形、屋面晃动，促使屋面裂缝开展。

实际工程问题表明，无论屋面上有无保温层，都不影响板缝处卷材的开裂。为防止屋面卷材开裂，应选择刚度大的构件，改进构造做法，增强屋面基层的刚度和整体性，减少屋面基层变形。在卷材铺设中，要改善卷材在构件接缝处的构造做法以适应基层变形。

在大型屋面板或保温层上做找平层时，先在与厂房纵向垂直的横向板缝处做分格缝，缝内用油膏等密封材料填充，沿缝干铺 300 mm 的卷材做缓冲层，减少基层变形对面层的影响，如图 12-37 所示。

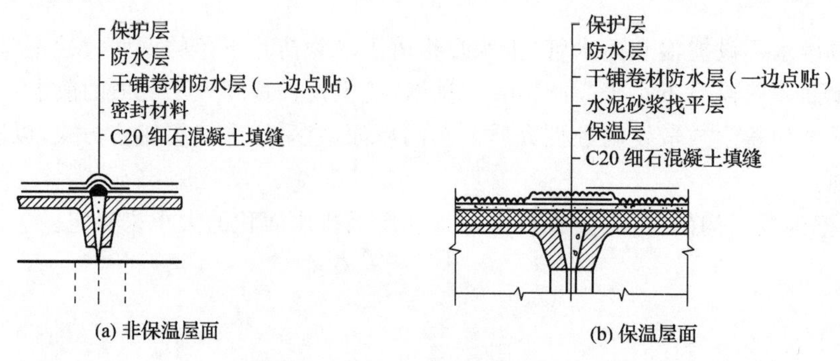

图 12-37 卷材防水屋面横缝处理

厂房屋面的细部构造，包括泛水、变形缝、檐口和天沟等，构造做法和处理原则与民用建筑相应的部分基本相同。

五、屋面的保温与隔热

1. 屋面保温

屋面保温层可设在屋面板的上部、下部或中部，如图 12-38 所示。

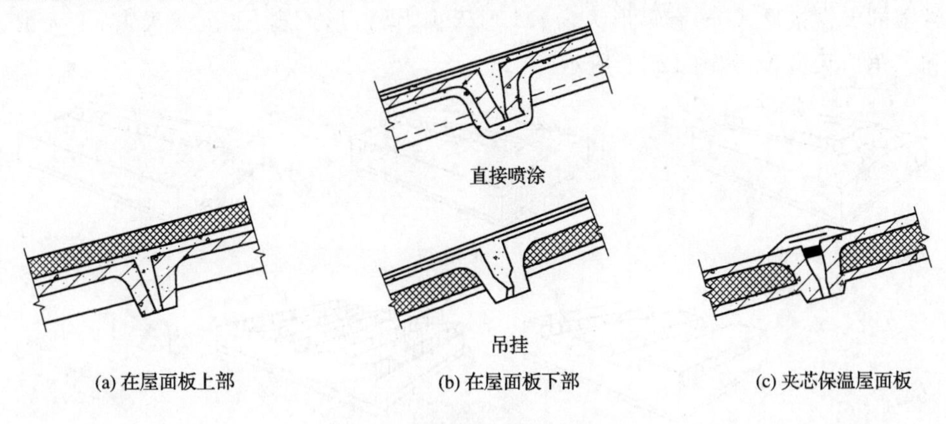

图 12-38　保温层设置的不同位置

保温层设在屋面板上部，常用于卷材防水屋面，其做法与民用建筑屋面做法相同。

保温层设在屋面板下部，主要用于构件自防水屋面，有直接喷涂和吊挂两种形式。前者是将由水泥拌和的散状保温材料直接喷涂在屋面板下面；后者是将预制的块状保温材料固定在屋面板下方。

保温层设在屋面板中部，一般采用夹芯保温屋面板。它具有保温、承重、防水的综合功能。夹芯保温屋面板施工方便、现场湿作业少，但易产生裂缝，并存在“热桥”现象。

2. 屋面隔热

当钢筋混凝土屋面厂房的柱顶高度低于 8 m 时，工作区会受到屋面的辐射热影响，需考虑采取屋面隔热措施。单层厂房屋面的隔热，可采用民用建筑的屋面隔热措施。

12.4　天　窗

一、天窗的作用与类型

（一）天窗的作用

设置在单层工业厂房屋面上的各种类型的窗称为天窗，按功能分为采光天窗和通风天窗。厂房的天然采光有侧面采光和上部采光等形式。上部采光是通过采光天窗实现的，它照度均匀、采光率高，但构造复杂、造价较高。通风天窗与低侧窗相结合，可以有效地运用热压通风原理和风压通风原理，产生良好的通风效果。

实际工程中，只有采光作用或只有通风作用的天窗较少，大多数采光天窗同时具有通风作用，通风天窗也可兼有采光功能。采光兼通风的天窗排气不稳定，只适用于对通风要求不高的冷加工车间。

(二)天窗的类型

常用的天窗按形式分，有矩形天窗、M形天窗、锯齿形天窗、下沉式天窗、平天窗、梯形天窗和三角形天窗等，如图12-39所示。

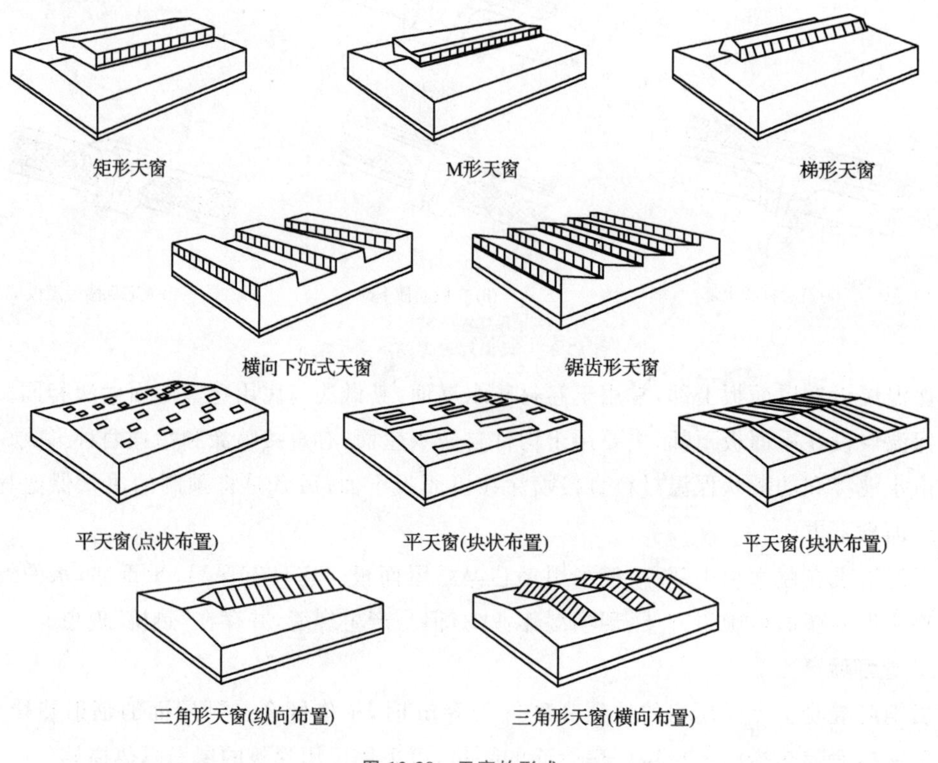

图12-39 天窗的形式

二、矩形采光天窗

(一)矩形采光天窗的组成

矩形采光天窗沿厂房的纵向布置，天窗宽度一般取1/3～1/2的厂房跨度。矩形采光天窗主要由天窗架、天窗扇、天窗屋面板、天窗侧板、天窗端壁等构件组成，为维修方便，需设检修与消防钢梯，如图12-40所示。

天窗架直接支撑在屋架的上弦上，是天窗的承重构件。天窗架有钢天窗架和钢筋混凝土组合式天窗架，如图12-41所示。

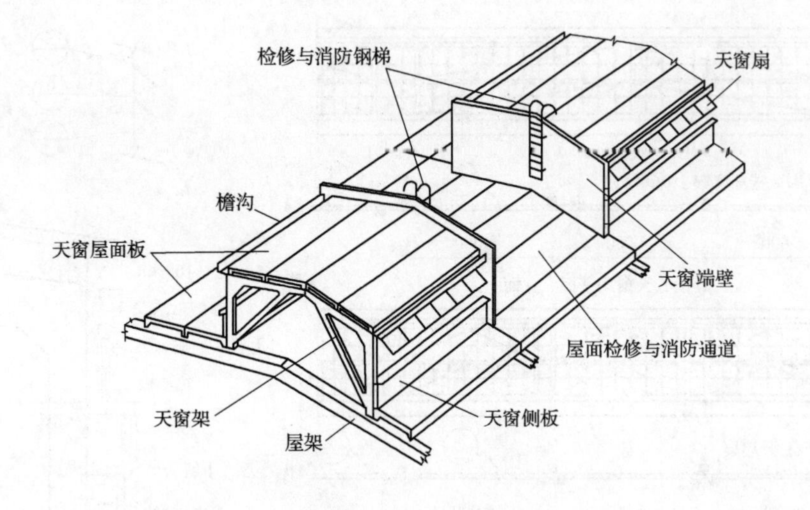

图 12-40　矩形采光天窗的组成

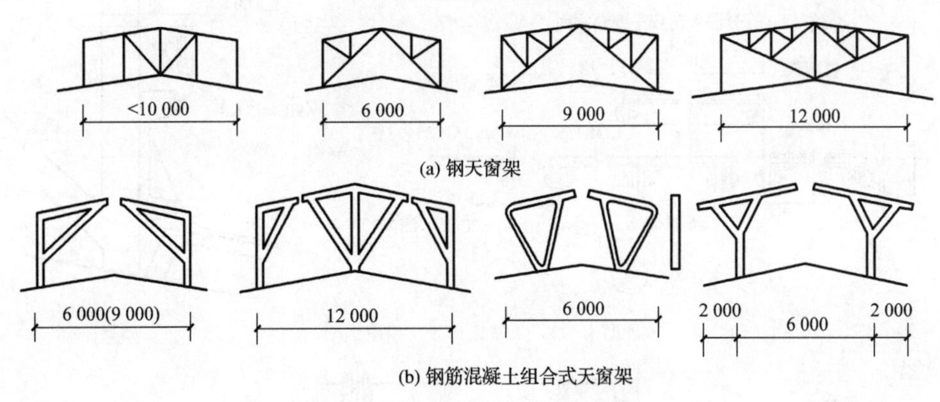

图 12-41　天窗架的形式

（二）天窗扇

天窗扇可采用钢、木、铝合金等材料制作，有上悬式和中悬式两种开启方式。

1. 上悬式钢天窗扇

上悬式钢天窗扇可布置成通长天窗扇或分段天窗扇。

通长天窗扇由两个在端部的固定扇和一个可整体开启的中部通长窗扇组成，可开启窗扇的长度根据实际需要和开关器的性能确定，每个可整体开启的通长窗扇两端均设固定窗扇以利于封闭。

分段天窗扇是在每个柱距内设单独开启的窗扇，每段可开启窗扇的端部应设置固定窗扇。

上悬式天窗扇最大开启角度为45°，防雨效果好，但通风较差。上悬式钢天窗扇构造如图12-42所示。

2. 中悬式钢天窗扇

中悬式钢天窗扇由于受天窗架的影响，只能按柱距分段设置。

中悬式钢天窗扇构造，如图12-43所示。

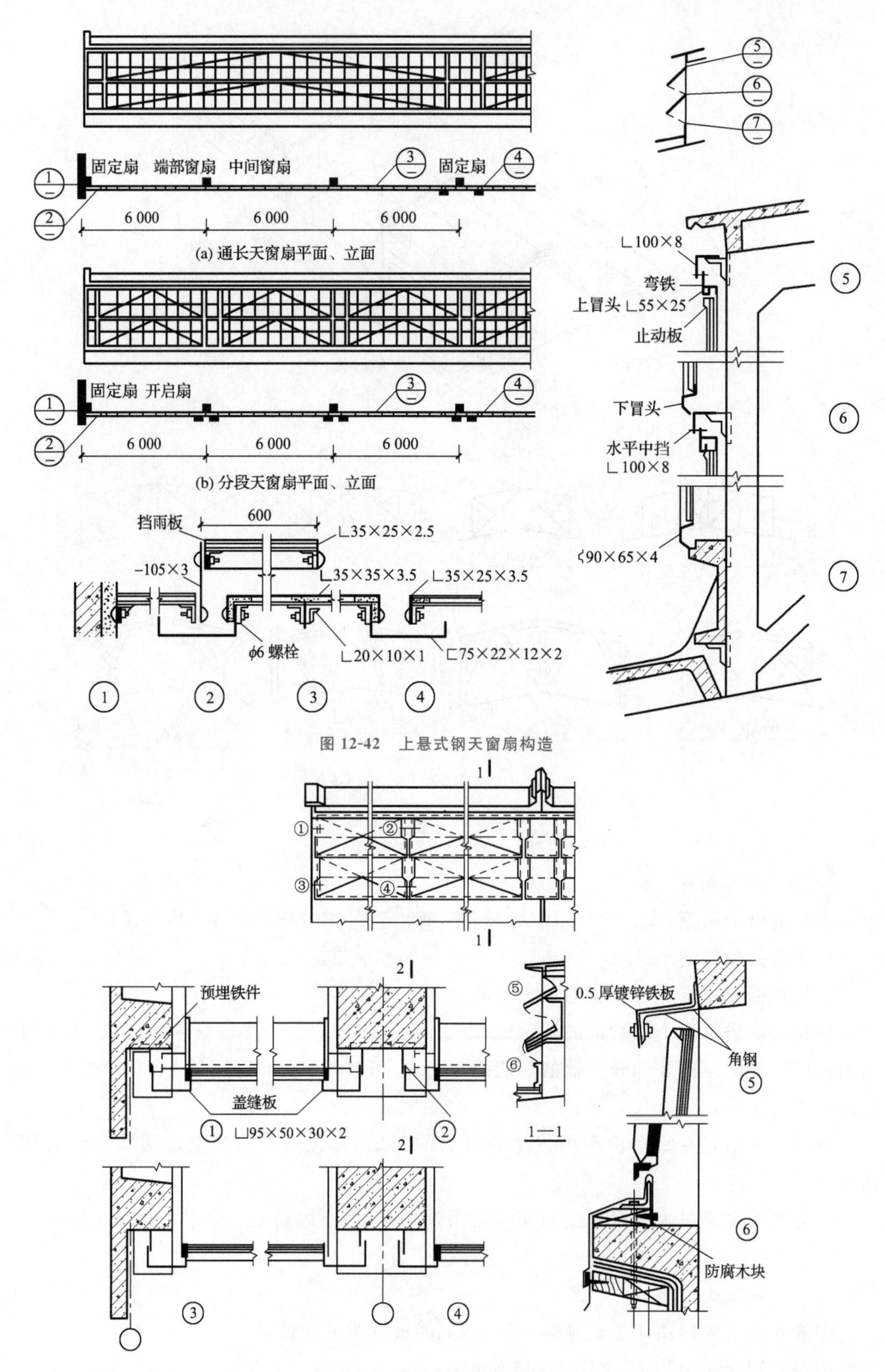

图 12-42 上悬式钢天窗扇构造

图 12-43 中悬式钢天窗扇构造

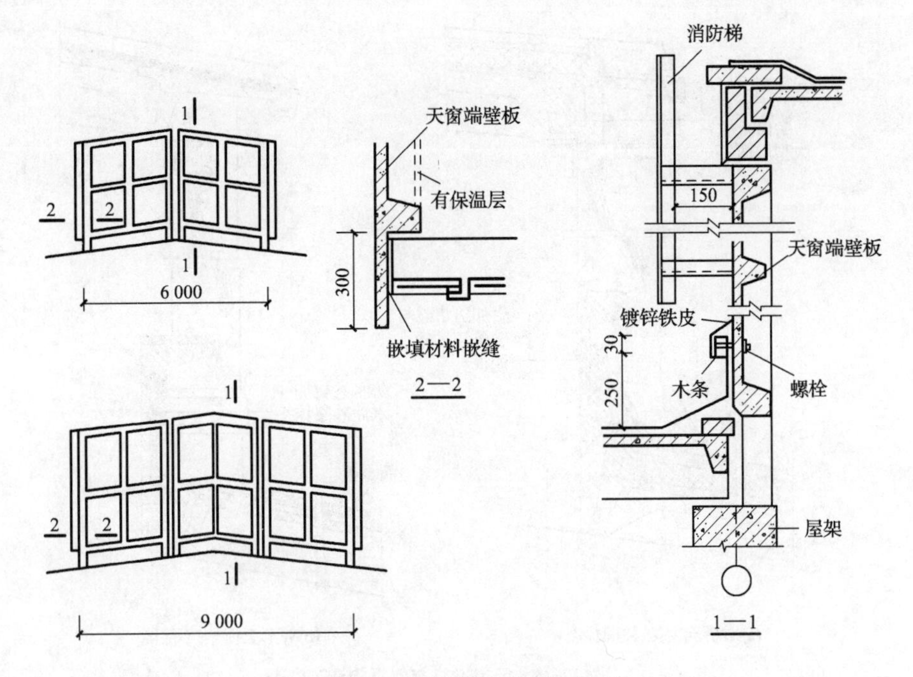

图 12-44　钢筋混凝土天窗端壁构造

(三)天窗端壁

天窗端壁主要起支撑和围护作用,常用的有预制钢筋混凝土端壁板和石棉水泥瓦端壁板,预制钢筋混凝土端壁板多为肋形板。

根据天窗宽度的不同,天窗端壁一般由 2～3 块钢筋混凝土端壁板组成,端壁板通过焊接固定在屋架上弦的一侧,屋架上弦的另一侧用于铺放与天窗相邻的屋面板。端壁板可代替端部的天窗架支撑天窗屋面板,如图 12-44 所示。

端壁板下部与屋面板相交处必须做好泛水,需要时可在端壁板内侧设置保温层。

(四)天窗侧板与檐口

天窗侧板位于天窗扇下部,用来防止雨水溅入车间或屋面积雪影响天窗扇的开关。侧板应高出屋面 300 mm 以上,但也不宜过高,过高的侧板必然会增加天窗架的高度。

天窗檐口一般为带挑檐的无组织排水屋面,其构造与单层厂房屋面相同。

天窗檐口与侧板构造如图 12-45 所示。

三、平天窗

(一)平天窗的类型

平天窗是在厂房屋面上直接开设采光孔洞,采光孔洞上安装平板玻璃或玻璃钢罩等透光材料形成的天窗。在采光面积相同的情况下,平天窗的照度比矩形天窗高 2～3 倍。平天窗的结构和构造简单、布置灵活、造价较低,但不利于通风,易受积尘污染,一般适用于冷加

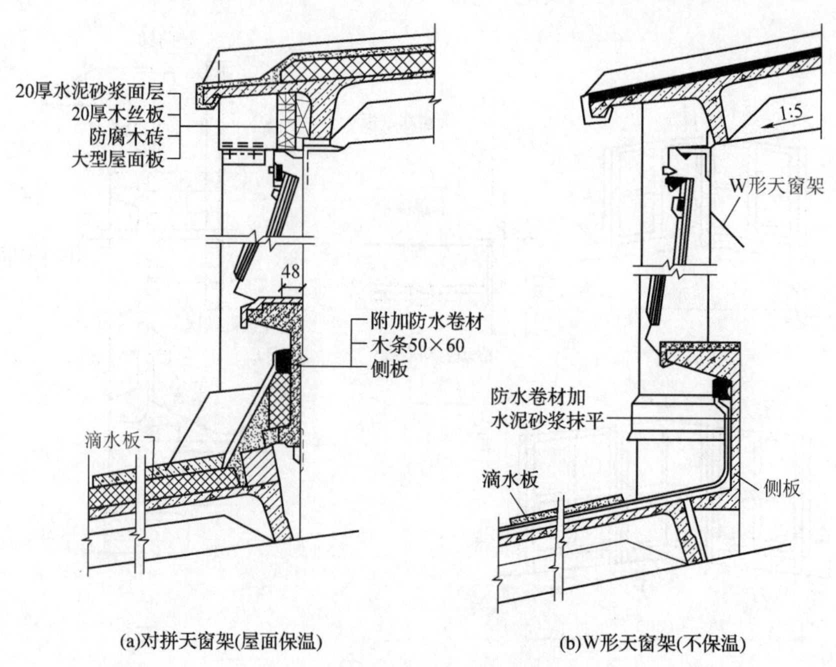

(a)对拼天窗架(屋面保温)　(b)W形天窗架(不保温)

图 12-45　天窗檐口与侧板构造

工车间。

平天窗主要有采光板、采光罩和采光带等类型，如图 12-46 所示。

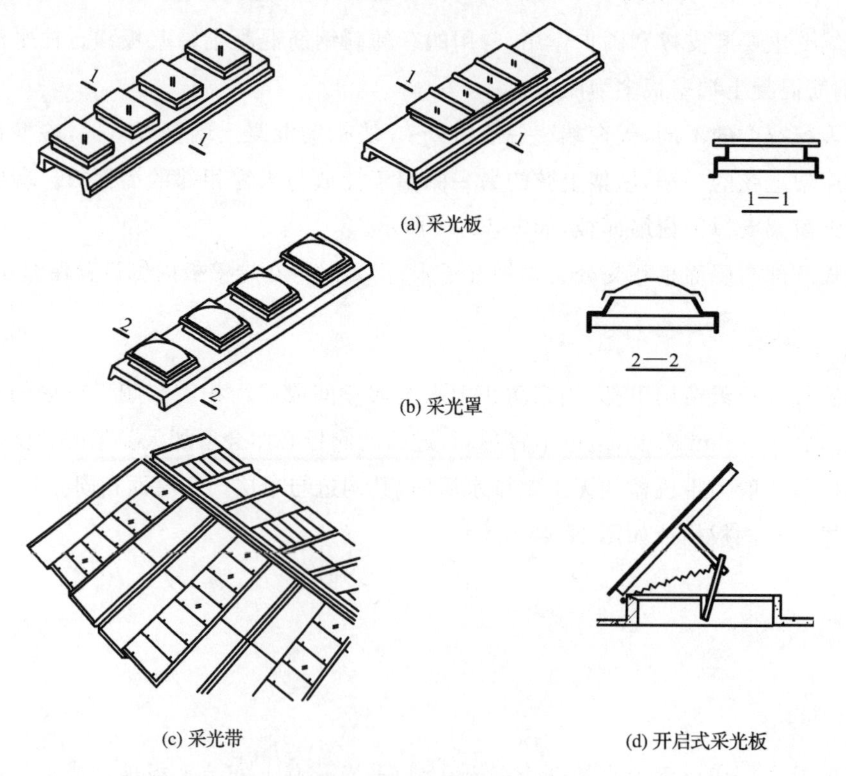

(a) 采光板

(b) 采光罩

(c) 采光带　(d) 开启式采光板

图 12-46　平天窗的形式

采光板是在屋面板的预留孔洞上安装平板式透光材料；采光罩是在屋面板的预留孔洞

上设弧形或锥形透光材料；采光带是在屋面板的纵向或横向上开设长度在 6 m 以上的采光口，并安装平板透光材料。

采光板与采光罩有固定式和开启式，开启式采光板以采光为主，兼作通风。

（二）平天窗的构造

平天窗一般是在屋面板采光口上做 150～250 mm 高的井壁泛水，透光材料安装在井壁上，如图 12-47 所示。

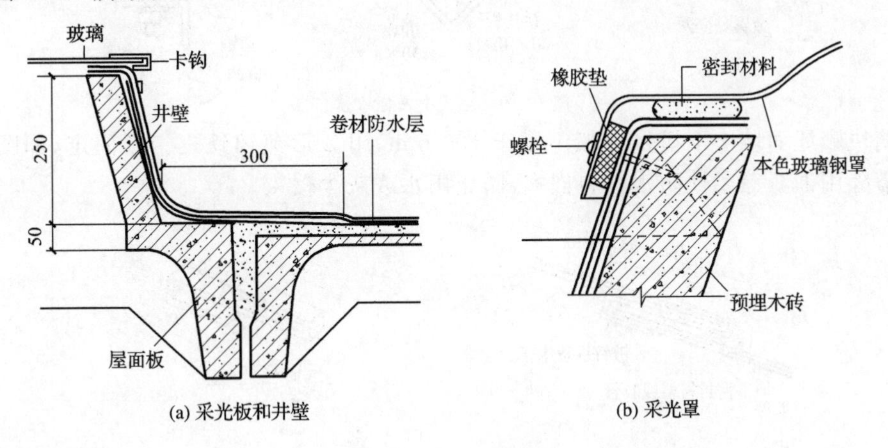

图 12-47　井壁构造

井壁的高度取决于降雨量和屋面积雪厚度。井壁材料有钢筋混凝土、薄钢板和塑料等。钢筋混凝土井壁有现浇和预制两种形式。

平天窗井壁有垂直和倾斜两种形式，在采光口相同的情况下，倾斜井壁的采光较垂直井壁好。

玻璃与井壁间的缝隙是防水的薄弱环节，宜用建筑油膏或聚氯乙烯胶泥等弹性好、耐老化的密封材料垫缝，采光玻璃板用带长钩的铁件固定在井壁上。在井壁顶部可设排水沟，接住玻璃内表面产生的冷凝水并顺坡排至屋面，如图 12-48 所示。

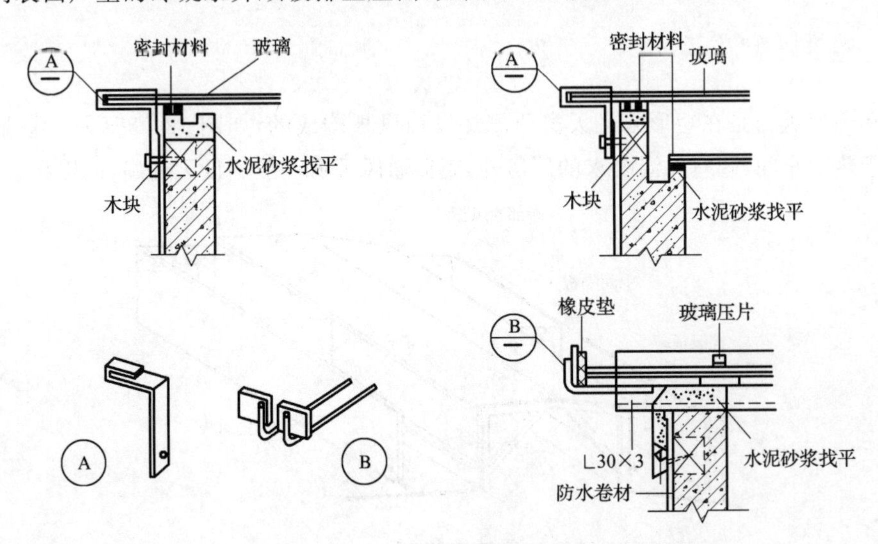

图 12-48　平天窗井壁防水构造

面积较大的采光板由多块玻璃拼接而成，在沿厂房纵向拼接处用横档固定并相互搭接，如图 12-49 所示。

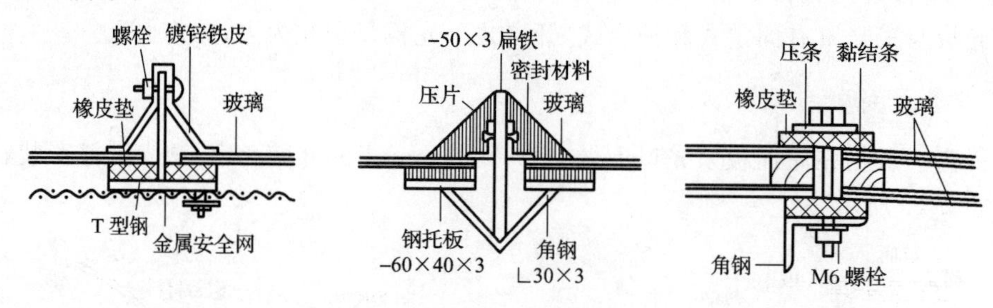

图 12-49　平天窗横档构造

玻璃块顺屋面坡上下搭接一般不小于 100 mm，用 Z 形镀锌铁皮卡子固定，如图 12-50 所示。搭缝用油膏等柔性防水材料嵌实，防止雨水或灰尘侵入。

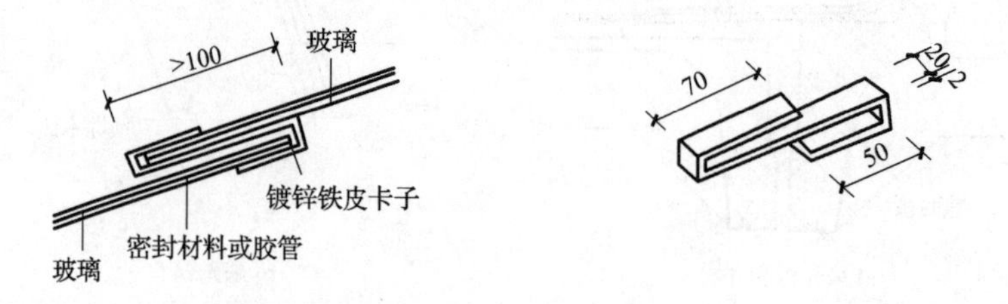

图 12-50　玻璃上下搭接

平天窗受太阳直射，采用普通平板玻璃或钢化玻璃会造成车间过热，并产生不利于生产的眩光。平天窗的透光材料宜选用能减少辐射、使阳光扩散的采光材料，如中空镀膜玻璃、吸热玻璃、热反射平板玻璃、夹丝玻璃、压花玻璃、磨砂玻璃、变色玻璃等。

为防止冰雹撞击等损坏采光玻璃，伤害室内人员，应选用夹层等安全玻璃。对普通玻璃采光板，需在玻璃下面加设一层金属安全网。安全网有镀锌铁丝网或钢板网，用托铁固定在井壁上。

四、矩形通风天窗

矩形通风天窗是在矩形采光天窗两侧加设挡风板构成的，如图 12-51 所示。矩形通风天窗多用于热工车间，除有保温要求的厂房外，矩形通风天窗一般不设天窗扇，以提高通风效率。

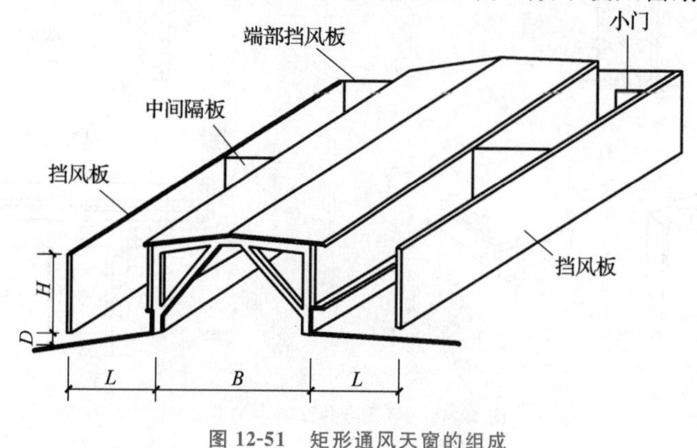

图 12-51　矩形通风天窗的组成

五、下沉式天窗

下沉式天窗是将厂房的局部屋面板布置在屋架下弦上，利用上、下弦屋面板形成的高差做采光和通风口，不再另设天窗架和挡风板。下沉式天窗具有布置灵活、通风好、采光均匀等优点。

下沉式天窗的形式有井式、横向下沉式和纵向下沉式等。

按井式天窗在屋面上的位置，有单侧布置、两侧对称布置或错开布置及跨中布置等方案。井式天窗由井底板、井底檩条、井口空格板、挡雨片、挡风侧墙及排水设施组成，如图12-52所示。

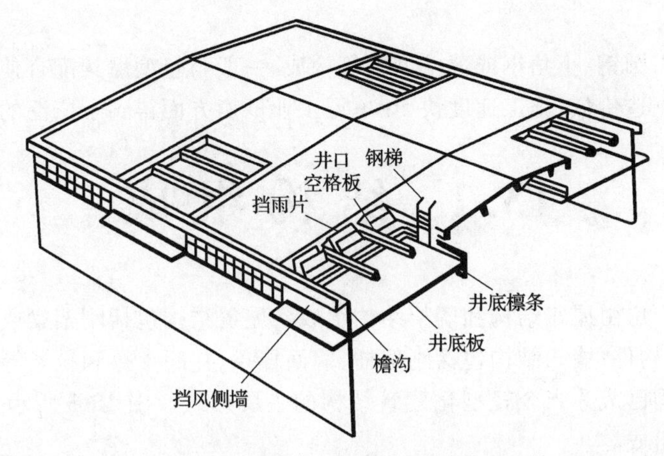

图12-52　井式天窗的组成

井式天窗的通风效果与该天窗水平井口面积和垂直通风口的面积比有关。随着水平井口面积的扩大，通风效果会得到提高。采用梯形屋架，能有效提高井式天窗通风口的高度。

复习思考题

1. 装配式钢筋混凝土排架结构厂房由哪些主要构件组成？
2. 砌体外墙与柱的相对位置有哪几种形式？
3. 简述砌体外墙的连接构造要点。
4. 板材墙有什么特点？常用的有哪几种类型？
5. 简述大型板材外墙的墙板与柱连接的构造要点。
6. 开敞式外墙的特点是什么？挡雨片有哪几种构造方式？
7. 单层工业厂房屋面的特点是什么？
8. 屋面基层的组成形式有哪几种？各有什么特点？
9. 有组织排水和无组织排水各适用于什么厂房？
10. 在卷材防水屋面中，为什么要加强板缝处的防水？
11. 天窗的作用是什么？天窗的形式有哪些？
12. 矩形采光天窗有哪几部分组成？各部分的作用是什么？
13. 常用的平天窗有哪几种类型？
14. 简述采光板平天窗的构造要点。

第 13 章 轻型钢结构厂房构造

轻型钢结构由圆钢、小角钢或薄壁型钢等构成，一般与轻型屋架配合使用。轻型钢结构构造简单、自重轻、造价低、施工速度快，在单层工业厂房方面得到了广泛的应用。

13.1 结构组成

轻型钢结构厂房由屋盖结构和墙架结构组成。屋盖结构包括刚架梁或轻型屋架、檩条、屋盖支撑、拉条等构件；墙架结构包括刚架柱、墙面檩条、柱间支撑和拉条等构件。

门式刚架结构已成为当今轻型化建筑结构的主要形式。图 13-1 所示为门式刚架结构单层厂房的构件组成。

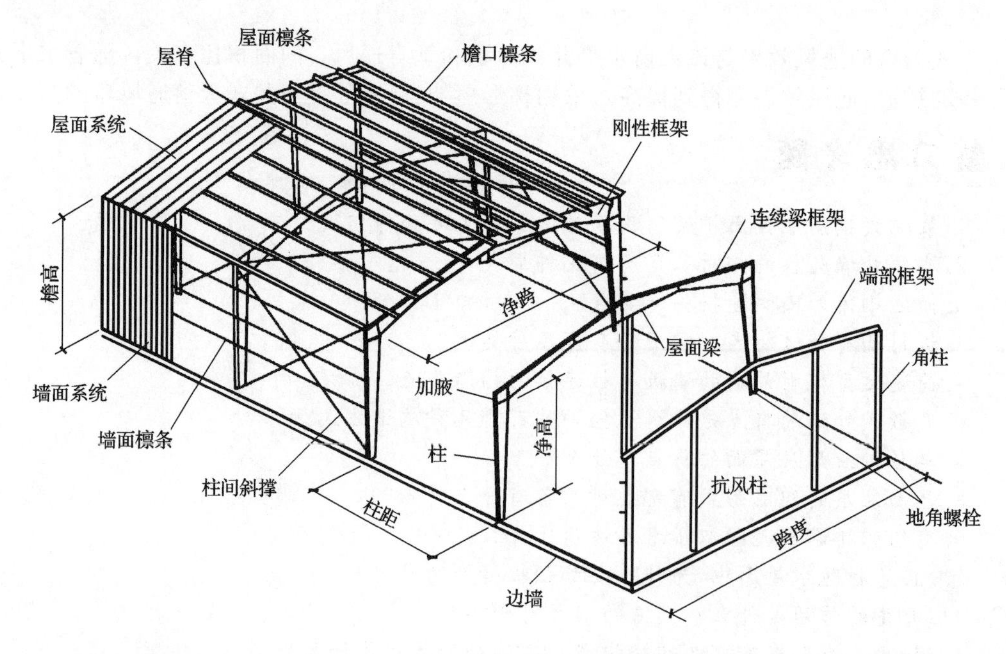

图 13-1　门式刚架结构单层厂房的构件组成

1. 门式刚架

门式刚架结构的主要构件包括刚架斜梁、刚架柱等，有实腹式刚架和格构式刚架两种。

实腹式刚架在轻型钢结构厂房中应用的较多，具有刚度大、构建规格少、便于设置悬挂吊车等优点。常用的型钢有薄壁型钢、普通型钢、钢管和用钢板焊接成型的H型钢等。

2. 轻型屋架

轻型屋架是轻型钢结构厂房常用的屋面支撑构件，主要有三角形屋架、三铰屋架和菱形屋架。

3. 支撑

轻型钢结构厂房的支撑可以保证结构的稳定性、承受和传递水平荷载并为保证结构安装质量和施工安全创造条件。

轻型钢结构厂房的支撑一般用张紧的十字交叉圆钢组成，由专用连接件与梁柱腹板连接。

13.2 围护结构

轻型钢结构厂房的围护结构宜采用轻型板材，这里主要介绍压型钢板及其复合板外墙和屋面构造。

压型钢板复合板外墙和屋面的构造要点是：保证固定点牢固，连接点密封，门窗洞口做好排水处理。

一、外墙

1. 压型钢板外墙

图13-2所示为压型钢板外墙构造。

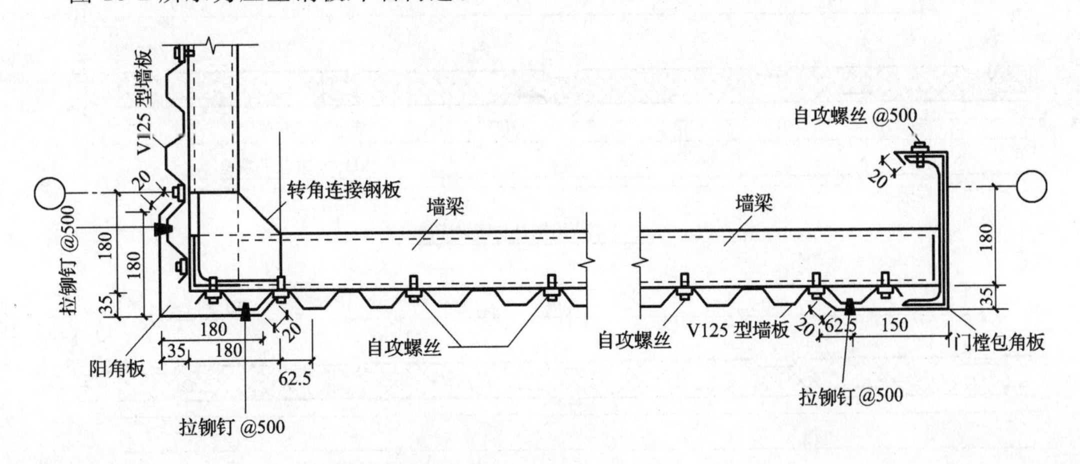

图13-2 压型钢板外墙构造

2. 复合板外墙

当厂房有保温要求时，外墙可采用夹层保温复合墙板，称为复合板外墙。夹层保温复合墙板一般是用彩色涂层压型钢板做面层，聚氨酯或聚苯乙烯泡沫做夹芯材料，通过特定的生产工艺复合而成的隔热保温夹芯板。

夹层保温复合墙板具有强度高、防水、耐腐蚀、轻质和保温性能好等特点。夹层保温复合墙板及其转角构造如图 13-3、图 13-4 所示。

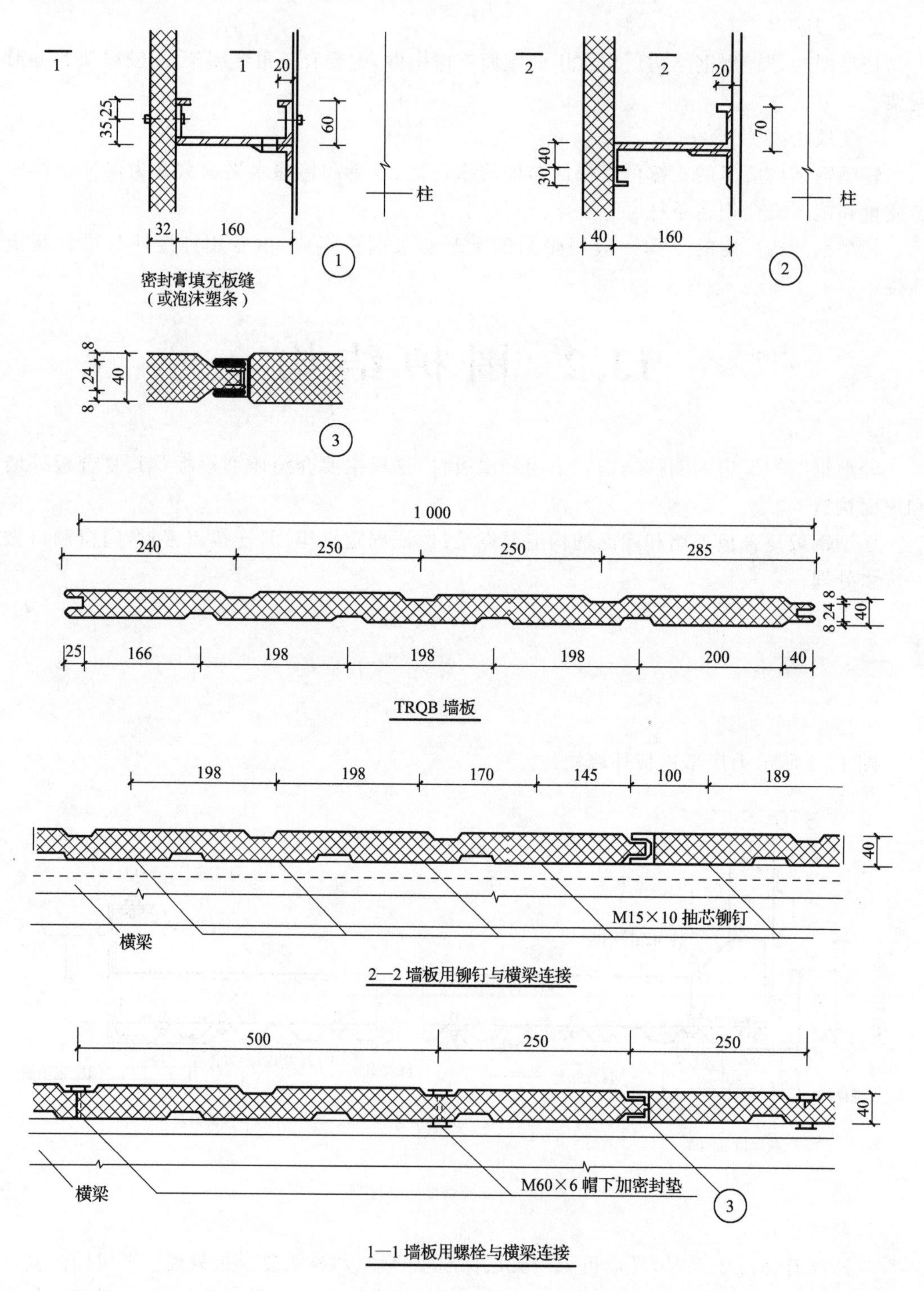

图 13-3 夹层保温复合墙板构造

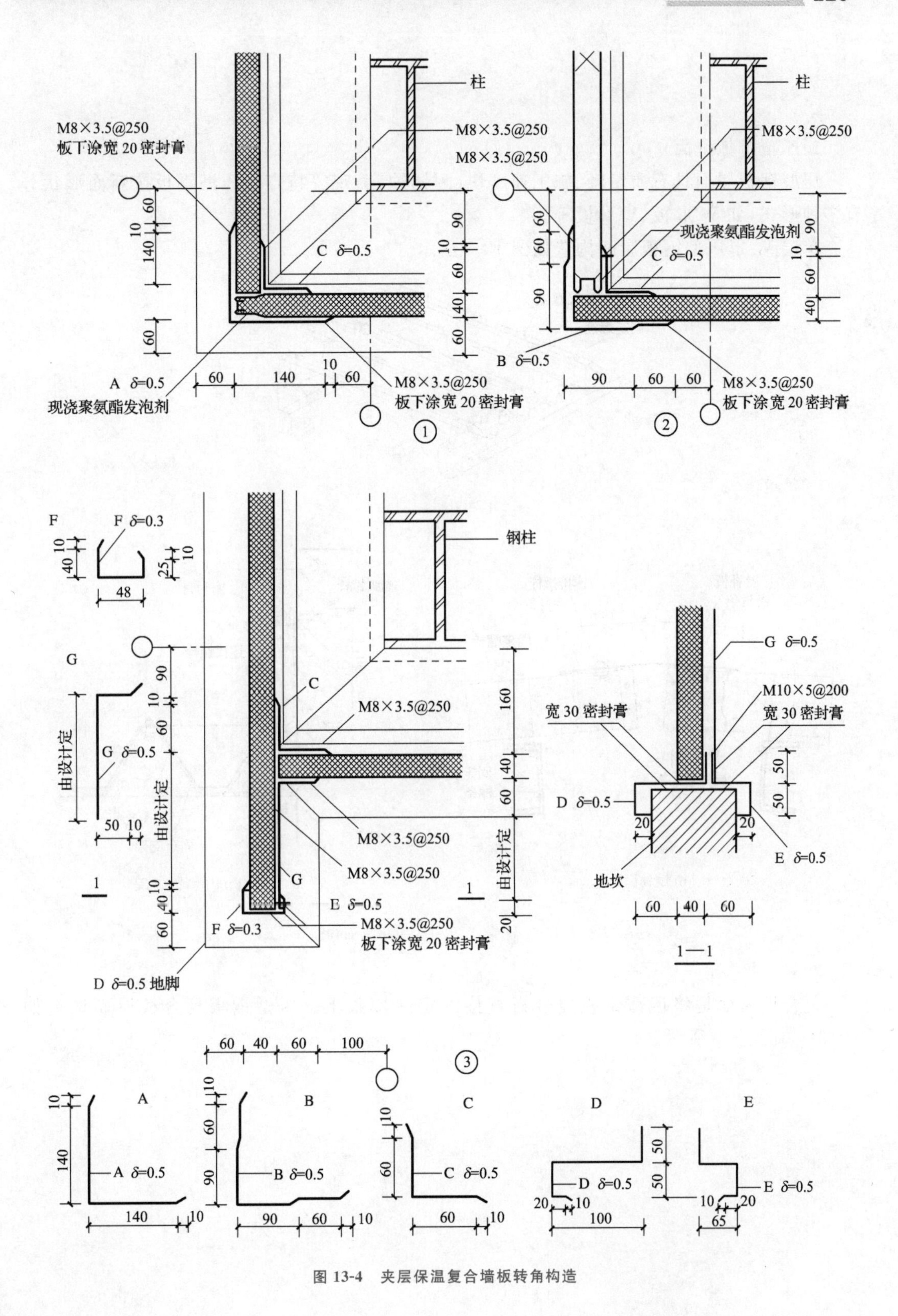

图 13-4　夹层保温复合墙板转角构造

二、屋面

1. 压型钢板屋面

压型钢板屋面具有质量轻、施工速度快、耐锈蚀、美观等特点。压型钢板按断面形状分有多种形式，如 W 形板、V 形板等。

单层 W 形压型钢板屋面构造如图 13-5 所示。

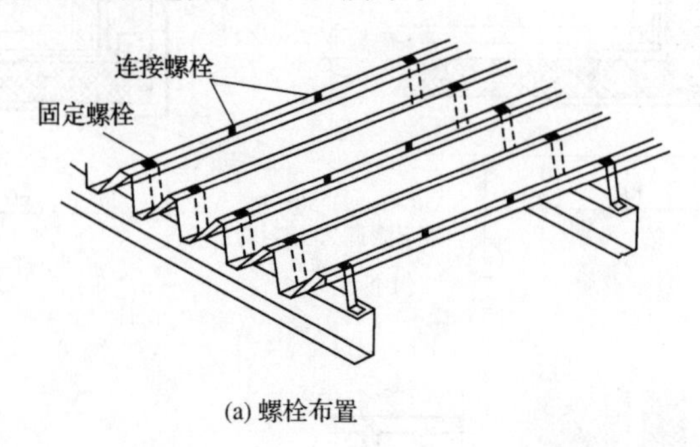

(a) 螺栓布置

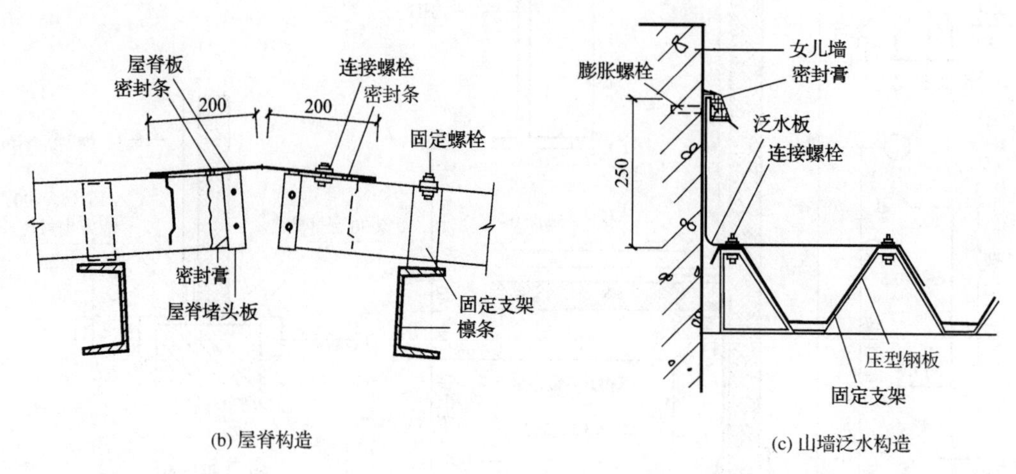

(b) 屋脊构造　　(c) 山墙泛水构造

图 13-5　单层 W 形压型钢板屋面构造

2. 复合板屋面

复合板屋面是将压型钢板复合板直接固定在檩条上。压型钢板复合板屋面构造如图 13-6～图 13-9 所示。

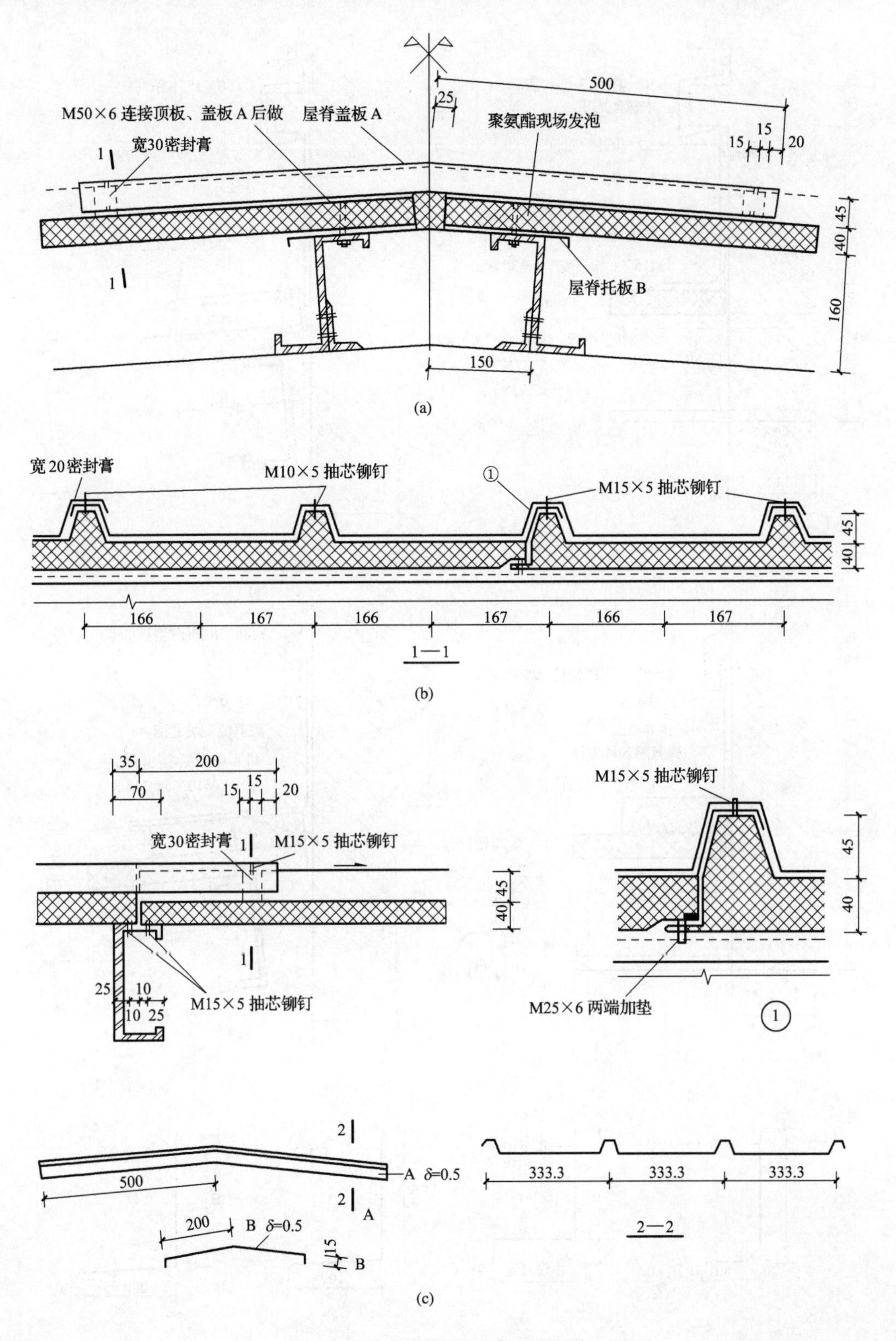

图 13-6 复合板屋面屋脊、顶板构造

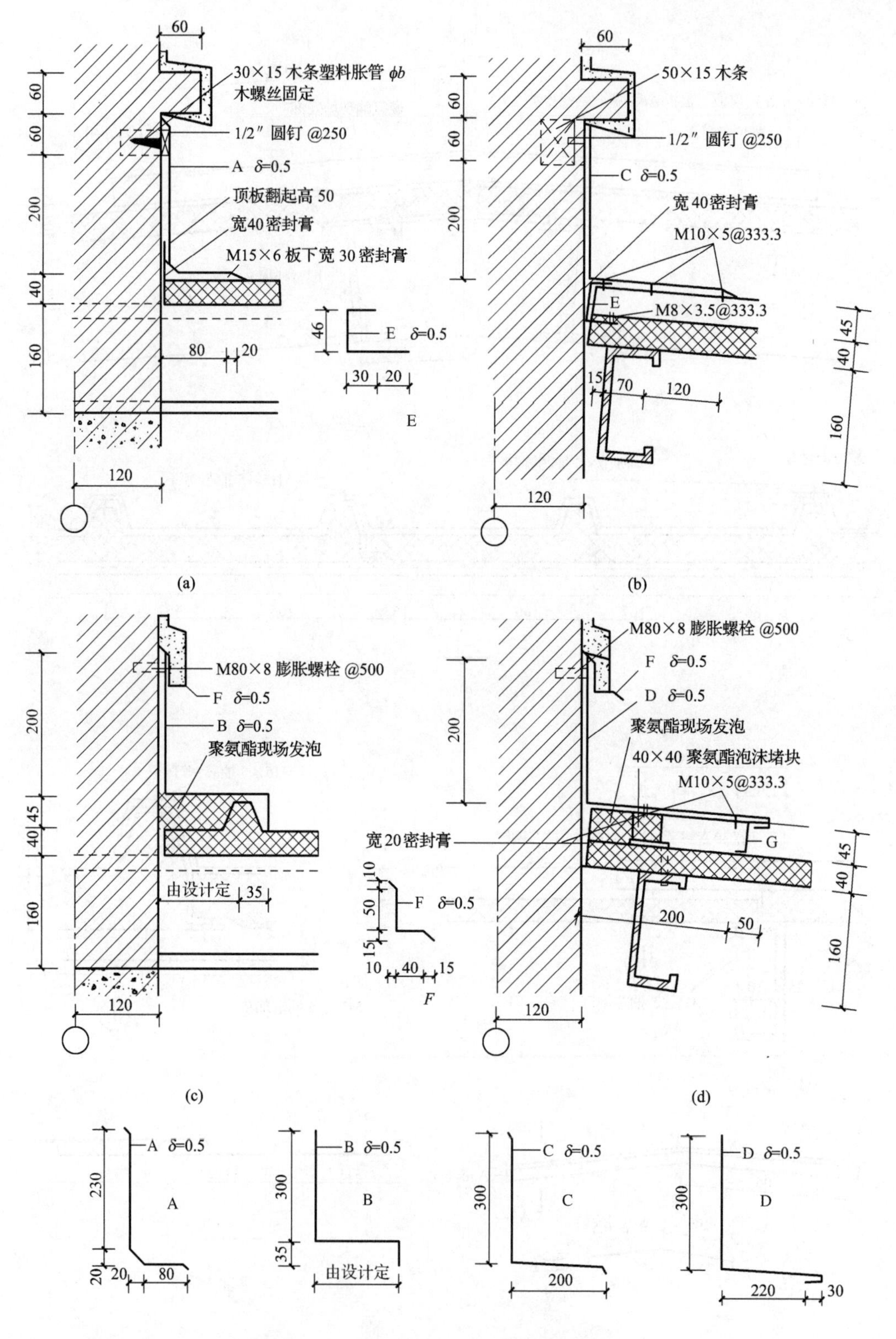

图 13-7 压型钢板复合板屋面混合墙泛水构造

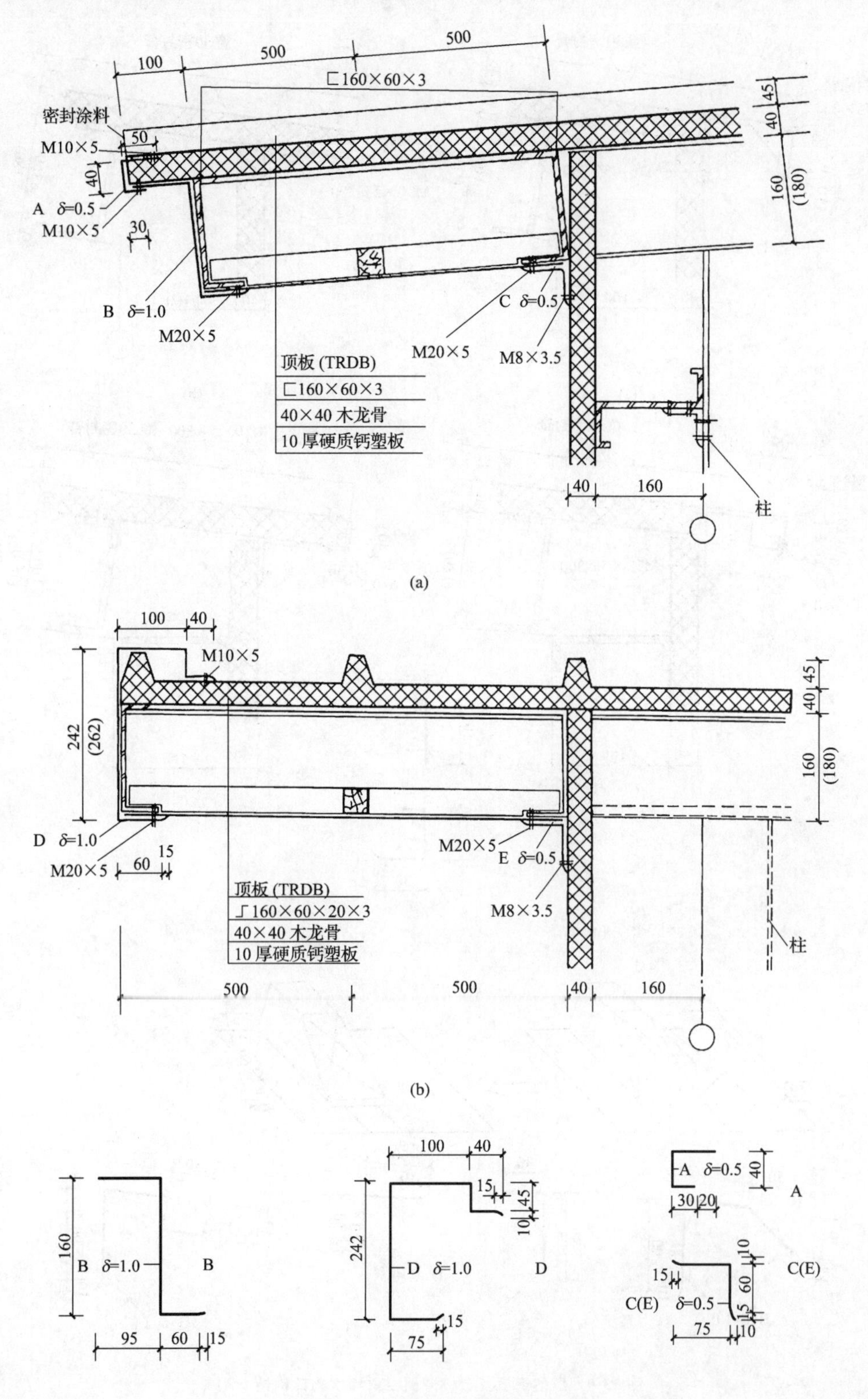

图 13-8　复合板屋面挑檐檐口构造

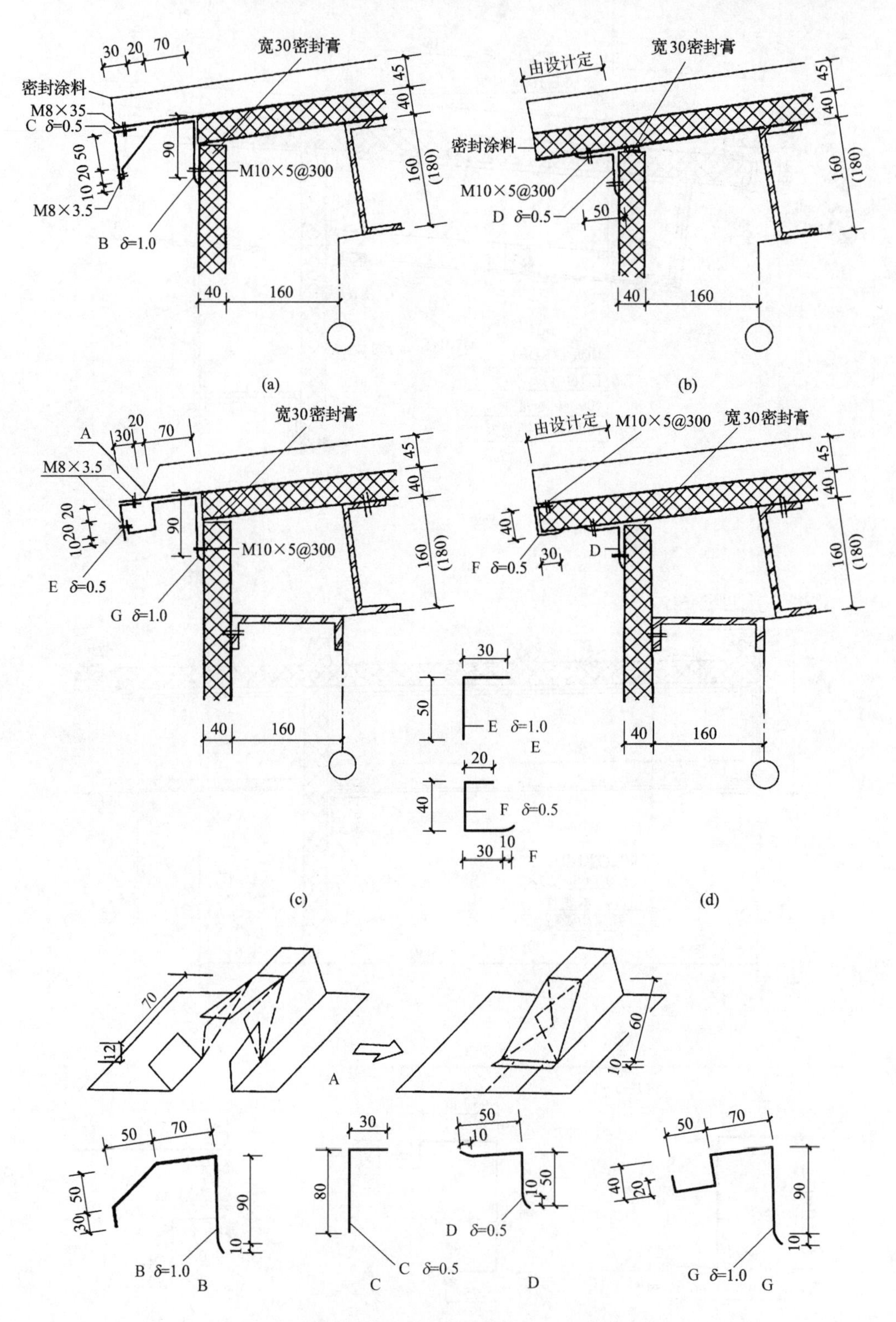

图 13-9　压型钢板复合板屋面自由排水檐口构造

复习思考题

1. 轻型钢结构厂房的特点有哪些？
2. 门式刚架结构厂房由哪些构件组成？
3. 简述压型钢板屋面的构造做法。

第14章 单层工业厂房大门和侧窗构造

14.1 大 门

一、大门的洞口尺寸与类型

(一)大门的洞口尺寸

单层工业厂房大门主要用于生产工具、物料的运输及人流的通行。洞口尺寸应根据运输工具的类型、运输货物的外形尺寸等因素确定。厂房大门净宽度应大于最大运输件600 mm,净高度应大于最大运输件高度300 mm。

(二)大门的类型

按所用材料,大门分为钢木大门、木大门、钢板门、空腹薄壁钢门等;按用途,大门分为普通门、防火门、保温门、防风门等;按开启方式,大门分为平开门、推拉门、折叠门、上翻门、升降门和卷帘门等,如图14-1所示。

平开门构造简单,开启灵活,如图14-1(a)所示。但当门扇尺寸较大时,容易下垂变形。

推拉门的门扇上边或下边装有滑轮,门扇通过滑轮沿导轨推拉开启,门扇一般设在墙体外侧,如图14-1(b)所示。推拉门的门扇受力合理,不易变形,但封闭性较差,不宜用于密封要求高的车间。

折叠门由几个窄门扇通过门扇边侧的铰链连接而成,利用门扇上下滑轮沿导轨移动使门扇折叠开启,如图14-1(c)所示。折叠门占用空间少、开启方便,适用于较大的门洞。

上翻门的门扇边侧装有滑轮,开启时门扇滑轮沿门框导轨向上翻起到门顶过梁下边,如图14-1(d)所示。上翻门开启时不占空间,常用作机动车的车库大门。

升降门开启时整个门扇沿边侧导轨向上平移升起,不占使用空间,如图14-1(e)所示。门洞上部需给门扇留出足够的空间,升降门有手动开启和电动开启两种方式。

卷帘门的门扇由多片冲压成型的金属叶片连接而成,门扇利用安装在门洞上部的转轴

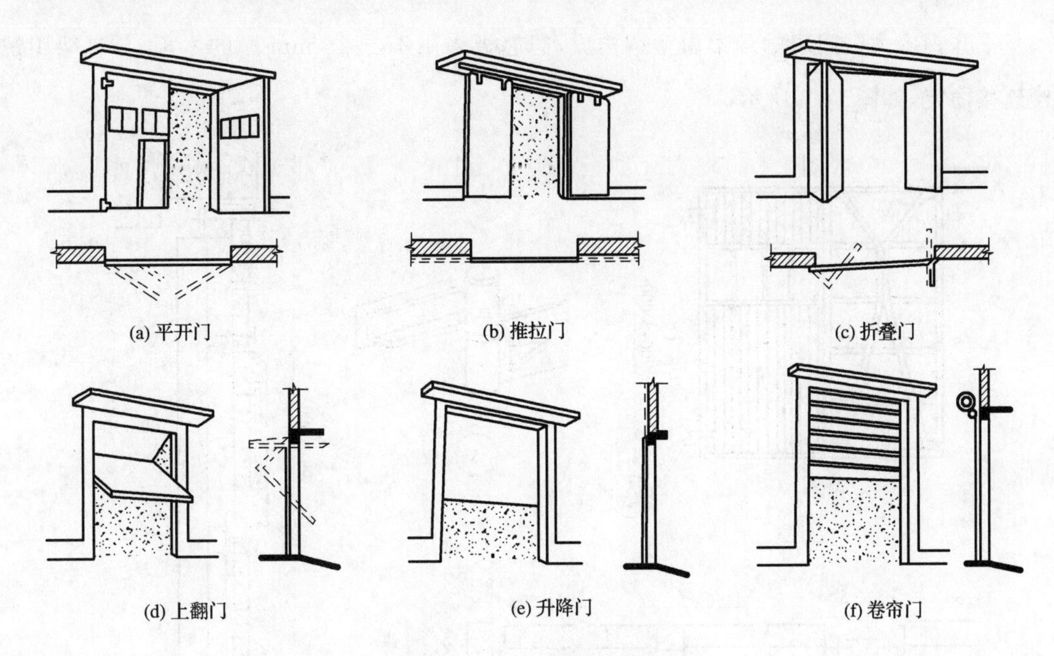

图 14-1　大门按开启方式分类

转动开启，如图 14-1(f)所示。卷帘门有手动开启和电动开启两种方式，适用于门洞宽度不超过 7 000 mm 的门，门洞高度一般不受限制。这种门有较好的防火、防盗性能。

二、大门构造

(一)平开钢木大门的构造

平开钢木大门由门框和门扇组成。一般用于尺寸不大于 3.6 m×3.6 m 的门洞。

门框有砖砌门框和钢筋混凝土门框两种，如图 14-2 所示。当门洞宽度大于 3 m 时，宜用钢筋混凝土门框。平开钢木大门的每个门框一般设两个铰链，铰链与门框上相应位置的预埋铁件焊接牢固。砖砌门框在墙内砌入含有预埋铁件的混凝土块，钢筋混凝土门框可直接预埋铁件。

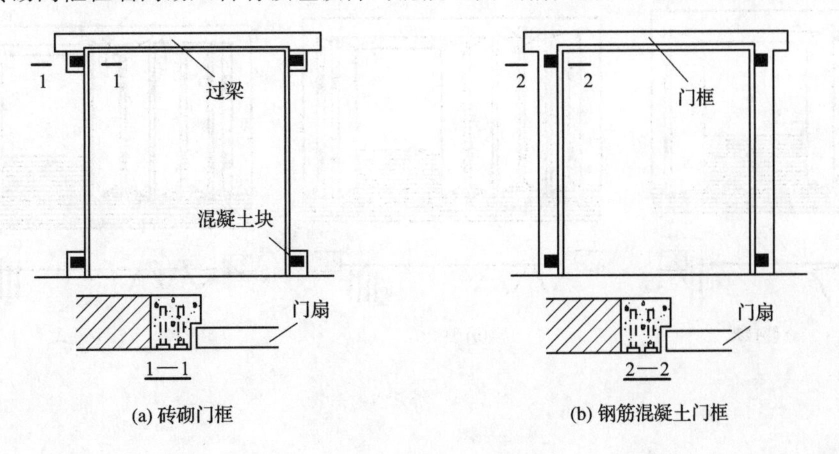

图 14-2　平开钢木大门门框构造

平开钢木大门门扇的骨架由型钢构成，门芯板采用 15～25 mm 厚的木板，与骨架用螺栓连接固定，如图 14-3 所示。

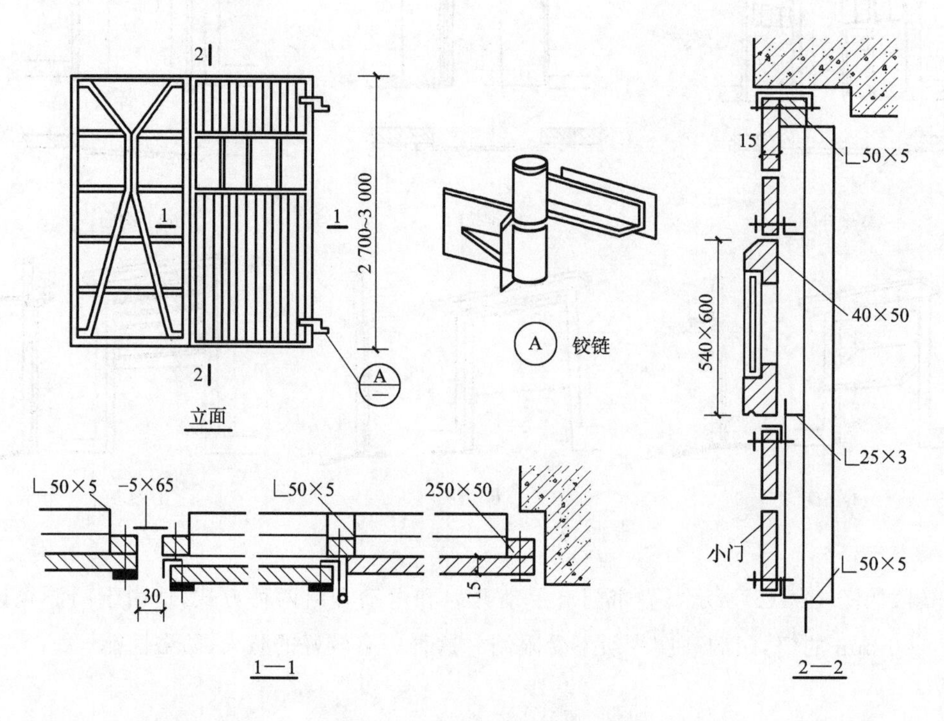

图 14-3 平开钢木大门门扇的构造

有保温要求的厂房大门，可采用双层门芯板，中间填充保温材料，在门扇边缘加钉橡皮条并用密封材料封闭缝隙。

（二）折叠门的构造

折叠门一般有侧挂式、侧悬式和中悬式三种形式，如图 14-4 所示。

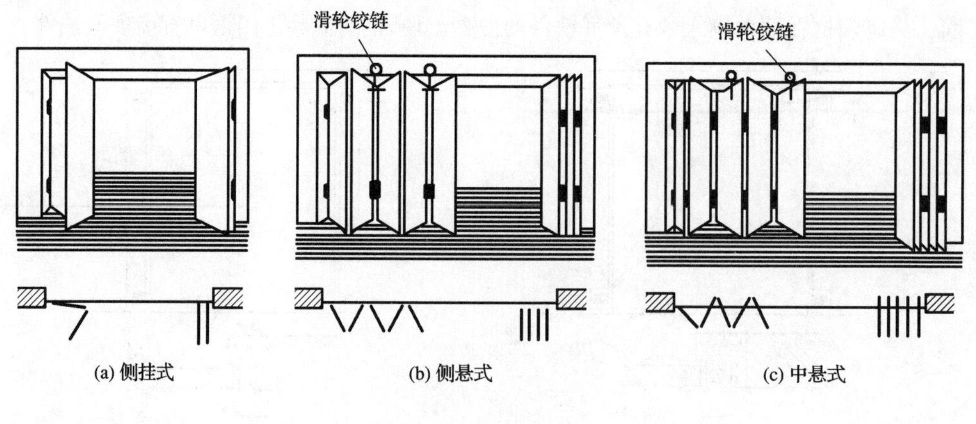

图 14-4 折叠门的形式

侧挂式折叠门是在平开门扇边侧用普通铰链悬挂一个门扇，不再另设导轨，适用于较小尺寸的门洞。

侧悬式和中悬式折叠门除在各门扇侧边安装铰链外，每个门扇都用滑轮铰链与门洞上边的导轨相连，下部安装有地槽滑轮，可适用于尺寸较大的洞口。侧悬式折叠门是将滑轮铰链安装在门扇的上部侧边，每个滑轮铰链同时连接两个门扇；中悬式折叠门的滑轮铰链安装在门扇中部，每个滑轮铰链连接一个门扇。

空腹薄壁钢的侧悬折叠门构造如图 14-5 所示。

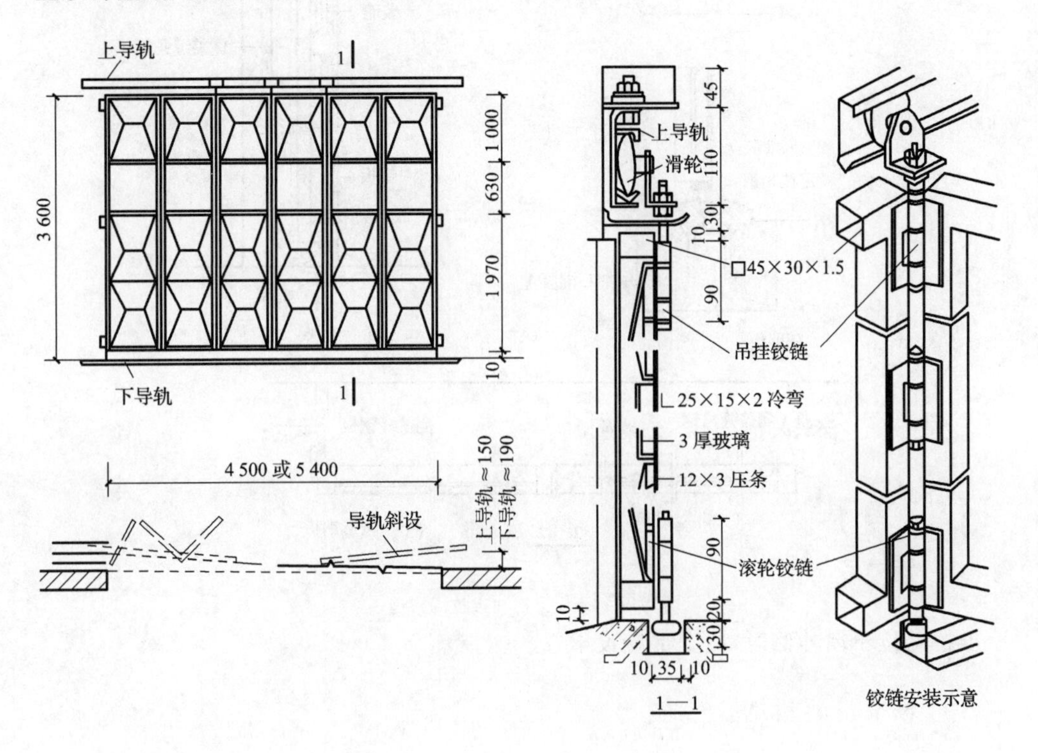

图 14-5　空腹薄壁钢的侧悬折叠门构造

（三）推拉门的构造

推拉门由门扇、导轨、地槽及门框组成。门扇可采用钢木门、钢板门等，每个门扇宽度一般不超过 1. 8 m，按支承方式有上挂式和下滑式。

当门扇高度小于 4 m 时，宜采用上挂式。将门扇通过滑轮悬挂在门洞上方的导轨上，下部地面设导饼防止门扇晃动，如图 14-6 所示。

当门扇高度大于 4 m 时，宜采用下滑式。在门洞上下均设导轨，门扇重量由下面的导轨承担。

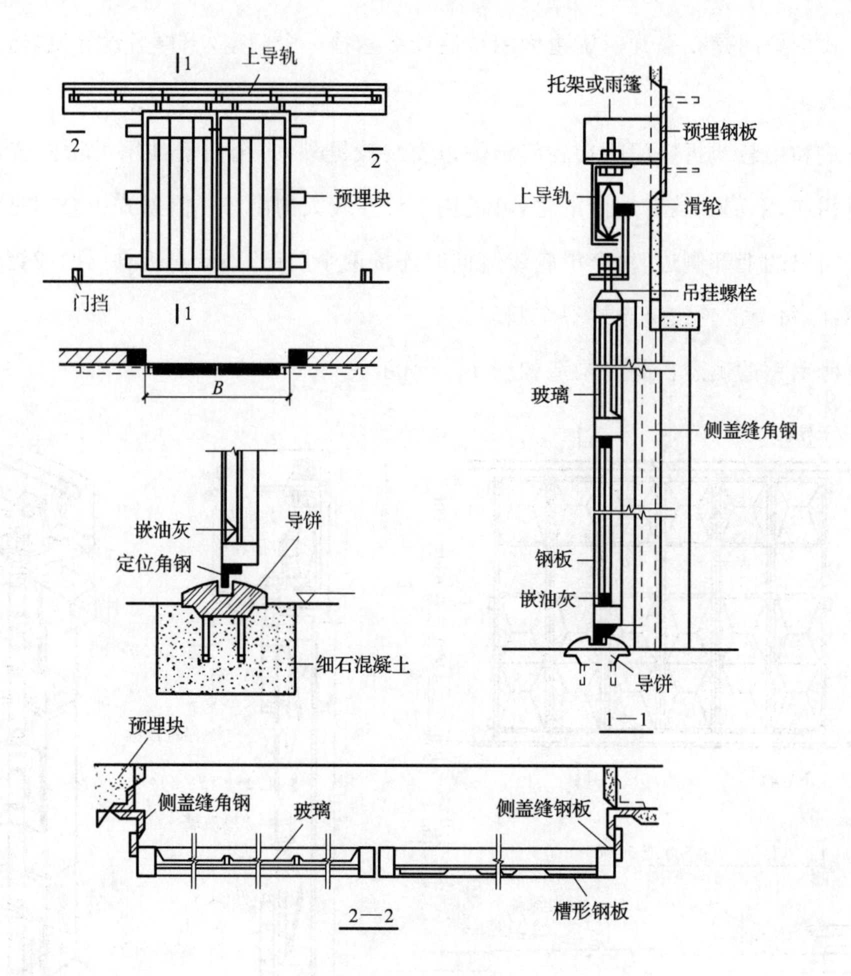

图 14-6 上挂式推拉门构造

推拉门位于墙外侧时，门上部应设雨篷。

(四)卷帘门的构造

卷帘门按性能分为普通型卷帘门、防火型卷帘门、防风型卷帘门等；按门扇结构分为帘板结构卷帘门和通花结构卷帘门。

单层工业厂房大门多用普通型卷帘门，必要时可在卷帘门扇上设置供单人通行的小门扇。普通型卷帘门构造如图 14-7 所示。

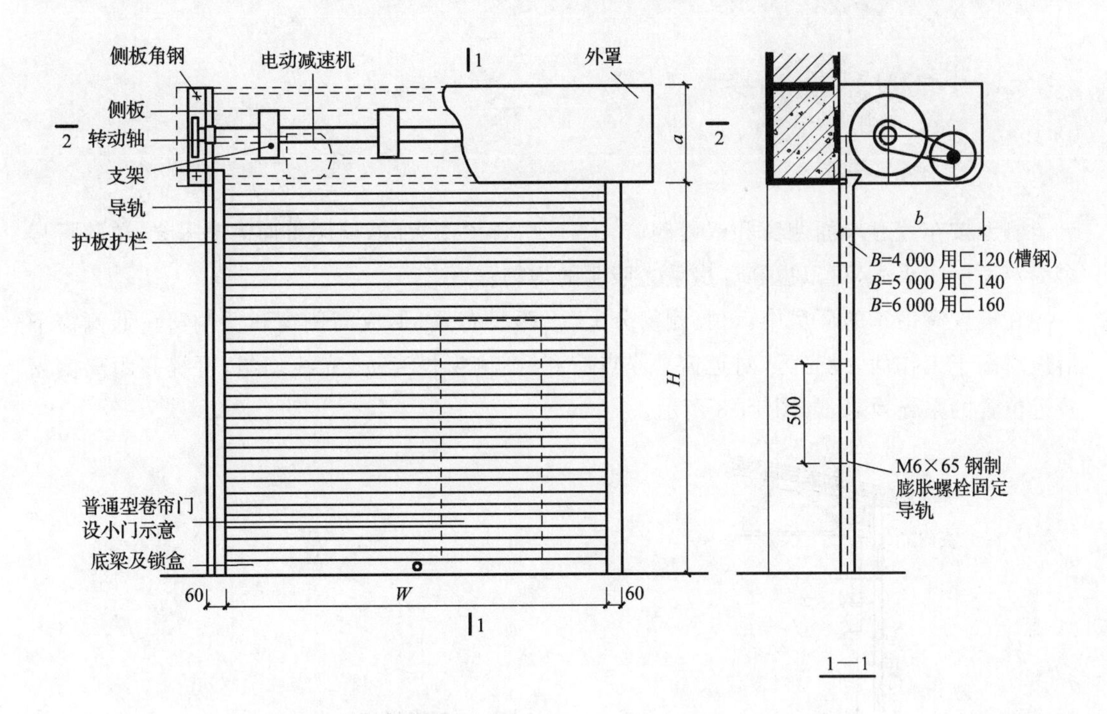

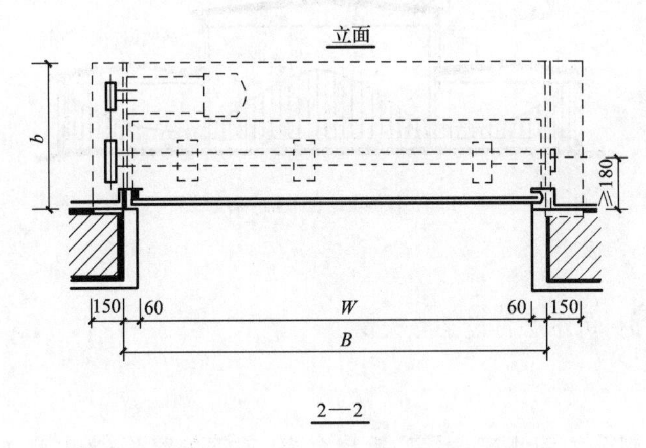

图 14-7　普通型卷帘门构造

14.2　侧　窗

单层工业厂房侧窗除具有采光、通风等一般功能外，还要满足保温、隔热、防尘，以及有爆炸危险车间的泄爆等工艺要求。由于单层工业厂房的侧窗面积大，因此需要足够的刚度，并且开关方便。侧窗多数为单层窗，在寒冷地区或有恒温、洁净等要求的厂房可设双层窗。

一、侧窗的布置和类型

(一)侧窗的布置

侧窗按布置有单面侧窗和双面侧窗。当厂房进深不大时,可用单面侧窗采光;单跨厂房多为双面侧窗采光,可以提高厂房采光照明的均匀程度。

在设置有吊车的厂房中,可将侧窗分上、下两段布置,形成高侧窗和低侧窗。低侧窗下沿应略高于工作面,投光近,对近窗采光点有利;高侧窗投光远,光线均匀,可提高距离侧窗较远位置的采光效果,如图 14-8 所示。

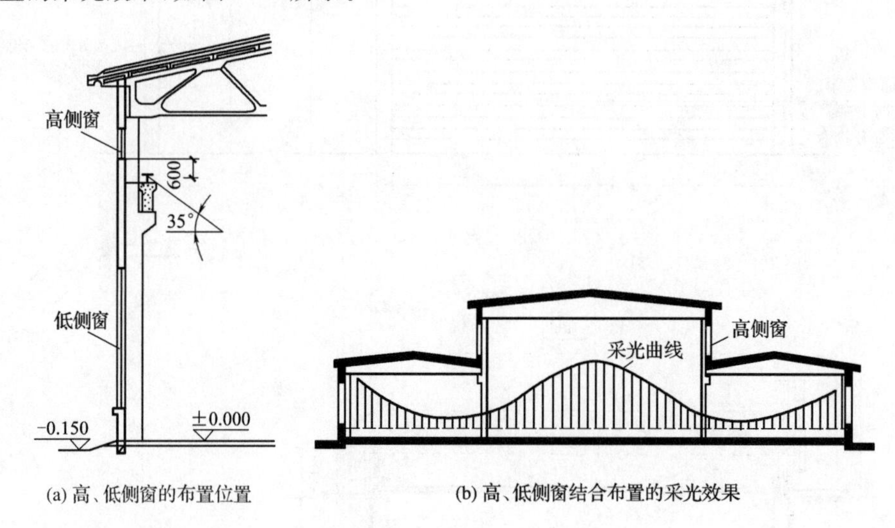

(a) 高、低侧窗的布置位置　(b) 高、低侧窗结合布置的采光效果

图 14-8　侧窗的布置

侧窗构造简单,当采光良好时,可不必再设采光天窗。

(二)侧窗的类型

单层工业厂房的侧窗,按材料分为钢侧窗、木窗、铝合金窗、塑钢侧窗等;按开启方式分为中悬窗、平开窗、固定窗、立旋窗等。

一般情况下,可用中悬窗、平开窗、固定窗等组合成单层工业厂房的侧窗,如图 14-9 所示。

平开窗开关方便,构造简单,通风效果好,一般用于外墙下部,作为通风的进气口。

中悬窗开启角度大,便于机械开关,多用于外墙上部。这种窗结构复杂,窗扇周边的缝隙易漏水,不利于保温。

固定窗没有活动窗扇,不能开启,主要用于采光,多设在外墙中部。

立旋窗的窗扇绕垂直轴转动,可根据风向调整角度,通风效果好。立旋窗多用作热加工车间的进风口。

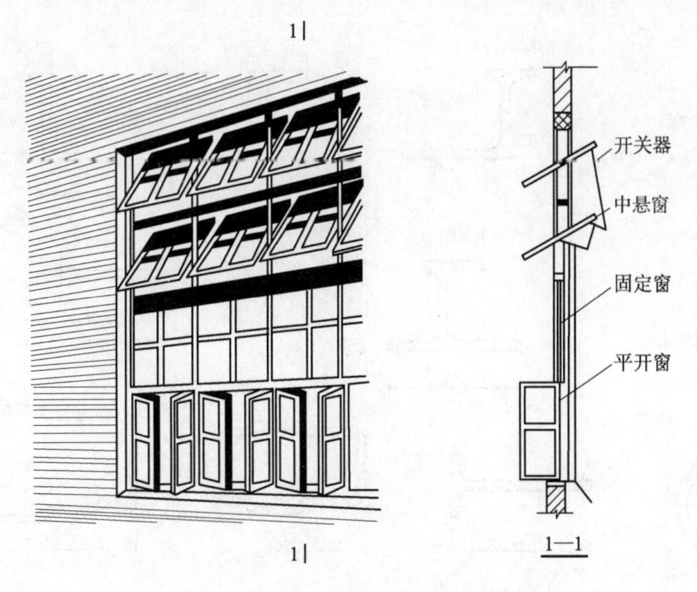

图 14-9　中悬窗、固定窗、平开窗组合的侧窗

二、钢侧窗类型和组合

(一)钢侧窗类型

钢侧窗按框料截面的形式分为空腹钢侧窗和实腹钢侧窗。

空腹钢侧窗的框料是由低碳钢经冷轧、焊接形成的薄壁管状型材。由于空腹钢侧窗框料壁较薄,容易受锈蚀破坏,框料成型后,一般需做内外表面的防锈处理。

空腹钢侧窗框料的断面形式如图 14-10 所示。

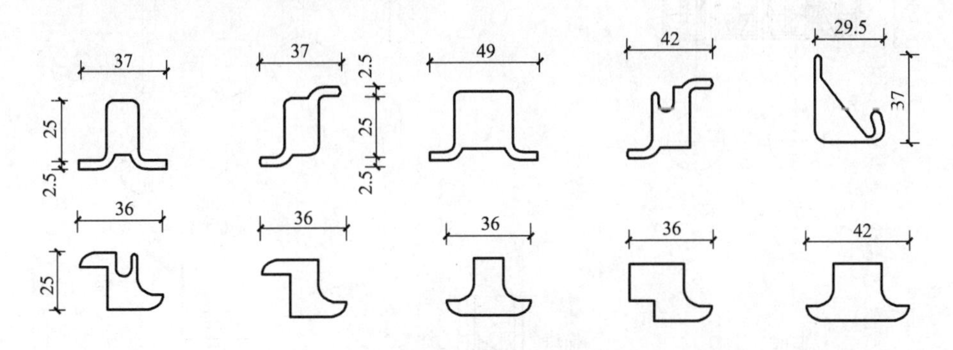

图 14-10　空腹钢侧窗框料的断面形式

实腹钢侧窗的框料是热轧型钢,截面肋厚大,抗锈蚀性强,框料的断面形式如图 14-11 所示。

(二)钢侧窗的组合

单层工业厂房侧窗面积大,要用基本钢侧窗拼接组合。组合钢侧窗由竖梃和横档保证整体性和稳定性,基本钢侧窗窗扇连接固定在竖梃和横档上。

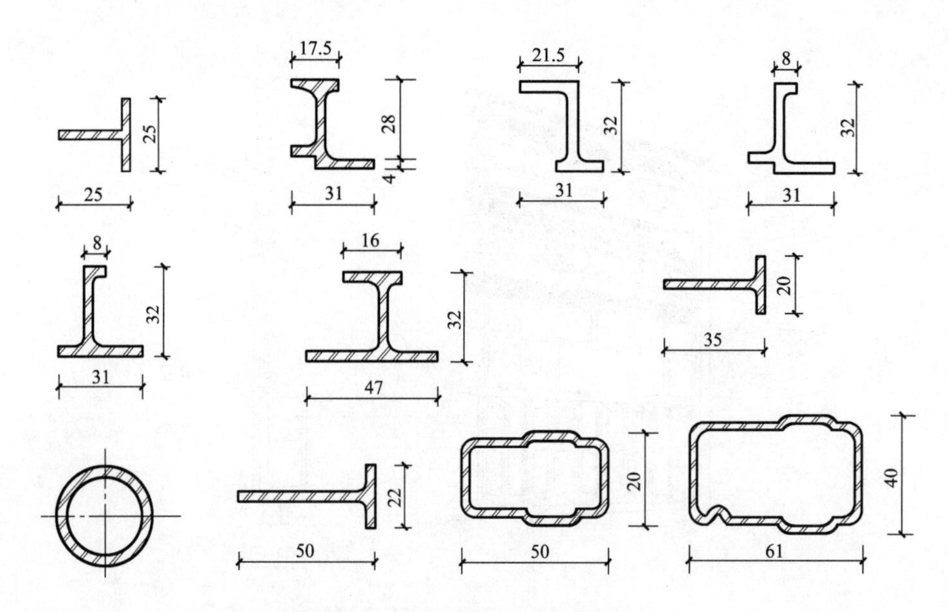

图 14-11 实腹钢侧窗框料的断面形式

实腹钢侧窗组合示例如图 14-12 所示。

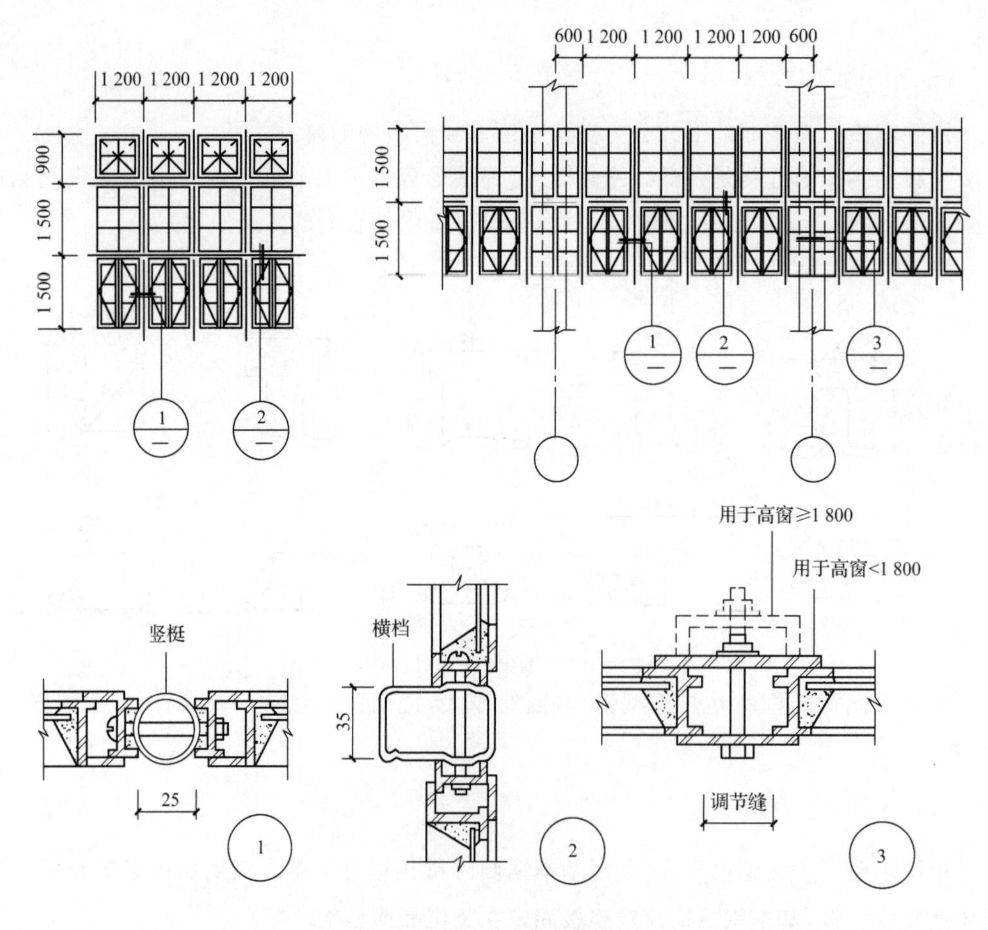

图 14-12 实腹钢侧窗组合示例

（三）钢侧窗与窗洞的连接

钢侧窗与窗洞的连接如图14-13所示。

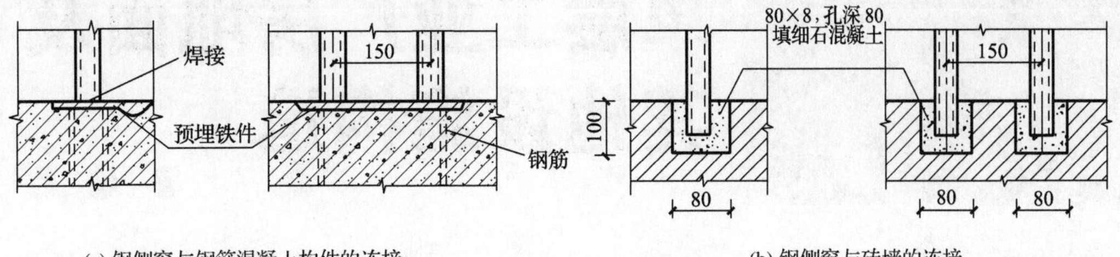

(a) 钢侧窗与钢筋混凝土构件的连接　　(b) 钢侧窗与砖墙的连接

图14-13　钢侧窗与窗洞的连接

钢侧窗与钢筋混凝土构件的连接，是在钢筋混凝土构件中的相应位置预埋铁件，用拼接件将钢侧窗与预埋铁件焊接固定；钢侧窗与砖墙的连接，一般是先在墙体上预留孔洞，再插入钢侧窗的拼接料并用细石混凝土灌实嵌固。

（四）开关器

由于单层工业厂房的高度、宽度大，窗的开关需借助专用开关器完成，开关器有手动和电动两种形式。

中悬窗的开关器如图14-14所示。

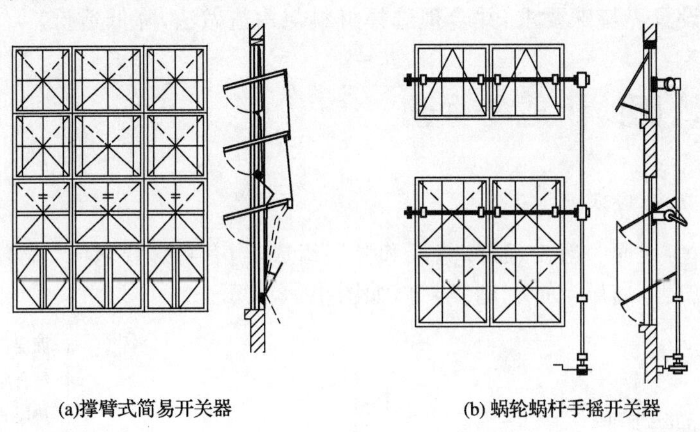

(a)撑臂式简易开关器　　(b) 蜗轮蜗杆手摇开关器

图14-14　中悬窗的开关器

复习思考题

1. 如何确定单层工业厂房大门的洞口尺寸？

2. 简述平开钢木大门的构造要点。

3. 简述钢侧窗的构造要点。

第 15 章 单层工业厂房地面及其他设施构造

15.1 地面构造

单层工业厂房地面面积大，需承受较大的荷载，并受腐蚀、磨损等影响，故应具有足够的强度和刚度，满足大型生产和运输设备的使用要求，并具有良好的抗冲击、耐磨和耐碾压性能。地面还要满足不同生产工艺的要求，如在生产中有化学侵蚀的车间，地面应满足防腐蚀要求；生产精密仪器和仪表的车间，地面应满足防尘要求；在生产中有爆炸危险的车间，地面应满足防爆要求；在生产中需大量用水的厂房，地面应满足防潮、防水要求。要处理好由于不同设备基础、不同生产工段对地面不同要求而引起的多类型地面组合拼接，还要满足设备管线敷设、地沟设置等特殊要求，并合理选择材料与构造做法，降低造价。

一、常用地面的组成与做法

(一)常用地面的组成

单层工业厂房地面一般由面层、垫层和基层组成，当有特殊要求时，需增设其他构造层，如结合层、找平层、隔离层、防水(潮)层等，如图 15-1 所示。

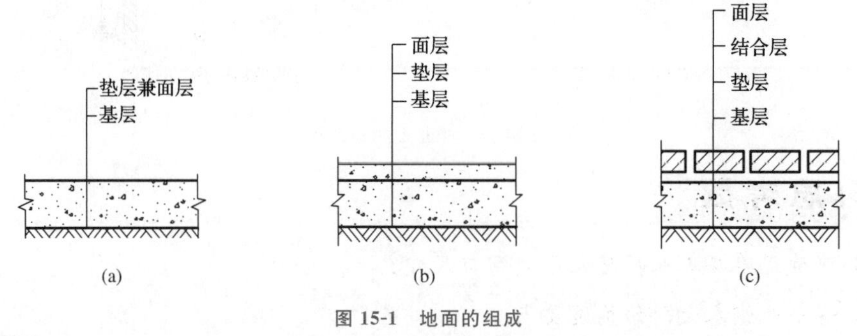

图 15-1 地面的组成

1. 面层

地面面层是直接承受各种物理和化学作用的表面层，有整体地面和块(板)料地面，应根据生产特征、使用要求和技术、经济条件来选择面层材料。为便于排水，地面面层可设0.5%～1%的坡度。

2. 垫层

垫层是承受并传递地面荷载至地基的构造层，应根据面层的类型、生产特征和使用要求选择材料，厚度需根据计算确定。垫层可分为刚性垫层和柔性垫层。

刚性垫层由混凝土、沥青混凝土或钢筋混凝土等材料构成，整体性好、强度大，适用于地面直接安装中小型设备、有较大荷载且不允许面层出现变形或裂缝的地面，或有腐蚀性介质及大量水作用和面层构造要求为刚性垫层的地面。

柔性垫层由砂、碎石、矿渣、灰土、三合土等材料构成，在荷载作用下有一定的塑性变形，适用于有重大冲击、较大震动作用或储放重型材料的地面。

灰土、三合土垫层也称半刚性垫层。

3. 基层

基层一般为地基土层，要有足够的承载力。若地基土松软，可加入碎石、碎砖等夯实，以加强基层的承载能力。

4. 结合层、隔离层、找平层

结合层是连接块(板)材或卷材与垫层的中间层，它主要起上下结合的作用，应根据面层和垫层的情况选择结合层的材料。当地面有防酸、防碱要求时，结合层应选用耐酸砂浆或树脂胶泥等材料。

隔离层可以起到防止地面的腐蚀性液体由上向下渗透和地面防潮的作用。当地面上介质的腐蚀性较强时，隔离层应设在垫层之上，可采用防水卷材来防止渗透。

在刚性垫层上，找平层一般采用 20 mm 厚 1∶2 或 1∶3 水泥砂浆；在柔性垫层上，找平层宜采用厚度不小于 30 mm 的细石混凝土。

(二)常用地面的做法

单层工业厂房地面有单层整体地面、多层整体地面和块料地面等类型。常用地面的构造做法见表 15-1。

表 15-1　常用地面构造做法举例

序号	类型	构造图形	地面做法	建议采用范围	备注
一、单层整体地面					
①	矿渣或碎石地面		矿渣(碎石)面层压实，厚度≥60 mm，素土夯实	承受机械作用强度较大、平整度和清洁度要求不高的地段，如仓库、堆场	
②	灰土地面		3∶7 灰土，夯实，100～150 mm 厚，素土夯实	机械作用强度小的一般辅助生产用房、仓库等	
③	石灰炉渣地面		1∶3 石灰炉渣夯实，60～100 mm 厚，素土夯实	机械作用强度小的一般辅助生产用房、仓库等	
④	石灰三合土地面		1∶3∶5、1∶2∶4，石灰、砂(细炉渣)、碎石(碎砖)，三合土夯实，100～150 mm 厚，素土夯实	机械作用强度小的一般辅助生产用房、仓库等	有水地段不宜采用

（续表）

序号	类型	构造图形	地面做法	建议采用范围	备注
二、多层整体地面					
①	水泥砂浆地面		1∶15或1∶2水泥砂浆面层，20 mm厚，C10混凝土垫层，≥60 mm厚，素土夯实	承受一定机械作用强度，有矿物油、中性溶液、水作用的地段，如油漆车间、锅炉房、变电间、车间办公室等	容易起砂
②	混凝土地面		C10～C20混凝土面层兼垫层，≥60 mm厚，素土夯实	承受较大的机械作用，有矿物油、中性溶液、水作用的地段，如金工、热处理、油漆、机修、工具、焊接、装配车间等	C15混凝土兼面层时，表面需加适量水泥，随捣随抹光
③	细石混凝土地面		C20细石混凝土，30～40 mm厚，C7.5(C10)混凝土垫层，60～100 mm厚，素土夯实	承受较大的机械作用，有矿物油、中性溶液、水作用的地段，如金工、热处理、油漆、机修、工具、焊接、装配车间等	
④	水磨石地面		1∶(1.2～2.0)水泥渣面层，15 mm厚；1∶3水泥砂浆找平层，15 mm厚，C7.5(C10)混凝土垫层，≥60 mm厚	有一定清洁要求，中性溶液、水作用的地段，如计量室、精密机床间、汽轮发电机间、主电室、仪器仪表装配车间、食品车间、实验室等	
⑤	铁屑地面		C40铁屑水泥面层，15～20 mm厚，1∶2水泥砂浆结合层，20 mm厚，C10混凝土垫层，≥60 mm厚，素土夯实	要求高度耐磨的车间或地段，如电缆、电线、钢绳、钢丝车间，履带式拖拉机、施工机械装配车间等	
⑥	沥青砂浆地面		沥青砂浆面层，20～30 mm厚，冷底子油一道，C10(C7.5)混凝土垫层，≥60 mm厚，素土夯实	要求不发火花，不导电，防潮、防酸、防碱的地段，如乙炔站、控制盘室、蓄电池室、电镀室	经常有煤油、汽油及其他有机溶剂的地段不宜采用
⑦	沥青混凝土地面		沥青细石混凝土面层，30～50 mm厚，分两次敷设，冷底子油一道，C10(C7.5)混凝土或碎石垫层，≥60 mm厚，素土夯实	要求不发火花，不导电，防潮、防酸、防碱的地段，如乙炔站、控制盘室、蓄电池室、电镀室	
⑧	菱苦土地面		菱苦土面层，12～18 mm厚，1∶3菱苦土氯化镁稀浆一遍，C7.5(C10)混凝土垫层，≥60 mm厚，素土夯实	要求具有弹性、半温暖、清洁、防爆等地段，如计量站、纺纱车间、织布车间、校验室等	受潮湿影响或地面温度经常处于35 ℃以上地段不宜采用

（续表）

序号	类型	构造图形	地面做法	建议采用范围	备注
三、块料地面					
①	粗石或块石地面		100～180 mm 厚块石，粒径 15～25 mm 卵石或碎砖填缝，碾压沉落后以粒径 5～15 mm 卵石或碎石填缝，再次碾实，砂垫层，压实后为 60 mm 的厚度，素土夯实	承受巨大冲击及磨损，平整度要求不高，便于修理，如锻锤车间，电缆、钢绳车间，履带式拖拉机装配车间，人行道等	块石厚度：100、120、150 粗石厚度：120、150、180
②	混凝土板地面		C20 混凝土预制板，60 mm 厚，砂或细炉渣垫层，60 mm 厚	可承受一定机械作用强度，用于将要安装设备及敷设地下管线而预留地段的地段或人行道	
③	陶板地面		陶板面层沥青胶泥勾缝，3 mm 厚沥青胶泥结合层，1.5 mm 厚1∶3水泥砂浆找平层上刷冷底子油一道，C7.5(C10)混凝土垫层，≥60 mm 厚，素土夯实	用于有一定清洁要求及受酸性、碱性、中性液体、水作用的地段，如蓄电池室、电镀车间、染色车间、尿素车间等	
④	铸铁板地面		15 mm 厚铸铁板（300 mm × 600 mm），60～150 mm 厚砂或矿渣结合层，素土夯实（或掺骨料夯实）	承受高温影响及冲击、磨损等强烈机械作用的地段，如铸铁、锻压、热轧车间等	不适用于有磁性吸盘吊车的地段

二、地面的细部构造

（一）垫层接缝

为减少温度变化对混凝土垫层的影响，防止不规则裂缝造成的地面破坏，混凝土垫层上应做接缝。接缝按其作用分为伸缝和缩缝，若厂房内温度变化不大，一般只设缩缝。

缩缝有纵向和横向两种形式。平行于施工方向的为纵向缩缝，一般采用平头缝，间距 3～6 m，当混凝土垫层厚度大于 150 mm 时宜设企口缝。垂直于施工方向的为横向缩缝，宜采用假缝形式，间距 6～12 m，高温季节施工的地面假缝间距宜为 6 m。假缝的宽度宜为 5～12 mm，高度宜为垫层厚度的 1/3，缝内应填水泥砂浆或膨胀型砂浆，如图 15-2 所示。

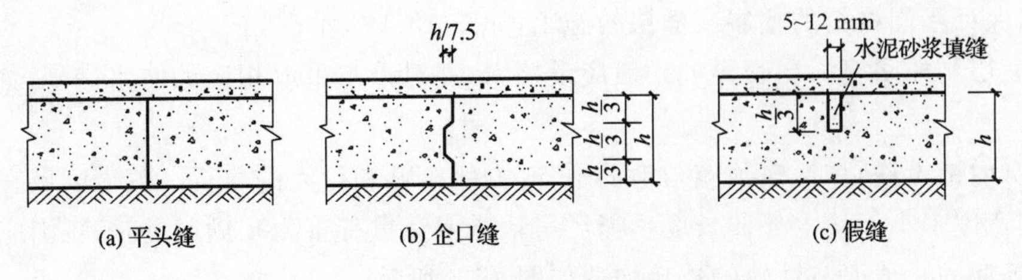

图 15-2　垫层缩缝的形式

(二)变形缝

地面变形缝的位置要与整个建筑的变形缝一致。同时,在地面与锻锤、破碎机等设备基础之间应设变形缝,当厂房内各部分地面承受的荷载大小悬殊时,相邻地面处也应设变形缝。

在有较大冲击、磨损或车辆频繁作用的地面变形缝处,地面应设角钢或扁铁护边。防腐蚀地面应尽量避免设置变形缝,若确需设置时,可在变形缝两侧用增加面层或垫层厚度的方式设置挡水,挡水和缝内应做防腐处理。

变形缝应贯穿地面各构造层,一般地面变形缝的构造做法如图 15-3 所示。

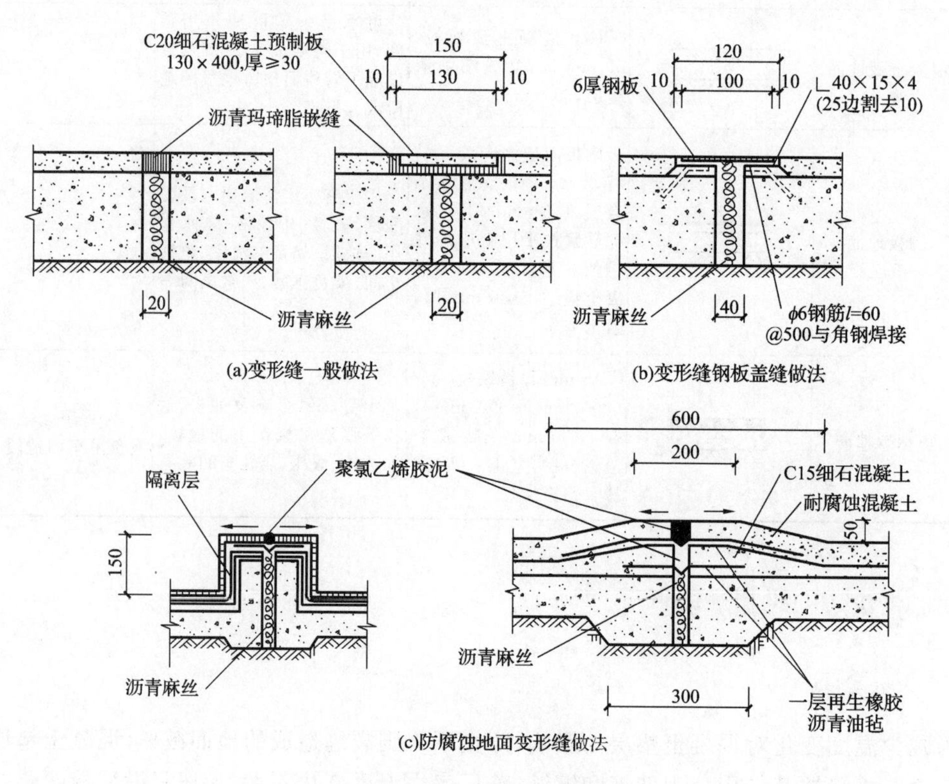

图 15-3 一般地面变形缝的构造做法

(三)不同材料地面的接缝

两种不同材料的地面由于强度不同,应根据使用情况采取加固措施。一般可在地面交界处设置与垫层固定的角钢或扁钢嵌边,角钢与整体面层的厚度要一致;或设置混凝土预制块加固,以保证不同材料的垫层或面层的施工,如图 15-4 所示。

防腐面层与非防腐面层交界处一般应设挡水,并对挡水采取相应的防水措施,如图15-5 所示。

当厂房内铺设铁轨时,轨顶应与地面平齐,方便车辆和行人的通行。轨道区域宜铺设块材地面,其宽度不小于枕木外伸长度。当厂房轨道上经常有重型车辆通过时,轨沟应用角钢或旧钢轨等加固。地面与铁轨的连接构造如图 15-6 所示。

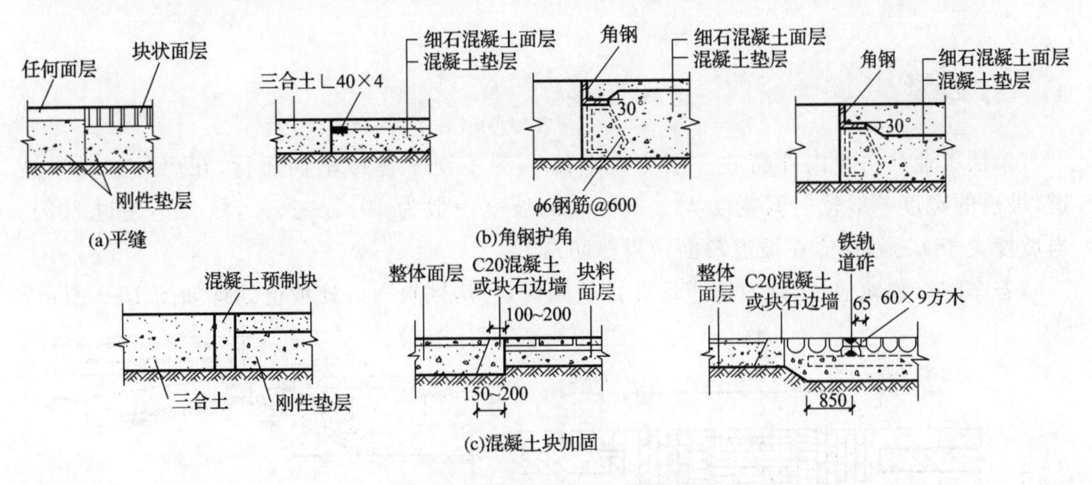

图 15-4　不同材料地面的接缝构造

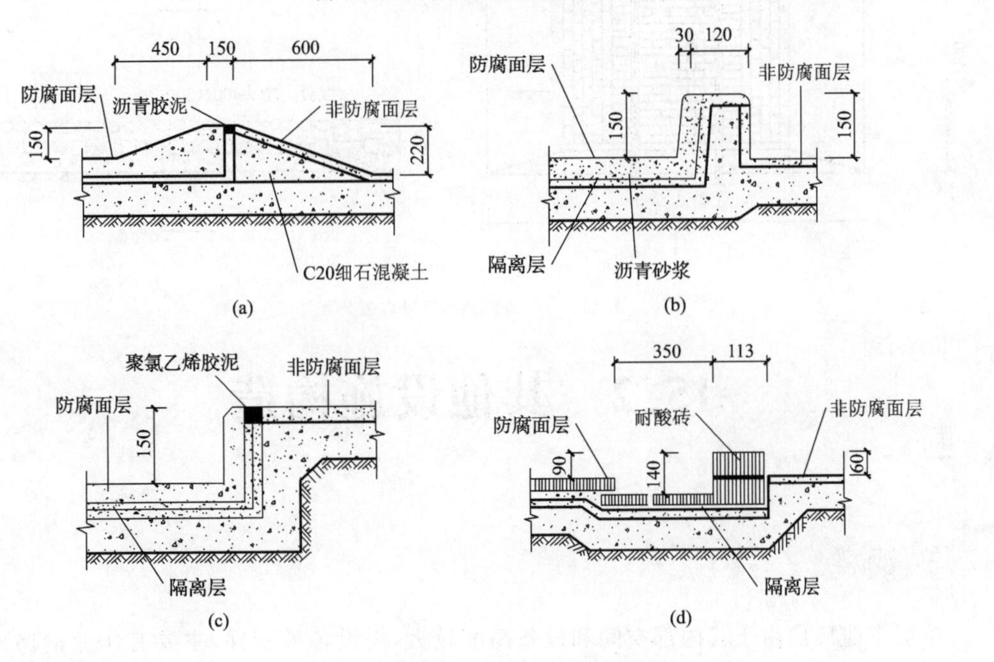

图 15-5　不同材料地面接缝处的挡水构造

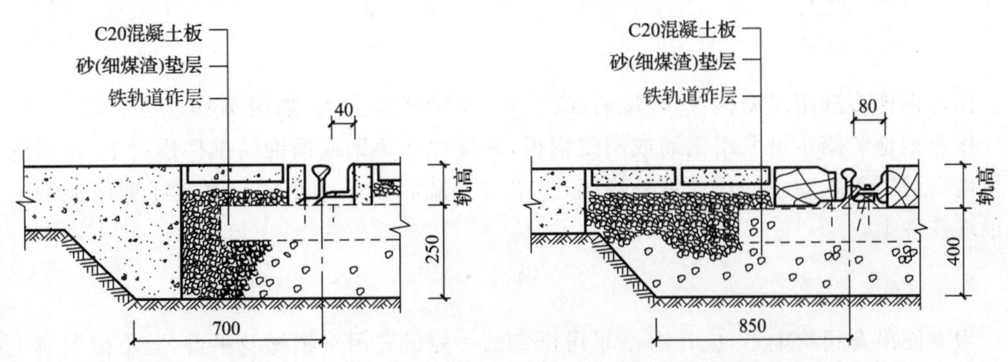

图 15-6　地面与铁轨的连接构造

三、坡道

单层工业厂房室内外高差一般为 150 mm，为了便于各种车辆通行，在门外应设置坡道，坡道的宽度一般较门洞宽度大 1 200 mm，坡度一般为 10％～15％，最大不超过 30％。当坡度大于 10％时，应在坡道表面做齿槽防滑。

若车间有铁轨通过，则坡道应设在铁轨两侧，厂房铁轨入口处坡道处理如图 15-7 所示。

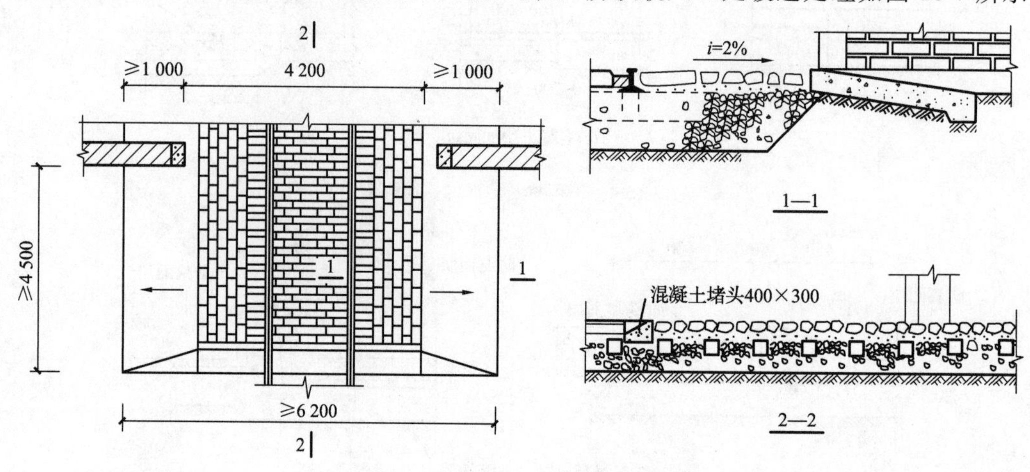

图 15-7 厂房铁轨入口处坡道处理

15.2 其他设施构造

一、钢梯

单层工业厂房由于其内部空间和设备高度较大，需设各种钢梯，主要有作业钢梯、吊车钢梯和消防检修钢梯等。

（一）作业钢梯

作业钢梯多选用定型构件，坡度有 45°、59°、73°、90°等类型，如图 15-8 所示。

作业钢梯的踏步可采用钢筋或网纹钢板，两端焊在角钢或槽钢的钢梯边梁上，边梁的下端与地面混凝土基础中的预埋钢板焊接，边梁的上端固定在作业平台钢梁或钢筋混凝土梁的预埋铁件上。

（二）吊车钢梯

为方便吊车司机上下，应在有吊车司机室的一侧设置吊车钢梯及平台，且不能影响生产工艺布置和生产操作。吊车钢梯一般为斜梯，可以是直行单跑或双跑梯段，如图 15-9 所示。

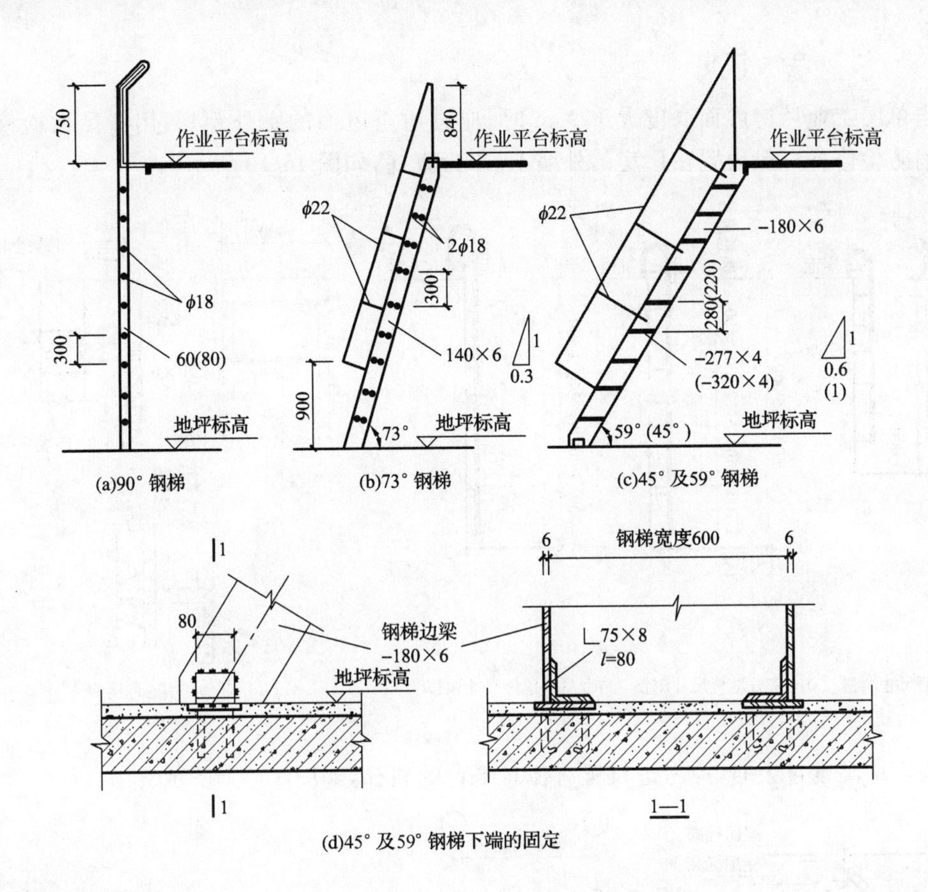

图 15-8　作业钢梯

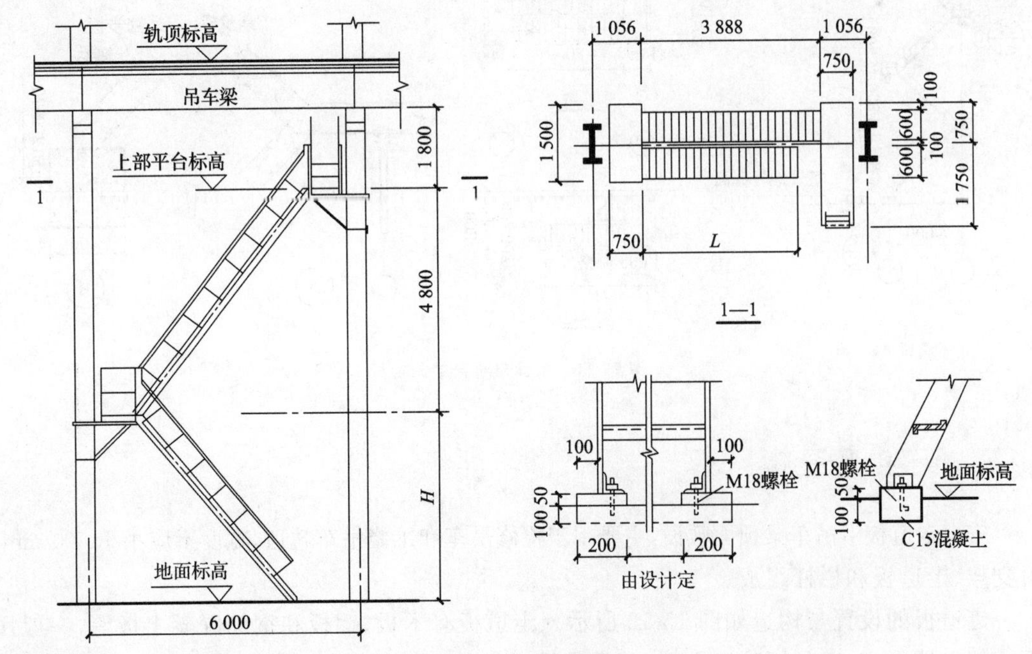

图 15-9　吊车钢梯

（三）消防检修钢梯

当单层工业厂房屋面高度大于 9 m 时，应设通至屋面的室外钢梯，用于屋面检修和消防。消防检修梯一般设置在厂房的外墙上，多为直梯，如图 15-10 所示。

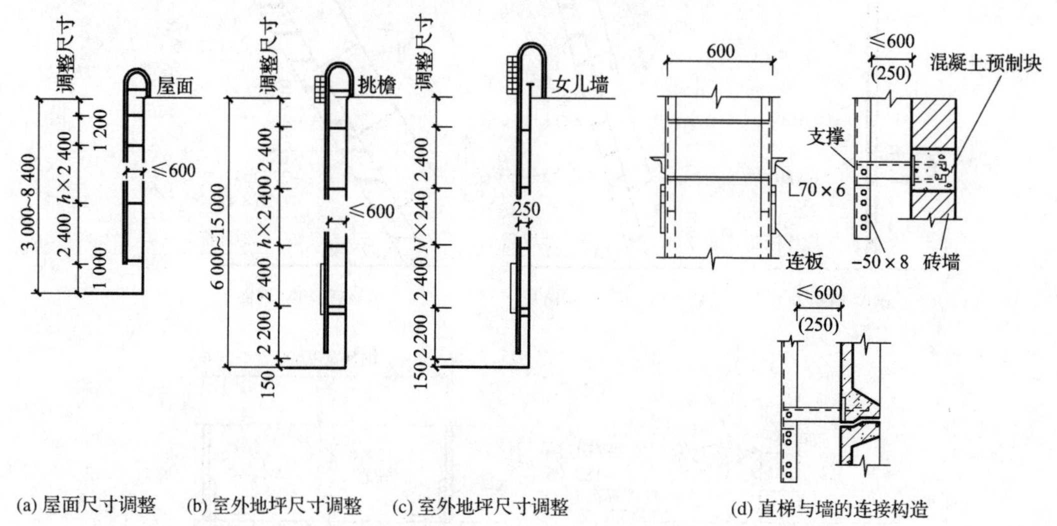

图 15-10 消防检修直梯

当厂房高度过大时，应考虑设置有休息平台的斜梯，如图 15-11 所示。

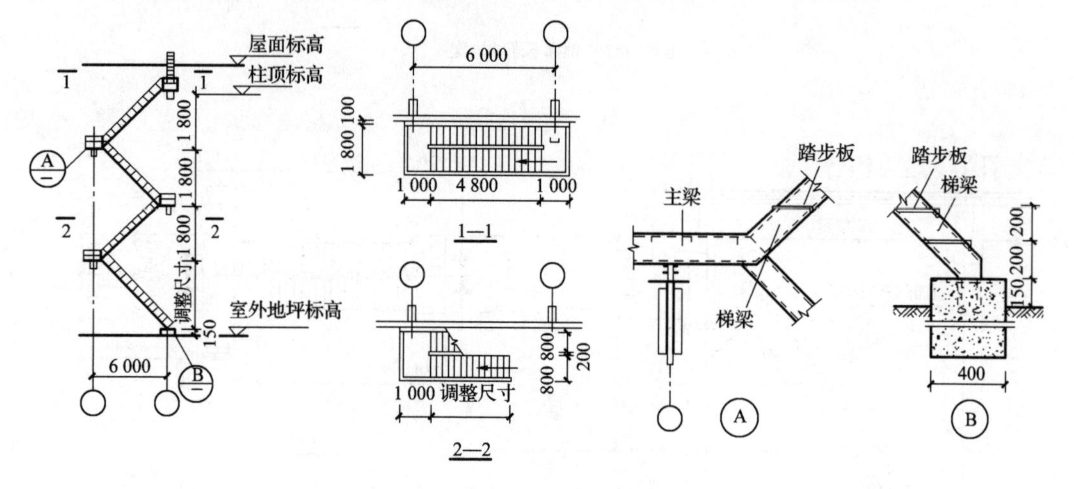

图 15-11 有休息平台的斜梯

二、安全走道板

安全走道板沿吊车梁顶面敷设，主要用于检修吊车和维修吊车轨道，宽度不应小于 500 mm，由支架、走道板和栏杆组成。

走道板的设置与构造如图 15-12 所示。走道板有木板、钢板和钢筋混凝土板等，一般用钢支架支撑固定，若利用外墙支撑，可不另设支架；当走道板设在中柱而中柱两侧吊车梁轨顶等高时，走道板可直接铺在两个吊车梁上。

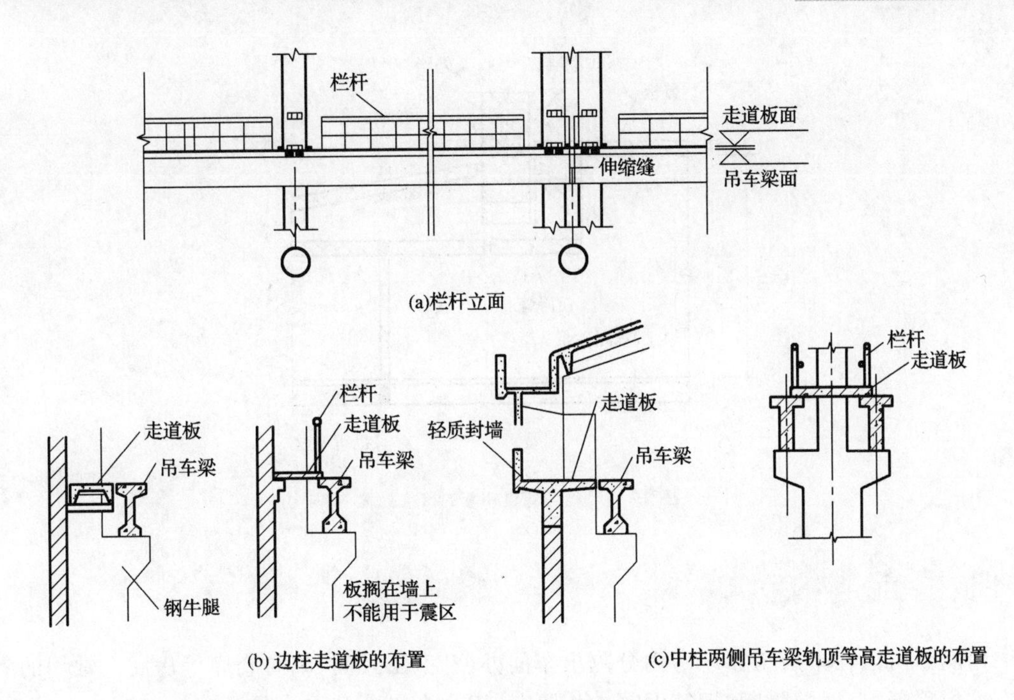

(b) 边柱走道板的布置　(c)中柱两侧吊车梁轨顶等高走道板的布置

图 15-12　走道板的设置与构造

三、地沟

单层工业厂房的地沟主要用于敷设各种生产管线，有电缆地沟和各种通风、采暖、压缩空气的管道地沟。地沟由底板、沟壁和盖板组成，分为砖砌地沟和现浇钢筋混凝土地沟，如图 15-13 所示。

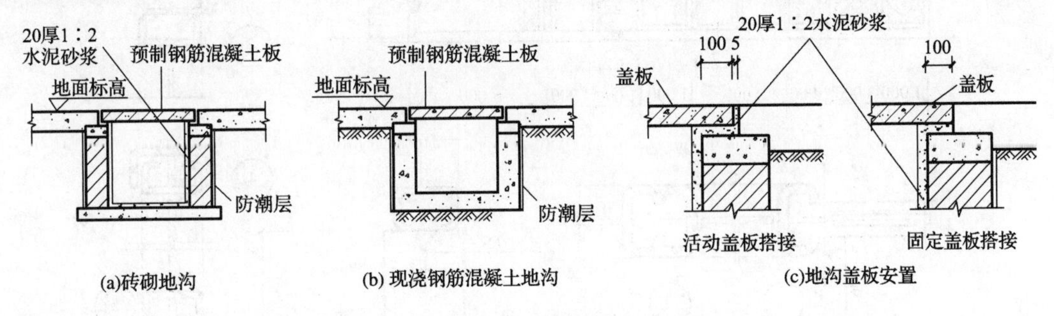

(a)砖砌地沟　(b) 现浇钢筋混凝土地沟　(c)地沟盖板安置

图 15-13　地沟构造

砖砌地沟的沟顶部设混凝土垫梁支撑盖板，一般必须做防潮处理，适用于沟内无防酸、碱要求，沟外部不受地下水影响的厂房。

现浇钢筋混凝土地沟的沟底和沟壁由混凝土整体浇注而成，可用在地下水位以下，当有防腐蚀要求时，应采取防腐措施。

地沟盖板多为预制钢筋混凝土板，设有活络拉手。地沟盖板还有钢板和木板等形式。

当地沟穿越外墙时，为避免发生不均匀沉降，应注意室内外管沟的接头处理。一般做法是在墙体外侧的管沟部分设置变形缝，如图 15-14 所示。

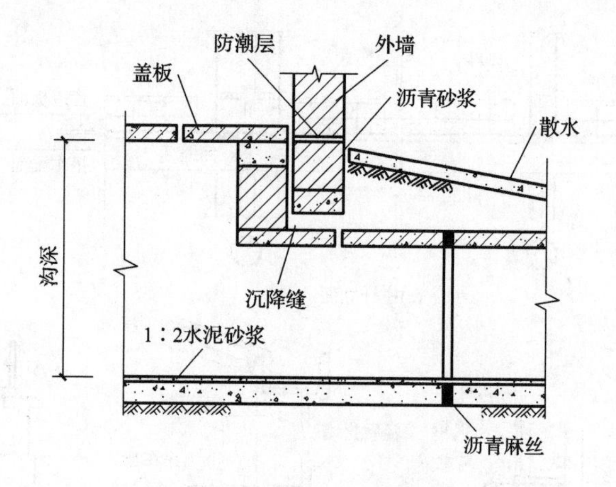

图 15-14　地沟穿越外墙的接头处理

四、隔断

用隔断可以在单层工业厂房内分隔出车间办公室、工具间、临时仓库等房间。常用的隔断有木板隔断、金属网隔断、钢筋混凝土板隔断、铝合金隔断和混合隔断等。

（一）金属网隔断

金属网隔断由金属框架和金属网组成，如图 15-15 所示。金属网有镀锌铁丝网和钢板网两种。金属网隔断透光性好、灵活性大，可用于生产工段的分隔。

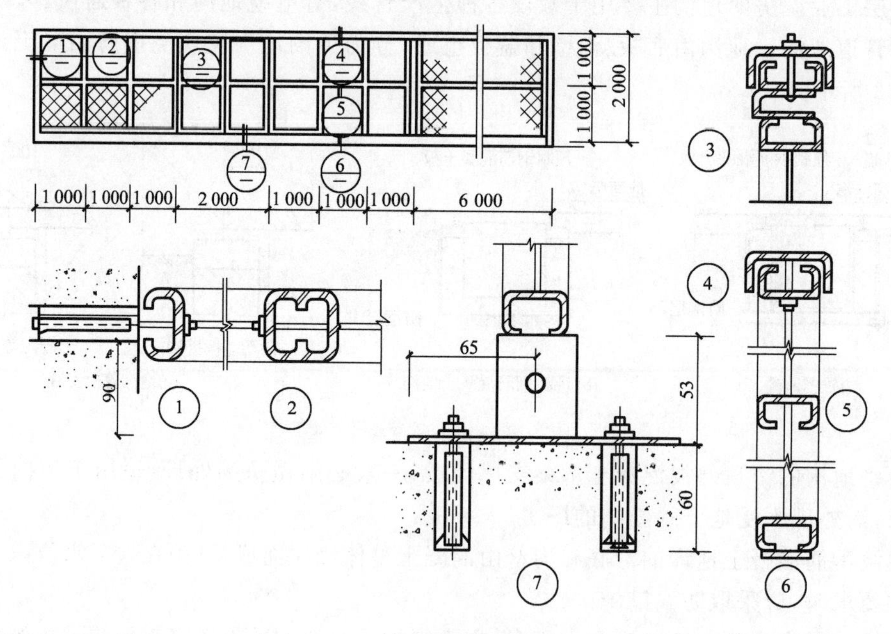

图 15-15　金属网隔断构造

（二）钢筋混凝土板隔断

钢筋混凝土板隔断多为预制装配式，施工方便、防火性能好，适用于温度高的车间，如图

15-16 所示。

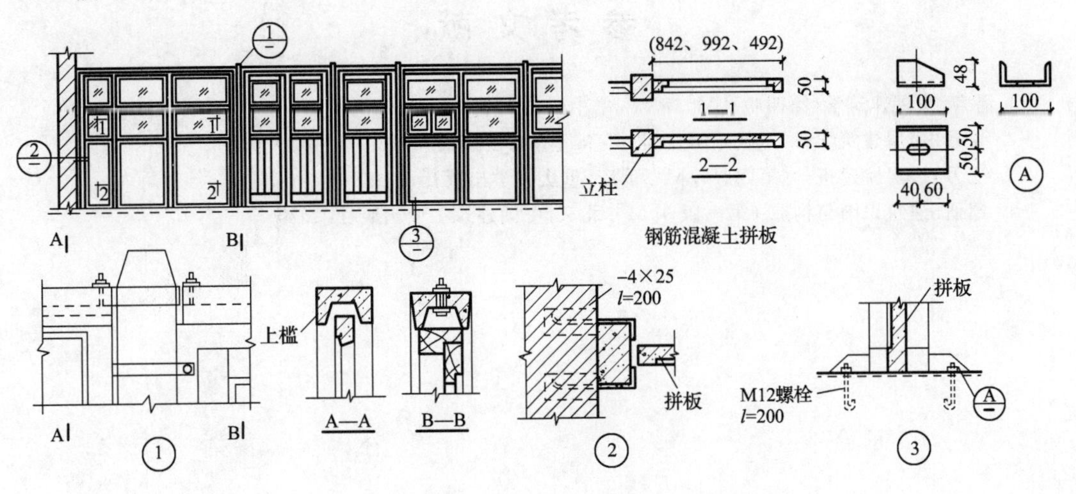

图 15-16　钢筋混凝土板隔断构造

（三）混合隔断

混合隔断一般采用柱距为 3 m 左右的砖柱，柱间砌筑高约 1 m 的砖墙，上部安装玻璃木隔断、玻璃铝合金隔断或金属网隔断等。

复习思考题

1. 单层工业厂房地面一般由哪些层次组成？各层次的作用是什么？
2. 垫层伸缩缝的作用是什么？
3. 不同材料地面的接缝有哪几种形式？
4. 单层工业厂房内的钢梯有哪几种形式？
5. 简述安全走道板的构造要点。
6. 单层工业厂房内的隔断有哪几种形式？

参 考 文 献

1. 潘睿. 房屋建筑学(第四版)[M]. 武汉:华中科技大学出版社,2020.
2. 董黎. 房屋建筑学(第二版)[M]. 北京:高等教育出版社,2016.
3. 王万江. 房屋建筑学(第四版)[M]. 重庆,重庆大学出版社,2017.
4. 赵研. 建筑识图与构造(第三版)[M]. 北京:中国建筑工业出版社,2020.